CAD/CAM/CAE 工程应用丛书

Creo 5.0 从入门到精通
第 2 版

钟日铭　等编著

机 械 工 业 出 版 社

本书以 Creo Parametric 5.0 为应用蓝本，全面而系统地介绍其基础知识与应用，并力求通过范例来提高读者的综合设计能力。

全书共 12 章，内容包括 PTC Creo 5.0 基础概述、草绘、基准特征、基础特征、编辑特征、工程特征、典型的曲面设计、柔性建模、组与修改零件、装配设计、工程图设计和综合设计范例。本书侧重入门基础与实战提升，结合典型操作实例进行介绍，是一本很好的从入门到精通类的 Creo Parametric 图书。

本书适合应用 Creo Parametric 进行相关设计的读者使用，也可作为 Creo Parametric 培训班、大中专院校相关专业师生的教学参考用书。

图书在版编目（CIP）数据

Creo 5.0 从入门到精通／钟日铭等编著．—2 版．—北京：机械工业出版社，2019.1（2019.9重印）

（CAD/CAM/CAE 工程应用丛书）

ISBN 978-7-111-61810-2

I. ①C… Ⅱ. ①钟… Ⅲ. ①计算机辅助设计-应用软件 Ⅳ. ①TP391.72

中国版本图书馆 CIP 数据核字（2019）第 009279 号

机械工业出版社（北京市百万庄大街 22 号　邮政编码 100037）

策划编辑：张淑谦　　责任编辑：张淑谦
责任校对：张艳霞　　责任印制：张　博

三河市宏达印刷有限公司印刷

2019 年 9 月第 2 版·第 2 次印刷
184mm×260mm·30.75 印张·758 千字
3001—4900 册
标准书号：ISBN 978-7-111-61810-2
定价：99.00 元

凡购本书，如有缺页、倒页、脱页，由本社发行部调换

电话服务　　　　　　　　　网络服务

服务咨询热线：(010) 88361066　　机 工 官 网：www.cmpbook.com

读者购书热线：(010) 68326294　　机 工 官 博：weibo.com/cmp1952
　　　　　　　(010) 88379203　　教育服务网：www.cmpedu.com

封面无防伪标均为盗版　　　　金　书　网：www.golden-book.com

第 9 章重点介绍的内容包括创建局部组，操作组，编辑基础与重定义特征，插入与重新排序特征，隐含、删除与恢复特征，重定特征参考，挠性零件，解决特征失败。

第 10 章介绍的内容包括装配模式基础、将元件添加到装配（关于元件放置操控板、约束放置、使用预定义约束集、封装元件、不放置元件）、操作元件（以放置为目的移动元件、拖动已放置的元件、检测元件冲突）、处理与修改装配元件（复制元件、镜像元件、替换元件和重复元件）和管理装配视图。

第 11 章首先介绍工程图（绘图）模式、设置绘图环境，接着深入浅出地介绍插入绘图视图、处理绘图视图、工程图标注，最后介绍一个工程图综合实例。

第 12 章介绍 2 个综合设计范例，包括旋钮零件和桌面音箱外形（产品造型）。通过学习这些综合设计范例，读者的 Creo 设计的实战水平将得到一定程度的提升。

■**本书特色**

本书深入、详细地剖析 Creo Parametric 5.0 入门基础与进阶应用，紧扣实战环节，是一本很好的 Creo Parametric 5.0 从入门到精通的自学宝典。本书图文并茂、结构鲜明、重点突出、实例丰富，在编排上尽量做到有条不紊地介绍重要的专业知识点，并且尽量以操作步骤的形式体现出来。

本书提供配套学习资料包供读者下载，资料包内含与书中内容配套的原始文件、完成操作的相关模型参考文件、超值且丰富的操作视频文件（MP4 视频格式）。

■**本书阅读注意事项**

书中实例使用的单位制以采用的绘图模板为基准。

在阅读本书时，配合书中实例进行上机操作，学习效果更佳。

本书配套资料包里的模型文件（如 *.PRT 等），适合用 Creo Parametric 5.0 版本或以后推出的更高版本的 Creo Parametric 兼容软件来打开。

■**配套资料包使用说明**

与书配套的原始文件、完成操作的相关模型参考文件均存储在配套资料包根目录下的 CH#文件夹（#代表着各章号）里。

提供的操作视频文件位于附赠网盘资料根目录下的"操作视频"文件夹里。操作视频文件采用 MP4 格式，可以在大多数播放器中播放，如 Windows Media Player、暴风影音等较新版本的播放器。在播放时，可以调整显示器的分辨率以获得较佳的效果。

建议用户事先将配套资料包中的内容从指定网盘下载到计算机硬盘中（详细下载方法见图书封底说明文字），以方便练习操作。

本书配套资料包内容仅供学习之用，请勿擅自将其用于其他商业活动。

■**技术支持及答疑等**

如果读者在阅读本书时遇到什么问题，可以通过 E-mail 方式与作者联系，作者的电子邮箱为 sunsheep79@163.com。欢迎读者在设计梦网（www.dreamcax.com）注册会员，通过技术论坛获取技术支持及答疑沟通。另外，也可以通过用于技术支持的 QQ（3043185686、617126205）与作者联系并进行技术答疑与交流。对于提出的问题，作者会尽快答复。

本书主要由钟日铭编写，此外参与编写的还有肖秋连、钟观龙、庞祖英、钟日梅、肖秋

前　言

PTC Creo 是一款在业界享有盛誉的全方位产品设计软件，它广泛应用于汽车、航天航空、电子、模具、玩具、工业设计和机械制造等行业。本书是在读者喜爱的畅销图书《Pro/ENGINEER Wildfire 5.0 从入门到精通》和《Creo 3.0 从入门到精通》的基础上进行升级改版而成的，它以 Creo Parametric 5.0 为应用蓝本，全面而系统地介绍其基础知识，并通过范例来提高读者的综合设计能力。

本书内容全面，针对性强，具有很强的应用和参考价值。本书适合 Creo Parametric 5.0 初、中级用户使用，也可供专业设计人员参考使用，还可作为相关培训班及大中专院校相关专业师生的 Creo Parametric 5.0 教学参考用书。

■ **本书内容概述**

本书共 12 章，内容包括 PTC Creo 5.0 基础概述、草绘、基准特征、基础特征、编辑特征、工程特征、典型的曲面设计、柔性建模、组与修改零件、装配设计、工程图设计和综合设计范例。各章的主要内容如下。

第 1 章介绍 PTC Creo 应用基础，包括 Creo Parametric 5.0 启动与退出、Creo Parametric 5.0 用户界面、文件基本操作、模型显示的基本操作、使用模型树、使用层树和配置选项应用基础等。

第 2 章首先介绍草绘模式、草绘环境及相关设置，接着介绍绘制图元、编辑图元、标注、几何约束、使用草绘器调色板、解决草绘冲突和使用草绘器诊断工具等，最后介绍一个草绘综合范例。本章的学习将为后面掌握三维建模等知识打下扎实的基础。

第 3 章重点介绍基准平面、基准轴、基准点、基准曲线、基准坐标系以及基准参考的相关知识。

第 4 章将以图文并茂的形式，结合典型实例来重点介绍常见的基础特征，包括拉伸特征、旋转特征、扫描特征、混合特征、扫描混合特征和螺旋扫描特征等。

第 5 章重点介绍复制和粘贴、镜像、移动、合并、修剪、阵列、投影、延伸、相交、填充、偏移、加厚、实体化和移除等编辑操作，结合基础理论和典型实例引导读者学习如何通过编辑现有特征而获得新的特征几何。

第 6 章结合典型操作实例，主要介绍常见的工程构造特征的实用知识，要求读者掌握它们的创建方法、步骤以及技巧等。

第 7 章重点介绍一些典型的曲面设计方法，包括边界混合、自由式曲面设计、将切面混合到曲面、顶点圆角、样式曲面设计和重新造型。

第 8 章重点介绍柔性建模的相关知识，包括柔性建模基础、柔性建模中的曲面选择、变换操作（包括移动、偏移、修改解析、镜像、挠性阵列、替代、编辑圆角和编辑倒角）、柔性识别和编辑操作（连接和移除）等。

引、刘晓云、邹思文、钟周寿、周兴超、黄观秀、肖钦、钟寿瑞、肖宝玉、陈忠钰、钟春雄、陈日仙、沈婷、肖世鹏和劳国红。本书秉承笔者一贯严谨的作风，精心编著，并反复校对，但由于水平所限，书中难免会存在疏漏之处，恳请各位读者、同行批评指正，以待再版时更正。在此表示诚挚的感谢！

　　天道酬勤，熟能生巧，以此与读者共勉。

编者

目　　录

第1章　PTC Creo 5.0 基础概述

本章导读：

> PTC Creo 是一套可扩展、可互操作的产品设计软件，功能覆盖整个产品开发领域，能帮助用户快速实现价值。PTC Creo 系列软件广泛应用在机械制造、模具、电子、汽车、造船、医疗设备、玩具、工业造型、航天航空等领域。Creo 5.0 是当前的新版本，其包含的 Creo Parametric 5.0 软件为用户提供了一套从设计到制造的完整解决方案。
>
> 本章介绍 PTC Creo 应用概述、Creo Parametric 5.0 启动与退出、Creo Parametric 5.0 用户界面、文件基本操作、模型显示的基本操作、使用模型树、使用层树和配置选项应用基础等。

1.1　PTC Creo 应用概述

Creo 是美国 PTC 公司创新的设计软件产品套件，它以 PTC 公司旗下 Pro/ENGINEER、CoCreate 和 ProductView 三大设计软件为基础，有效整合了 Pro/ENGINEER 的参数化技术、CoCreate 的直接建模技术和 ProductView 的三维可视化技术，是一个覆盖概念设计、二维设计、三维设计、直接建模等领域的设计应用程序套件（软件包）。PTC Creo 能够有效地提高用户的工作效率，更好地与客户和供应商共享数据以及审阅设计方案，并能够预防意外的服务和制造问题，从而帮助公司或设计团队释放组织内部的潜力。

PTC Creo 是具有革命意义的新一代产品设计软件套件，包括 Direct、Parametric、Simulate、Layout、Modelcheck、Illustrate、Options Modeler、Sketch 和 Mathcad 等应用程序。PTC Creo 具有空前的互操作性，可以帮助团队在下游流程中使用 2D CAD、3D CAD、参数化和直接建模创建、分析、查看和利用产品设计方案等。用户可以根据需要在各应用程序之间无缝切换，快速实现产品价值。

PTC Creo 5.0 是 PTC 公司在 2018 年春季正式发布的 Creo 最新版本，该版本提供了改进的用户界面和可提高生产力的增强建模功能，以及拓扑优化、分析（计算流体动力学）、增材制造、计算机辅助制造（CAM）、增强现实（AR）和多 CAD 方面的新功能，有助于支持从概念设计到制造的整个产品开发过程。其中，体积块螺旋扫描、草绘区域、在透视图中设计、针对草稿的圆角处理、钣金件改进、曲面设计改进等功能得到增强；利用 Creo Topology Optimization，用户可以定义目标和限制，让 Creo 为用户创建经优化的参数化几何，以前需要几周才能完成的任务，现在在 Creo 5.0 中可能只需几秒就能搞定，因为不必重新创建几何。借助 Creo 5.0 可以打开和更新 Autodesk Inventor 文件，进一步增强了 Creo 稳健的 Unite

Technology 多 CAD 协作功能。

本书以 PTC Creo 5.0 中最为常用的 Creo Parametric 5.0 应用程序为例进行介绍。

1.1.1 Creo Parametric 5.0 基本设计概念

在学习使用 Creo Parametric 5.0 设计多种类型的模型之前，首先需要了解几个基本设计概念，包括设计意图、基于特征建模、参数化设计、相关性和无参模型设计。

（1）设计意图

设计意图也称设计目的，是指根据产品规范或需求来定义成品的用途和功能，在设计模型的整个过程中始终有效地捕捉设计意图，有助于为产品带来实实在在的价值和持久性。设计意图这一关键概念被称为"Creo Parametric 基于特征建模过程的一个重要核心"。通常在设计模型之前，需要明确设计意图。

（2）基于特征建模

在 Creo Parametric 中，零件建模遵循着一定的规律，即零件建模从逐个创建单独的几何特征开始，在设计过程中参照其他特征时，这些特征将和所参照的特征相互关联。按照一定顺序创建特征便可以构造成一个较为复杂的零件。

（3）参数化设计

参数化设计是 Creo Parametric 的一大特色，该功能可以保持零件的完整性和设计意图。Creo Parametric 创建的特征之间具有相关性，这使得模型成为参数化模型。如果修改模型中的某个特征，那么此修改又将会直接影响到其他相关（从属）特征，即 Creo Parametric 会动态修改那些相关特征。

（4）相关性（关联性）

Creo Parametric 具有众多的设计模块，如零件模块、组件模块、绘图（工程图）模块和草绘器等，各模块之间具有相关性。通过相关性，Creo Parametric 能在零件模型外保持设计意图。如果在任意一级模块中修改设计，那么项目在所有的级中都将动态反映该修改，从而有效保持设计意图。相关性使得模型修改工作变得轻松且不容易出错。

（5）无参模型设计

Creo Parametric 提供柔性建模工具，主要用在无参数化的模型状态下修改模型。

1.1.2 模型的基本结构属性

在 Creo Parametric 中，构建的模型可包含的基本结构属性有特征、零件和装配（组件）。它们的含义说明如下。

（1）特征

特征是指每次创建的一个单独几何。特征包括基准、拉伸、旋转、壳、孔、圆角、倒角、曲面特征、切口、阵列、扫描和混合等。零件由单个特征或多个特征组成。

（2）零件

零件是一系列几何图元的几何特征的集合。在组件中，零件又可被称为元件。一个组件中可以包含若干个零件。

（3）装配（组件）

装配（组件）是指组装在一起以创建模型的元件集合。根据装配（组件）和子装配（子组件）与其他装配（组件）和主装配（主组件）之间的关系，在一个层次结构中可以包含多个装配（组件）和子装配（子组件）。

1.1.3　父子关系

在设计某模型的过程中，可能某些特征需要从属于先前设计的特征，即其尺寸和几何参照需要依赖于之前的相关特征，这便形成了特征之间的父子关系。父子关系是 Creo Parametric 和参数化建模的最强大的功能之一。如果在零件中修改了某父项特征，那么其所有的子项也会被自动修改，以反映父项特征的变化。如果在设计中对父项特征进行隐含或删除操作，则 Creo Parametric 将提示对其相关子项进行操作。

需要注意的是，父项特征可以没有子项特征而存在；当如果没有父项，则子项特征也将不能存在。这些父子关系的应用特点，需要用户牢牢记住。

1.2　Creo Parametric 5.0 启动与退出

1. 启动 Creo Parametric 5.0

用户通常可以采用如下两种方式之一来启动 Creo Parametric 5.0 软件。

方式 1：双击桌面快捷方式。按照安装说明安装好 Creo Parametric 5.0 软件后，若设置在 Windows 操作系统桌面上出现 Creo Parametric 5.0 快捷方式图标█，那么双击该快捷方式图标，如图 1-1 所示，即可启动 Creo Parametric 5.0 软件。

方式 2：使用"开始"菜单方式。以 Windows 10 操作系统为例，在 Windows 10 操作系统左下角单击"开始"按钮█，打开"开始"菜单，接着从"所有程序"列表中选择"PTC"程序组，如图 1-2 所示，然后从中选择"Creo Parametric 5.0.0.0（具体版本号）"启动命令，即可打开 Creo Parametric 5.0 软件程序。

图 1-1　双击快捷方式图标

图 1-2　使用"开始"菜单

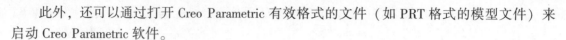

此外，还可以通过打开 Creo Parametric 有效格式的文件（如 PRT 格式的模型文件）来启动 Creo Parametric 软件。

2. 退出 Creo Parametric 5.0

要退出 Creo Parametric 5.0，可以采用以下两种方式之一。

方式 1：在功能区的"文件"选项卡中选择"退出"命令。

方式 2：单击 Creo Parametric 5.0 窗口界面右上角的 ✖ （关闭）按钮。

1.3　Creo Parametric 5.0 用户界面

启动 Creo Parametric 5.0 软件后，系统经过图 1-3 所示的短暂的启动画面后进入 Creo Parametric 5.0 初始工作界面。

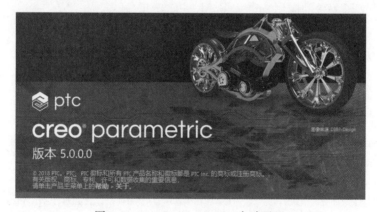

图 1-3　Creo Parametric 5.0 启动画面

Creo Parametric 5.0 初始工作界面主要由标题栏、"快速访问"工具栏、功能区、导航区、Creo Parametric 浏览器和状态栏等组成。当新建或打开一个零件模型文件进入工作界面时，浏览器窗口关闭，而出现显示模型的图形窗口，同时初始默认时图形窗口中还显示有一个"图形"工具栏，如图 1-4 所示。用户可以根据需要通过单击状态栏中的相应按钮来切换显示 Creo Parametric 浏览器或图形窗口。

下面介绍 Creo Parametric 5.0 界面的主要组成部分。

1. 标题栏

标题栏位于 Creo Parametric 5.0 界面的顶部，其上显示了当前软件的名称和相应的图标。在标题栏的左部区域嵌入了一个实用的"快速访问"工具栏；在标题栏的右端还提供了 ▬ 按钮、回/回 按钮和 ✖ 按钮，这些按钮分别用于最小化、最大化/向下还原和关闭 Creo Parametric 5.0 软件。

当新建或打开模型文件时，在标题栏中还显示该文件的名称。如果该文件处于当前活动状态，则在该文件名后面显示有"活动的"字样。当打开多个 Creo Parametric 模型窗口时，每次只有一个窗口是活动的。

2. "快速访问"工具栏

初始默认时，"快速访问"工具栏位于 Creo Parametric 窗口的顶部、标题栏的左部区域。

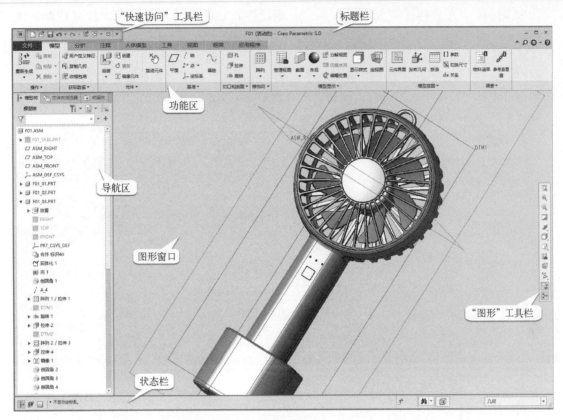

图1-4 Creo Parametric 5.0工作界面

"快速访问"工具栏提供了对最常用按钮的快速访问，例如用于打开和保存文件、撤销、重做、重新生成、关闭窗口、切换窗口等的按钮。用户可以自定义"快速访问"工具栏，以使该工具栏包含其他常用按钮和功能区的层叠列表。要自定义"快速访问"工具栏，则在"快速访问"工具栏中单击"自定义快速访问工具栏"按钮 ▼ 以打开一个命令列表，如图1-5所示，从中确定一些常用命令按钮是否添加到"快速访问"工具栏中（打上勾的表示要添加到"快速访问"工具栏），如果要添加其他命令，则选择"更多命令"选项，利用弹出的"Creo Parametric 选项"对话框来将所需的其他命令按钮添加到"快速访问"工具栏中。

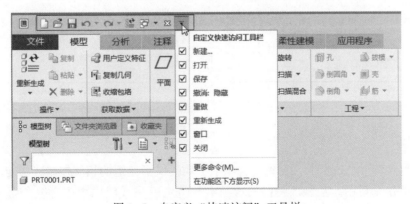

图1-5 自定义"快速访问"工具栏

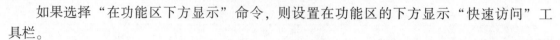

如果选择"在功能区下方显示"命令，则设置在功能区的下方显示"快速访问"工具栏。

3. "图形"工具栏

"图形"工具栏提供了用于控制图形显示的工具按钮，该工具栏通常被嵌入到图形窗口的指定位置处。对该工具栏进行右键单击，并利用弹出的快捷菜单可以设置隐藏或显示该工具栏上的按钮，还可以更改工具栏的位置。

4. 导航区

导航区又称导航器，主要包括"模型树/层树""文件夹浏览器""收藏夹"3个选项卡，如图1-6所示。

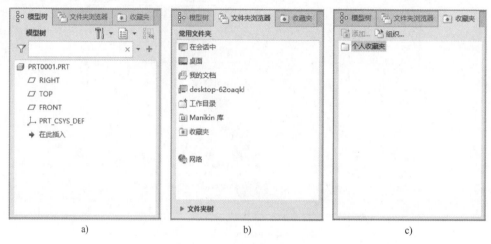

图 1-6　导航区的 3 个选项卡

a)"模型树/层树"选项卡　b)"文件夹浏览器"选项卡　c)"收藏夹"选项卡

这 3 个选项卡的功能含义见表 1-1。

表 1-1　导航区的 3 个选项卡

序号	选项卡	功能用途	说明
1	（模型树/层树）	模型树以树的结构形式显示模型的层次关系；当选中"层"命令时，该选项卡可显示层树结构	利用该选项卡来管理模型特征很直观和便捷
2	（文件夹浏览器）	该选项卡类似于 Windows 资源管理器，可以浏览文件系统以及计算机上可供访问的其他位置	访问某个文件夹时，该文件夹的内容显示在 Creo Parametric 浏览器中
3	（收藏夹）	可以添加收藏夹和管理收藏夹，主要用于有效组织和管理个人资料	

状态栏上的（显示导航器）按钮用于控制导航器的显示，即用于设置隐藏或显示导航区。

5. 功能区

功能区包含若干个选项卡，在每个选项卡上均提供了分组的相关按钮。功能区的不同元素可以用图1-7来说明。功能区提供的选项卡与特定模式或应用程序有关，而每个功能区上的按钮由一个图标和一个标签组成。用户可以自定义功能区。

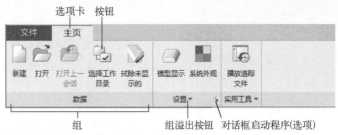

图1-7 功能区的组成元素

6. 图形窗口和 Creo Parametric 浏览器

图形窗口用于显示和处理二维图形和三维模型等重要工作，它是设计的焦点区域，例如零件建模、装配设计等工作离不开图形窗口。而 Creo Parametric 浏览器提供对内部和外部网站的访问功能，它可用于浏览 PTC 官方网站上的资源中心，获取所需的技术支持等信息，用户也可通过浏览器查阅相关特征的详细信息。

状态栏上的 ❄（显示浏览器）按钮用于切换 Creo Parametric 浏览器的显示。

7. 状态栏

每个 Creo Parametric 窗口的底部都有一个状态栏。状态栏除了提供 ❖（显示导航器）按钮和 ❄（显示浏览器）按钮之外，还提供了以下工具及控制和信息区。

- □（全屏）按钮：此按钮用于切换全屏模式，其对应快捷键为〈F11〉键。
- 消息区：显示与窗口中工作相关的单行消息，它位于状态栏的左部并紧挨着 ❄（显示浏览器）按钮和 □（全屏）按钮。在消息区中右击，并从弹出的快捷菜单中选择"消息日志"命令，可以打开"消息日志"对话框，从中可查看过去的消息。
- 服务器状况区：当连接到 Windchill 服务器时，显示其状况。当 WPP 服务器为主服务器时，显示 Windchill Product Point 服务器状态。
- 合并的模型列表区：用于钣金件设计应用模块，在钣金件中显示合并的模型列表。
- ⊗：当 Creo Parametric 进行冗长计算时出现。单击该按钮中止计算。
- ⚠：显示相关的警告和错误快捷方式。
- 模型重新生成状况区：指明模型重新生成的状况，其中，●●●图标表示重新生成完成，●○●图标表示需要重新生成，●●●图标表示重新生成失败。
- 🔍（搜索）按钮：单击此按钮，打开图1-8所示的"搜索工具"对话框，在模型中按规则搜索、过滤和选择项目。
- ▣（3D框选择）按钮：激活"3D框选择"工具。在装配（组件）模式的状态栏中会显示该按钮。
- 选择缓冲器区：显示当前模型中选定项的数量。
- "选择过滤器"下拉列表框：显示可用的选择过滤器选项。该下拉列表框位于状态栏的最右部区域，如图1-9所示。每个过滤器选项均会缩小可选项目类型的范围，以轻松地定位项目。值得注意的是，环境不同，提供的可用过滤器选项也可能有所不同，只有那些符合环境或满足特征工具需求的过滤器才可用。在 Creo Parametric 中，系统会根据环境自动指定一个最合适的过滤器选项，用户可根据实际情况选择其他可用的过滤器选项。

图1-8 "搜索工具"对话框

图1-9 "选择过滤器"下拉列表框

1.4 文件基本操作

在 Creo Parametric 5.0 中，文件基本操作包括新建文件、打开文件、保存文件、拭除文件、设置工作目录、删除文件、激活窗口、关闭文件与退出系统等。

1.4.1 新建文件

在"快速访问"工具栏中单击 🗋（新建）按钮，弹出图1-10所示的"新建"对话框，从中可以选择"布局""草绘""零件""装配""制造""绘图""格式""记事本"类型选项，以创建指定格式的新文件。在创建新对象文件时，可以采用默认模板，也可以根据实际情况选择所需的其他有效模板。

创建新文件时可以接受系统提供的默认名称，也可以自己指定有效的文件名。文件名限制在31个字符以内；文件名中不得使用[ ]、{ }或( )、空格以及特定标点符号(.、?、!、;)；文件名可包含连字符和下画线，但文件名的第一个字符不能是连字符；在文件名中使用字母数字字符（连字符和下画线例外）。

图1-10 "新建"对话框

下面以创建一个新实体零件文件为例，介绍新建文件的典型步骤。

1）在"快速访问"工具栏中单击 🗋（新建）按钮，弹出"新建"对话框。

2）在"新建"对话框中，从"类型"选项组中选择"零件"单选按钮，在"子类型"选项组中选择"实体"单选按钮，在"名称"文本框中输入"BC_A1"，取消勾选"使用默认模板"复选框，如图1-11所示。

3）单击"新建"对话框中的"确定"按钮，弹出"新文件选项"对话框，从"模板"选项组中选择公制模板"mmns_part_solid"，如图1-12所示。

图1-11　在"新建"对话框中进行操作　　　　图1-12　"新文件选项"对话框

4）在"新文件选项"对话框中单击"确定"按钮，完成新零件文件的创建，并进入零件设计模式。

1.4.2 打开文件

在"快速访问"工具栏中单击 （打开）按钮，弹出"文件打开"对话框。在"文件打开"对话框中选择欲打开的文件，此时可以单击对话框中的"预览"按钮来预览欲打开的模型，如图1-13所示，然后单击"打开"按钮。

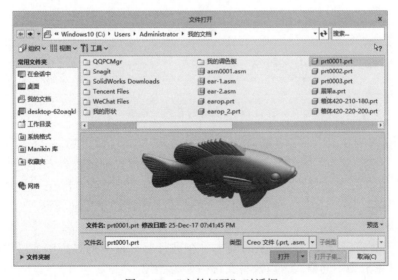

图1-13　"文件打开"对话框

在使用 Creo Parametric 5.0 进行设计工作时，当前创建的或打开的模型文件都会存在于系统进程内存（会话）中，除非执行相关命令将其从进程内存中拭除。要打开来自当前进程（在内存中）的模型文件，可以在"文件打开"对话框中单击▣（在会话中）按钮，则所有在当前会话中的模型文件将显示在对话框的文件列表框中，从中选择欲打开的模型文件，然后单击"打开"按钮即可。

1.4.3 保存文件

在 Creo Parametric 5.0 中，保存文件的命令主要有"保存""保存副本""保存备份"，其中可将"保存副本"和"保存备份"归纳在"另存为"范畴里面。下面分别予以介绍。

1. "保存"命令

该命令用于保存活动对象（当前打开的模型），以进程中的指定文件名进行保存。对于新创建的模型文件，第一次执行功能区"文件"选项卡中的"保存"命令（可简述为执行"文件"→"保存"命令，其对应的工具按钮为🔒），系统弹出图1-14所示的"保存对象"对话框，此时可以使用该对话框设置文件存放的位置，然后单击"确定"按钮。以后对该文件再执行"文件"→"保存"命令时，则不会再弹出"保存对象"对话框。

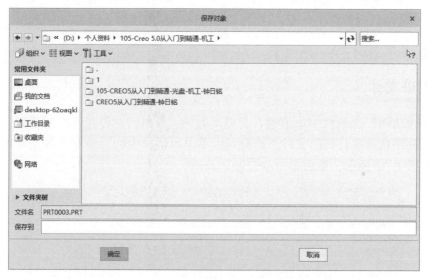

图1-14 "保存对象"对话框

在磁盘中保存对象时，将创建带有"object_name. object_type. version_number"格式的文件。即每执行一次"保存"命令，保存的文件并没有覆盖先前的文件，而是保存生成的该同名文件会在其扩展名的后面自动添加一个版本编号，例如第一次保存文件名为"BC_A1. PRT. 1"，则第二次保存该文件的结果为"BC_A1. PRT. 2"，以此类推。

2. "保存副本"命令

该命令用于保存活动窗口中对象的副本。在进行保存副本的过程中，可以设置将 Creo Parametric 文件输出为不同格式，以及将文件另存为图像。

在功能区的"文件"选项卡中选择"另存为"→"保存副本"命令，打开图1-15所示的"保存副本"对话框，可以利用该对话框指定保存目录（存储地址），设置新文件名称，并从"类型"列表框中选择所需的文件类型，然后单击"确定"按钮。

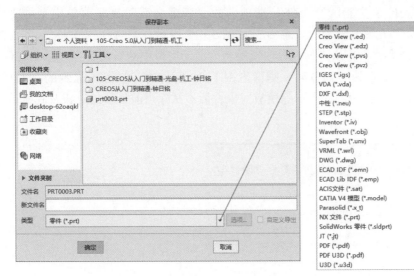

图 1-15 "保存副本"对话框

3. 保存备份

对于一些重要的设计文件，可以将其备份到指定的目录下。如果保存简化表示的备份，则出现一条消息，指示所有必需文件可能不在内存中。如果备份装配文件，则所有的从属文件将保存到指定的文件夹中。

要保存文件备份，则选择"文件"→"另存为"→"保存备份"命令，打开图 1-16 所示的"备份"对话框，此时可以接受默认文件夹或浏览至一个新文件夹，在"文件名"文本框中将显示活动模型的名称，用户可以在"备份到"文本框中输入新名称，然后单击"确定"按钮即可。

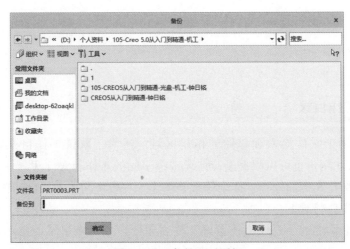

图 1-16 "备份"对话框

1.4.4 拭除文件

拭除文件是 Creo Parametric 中的一个特色操作，它是指将文件从系统进程内存中清除，但不删除保存在磁盘上的文件，即位于磁盘上的源文件仍然保留。

拭除文件的命令位于功能区"文件"选项卡的"管理会话"级联菜单中，主要包括"拭除当前"命令和"拭除未显示的"命令，如图1-17所示。当选择"文件"→"管理会话"→"拭除当前"命令时，将从进程内存中拭除当前活动窗口中的对象。当选择"文件"→"管理会话"→"拭除未显示的"命令时，则弹出图1-18所示的"拭除未显示的"对话框，使用该对话框可以从当前会话进程中拭除所有对象，但不拭除当前显示的对象及其显示对象所参照的全部对象。

图1-17　拭除文件的命令出处　　　　图1-18　"拭除未显示的"对话框

1.4.5 设置工作目录

工作目录为用于文件检索和存储的指定区域。通常，默认工作目录是其中启动Creo Parametric的目录，用户也可以根据设计情况选择不同的工作目录。设置工作目录有利于管理设计文档，以简化文档的保存、搜索等细节工作。一般将同属于某设计项目的模型文件集中放置在同一个工作目录下。

在开始建模会话之前，建议先设置好工作目录。设置工作目录的常用方法主要有如下3种。

方法1：使用Creo Parametric的"选择工作目录"命令。

1）启动Creo Parametric软件后，从功能区的"文件"选项卡中选择"管理会话"→"选择工作目录"命令，打开图1-19所示的"选择工作目录"对话框。

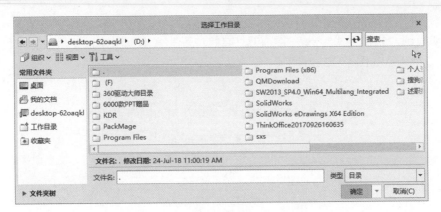

图 1-19 "选择工作目录"对话框

2）浏览至要设置为新工作目录的目录。显示一个后跟句点（📁．）的文件夹，指示工作目录的位置。也可以在"选择工作目录"对话框中指定位置后，单击"组织"按钮，从出现的图 1-20 所示的下拉菜单中选择"新建文件夹"命令，弹出图 1-21 所示的"新建文件夹"对话框，输入新目录名，单击"确定"按钮，从而在当前目录下新建一个文件夹作为工作目录。

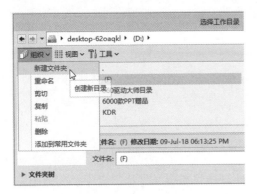 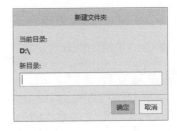

图 1-20　新建文件夹　　　　　　图 1-21　"新建文件夹"对话框

3）在"选择工作目录"对话框中单击"确定"按钮。

通过此方法设置工作目录后，在退出 Creo Parametric 时，不会保存新工作目录的设置。如果从用户工作目录以外的目录中检索文件，然后保存文件，则文件会保存到从中检索该文件的目录中。如果保存副本并重命名文件，副本会保存到当前的工作目录中。

方法 2：从文件夹导航器选取工作目录。

1）在导航区单击 🗂 （文件夹浏览器）按钮，切换到"文件夹浏览器"。

2）使用"文件夹树"浏览至所需的文件夹，文件夹内容显示在右面板中，选取要设置为工作目录的一个文件夹，接着单击鼠标右键，打开一个快捷菜单。

3）从该快捷菜单中选择"设置工作目录"命令。系统将在状态栏中显示一条消息，确认工作目录已成功更改到指定的文件夹。

方法 3：通过 Creo Parametric 属性设置来指定默认的起始工作目录。

1）在 Windows 桌面中右击 Creo Parametric 5.0 图标📇，从弹出的快捷菜单中选择"属性"命令,弹出其属性对话框。

2)切换到"快捷方式"选项卡,在"起始位置"文本框中输入新默认工作目录的有效的起始位置地址,如图1-22所示。

图1-22 设置 Creo Parametric 的起始位置

3)单击"确定"按钮。

1.4.6 删除文件

删除文件与拭除文件是不同的,删除文件是指将相应文件从磁盘中永久地删除。用户可以根据需要删除文件的旧版本,或删除文件的所有版本。

1. 删除文件的旧版本

前面已经介绍过,在 Creo Parametric 中每次保存对象时都会在内存中创建该对象的新版本,Creo Parametric 为对象存储文件的每一个版本进行连续编号(例如 bc. sec. 1、bc. sec. 2、bc. sec. 3 等)。如果要删除指定活动模型除最新版本(具有最高版本号的版本)外的所有版本,那么可以按照以下步骤进行操作。

1)在功能区的"文件"选项卡中选择"管理文件"→"删除旧版本"命令,系统弹出"删除旧版本"对话框。

2)"删除旧版本"对话框向用户询问是否要删除指定对象的所有旧版本,如图1-23所示,单击"是"按钮。

2. 删除文件的所有版本

如果要从磁盘删除当前指定对象的所有版本,则可以按照以下步骤进行。

1)在功能区的"文件"选项卡中选择"管理文件"→"删除所有版本"命令,系统弹出图1-24所示的"删除所有确认"对话框。

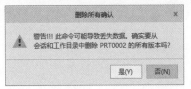

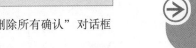

图 1-23　输入其旧版本要被删除的对象　　　　　图 1-24　"删除所有确认"对话框

2）在"删除所有确认"对话框中单击"是"按钮，删除当前指定对象的所有版本。

值得注意的是，在当前工作会话进程中，只有在删除组件或绘图时，才可删除组件或绘图中使用的零件或子组件。

1.4.7 激活窗口

当在 Creo Parametric 软件中打开多个模型文件时，只有一个模型文件是激活的，即只有一个图形窗口是激活的。要激活其他一个窗口，则可以在"快速访问"工具栏中单击 ⊡ ▾（窗口）按钮，或者在功能区"视图"选项卡的"窗口"面板（组）中单击 ⊡（窗口）按钮，接着从出现的窗口列表中选择要激活的窗口即可。

另外，☑（窗口）按钮用于激活当前窗口，其对应的组合键为〈Ctrl+A〉。

1.4.8 关闭文件与退出系统

如果要关闭当前窗口中的活动文件但不退出 Creo Parametric，可以在功能区的"文件"选项卡中选择"关闭"命令，或者在"快速访问"工具栏中单击"关闭窗口"按钮 ⊠。以这种方式关闭窗口文件后，该文件对象依然保留在系统进程内存（会话）中。

如果要退出 Creo Parametric 系统，可以在功能区的"文件"选项卡中选择"退出"命令。或者单击标题栏右侧的 ⊠（关闭）按钮。

1.5　模型显示的基本操作

功能区的"视图"选项卡提供了用于设置模型可见性、视图定向、模型显示和基准显示等的工具命令，如图 1-25 所示。在实体零件设计模式下，"图形"工具栏提供了用于控制图形显示的相关工具按钮，如图 1-26 所示。

图 1-25　功能区的"视图"选项卡（以"实体零件"模块为例）

在本节中，介绍模型显示的一些基本操作，包括使用已保存的视图方向、重定向、使用鼠标调整视角、设置模型显示和基准显示等。

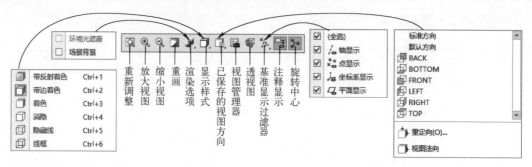

图1-26 "图形"工具栏

1.5.1 使用已保存的视图方向

通常，可以使用已保存的视图方向（即已保存的命名视角）来为模型指定经典的视角方位，其典型方法如下。

1）在"图形"工具栏中单击选中 [图标]（已保存方向）按钮，或者在功能区"视图"选项卡的"方向"组中单击 [图标]（已保存方向）按钮，展开视图方向列表框。在该视图方向列表框中包含了预定义的常用视图视角，如标准方向、默认方向、BACK、BOTTOM、FRONT、LEFT、RIGHT 和 TOP。

2）在该视图方向列表框中选择所需要的视图名称（或称视图指令），便可以即时以该命名视角（视图方向）来观察模型。例如，图1-27是其中3种命名视角（视图方向）的显示效果。

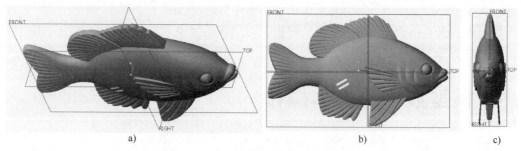

图1-27 使用保存的视图列表示例
a）标准方向 b）FRONT c）RIGHT

1.5.2 重定向

用户可以根据设计情况重定向模型视图。在"图形"工具栏的视图方向列表框中单击 [图标]（重定向）按钮，打开图1-28所示的"视图"对话框，该对话框提供有"方向"选项卡和"透视图"选项卡。其中，在"方向"选项卡上，从"类型"下拉列表框中可以选择"按参考定向"选项、"动态定向"选项和"首选项"选项来进行重定向操作。

1. 按参考定向

在"方向"选项卡的"类型"下拉列表框中选择"按参考定向"选项作为定向类型，

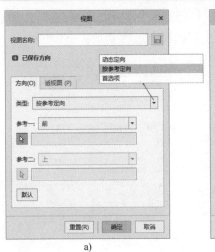 

a) b)

图1-28 "视图"对话框

a) "方向"选项卡 b) "透视图"选项卡

接着在"选项"选项组中分别定义参考1和参考2即可定向模型,示例如图1-29所示。

在获得满意的重定向视图后,可以在"视图"对话框的"视图名称"文本框中为该视图输入新视图名称,然后单击 (保存)按钮,保存的视图名称将出现在"已保存方向"列表中,如图1-30所示。

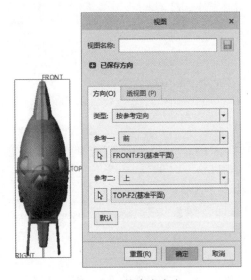 

图1-29 按参考定向 图1-30 保存重定向的视图

2. 动态定向

在"方向"选项卡的"类型"下拉列表框中选择"动态定向"选项,接着在"选项"选项组中通过拖动滑块或指定参数值来进行平移、缩放和旋转操作。如果单击"重新调整"按钮,则使模型适合屏幕;如果单击"中心"按钮,则拾取新的屏幕中心。在进行旋转设置时,需要注意"中心轴"和"屏幕轴"这两个单选按钮的应用,"中心轴"单选按钮用于使用旋转中心轴旋转，"屏幕轴"单选按钮用于使用屏幕中心轴旋转。勾选"动态更新"复选框时，在旋转时实时更新显示。动态更新的操作示例如图 1-31 所示。

3. 按首选项定向

在"方向"选项卡的"类型"下拉列表框中选择"首选项"为定向类型，如图 1-32 所示，接着在"旋转中心"选项组中选取下列旋转方法之一。

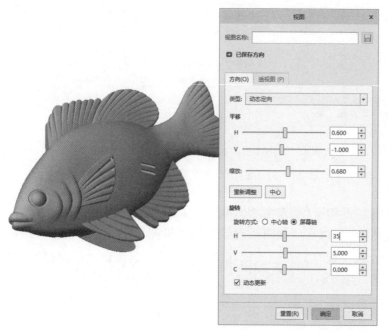

图 1-31　动态定向

图 1-32　按首选项定向

- "模型中心"：旋转中心位于模型中心。
- "屏幕中心"：旋转中心位于屏幕中心。
- "点或顶点"：旋转中心位于选取的点或顶点。
- "边或轴"：旋转中心位于选取的边或轴。
- "坐标系"：旋转中心位于选取的坐标系中心。

在"默认方向"选项组中，可将视图默认方向设置为"等轴测""斜轴测""用户定义"方向，如图 1-33 所示。

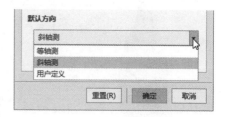

图 1-33　设置默认方向

1.5.3　使用鼠标调整视角

在 Creo Parametric 5.0 中，用户除了可以使用已保存的视图方向列表名来设置特定模型视角之外，还可以使用三键鼠标来随意地实时调整模型视角（见表 1-2）。

表 1-2　使用鼠标调整视角

序　号	调整视角的方式	操作方法说明
1	旋转模型视图	将光标置于图形窗口中，按住鼠标中键，然后拖动鼠标，可以随意旋转模型

（续）

序　号	调整视角的方式	操作方法说明
2	缩放模型视图	将光标置于图形窗口中，然后直接滚动鼠标中键，可以对模型进行缩放操作
		也可以同时按下〈Ctrl〉键+鼠标中键，并向前、后移动鼠标来缩放模型
3	平移模型视图	将光标置于图形窗口中，按住〈Shift〉键+鼠标中键，然后移动鼠标，可以实现模型的平移

1.5.4 基准显示和模型显示

初学者需要了解基准显示与模型显示的基本知识。在"图形"工具栏中集中了常用的基准显示和模型显示的工具按钮，在功能区的"视图"选项卡中也可以找到这些工具按钮。

1. 基准显示

在"图形"工具栏中单击 %. （基准显示过滤器）按钮，将可以使用 ❏ （平面显示）、/. （轴显示）、XX （点显示）和 /. （坐标系显示）这些复选按钮，此外，在"图形"工具栏中还提供了 ➐ （注释显示）复选按钮。

- ❏ （平面显示）：使用该复选按钮，设置是否在图形窗口中显示基准平面。
- /. （轴显示）：使用该复选按钮，设置是否在图形窗口中显示基准轴。
- XX （点显示）：使用该复选按钮，设置是否在图形窗口中显示基准点。
- /. （坐标系显示）：使用该复选按钮，设置是否在图形窗口中显示基准坐标系。
- ➐ （注释显示）：使用该复选按钮，打开或关闭3D注释及注释元素。

在功能区中切换至"视图"选项卡，在"显示"组中还能使用以下工具按钮设置是否显示相应基准的标记。

- ❏ （平面标记显示）：显示或隐藏基准平面标记。
- /. （轴标记显示）：显示或隐藏基准轴标记。
- XX （点标记显示）：显示或隐藏基准点标记。
- /. （坐标系标记显示）：显示或隐藏基准坐标系标记。

另外，"视图"选项卡的"显示"组中的 ✦ （旋转中心）按钮用于显示或隐藏旋转中心，即该按钮用于显示或使用默认位置的旋转中心，或者隐藏旋转中心以使用指针位置作为旋转中心。

用户可以预先进行基准显示设置，其方法是在功能区的"文件"选项卡中选择"选项"命令，打开"Creo Parametric 选项"对话框，选择"图元显示"类别，接着在"基准显示设置"选项组中进行相关的基准显示设置，例如，要设置默认时显示基准点，则勾选"显示基准点"复选框，如图1-34所示，并从"将点符号显示为"下拉列表框中选择"十字型""点""圆""三角形""正方形"选项之一来定义点符号。

在"Creo Parametric 选项"对话框的左窗格中选择"图元显示"类别时，除了可以进行基准显示设置之外，还可以进行几何显示设置和装配显示设置，以及进行尺寸、注释、注解和位号显示设置等。

2. 模型显示

- ❏ （线框）：选中该工具，以线框形式显示模型。

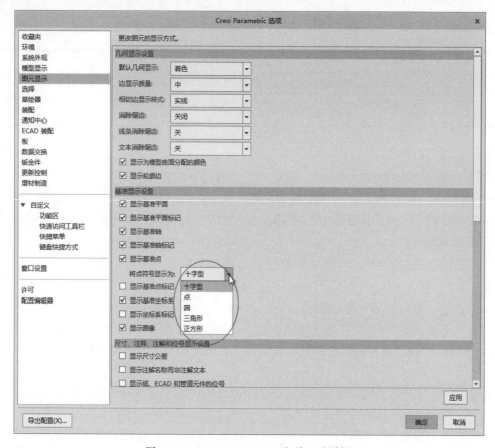

图 1-34 "Creo Parametric 选项"对话框

- ⬡（隐藏线）：选中该工具，表示启用隐藏线显示模式，隐藏线以灰色显示。
- ⬡（消隐）：选中该工具，表示启用消隐（无隐藏线）显示模式，不显示模型中被遮挡的线条。
- ⬡（着色）：选中该工具，表示启用着色显示模式，即以着色显示模式来显示模型，其隐藏线不显示。
- ⬡（带边着色）：利用边对模型进行着色。
- ⬡（带反射着色）：利用反射对模型进行着色，其典型示例的效果如图 1-35 所示。

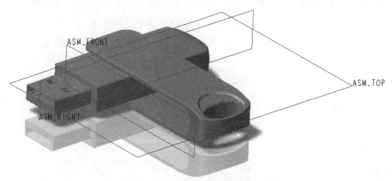

图 1-35 带反射着色的典型示例

在功能区"文件"选项卡中选择"选项"命令，打开"Creo Parametric 选项"对话框，在此对话框的左窗格中选择"模型显示"类别，则可以更改模型的默认显示方式，包括模型方向、重定向模型时的模型显示设置、着色模型显示设置等，如图 1-36 所示。

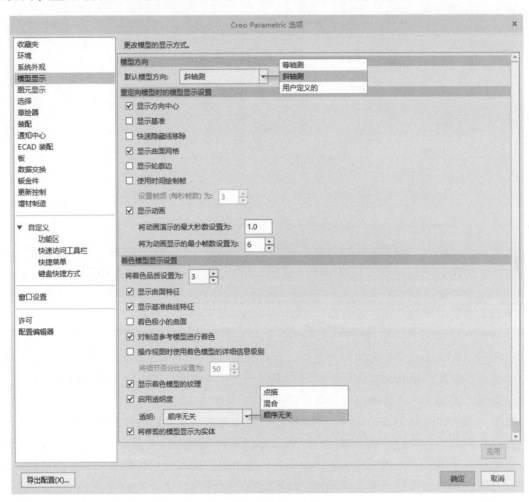

图 1-36　模型显示设置

1.6　使用模型树

模型树以"树"形式显示模型结构，其根对象（当前组件或零件）位于树的顶部，附属对象（零件或特征）位于下部。默认情况下，模型树显示在主窗口导航区的 （模型树/层树）选项卡中。在零件文件中，模型树显示零件文件名称并在名称下显示零件中的每个特征，如图 1-37 所示；在组件文件中，模型树显示组件文件名称并在名称下显示所包括的零件文件等，如图 1-38 所示。需要注意的是，模型树只列出当前文件中的相关特征和零件级的对象，而不列出构成特征的图元（如边、曲面、曲线等）。使用模型树可以帮助用户更好地把握模型结构及各要素之间的次序和父子关系。

图 1-37　零件的模型树

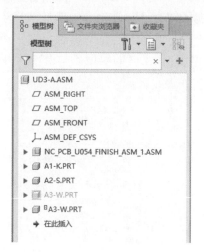

图 1-38　组件的模型树

在实际设计工作中使用模型树可以执行下列主要操作。

- 重命名模型树中的对象。方法是先在模型树中选择要重命名的对象，接着单击所选对象名旁边的图标或单击其对象名，系统出现一个编辑类型框，从中输入新名称，按〈Enter〉键。
- 选取特征、零件或组件。在设计中使用模型树可以快速选择对象。模型树中的对象选择流程是面向"对象-操作"流程的，通过在模型树中使用鼠标单击对象的方式即可选择对象，而无需首先指定要对其进行何种操作。需要注意的是，在模型树中可以选取元件、零件或特征，但不能选取构成特征的单个几何（图元），这些图元可以结合选择过滤器来在图形窗口中进行选择操作。
- 按项目类型或状态过滤显示，例如显示或隐藏基准特征，或者显示或隐藏隐含特征。
- 在模型树中右击特征或零件，可以通过弹出来的快捷菜单对其进行复制、创建注解、删除、重命名、编辑定义、阵列、隐含、取消隐含等操作；在模型树中单击特征或零件时，可以利用弹出的快捷工具栏执行这些按钮操作：（编辑定义）、（编辑参考）、（隐含）、（从父项选择）、（阵列）、（隐藏）、（缩放至选定项）等。
- 在组件模型树中，右键单击组件文件中的零件，将其在单独的窗口中打开来进行相关的设计操作。
- 可以设置显示特征、零件或组件的显示或再生状态（如隐含或未再生）。
- 在模型树中，单击图标符号▶或▼可分别展开或收缩模型树。

在导航区模型树的上方，单击（显示）按钮，系统弹出图 1-39 所示的下拉菜单，从中可以控制模型树中对象的显示方式，可以切换到层树状态。下面简单地介绍该下拉菜单中主要命令选项的功能与含义。

- "层树"：该命令用于设置层、层项目及显示状态。
- "简单搜索"：用于设置显示或隐藏简单搜索。
- "全部展开"：展开模型树的全部分支。

- "全部折叠"：收缩模型树的全部分支。
- "预选突出显示"：突出显示（加亮）预选模型树项目的几何体。
- "突出显示几何"：突出显示（加亮）所选模型树项目的几何体。
- "在树中自动定位"：切换自动定位并展开模型树中的选定对象。
- "显示弹出式查看器"：用于设置显示弹出式查看器。

在导航区模型树的上方，单击 [T] · （设置）按钮，系统弹出图 1-40 所示的下拉菜单，在该下拉菜单中，可以设置"树过滤器""树列""样式树"，可以"打开设置文件""保存设置文件"等。下面简单地介绍该下拉菜单中各命令选项的功能与含义。

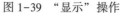

图 1-39 "显示"操作

图 1-40 "设置"操作

- "树过滤器"：按类型和状态控制模型树中项目的显示。选择"树过滤器"命令，打开图 1-41 所示的"模型树项"对话框，从中设置相关的显示项目，被勾选（打勾）的项目将在模型树中显示。

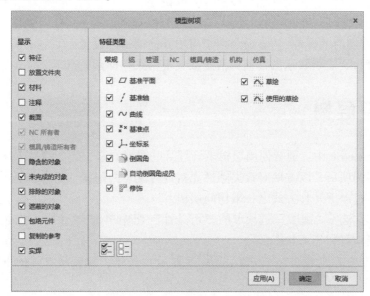

图 1-41 "模型树项"对话框

- "树列"：该命令用于设置"模型树列"的显示选项。选择该命令，弹出图1-42所示的"模型树列"对话框。在"不显示"选项组中从指定类型下选择某个将要显示的列项目，例如，选择"信息"类型下的"特征号"，单击 >> （添加列）按钮，从而将该列项目移到"显示"选项组的列表框中，可以指定列项目的宽度，然后单击"应用"按钮，则应用了添加指定的列项目，该列项目显示在模型树的右侧区域，如图1-43所示。

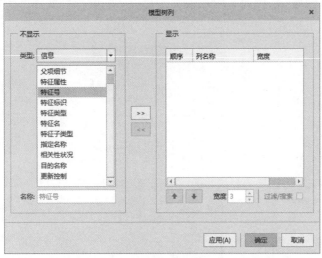

图1-42　"模型树列"对话框　　　　　图1-43　添加"特征号"列

- "样式树"：提供用于设置样式树的相关选项。样式树是"样式"特征中的图元的列表。样式树中列出当前样式特征内的曲线、包含修剪和曲面编辑的曲面，以及基准平面。注意，在样式树中不会列出跟踪草绘。
- "打开设置文件"：从文件加载以前存储的设置。
- "保存设置文件"：将当前设置（信息栏等）存储到磁盘。
- "应用来自窗口的设置"：该命令用于应用其他窗口的设置。
- "保存模型树"：将显示的模型树信息以文本格式存储到磁盘下。

1.7　使用层树

在 Creo Parametric 中，通常使用层树来管理某些图形元素，例如将属于同一类的图形元素指定为特定层的项目，以方便对该类图形元素进行统一的隐藏、隐含和显示等相关操作。

用户可以通过以下几种方式之一来访问层树。

方式1：在功能区"视图"选项卡的"可见性"组中单击 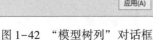（层）按钮，该按钮主要用于设置层、层项目和显示状态。

方式2：在导航区的模型树上方单击 （显示）按钮，接着从打开的下拉菜单中选择"层树"命令。

默认情况下，层树显示在导航区，如图1-44所示。在某些设计场合，如果想要在单独的窗口中显示层树，而在导航区仍然显示模型树，那么需将配置选项"floating_layer_tree"设置为"yes"（其默认值为"no"，设置默认值为"no"时层树将在导航器窗口中显示），有关配置选项的设置方法将在下一小节中介绍。当将配置选项"floating_layer_tree"设置为"yes"后，访问层树时将打开图1-45所示的"层（活动的）"对话框。

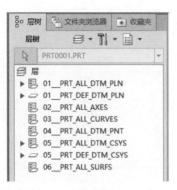

图1-44 在导航区显示层树

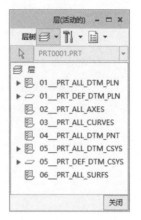

图1-45 "层"对话框

用户应该了解用于指示与项目有关的层类型的以下符号。

- ⊟（隐藏项目）：该符号为浅色显示，表示在模型树中临时隐藏的项目。
- ▱（简单层）：将项目手动添加到层中。
- ▤（规则层）：主要由规则定义的层。
- ▤（嵌套层）：主要包含其他层的层。
- ▤（同名层）：含有组件中所有元件的全部同名层。

另外，用户要熟悉层树的3个实用按钮，即 ▤▾（显示）按钮、▤▾（层）按钮和 ▌▾（设置）按钮，它们的功能含义如下。

- ▤▾（显示）按钮：使用该按钮的下拉菜单，可以切换显示返回到模型树，可以展开或收缩层树的全部节点，可以查找层树中的对象等。
- ▤▾（层）按钮：单击该按钮，可以根据需要从中选择"隐藏""取消隐藏""孤立（隔离）""激活""取消激活""保存""新建层""重命名""层属性""延伸规则""删除层""移除项""移除所有项""剪切""复制""粘贴""层信息"命令等。
- ▌▾（设置）按钮：主要用于向当前定义的层或子模型层中添加非本地项目。

下面通过一个典型的操作实例来介绍如何新建层并将该层设置为隐藏状态。

1）在层树上方单击 ▤▾（层）按钮，接着从图1-46所示的下拉菜单中选择"新建层"命令，打开"层属性"对话框，如图1-47所示。

2）在"层属性"对话框的"名称"文本框中指定新层的名称，"层标识"可以不填。

说明：层是用名称来识别的。层名称可以用数字或字母数字形式表示，最多不能超过31个字符。

3）选择所需的特征作为该层的项目，包含在层中的项目以" ✚ "符号表示，如图1-48所示。

图1-46 选择"新建层"命令

图1-47 "层属性"对话框（1）

4）在"层属性"对话框中单击"确定"按钮，创建的新层按数字、字母顺序出现在层树的适当位置处，如图1-49所示。值得注意的是，在树中显示层时，首先是按数字名称层排序，然后是按字母数字名称层排序；字母数字名称的层按字母排序。

图1-48 "层属性"对话框（2）

图1-49 层树

5）在层树中右击新建的层名，如图1-50所示，弹出一个快捷菜单，从该快捷菜单中选择"隐藏"命令。

隐藏的新层在层树中的显示如图1-51所示。

图 1-50 右击要隐藏的层

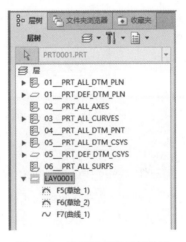

图 1-51 隐藏新层的层树效果

1.8 配置选项应用基础

在 Creo Parametric 中，Config. pro 是最主要的系统配置文件，它拥有大量的配置选项，主要用来设置软件系统的运行环境，如系统颜色、单位、尺寸显示方式、界面语言、库的设置、工程图配置、零部件搜索路径等。

Config. pro 的每一选项包含的基本信息有配置选项名称、默认的和可用的变量或值（带有星号 * 的为默认值）、描述配置选项的简单说明和注释。

在功能区的"文件"选项卡中选择"选项"命令，打开"Creo Parametric 选项"对话框，选择"配置编辑器"类别，则在该对话框的右部区域提供了一个"选项"选项组，如图 1-52 所示，用于查看和管理 PTC Creo Parametric 选项，即查看和管理 config. pro 配置文件选项及其值。其中，"显示"下拉列表框（例如从该下拉列表框中选择"仅更改""当前会话""所有选项"等）确定配置选项列表框显示的配置选项范围，"排序"下拉列表框则用于排序要显示的配置选项，可按字母顺序、按设置或按类别来排序要显示的配置选项。

图 1-52 "Creo Parametric 选项"对话框的配置编辑器

由于 config. pro 配置文件选项众多，本书不对各选项进行介绍，希望读者在今后的设计练习或工作中多加留意和积累。下面以将当前会话中的配置选项"floating_layer_tree"的值设置为"yes"为例，说明如何设置 Creo Parametric 基本配置选项。

1）在功能区中打开"文件"选项卡，选择"选项"命令，打开"Creo Parametric 选项"对话框，接着选择"配置编辑器"类别。

2）在"选项"选项组中，从"显示"下拉列表框中选择"当前会话"，从"排序"下拉列表框中选择"按字母顺序"排序方式。

3）在配置选项列表框的下方单击"添加"按钮，弹出"添加选项"对话框。

4）在"添加选项"对话框的"选项名称"文本框中输入配置选项名称为"floating_layer_tree"，接着从"值"文本框中选择"yes"，如图 1-53 所示。对于某些配置选项，则要求在"值"文本框中输入一个有效值。

5）单击"确定"按钮，返回"Creo Parametric 选项"对话框的配置编辑器。在配置选项列表框中会出现该配置选项及其新值。绿色的状态图标用于对所做的改变进行确认。

6）单击"确定"按钮。如果在设置过程中一时记不起所需的配置选项，那么可以在

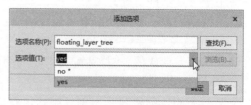

图 1-53 设置配置选项的值

"Creo Parametric 选项"对话框的配置编辑器中单击"查找"按钮，或者在"添加选项"对

话框中单击"查找"按钮，弹出"查找选项"对话框，如图 1-54 所示，接着在"1. 输入关键字"文本框中输入部分关键字，并设置查找范围，再单击"立即查找"按钮，那么搜索结果出现在"2. 选取选项"列表框中，在该列表框中选择所需要的配置选项，然后在"3. 设置值"框中选择所需要的选项或输入一个值，最后单击"添加/更改"按钮，即可完成该配置选项的修改设置。

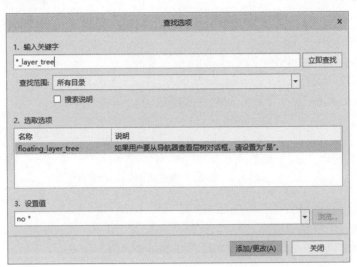

图 1-54 "查找选项"对话框

1.9 本章小结

本章首先介绍了 Creo 应用概述的内容，包括 Creo Parametric 5.0 基本设计概念、模型的基本结构属性和父子关系。其中，基本设计概念包括设计意图、基于特征建模、参数化设计和相关性等；模型的基本结构属性有特征、零件和组件；而父子关系是 Creo Parametric 和参数化建模最强大的功能之一，子特征的尺寸和几何参照需要依赖父项特征。

接着介绍了如何启动和退出 Creo Parametric 5.0，以及 Creo Parametric 5.0 的用户界面。在介绍用户界面时，侧重介绍界面的主要组成及其相应功能用途。

在上述基本知识的基础上，分别介绍文件基本操作、模型显示的基本操作、使用模型树和使用层树的知识。文件基本操作主要包括新建文件、打开文件、保存文件、拭除文件、设置工作目录、删除文件、激活窗口、关闭文件与退出系统。模型显示的基本操作包括使用已保存的视图方向（命名视角）、重定向、使用鼠标调整视角、模型显示和基准显示等。使用模型树和使用层树在实际设计中很常见，需要重点掌握这方面的基础知识。

Config. pro 是 Creo Parametric 最主要的系统配置文件，它具有大量的配置选项，主要用来设置软件系统的运行环境，如系统颜色、单位、尺寸显示方式、界面语言、库的设置、工程图配置、零部件搜索路径等。本章的最后一个知识点便是配置选项应用基础。读者应该掌握设置 Creo Parametric 基本配置选项的一般方法或典型方法。

1.10 思考与练习

（1）通过本章知识的学习，理解"设计意图""基于特征建模""参数化设计""相关性"这些基本设计概念。

（2）在 Creo Parametric 中，构建的模型可包含的基本结构属性有特征、零件和组件。请简述这些基本结构属性的含义。

（3）什么是 Creo Parametric 特征之间的父子关系？

（4）如何启动和退出 Creo Parametric 5.0？

（5）Creo Parametric 5.0 用户界面的主要组成包括哪些部分？

（6）上机练习：定制图 1-55 所示的"快速访问"工具栏。

图 1-55 定制"快速访问"工具栏

（7）拭除文件与删除文件有哪些区别？

（8）重定向视图视角的类型有哪几种？

（9）如何使用鼠标进行平移模型、缩放模型和旋转模型显示？

（10）使用模型树可以进行哪些典型的操作？

（11）如何新建一个层并隐藏该层？

（12）简述设置 Creo Parametric 基本配置选项的一般方法或典型方法。

第2章 草 绘

本章导读:

> Creo Parametric 提供了一个专门的草绘模块,该模块通常也被称为"草绘器"。在本章中,首先介绍草绘模式简介、草绘环境及相关设置,接着介绍绘制图元、编辑图元、标注、几何约束、使用草绘器调色板、解决草绘冲突和使用草绘器诊断工具等,最后介绍一个草绘综合范例。
>
> 通过本章的学习,将为后面掌握三维建模等知识打下扎实的基础。

2.1 草绘模式简介

零件建模离不开绘制截面几何。在 Creo Parametric 中,软件系统提供了一个专门用来绘制截面几何的"草绘器"(即草绘模式)。用户可以创建一个草绘文件来绘制二维图形,也可以在零件建模过程中进入内部草绘器绘制所需要的特征截面。

1. 创建一个草绘文件的典型方法及步骤

1)在"快速访问"工具栏中单击"新建"按钮 ,打开"新建"对话框。

2)在"类型"选项组中选择"草绘"单选按钮,在"文件名"文本框中输入新草绘文件的名称或接受默认名称,如图 2-1 所示。

3)在"新建"对话框中单击"确定"按钮,进入草绘模式的界面,如图 2-2 所示。草绘模式界面由标题栏、功能区、绘图区域、状态栏和导航区等几部分组成。

2. 草绘常用术语

为了更好地学习在草绘模式中绘制截面几何,需要了解和掌握以下常用术语。

图 2-1 "新建"对话框

- 图元:截面几何的任何元素,如直线、矩形、圆弧、圆、样条、圆锥、点或坐标系。

- 参照图元:当参照截面外的几何时,在 3D 草绘器中创建的截面图元,即可以将参照图元理解为创建特征截面或轨迹等对象时所参照的图元。参照的几何(例如零件边)对草绘器为"已知"。例如,对零件边创建一个尺寸时,也就在截面中创建了一个参照图元,该截面是这条零件边在草绘平面上的投影。

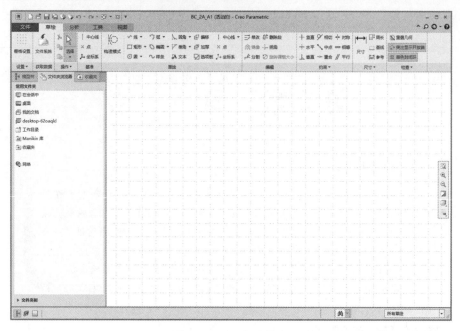

图 2-2　进入草绘模式

- 尺寸：图元或图元之间关系的测量。
- 约束：定义图元几何或图元间关系的条件，约束符号出现在应用约束的图元旁边。例如，可以约束两条直线相互垂直，这时会出现一个垂直约束符号来表示。
- 参数：草绘器中的一个辅助数值。
- 关系：关联尺寸和/或参数的方程，可用于传达目的。
- 弱尺寸和强尺寸：弱尺寸是指系统自动生成的尺寸测量，它主要用于求解随任何修改而变化的草绘。在没有用户确认的情况下，草绘器可以移除的尺寸被称为弱尺寸。添加尺寸或约束时，草绘器可以在没有任何确认的情况下移除多余的弱尺寸或弱约束。用户自己创建的任何尺寸都会自动成为强尺寸，也可以手动将弱尺寸转变为强尺寸，而不更改其值。在退出草绘器之前，加强想要保留在截面中的弱尺寸是一个很好的习惯。
- 弱约束和强约束：弱约束是指 Pro/ENGINEER Wildfire 4.0 之前版本创建的草绘中自动生成的约束，用于求解随任何修改而变化的草绘，它们以灰色显示，并且在用户添加或移除几何、尺寸或约束时可能会消失。强约束是指用户定义的约束。
- 冲突：两个或多个强尺寸或强约束的矛盾或多余条件。出现这种情况时，可通过移除一个不需要的约束或尺寸来立即解决。
- 橡皮筋模式：可拖动图元以使其跟随指针所移动的草绘器环境。必须先完成草绘图元，然后才能执行其他操作。

3. 在 2D 草绘器中创建截面的典型流程

1）进入草绘模式，草绘截面几何。创建截面时，系统自动添加尺寸和约束。

2）根据需要，重定义标注形式。用户可以根据需要添加自己的尺寸和约束，从而修改由草绘器自动创建的标注形式。由用户自己添加尺寸和约束时，系统自动删除不再需要的系统弱尺寸和弱约束。

3）如果需要，可以添加截面关系，以控制截面状态。

4）退出之前保存该截面。

要在退出草绘器之前保存绘制的截面，可以在"快速访问"工具栏中单击 （保存）按钮，或者在功能区的"文件"选项卡中选择"保存"命令，系统将创建一个扩展名为".sec"的文件。

2.2 草绘环境及相关设置

在实际设计中，用户可以根据设计需要对草绘环境等进行设置，例如设置草绘器首选项和设置拾取过滤等。

2.2.1 设置草绘器首选项

在草绘模式下，从功能区的"文件"选项卡中选择"选项"命令，弹出"Creo Parametric 选项"对话框，从左窗格中选择"草绘器"类别，接着可以在右区域设置草绘器的相关首选项，包括设置对象显示、草绘器约束假设、精度和敏感度、拖动截面时的尺寸行为、栅格、草绘器启动、线条粗细、图元线型和颜色、草绘器参考和草绘器诊断等的选项，如图2-3所示。其中，在"草绘器启动"选项组中可以勾选"使草绘平面与屏幕平行"复选框。如果要使草绘器的相关首选项恢复为系统初始默认值，那么单击"恢复默认值"按钮。

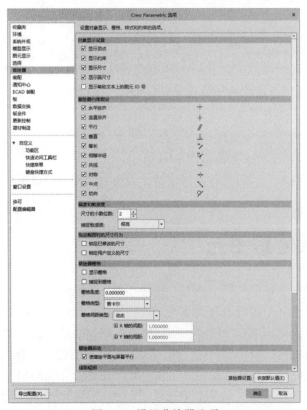

图2-3 设置草绘器选项

2.2.2 设置拾取过滤

在绘图设计中可以根据实际情况设置拾取过滤条件，以方便绘图，这便需要用到位于草绘器窗口状态栏中的草绘器选取过滤器，如图2-4所示。在草绘器选取过滤器列表框中，可供选择的选项有"所有草绘""草绘几何""尺寸""约束"。这些选项的功能含义如下。

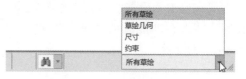

图2-4　草绘器选取过滤器

- "所有草绘"：选取包括尺寸、参照、约束和几何图元在内的所有草绘器对象。
- "草绘几何"：仅选取在当前草绘环境中存在的那些草绘器几何图元。
- "尺寸"：选取弱（强）尺寸或参照尺寸。
- "约束"：选取在当前草绘环境中存在的约束。

当选取过滤器选项后，只选择或加亮该过滤器类型的对象。可以通过将草绘包围在选取框中同时选取该过滤器类型的所有对象，或者通过鼠标逐一单击该过滤器类型的图元依次选取它们。

2.2.3 使用"图形"工具栏中的草绘器工具进行显示切换

进入草绘器中时，"图形"工具栏中提供了图2-5所示的工具按钮，其中包括以下4个实用的工具按钮。

- （尺寸显示）：切换草绘器对象尺寸显示的开或关。
- （约束显示）：切换约束显示的开或关，即显示或隐藏所有约束符号。
- （栅格显示）：切换栅格的开或关，即显示或隐藏草绘栅格。
- （顶点显示）：显示或隐藏草绘顶点。

图2-5　草绘器的"图形"工具栏

- （锁定显示）：显示或隐藏图元显示。

当选中按钮时，也就是当勾选其复选框时，表示打开相应的显示状态，否则表示关闭相应的显示状态。

2.3　绘制草绘器图元

草绘器图元包括线、矩形、圆、圆弧、椭圆、点、坐标系、样条、圆角与椭圆角、圆锥曲线和文本等。在草绘器中进行设计工作时，需要注意鼠标键的一些应用技巧，例如用鼠标左键在屏幕上选择点，单击鼠标中键中止当前操作，草绘时单击鼠标右键可锁定所提供的约束，再次单击鼠标右键可以禁用该约束，第三次单击鼠标右键可以重新启用该约束。另外，当不处于橡皮筋模式时单击鼠标右键可显示带有最常用草绘命令的快捷菜单。

在草绘器功能区的"草绘"选项卡中提供了一个"草绘"组，该组集中了草绘基本图元的相关工具按钮，如图2-6所示。

图 2-6 草绘器功能区的"草绘"选项卡

2.3.1 绘制线

绘制线包括如下几种情况。

1. 通过两点绘制一条直线段或连续的线段

1）在"草绘"组中单击 ✓（线链）按钮。

2）在绘图区域指定直线的第 1 点。

3）在绘图区域指定直线的第 2 点，从而绘制一条直线段。

4）可以继续通过指定点来绘制其他直线，注意上一点为后续直线的第 1 点。此步骤为可选步骤。

5）单击鼠标中键，结束该命令操作。

2. 创建与两个图元相切的直线

1）在"草绘"组中单击 ✕（直线相切）按钮。

2）在绘图区域选取要相切的第一个图元，该图元可为圆或圆弧。

3）移动鼠标至另一个图元（如圆或圆弧）预定区域，系统通常会捕捉到相切点，此时单击鼠标左键，完成绘制一条与所选两个图元相切的直线，如图 2-7 所示。

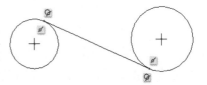

图 2-7 绘制相切直线

4）单击鼠标中键，结束该命令操作。

3. 通过两点创建中心线

中心线具有无限长的特性，它分为构造中心线和几何中心线。构造中心线是草绘辅助对象，它无法在草绘器以外参考。几何中心线属于基准图元，会将特征级信息传递到草绘器之外，可用来定义一个旋转特征的旋转轴。

可以按照以下的方法步骤来创建一条构造中心线。

1）在"草绘"组中单击 ⁞（中心线）按钮。

2）选取第 1 点。

3）选取第 2 点，从而绘制一条中心线。

4）单击鼠标中键，结束该命令操作。

另外，在"基准"组中单击 ⁞（几何中心线）按钮，可以通过指定两点来创建一条几何中心线（基准中心线）。

4. 创建与两个图元相切的中心线

1）在"草绘"组中单击"中心线相切"按钮 ⸋。

2）在弧或圆上选取一个位置。

3）在另一个弧或圆上选取一个相切位置，从而绘制出与两个图元相切的中心线，如图2-8所示。

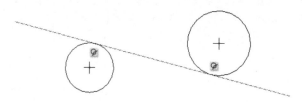

图2-8　绘制与两图元相切的中心线

4）单击鼠标中键，结束该命令操作。

2.3.2　绘制矩形类图形

在Creo Parametric 5.0中，绘制的矩形类图形分为4种，即拐角矩形、斜矩形、中心矩形和平行四边形。

1. 绘制拐角矩形

绘制拐角矩形的方法及操作步骤如下。

1）在"草绘"组中单击□（拐角矩形）按钮。

2）在绘图区域用鼠标左键指定放置矩形的一个顶点，然后指定另一个顶点以指示矩形的对角线，从而完成绘制矩形，如图2-9所示，该矩形具有水平和竖直边。

3）单击鼠标中键，退出该命令。

对于绘制的拐角矩形，其四条线是相互独立的，用户可以单独修改和拖动它们。

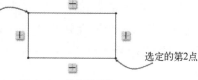

图2-9　绘制矩形

2. 绘制斜矩形

绘制斜矩形的方法及步骤如下。

1）在"草绘"组中单击◇（斜矩形）按钮。

2）在绘图区域依次指定第1点和第2点，这两点便定义了斜矩形的一条边。

3）移动鼠标至合适位置处单击以确定斜矩形的另一边长，如图2-10所示。最后单击鼠标中键退出该命令。

3. 绘制平行四边形

绘制平行四边形的方法及步骤如下。

1）在"草绘"组中单击▱（平行四边形）按钮。

2）在绘图区域依次指定第1点和第2点。

3）移动鼠标指定第3点，从而确定一个平行四边形，示例如图2-11所示。最后单击鼠标中键退出该命令。

4. 根据中心创建矩形

还可以根据中心创建矩形，其方法是在"草绘"组中单击"中心矩形"按钮▣，接着在绘图区域中指定一点作为矩形的中心点，再拖动鼠标选取矩形的一个顶点，从而生成一个水平矩形，如图2-12所示。

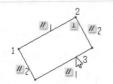 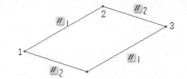

图 2-10 绘制斜矩形　　　图 2-11 绘制平行四边形　　　图 2-12 根据中心创建矩形

2.3.3 绘制圆

绘制圆主要有如下几种方式。

1. 通过拾取圆心和圆上一点来创建圆

1）在"草绘"组中单击 ⊙（圆心和点）按钮。

2）使用鼠标光标在绘图区域单击一点作为圆心，然后移动鼠标光标单击另外一点作为圆周上的一点，如图 2-13 所示，从而完成绘制一个圆。

3）单击鼠标中键，退出该命令。

2. 创建同心圆

创建同心圆的操作思路是选取一个参照圆或一条圆弧来定义中心点，移动光标时，圆拉成橡皮条状直到按下鼠标左键完成。下面列出创建同心圆的具体操作步骤。

1）在"草绘"组中单击 ◎（创建同心圆）按钮。

2）在绘图区域中单击一个已有的参照圆或圆弧来定义中心点（也可直接单击圆心），接着移动鼠标在适当位置处单击便可确定一个同心圆，如图 2-14 所示。

3）可以移动鼠标光标指定其他点来连续绘制所需的同心圆。

4）单击鼠标中键，退出该命令操作。

3. 通过拾取 3 个点来创建圆

1）在"草绘"组中单击 ◯（3 点方式）按钮。

2）指定圆上第 1 点，指定圆上第 2 点，接着指定圆上第 3 点，如图 2-15 所示，从而绘制一个圆。

 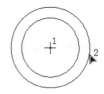

图 2-13 通过"圆心和点"绘制圆　　　图 2-14 绘制同心圆　　　图 2-15 通过拾取 3 点来创建圆

3）单击鼠标中键，结束该命令操作。

4. 创建与 3 个图元相切的圆

1）在"草绘"组中单击 ◯（3 相切方式）按钮。

2）在一个图元（弧、圆或直线）上选取一个位置。

3）在第 2 个图元（弧、圆或直线）上的预定位置处单击。

4）移动鼠标至第 3 个图元的预定区域处单击，从而绘制与 3 个图元相切的圆。

5）单击鼠标中键，退出该命令操作。

值得注意的是，在创建与3个图元（图元可以是直线、圆或圆弧）相切的圆时，需要考虑圆或圆弧的选择位置，选择位置可决定创建的圆是内相接形式的还是外相切形式的。例如，在图2-16中给出了两种生成情况，即选择圆的位置不同，所创建的相切圆也会不同。

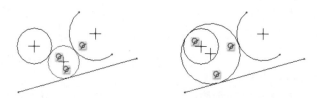

图2-16　创建与3个图元相切的圆

2.3.4　绘制圆弧与圆锥曲线

创建圆弧与圆锥曲线主要有以下几种方式。

1. 通过3点创建圆弧或通过在其端点与图元相切来创建圆弧

单击 ⌒（3点/相切端弧）按钮，可以通过拾取弧的两个端点和弧上的一个附加点来创建一个3点弧，其中拾取的前两个点分别定义弧的起始点和终止点，而第3个点则为弧上的其他点，如图2-17所示。

单击 ⌒（3点/相切端弧）按钮，也可以创建一条在指定端点处与图元相切的圆弧，具体方法及步骤说明如下。

1）单击 ⌒（3点/相切端弧）按钮。

2）选择现有图元的一个端点作为起点，该点确定了切点，然后移动鼠标光标单击一点来作为相切弧的另一个端点，如图2-18所示。

3）单击鼠标中键，退出该命令。

2. 同心弧

1）在"草绘"组中单击 ⌒（同心弧）按钮。

2）使用鼠标光标选择已有的圆弧或圆来定义圆心（也可直接单击圆心），移动光标可以看到系统产生一个以虚线显示的动态同心圆，如图2-19所示。

3）拾取圆弧的起点，然后绕圆心顺时针或者逆时针方向来指定圆弧的终点，如图2-20所示。

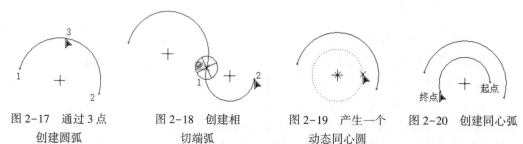

图2-17　通过3点
创建圆弧

图2-18　创建相
切端弧

图2-19　产生一个
动态同心圆

图2-20　创建同心弧

4）可以继续创建同心圆弧。单击鼠标中键，退出该命令。

3. 通过选择弧圆心与两个端点来创建圆弧

1）单击 （圆心与端点弧）按钮。

2）在绘图区域中选择一点作为圆弧中心，拖动光标则系统产生一个以虚线显示的动态圆，然后分别拾取两点定义圆弧的两个端点，从而绘制一个圆弧，如图 2-21 所示。

3）单击鼠标中键结束该命令。

4. 创建相切弧

单击 （创建与 3 个图元相切的弧）按钮，可以在绘图区域中分别指定 3 个图元（如直线、圆或圆弧）来创建与之相切的圆弧，如图 2-22 所示。

5. 创建圆锥曲线（锥形弧）

1）在"草绘"组中单击 （圆锥弧）按钮。

2）使用鼠标左键选取圆锥的第一个端点。

3）使用鼠标左键拾取圆锥的第二个端点。

4）使用鼠标左键拾取轴肩位置，完成锥形弧的创建，绘制示例效果如图 2-23 所示。

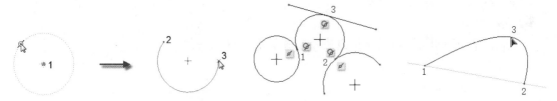

图 2-21 通过选择弧圆心与端点创建圆弧　　图 2-22 创建相切弧　　图 2-23 绘制圆锥曲线

5）单击鼠标中键终止该命令。

2.3.5 绘制椭圆

在绘制椭圆之前，首先需要了解椭圆的以下主要特性。

● 椭圆的中心点可以作为尺寸和约束的参照。

● 椭圆可由长轴半径和短轴半径定义。

● 在 Creo Parametric 5.0 系统中，可以绘制倾斜放置的椭圆。

绘制椭圆的方式有两种：一种是通过定义椭圆某个主轴的端点创建椭圆，另一种则是通过定义椭圆的中心和某个主轴的端点创建椭圆。

1. 通过定义椭圆某个主轴的端点来创建椭圆

通过定义椭圆某个主轴的端点来创建椭圆的方法及步骤如下。

1）在"草绘"组中单击 （轴端点椭圆）按钮。

2）在绘图区域内依次选择两点作为椭圆的长轴端点，接着移动鼠标光标来指定椭圆的形状，如图 2-24 所示。

3）单击鼠标中键，退出该命令。

2. 根据椭圆的中心和长轴端点创建椭圆

根据椭圆的中心和长轴端点创建椭圆的方法及步骤如下。

1）在"草绘"组中单击 （中心和轴椭圆）按钮。

2）在绘图区域内指定一点作为椭圆的中心，接着指定第一条轴的一个端点，然后移动鼠标光标来单击第3点来确定椭圆的形状，如图2-25所示。

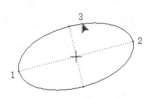

图2-24 轴端点椭圆

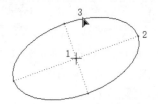

图2-25 中心和轴椭圆

3）单击鼠标中键，退出该命令。

2.3.6 绘制点与坐标系

在草绘器中绘制点与绘制坐标系的方法类似，两者均有构造对象和几何对象之分，即构造点和构造坐标系无法在草绘器以外被参考，而几何点和几何坐标系会将特征级信息传递到草绘器之外。

1. 绘制构造点

在草绘器中绘制构造点的典型方法及步骤如下。

1）在"草绘"组中单击 ×（点）按钮。

2）在绘图区域的预定位置处单击，即可在该位置处创建一个构造点（草绘点）。可以继续移动鼠标光标在其他位置处单击以创建其他构造点。

3）单击鼠标中键，结束构造点的绘制命令。

在绘图区域绘制多个草绘点时，系统在默认情况下为这些点自动标注尺寸，如图2-26所示。

2. 绘制构造坐标系

在草绘器中绘制构造坐标系的方法及步骤如下。

1）在"草绘"组中单击 ⤢（坐标系）按钮。

2）单击某一位置来定位该构造坐标系。可继续创建其他构造坐标系。

3）单击鼠标中键，结束该命令操作。

图2-27是在草绘器中创建一个构造坐标系的示例。

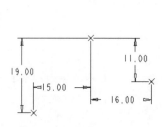

图2-26 绘制多个草绘点

图2-27 绘制一个构造坐标系

3. 绘制几何点和几何坐标系

另外，在Creo Parametric 5.0草绘器中，使用功能区"草绘"选项卡的"基准"组中的

✘（几何点）按钮可以创建一个或多个几何点，即在草绘特征中将生成基准点；而使用"基准"组中的 ↳（几何坐标系）按钮则可以创建几何坐标系。

2.3.7 绘制样条曲线

可以将样条曲线（简称样条）理解为平滑通过或逼近任意多个中间点的曲线。

绘制样条曲线的典型方法及步骤如下。

1）在"草绘"组中单击 ∿（样条）按钮。

2）在草绘器的绘图区域中单击，向该样条添加点。此时移动鼠标光标，一条"橡皮筋"样条附着在光标上出现。

3）在绘图区域依次添加其他的样条点，如图 2-28 所示。

图 2-28　绘制样条曲线

4）单击鼠标中键结束样条曲线创建。

2.3.8 绘制圆角与椭圆角

1. 创建圆角

圆角圆弧是指在任意两个图元之间创建的一个圆角过渡弧。圆角的默认大小和位置取决于拾取图元的位置。生成的圆角弧可以带有构造线（见图 2-29a），也可以不带有构造线（见图 2-29b），前者是用 ↘（圆形）按钮来创建的，后者则是用 ↘（圆形修剪）按钮来创建的。两者的创建步骤相同，即单击 ↘（圆形）按钮或 ↘（圆形修剪）按钮后，在绘图区域分别单击两个有效图元，Creo Parametric 5.0 从所选取的离两直线交点最近的点创建相应的一个圆角，单击鼠标中键终止该命令。

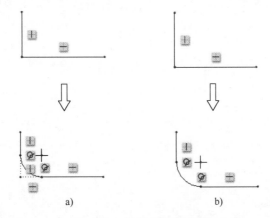

a)　　　　　　　　　　　　b)

图 2-29　圆角的创建示例

a）创建带有构造线的圆角　b）创建不带构造线的圆角（圆形修剪）

2. 创建椭圆角

椭圆角的创建工具有╲（椭圆形）按钮和╲（椭圆形修剪）按钮，前者创建的椭圆形圆角带有圆角构造线（见图2-30a），后者创建的椭圆形圆角没有带有圆角构造线（见图2-30b）。两者的创建步骤相同，即在"草绘"组中单击╲（椭圆形）按钮或╲（椭圆形修剪）按钮后，在绘图区域分别单击要在其间创建椭圆圆角的图元，最后单击鼠标中键终止该命令。

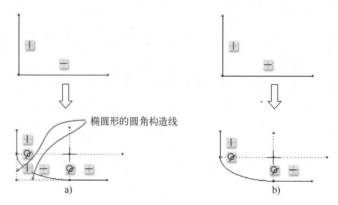

图2-30 示例：在两图元间创建椭圆角

a）创建带有构造线的椭圆角 b）创建不带构造线的椭圆角（椭圆形修剪）

2.3.9 绘制二维倒角

在两个图元之间创建二维倒角的常规方法和步骤如下。

1）在"草绘"组中单击╱（倒角修剪）按钮。

2）选取两个图元，则在这两个图元之间创建一个倒角，示例如图2-31所示。

3）单击鼠标中键结束该命令。

如果要在两个图元之间创建倒角并创建构造线延伸（即添加了可延伸至交点的构造线），那么在"草绘"组中单击╱（倒角）按钮，接着选取两个有效图元即可，此类倒角效果如图2-32所示。

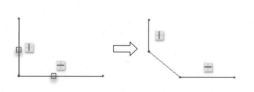

图2-31 在两个图元之间创建倒角

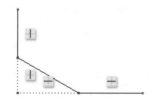

图2-32 带有构造线的倒角

2.3.10 偏移与加厚

1. 偏移

"草绘"组中的▢（偏移）按钮用于通过偏移一条边或草绘图元来创建图元，示例如图2-33所示。单击▢（偏移）按钮时，弹出图2-34所示的"类型"对话框，该对话框提供了"单一""链""环"3个单选按钮，根据设计要求选择这3个单选按钮之一，接着单击所需的图元以完成选择要偏移的图元，然后于箭头方向输入偏移值，单击 ✓ （接受值）按钮即可。

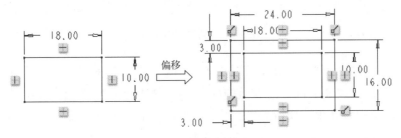

图2-33 偏移图元示例

2. 加厚

"草绘"组中的 ⬚ （加厚）按钮用于通过在两侧偏移边或草绘图元来创建图元。单击 ⬚ （加厚）按钮，弹出图2-35所示的"类型"对话框，在"选择加厚边"选项组中选择"单一""链""环"单选按钮，接着在"端封闭"选项组中选择"开放""平整""圆形"单选按钮以定义端如何封闭，选择要偏移加厚的图元，然后依次输入厚度和于箭头方向的偏移量即可。在图2-36所示的加厚图例中，选择的原始图元为一根长6的水平直线段，端封闭为"开放"，输入的厚度值为"4"，于箭头方向（以软件实际为准，例如假设本例的箭头方向默认垂直于水平线段并指向下方）。

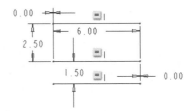

图2-34 "类型"对话框（1）　　图2-35 "类型"对话框（2）　　图2-36 加厚图元

2.3.11 创建文本

文本也可以看作是草绘器的一个基本图元。可以在草绘器中创建图2-37所示的剖面文本。

在草绘器中创建文本的一般步骤如下。

1）在"草绘"组中单击 **A** （文本）按钮。

2）在绘图区域中选择行的起点和第2点，确定文本高度和方向，系统弹出图2-38所示的"文本"对话框。

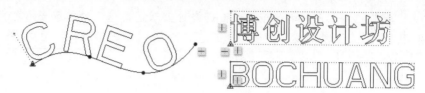

图 2-37　创建剖面文本

3）在"文本"对话框的"文本行"文本框中输入要创建的文本，如果要输入一些特殊的文本符号，可以在"文本行"选项组中单击 ▣↓（文本符号）按钮，弹出图 2-39 所示的"文本符号"对话框，从中选择所需要的符号，然后单击"关闭"按钮。

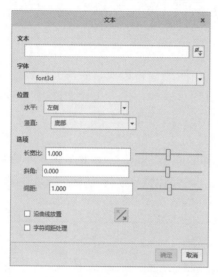

图 2-38　"文本"对话框　　　　　　　图 2-39　"文本符号"对话框

4）在"字体"选项组中，从"字体"列表框中选择所需要的一种字体，然后分别设置字体的水平和垂直放置位置、长宽比和斜角。

- "字体"下拉列表框：该列表框中提供了可用的 PTC 字体和 TrueType 字体列表。
- "位置"选项区域：用于选取水平和竖直位置的组合以放置文本字符串的起始点。其中，从"水平"下拉列表框中可以选择"左侧""中心""右侧"选项，默认设置为"左侧"；从"垂直"下拉列表框中可以选择"底部""中间""顶部"选项，默认设置为"底部"。
- "长宽比"文本框：使用滑动条增加或减少文本的长宽比，也可以直接在相应的文本框中输入有效比值。
- "斜角"文本框：使用滑动条增加或减少文本的斜角，也可以直接在相应的文本框中输入斜角参数。
- "间距"文本框：使用滑动条增加或减少相邻文本字符之间的间距，也可以直接在相应的文本框中输入该间距参数。

5）如果要根据某曲线放置文本，那么在"文本"对话框中勾选"沿曲线放置"复选框，并选择要在其上放置文本的曲线。可重新选取水平和竖直位置的组合以沿着所选曲线放置文本字符串的起始点，水平位置定义曲线的起始点。

如果需要，单击 按钮，从而更改希望文本随动的方向，即将文本反向到曲线的另一侧。

6）必要时，勾选"字符间距处理"复选框，以启用文本字符串的字体字符间距处理，这样可以控制某些字符对之间的空格，改善文本字符串的外观。字符间距处理属于特定字体的特征。

7）单击"文本"对话框中的"确定"按钮，完成文本创建。

2.4 编辑图形对象

编辑图形对象的基本操作包括修剪图元、删除图元、镜像图元、缩放与旋转图元、复制与粘贴图元、切换构造和编辑文本等。

2.4.1 修剪图元

修剪是较为常用的图形编辑操作，它主要包括 3 种方式，即删除段、拐角和分割。

1. 删除段

删除段也称动态修剪剖面图元。

删除段的一般操作步骤如下。

1）在功能区"草绘"选项卡的"编辑"组中单击 按钮。

2）单击要删除的段。所单击的段即被删除。

删除段的图解示例如图 2-40 所示。

图 2-40　删除段示例

2. 拐角

拐角又常被称为"相互修剪图元"，操作实际上是将图元修剪（剪切或延伸）到其他图元或几何体。

进行拐角修剪操作的典型步骤如下。

1）在"编辑"组中单击 按钮。

2）Creo Parametric 提示选取要修剪的两个图元。在要保留的图元部分上，单击任意两个图元（它们不必相交），则 Creo Parametric 将这两个图元一起修剪。

下面举两个典型的拐角修剪示例。拐角修剪示例 1 如图 2-41a 所示，要修剪的两个图元具有相交点，在执行 ┼（拐角）按钮功能后，单击图元的位置指示了要保留的部分，交点外的另一部分被修剪。拐角修剪示例 2 如图 2-41b 所示，不相交的两个图元被拐角修剪后，其中一个图元延伸至与另一个图元相交，并保留另一图元的单击部分，超出其延伸相交点的部分则被裁减掉。

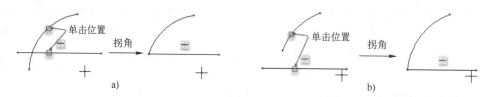

图 2-41　拐角示例

a）拐角修剪到相交点　b）拐角修剪到延伸点

3. 分割

可以将一个截面图元分割成两个或多个新图元。分割示例如图 2-42 所示。

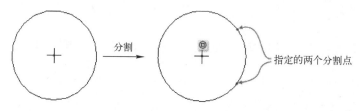

图 2-42　分割示例

分割图元的一般操作步骤如下。

1）在"编辑"组中单击 ╱（分割）按钮。

2）在要分割的位置单击图元，Creo Parametric 则在指定的位置处分割该图元。

2.4.2　删除图元

删除图元的典型方法如下。

1）选择要删除的图元。

2）直接按键盘上的〈Delete〉键，或者在绘图区域内单击鼠标右键并接着从出现的右键快捷菜单中选择"删除"命令。

2.4.3　镜像图元

使用 ⚮（镜像）按钮，可以相对一条草绘中心线来镜像草绘器几何体。例如，可以创建半个截面，然后以镜像的方法完成整个截面。需要注意的是，只能镜像几何图元（含文本），而无法镜像尺寸、中心线和参照图元。

要镜像图元，首先要确保草绘中包括一条中心线，如果没有中心线，则需要创建一条所需的中心线。有了所需的中心线后，可以按照如下方法步骤镜像图元。

1）在草绘模式下选取要镜像的一个或多个图元。

2）在"编辑"组中单击 ⚮（镜像）按钮。

3）系统提示选取一条中心线。在绘图区域中单击一条中心线，系统对于所选取的中心线镜像所有选取的几何形状。

镜像图元的示例如图2-43所示。

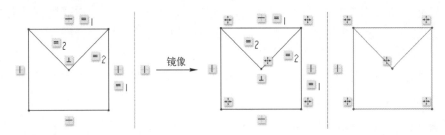

图2-43 镜像图元的示例

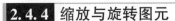

在某些设计情况下，需要缩放与旋转图元来获得满足要求的图形效果。缩放与旋转图元的典型方法及步骤如下。

1）在绘图区域中选择要编辑的图形。

2）在功能区"草绘"选项卡的"编辑"组中单击 （旋转调整大小）按钮。

3）功能区出现"旋转调整大小"选项卡，并且在图形中出现操作符号，如图2-44所示。用户可以选取⊗（平移句柄）符号来平移图形，选取↻（旋转句柄）来旋转图形，选取 （缩放句柄）来缩放图形。如果要精确设置缩放比例和旋转角度，则在"旋转调整大小"选项卡中分别设定缩放比例和旋转角度等。

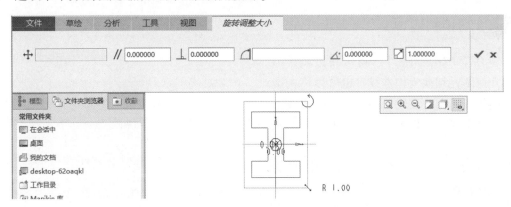

图2-44 移动和调整图形大小

4）在"旋转调整大小"选项卡中单击 （完成）按钮。

2.4.5 剪切、复制和粘贴图元

在草绘器中可以分别通过剪切和复制操作来移除或复制部分剖面或整个剖面，剪切或复制的草绘图元将被置于剪贴板中，然后通过粘贴操作将剪切或复制的图元放到活动剖面中的所需位置，并且可以平移、旋转或缩放所粘贴的草绘几何图元。

下面以复制和粘贴几何图元为例介绍其操作方法。

1）选择要复制的一个或多个草绘器几何图元。

2）在功能区"草绘"选项卡的"操作"组中单击 （复制）按钮，或者按〈Ctrl+C〉组合键。与选定图元相关的强尺寸和约束也将随同草绘几何图元一起被复制到剪贴板上。

3）在"操作"组中单击 （粘贴）按钮，或者按〈Ctrl+V〉组合键。

4）在绘图区域中的预定位置处单击，此时功能区出现"粘贴"选项卡，并且粘贴图元将以默认尺寸出现在所选位置，该图形上显示有⊗（平移句柄）、↻（旋转句柄）和↘（缩放句柄）符号，如图2-45所示。

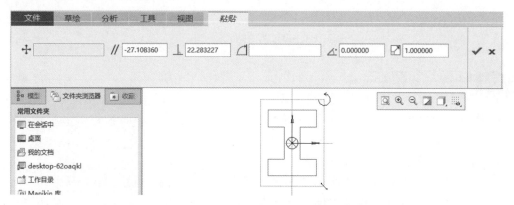

图2-45 "粘贴"选项卡和粘贴圆元预览

5）使用句柄或通过"粘贴"选项卡设置图形比例和旋转角度等。

6）在"粘贴"选项卡中单 （完成）按钮，完成复制与粘贴操作。

2.4.6 切换构造

在 Creo Parametric 中，可以将以实线显示的几何图元切换为构造线，也可以将构造线切换为几何图元实线。构造线以非实线形式显示，主要用于作为制图的辅助线等。在图2-46所示的图形中，具有一个圆形的构造线。将实线图形转换为构造线方法很简单，即在图形窗口中选择要转换为构造线的实线，接着在功能区"草绘"选项卡中选择"操作"→"切换构造"命令（对应的组合键为〈Ctrl+G〉）。如果要将构造线重新

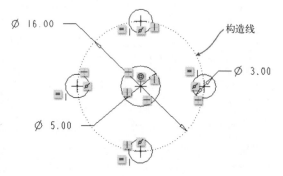

图2-46 构造线示例

转换为实线，则可以先选择要处理的构造线，接着在功能区"草绘"选项卡中选择"操作"→"切换构造"命令即可。

用户也可以切换到构造模式下以创建新构造几何，这需要在功能区"草绘"选项卡的"草绘"组中单击 （构造模式）按钮以选中该按钮，以后使用草绘工具创建的图元将是构造图元。如果再次单击 （构造模式）按钮，则取消构造模式。

2.4.7 修改文本

可以按照如下的典型方法编辑修改文本。

1）在功能区"草绘"选项卡的"编辑"组中单击 (修改）按钮。

2）选择要修改的文本，系统弹出"文本"对话框。

3）利用"文本"对话框对文本进行相关修改操作。

用户也可以在"依次选择"状态下，即 (依次）处于被选中状态时，在绘图窗口双击要修改的文本，系统弹出"文本"对话框，利用"文本"对话框进行相关修改操作即可。

2.5 标注

2.5.1 标注基础

在草绘器中绘制截面图形时，系统会自动标注几何，以确保在截面创建的任何阶段都已充分约束和标注该截面。由系统自动创建的这些尺寸为弱尺寸，它们以预设颜色显示。用户可以根据设计要求添加自己的尺寸来创建所需的标注形式，由用户自己添加的尺寸是强尺寸，在添加强尺寸时，系统可自动删除不必要的弱尺寸和弱约束。

通常为了确保系统在没有输入的情况下不删除某些弱尺寸，则可以将这些所需的弱尺寸加强。有选择性地将弱尺寸加强的方法比较简单，即选择一个要加强的尺寸，接着从功能区中选择"操作"→"转换为"→"强"命令（对应的组合键为〈Ctrl+T〉），确定该尺寸值后，该尺寸变为强尺寸，强尺寸以另外一种预设的颜色显示。需要注意的是，在整个 Creo Parametric 中，每当修改一个弱尺寸值或在一个关系中使用它时，该尺寸就变为加强尺寸。

在功能区"草绘"选项卡的"尺寸"组中提供了用于标注尺寸的几个实用工具命令，如"尺寸""周长""参考""基线""解释"，如图 2-47 所示。

图 2-47 "尺寸"组中的工具命令

通常使用"尺寸"组中的 (尺寸）按钮创建基本尺寸，其一般步骤是单击该按钮后，选取要标注的图元，然后使用鼠标中键将尺寸放置在所需位置，并可修改其尺寸值（在出现的尺寸文本框中修改尺寸值，按〈Enter〉键确定）。可以继续创建此类尺寸。

2.5.2 创建线性尺寸

线性尺寸主要分如下几种情况。

1. 标注线段长度

1）单击 (尺寸）按钮。

2）单击要标注尺寸的线段。

3）在合适位置处单击鼠标中键来放置文本，并利用出现的尺寸框修改及确定尺寸值。

标注线段长度的示例如图 2-48 所示。

图 2-48 标注
线段长度

> **注意**
>
> 因为中心线是无穷长的，所以不能标注其长度。

2. 标注两点之间的距离

1）单击|←→|（尺寸）按钮。

2）分别单击这两个点。

3）移动鼠标光标到定义尺寸放置的位置处单击鼠标中键。单击鼠标中键时鼠标光标所处的位置不同，则会得到以下 3 种标注结果之一。

- 标注两点之间的垂直距离尺寸，如图 2-49a 所示。
- 标注两点之间的倾斜距离尺寸，如图 2-49b 所示。
- 标注两点之间的水平距离尺寸，如图 2-49c 所示。

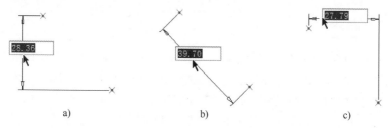

图 2-49　两点间的 3 种标注结果

a）垂直距离尺寸　b）倾斜距离尺寸　c）水平距离尺寸

3. 标注两条平行线之间的距离

1）单击|←→|（尺寸）按钮。

2）使用鼠标左键分别单击平行的两条直线。

3）在欲放置尺寸的位置处单击鼠标中键，并确定距离尺寸值。

标注两条平行线之间的距离尺寸的示例，如图 2-50 所示。

4. 标注一点和一条直线之间的距离

1）单击|←→|（尺寸）按钮。

2）使用鼠标左键分别单击直线和点。

3）在欲指定尺寸文本放置的位置处单击鼠标中键，并确定尺寸值。标注示例如图 2-51 所示。

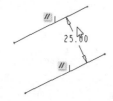

图 2-50　标注两条平行线之间的距离尺寸　　图 2-51　标注点和直线之间的距离尺寸

5. 标注直线和圆弧之间的距离

1）单击|←→|（尺寸）按钮。

2）使用鼠标左键分别单击直线和圆弧。

3）移动鼠标到合适位置处单击鼠标中键，以指定尺寸文本的放置位置，如图 2-52 所示。

6. 标注两圆弧（或圆）之间的距离

单击|↔|（尺寸）按钮，接着使用鼠标左键分别单击两个圆（或圆弧），然后在合适的位置处单击鼠标中键来创建一个切点距离尺寸。完成的该类尺寸示例如图 2-53 所示。

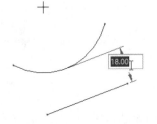
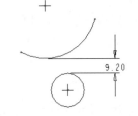
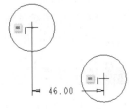

图 2-52 标注直线和圆弧之间的距离尺寸   图 2-53 切点距离尺寸示例

2.5.3 创建直径尺寸

创建直径尺寸包括两种情况：一种情况是对弧或圆创建直径尺寸，另一种情况是对旋转截面创建直径尺寸。

1. 对弧或圆创建直径尺寸

对弧或圆创建直径尺寸的典型方法及步骤如下。

1）单击|↔|（尺寸）按钮。

2）在要标注直径尺寸的弧或圆上双击。

3）单击鼠标中键来放置该直径尺寸，并可在尺寸框中更改该直径尺寸。

图 2-54 所示为一个进行直径尺寸标注的操作示例。

图 2-54 标注直径尺寸的示例

2. 对旋转截面创建直径尺寸

对旋转截面创建直径尺寸的示例如图 2-55 所示，图中创建有两个直径尺寸。其典型创建方法及步骤如下。

1）单击|↔|（尺寸）按钮。

2）单击要标注的图元。

3）单击要作为旋转轴的中心线。

4）再次单击图元。

5）单击鼠标中键来放置该尺寸，然后确定其尺寸值。

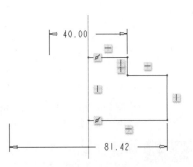

图 2-55 对旋转剖面创建直径尺寸

2.5.4 创建半径尺寸

半径尺寸测量圆或弧的半径，通常圆还是采用直径尺寸标注最为规范。

为圆弧或圆创建半径尺寸的方法及步骤如下。

1）单击 |←→| （尺寸）按钮。

2）单击要标注半径尺寸的弧或圆。

3）单击鼠标中键来放置该尺寸，然后确定其尺寸值。

创建半径尺寸的示例如图2-56所示。

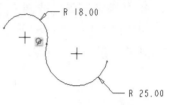

图2-56　创建半径尺寸

2.5.5 创建角度尺寸

角度尺寸主要用来度量两条直线间的夹角或两个端点之间弧的角度。

1. 创建线之间夹角的角度尺寸

1）单击 |←→| （尺寸）按钮。

2）单击第一条直线。

3）单击第二条直线。

4）单击鼠标中键来放置该尺寸。放置尺寸的地方将确定角度的测量方式（锐角或钝角）。

此类角度尺寸的标注示例如图2-57所示。

2. 创建圆弧的角度尺寸

1）单击 |←→| （尺寸）按钮。

2）使用鼠标左键先单击圆弧的其中一个端点，接着单击圆弧中心点，然后再单击圆弧的另一个端点。

3）单击鼠标中键来放置该尺寸。

创建圆弧角度尺寸的标注示例如图2-58所示。

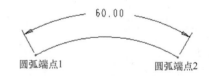

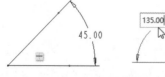

图2-57　标注两条线之间的夹角角度尺寸

图2-58　创建圆弧角度尺寸的标注示例

2.5.6 创建弧长尺寸

标注弧长时，系统将会默认在尺寸数字的上方加弧长符号"⌒"，如图2-59所示。

要标注圆弧的弧长尺寸，可以按照如下步骤来进行。

1）单击 |←→| （尺寸）按钮。

2）单击圆弧的两个端点，接着在圆弧上的其他位置处单击。

3）单击鼠标中键来放置该弧长尺寸，可即时修改默认的弧长尺寸值。

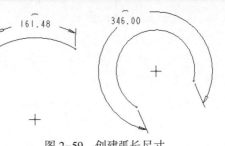

图 2-59　创建弧长尺寸

2.5.7 创建椭圆或椭圆弧的半轴尺寸

对于椭圆或椭圆弧（椭圆圆角），通常标注其长轴半径和短轴半径。创建椭圆或椭圆弧半轴尺寸的方法及步骤如下。

1）单击 |←→| （尺寸）按钮。

2）单击椭圆或椭圆弧（不拾取端点）。

3）单击鼠标中键，此时系统弹出图 2-60 所示的"椭圆半径"对话框。

4）在"椭圆半径"对话框中选择"长轴"单选按钮或"短轴"单选按钮，然后单击"接受"按钮，从而完成一个半轴长度尺寸的标注。例如，在图 2-61 所示的示例中，标注了椭圆的长轴半径尺寸和短轴半径尺寸。

图 2-60　"椭圆半径"对话框

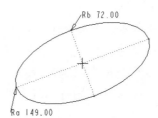

图 2-61　标注椭圆的长轴半径和短轴半径

2.5.8 标注样条

样条曲线的标注比较特别。用户可以使用样条的端点或插值点来添加样条曲线的尺寸。其中样条端点的尺寸是最基本的尺寸。如果要标注的样条曲线依附于其他几何，并且已经确定其端点的尺寸，一般情况下可以不必为样条添加尺寸。

在 Creo Parametric 中，可以使用线性尺寸、相切（角度）尺寸和曲率半径尺寸来确定样条曲线端点的尺寸，如图 2-62 所示。必要时，可以为插值点创建相应的线性尺寸、相切（角度）尺寸等。

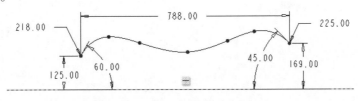

图 2-62　添加样条曲线端点的尺寸

在图 2-62 所示的图样中，其端点处的相切角度尺寸可以采用如下的步骤进行。

1）单击 |↔| （尺寸）按钮。

2）使用鼠标左键分别单击样条曲线、参照线和端点。注意，单击样条曲线、参照线和端点可以不分顺序。

3）单击鼠标中键来指定尺寸的放置位置。然后修改该尺寸值。

在标注样条端点处的曲率半径尺寸时，需要注意到：必须先定义样条的切点，才能使用曲率半径。标注其曲率半径尺寸的方法及步骤如下。

1）单击 |↔| （尺寸）按钮。

2）单击样条端点。

3）用鼠标中键放置尺寸。

2.5.9 标注圆锥

确定圆锥尺寸的其中一种常用方法是使用一个 rho 值来定义圆锥的形状，并在其端点处创建相切尺寸以及线性尺寸。

1. 使用 rho 标注圆锥尺寸

使用 rho 标注圆锥尺寸的方法如下。

1）单击 |↔| （尺寸）按钮。

2）使用鼠标左键单击圆锥。

3）单击鼠标中键来放置该尺寸。rho 的默认值为 0.50，如图 2-63 所示。

可以将 rho 修改为下列值之一。

- 对于椭圆：0.05 <rho 参数< 0.5。
- 当从四个圆锥段创建封闭椭圆截面时，生成真正椭圆的唯一 rho 值为（sqrt（2）−1）。
- 对于抛物线：rho 参数 = 0.5。
- 对于双曲线：0.5 <rho 参数<0.95。

2. 创建圆锥相切尺寸

需要时，可以按照以下方法和步骤来创建圆锥相切尺寸。

1）单击 |↔| （尺寸）按钮。

2）单击圆锥。

3）单击定义相切的端点。

4）单击所需的参照几何图形（如中心线或直边）。

5）单击鼠标中键来放置该尺寸。

例如，在图 2-64 中便创建有圆锥相切尺寸（共两处）。

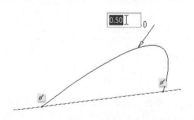

图 2-63　使用 rho 标注圆锥尺寸

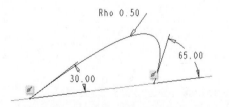

图 2-64　创建圆锥相切尺寸

2.5.10 创建其他尺寸类型

在本小节中，介绍创建其他的一些尺寸类型，包括周长尺寸、参考尺寸和纵坐标尺寸。

1. 周长尺寸

在一些设计场合下，可以应用周长尺寸。所述的周长尺寸用于标注图元链或图元环的总长度。在创建周长尺寸时，必须选择一个尺寸作为可变化的尺寸（简称变化尺寸），系统可以调整变化尺寸来获得所需周长。当修改周长尺寸时，系统会相应地修改此变化尺寸。需要注意的是，用户无法修改变化尺寸，因为变化尺寸是被驱动的尺寸。如果删除变化尺寸，那么系统会删除周长尺寸。

下面结合实例介绍创建周长尺寸的典型步骤。

1）选择要应用周长尺寸的图形。

2）在功能区"草绘"选项卡的"尺寸"组中单击 📇（周长）按钮。

3）系统提示选择由周长尺寸驱动的尺寸。例如，在图 2-65 所示的图形中选择尺寸值为 350 的尺寸作为可变尺寸。此时系统显示周长尺寸和可变尺寸。

假设在图 2-65 所示的示例中，将周长尺寸 2000 修改为 2500，则可变尺寸被驱动，结果如图 2-66 所示。

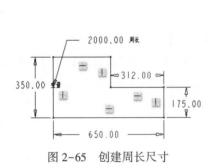

图 2-65　创建周长尺寸

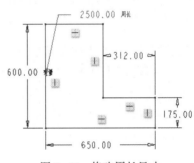

图 2-66　修改周长尺寸

2. 参考尺寸

在草绘器中选定一个尺寸后，在功能区的"草绘"选项卡中选择"操作"→"转换为"→"参考"命令，则所选尺寸被转换为参考尺寸，该参考尺寸将带有相应的标识，例如在尺寸后面带有"参考"字样。

用户亦可以单击 📇（参考）按钮，接着在图形中选择所需的图元，然后单击鼠标中键来创建一个参考尺寸。在图 2-67 所示的示例中便创建有一个参考尺寸，不允许修改参考尺寸。

3. 纵坐标尺寸

在实际设计中，有时需要应用到纵坐标尺寸，以方便读取各测量点（各测量对象）相对于基线的尺寸数值。纵坐标尺寸又称基线尺寸。创建纵坐标尺寸包括两个基本步骤，一是指定基线，二是相对于基线标注几何尺寸。用户可以根据实际情况在线、圆弧和圆心及几何端点（线、弧、圆锥和样条）处创建基线尺寸，也可以选取要确定尺寸的模型几何作为基线。

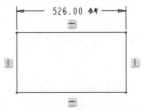

图 2-67　创建参考尺寸

下面通过实例介绍纵坐标尺寸的应用方法及步骤。

1）单击 ▭（基线）按钮，在需要定义基准的参照线上单击，然后在欲定义基线文本放置位置的区域单击鼠标中键（即按鼠标中键定位尺寸文本），如图 2-68 所示。

说明：选取要作为基线标注的几何时，若选择的是直线，那么直接按鼠标中键即可定位尺寸文本。若选择的几何对象为弧、圆的中心及几何端点，那么单击鼠标中键会弹出图 2-69 所示的"尺寸定向"对话框，从中选择"竖直"单选按钮对基线进行竖直定向，或者选择"水平"单选按钮对基线进行水平定向。

2）单击 ↔（尺寸）按钮。

3）用鼠标左键选取基线尺寸，并选取要标注的图元或测量点，然后按鼠标中键放置纵坐标尺寸，并确定其值，如图 2-70 所示。

图 2-68 指定基线　　　　图 2-69 "尺寸定向"对话框　　　图 2-70 标注纵坐标尺寸

4）要添加纵坐标尺寸，重复步骤 3）。继续标注纵坐标尺寸如图 2-71 所示。

用户也可以指定另外的基线并创建相应的纵坐标尺寸，完成的效果如图 2-72 所示。

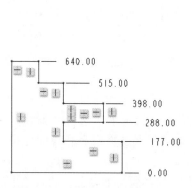

图 2-71 继续标注纵坐标尺寸

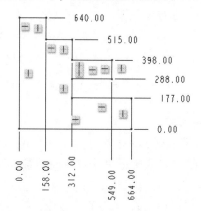

图 2-72 基线标注应用

2.6 修改尺寸

为图形初步标注好尺寸后，有时候在后期阶段需要修改这些尺寸，以获得精确的图形设计效果。修改尺寸通常有以下两种方法。

1. 快捷修改单个尺寸

在"依次选择"状态下，即选中 ↖（依次选择）按钮（此时该按钮处于下凹状态）时，在草绘区域双击要修改的尺寸值，接着在出现的尺寸文本框中输入新的尺寸值，如图2-73所示，然后按〈Enter〉键，图形按新值更新。

2. 使用"修改尺寸"对话框来修改选定的尺寸

1）在功能区"草绘"选项卡的"编辑"组中单击 (修改)按钮，接着选择要修改的尺寸，此时系统弹出图2-74所示的"修改尺寸"对话框。可以继续选择其他要修改的尺寸。当然，也可以先选择要修改的尺寸再单击 (修改)按钮。

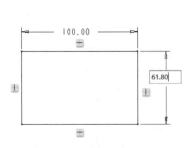

图2-73 快捷修改单个尺寸

图2-74 "修改尺寸"对话框

2）利用"修改尺寸"对话框为相关的选定尺寸指定新值。例如可在相关的尺寸文本框中输入一个新值，也可单击并拖动要修改的尺寸旁边的旋转轮盘来获得新的尺寸值。

- （旋转轮盘）：也称"尺寸指轮"或"尺寸滚轮"，可以通过滚动此工具来获得所需要的尺寸。向右拖动该旋转轮盘，则增加尺寸值；向左拖动该旋转轮盘，则减少该尺寸值。
- "重新生成"复选框：勾选该复选框，则在确认修改尺寸时即时再生剖面。若取消勾选该复选框，当在尺寸文本框中输入新尺寸值或通过旋转轮盘调整尺寸值时，剖面都不会即时反映，只有当单击"确定"按钮后，剖面才会随着尺寸新值更新。
- "锁定比例"复选框：勾选该复选框时，则缩放选定的尺寸使其与某一尺寸修改成正比。
- "敏感度"：更改当前尺寸的旋转轮盘的敏感度（灵敏度）。

3）单击"确定"按钮。

2.7 几何约束

几何约束是定义图元几何或图元间关系的条件。在 Creo Parametric 5.0 中，用户可以通过接受移动光标时所提供的约束来约束新图形几何，也可以使用功能区"草绘"选项卡的"约束"组中的相关约束工具来为现有图形几何添加所需要的几何约束，如平行、水平、垂直、相等、共线、正交、对称和平行等。有些约束可应用于单个图元，有些约束则可应用于图元组或图元对。

2.7.1 约束的图形显示

对于当前选定的约束，系统可以以"锁定"或"禁用"的方式显示约束，"锁定"方式是指在约束旁边放置锁定标记，"禁用"方式是指在约束旁边放置 x 标记。

约束和相应的图形符号见表 2-1。

表 2-1　约束和相应的图形符号

约束（Constraint）	符　　号
中点	✐
相同点	✐
水平图元	─
竖直图元	│
图元上的点	✐
相切图元	❡
垂直图元	⊥
平行线	//
对称	↔
水平或竖直对齐	─ │
使用边 偏移边	◝
相等曲率	⌒
相等尺寸（例如直线、长度或半径）	=

用户可以控制是否显示约束，其方法是在草绘器功能区的"文件"选项卡中选择"选项"命令，打开"Creo Parametric 选项"对话框，选择"草绘器"类别选项卡，接着若从中取消勾选"显示约束"复选框，如图 2-75 所示，然后单击"确定"按钮，则草绘中便不会显示约束。用户也可以使用"图形"工具栏中的 (约束显示开/关) 复选按钮来切换草绘中约束的显示与否，如图 2-76 所示。

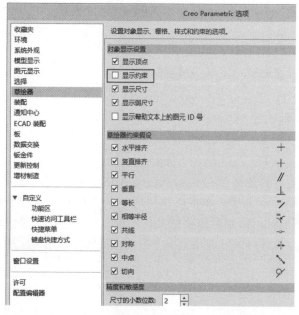

图 2-75　取消勾选"显示约束"复选框　　　　图 2-76　使用"显示约束"复选按钮

2.7.2 创建约束

在草绘器功能区"草绘"选项卡的"约束"组中提供了 9 种约束类型的工具按钮，如图 2-77 所示，它们的功能含义如下。

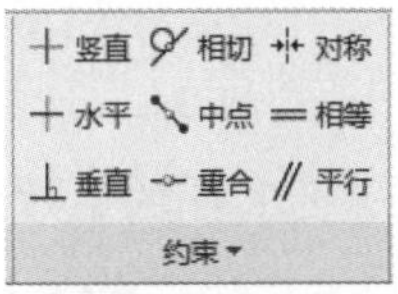

- ╬（竖直）：使线竖直并创建竖直约束，或使两个顶点沿竖直方向对齐并创建竖直对齐约束。
- ╬（水平）：使线水平并创建水平约束，或使两个顶点沿水平方向对齐并创建水平对齐约束。

图 2-77 草绘器功能区的"约束"组

- ⊥（垂直）：使两个图元垂直（正交）并创建垂直约束。
- ⋎（相切）：使两个图元相切并创建相切约束。
- ╲（中点）：将点放置在线或弧的中间处，然后创建中点约束。
- ⊸（重合）：在同一位置上放置点、在图元上放置点或创建共线约束。
- ╫（对称）：使两个点或顶点关于中心线对称并创建对称约束。
- ＝（相等）：创建等长、等半径、等尺寸或相同曲率的约束。
- ∥（平行）：使线平行并创建平行约束。

创建几何约束的一般方法及步骤如下。

1）在"约束"组中单击要应用的约束工具按钮。

2）按照系统提示，选取要约束的一个或多个图元。选择了用于定义约束的足够图元后，便会应用约束。

3）需要时，重复步骤 1）和步骤 2），创建其他的约束。

利用"约束"组溢出面板中的"解释"命令，可以获取关于指定约束的信息。例如，在草绘器绘图区域单击一个约束符号，接着在"约束"组中选择"约束"→"解释"命令，则该约束的简要说明显示在消息区，并且在图形窗口中突出显示选定约束的参考对象。

2.7.3 删除约束

删除约束的方法很简单，即先选择要删除的约束，接着从功能区的"草绘"选项卡中选择"操作"→"删除"命令，则 Creo Parametric 删除所选取的约束。也可以通过按下〈Delete〉键来删除所选定的约束。删除约束时，系统通常自动添加一个尺寸来使截面保持可求解状态。

2.7.4 几何约束范例

为了让读者加深对几何约束的理解和更好地掌握为图形添加几何约束的方法，下面介绍一个几何约束的简单设计范例。

1）单击 ☞（打开）按钮，弹出"文件打开"对话框，选择位于附赠网盘资料 CH2 文件夹中提供的"bc_2_ys. sec"文件，单击对话框中的"打开"按钮。该文件中存在着图 2-78 所示的原始草图。

2）在功能区"草绘"选项卡的"约束"组中单击 ╬（竖直）按钮。

3）在系统提示下单击图 2-79 所示的直线段。

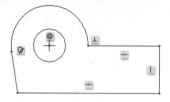

图 2-78　原始草图

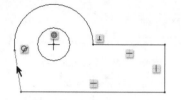

图 2-79　选择要竖直约束的直线

此时，约束效果如图 2-80 所示。

4）在"约束"组中单击 ═（相等）按钮，接着分别单击图 2-81 所示的线段 1 和线段 2。

为所选两条直线段设置相等约束的效果如图 2-82 所示。

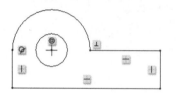

图 2-80　应用竖直约束

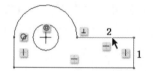

图 2-81　选择要等长的两线段

图 2-82　设置相等约束的效果

2.8　使用草绘器调色板

在 Creo Parametric 5.0 草绘器中，提供有一个预定义形状的定制库，绘图时可以很方便地将其中所需的预定义图形调用到活动草绘中，并可对输入的图形执行调整大小、平移和旋转等操作。这些预定义形状位于草绘器调色板中，如图 2-83 所示。草绘器调色板具有表示截面类别的选项卡，每个选项卡都具有唯一的名称，且至少包含某个类别的一种截面。初始状态下，草绘器调色板提供了多种含有预定义形状的预定义选项卡，如"多边形"选项卡、"轮廓"选项卡、"形状"选项卡和"星形"选项卡。其中，"多边形"选项卡包含常规多边形，"轮廓"选项卡包含常见的轮廓，"星形"选项卡包含常规的星形图例，"形状"选项卡包含其他常见形状的图例。用户可以根据设计工作需要，将特定选项卡添加到草绘器调色板中，并可以将任意数量的形状放入每个经过定义的选项卡中。当然，用户也可以添加或从预定义的选项卡中移除形状。

将截面添加到草绘器调色板选项卡中的方法很简单，即在创建一个新截面或检索现有截面后，将该截面保存到与草绘器形状目录中的草绘器调色板选项卡相对应的子目录中。截面的文件名作为形状的名称显示在草绘器调色板选项卡中，同时还会显示形状的缩略图。

从草绘器调色板往绘图区域输入形状的典型方法及步骤如下。

1）在"草绘"组中单击 📋（选项板）按钮，打开"草绘器调色板"对话框。

2）在"草绘器调色板"对话框中选取所需的选项卡。在选定的选项卡中显示着形状相对应的缩略图和标签。

3）在选定的选项卡中，单击与所需形状相对应的缩略图或标签，则该截面将出现在"草绘器调色板"对话框的预览窗格中。例如，在"星形"选项卡中单击"五角星"标签，则其对应的截面显示在对话框的预览窗格中，如图 2-84 所示。

图 2-83 "草绘器调色板"对话框   图 2-84 选定所需的图形标签

4）再次双击同一缩略图或标签，移动鼠标至绘图区域，鼠标指针将带有一个加号"+"。

5）在图形窗口中单击任一位置以选取放置形状的位置，此时在功能区出现"导入截面"选项卡，并在输入的形状图上创建"缩放""旋转""移动（平移）"控制句柄，如图 2-85 所示。

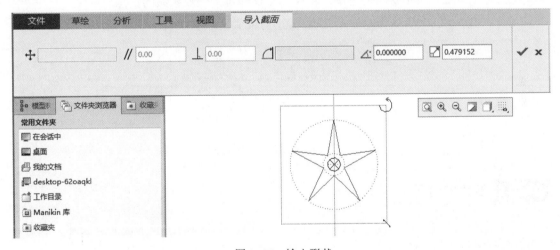

图 2-85 输入形状

6）调整放置位置，并在"导入截面"选项卡中设置旋转角度和缩放比例值等，然后单击 ✓（完成）按钮。

7）在"草绘器调色板"对话框中单击"关闭"按钮。

2.9 解决草绘冲突

在草绘器中进行图形绘制的过程中，当新添加的尺寸或约束对现有强尺寸或强约束相互冲突或多余时，系统会弹出图 2-86 所示的"解决草绘"对话框，同时草绘器会突出显示冲突尺寸或约束。在"解决草绘"对话框中列出了当前相互冲突的尺寸和约束，并提醒用户选择其中一个加亮的尺寸或约束进行删除或转换。"解决草绘"对话框提供了几个用于解决冲突的实用按钮，这些按钮的功能如下。

- "撤销"按钮：取消上次操作，即撤销使截面进入刚好导致冲突操作之前的状态的改变。
- "删除"按钮：删除从列表中选取的约束或尺寸。
- "尺寸〉参考"按钮：选取一个尺寸，将其转换为参考尺寸。该按钮命令仅在存在冲突尺寸时才有效。
- "解释"按钮：选取要显示的参考项目（如

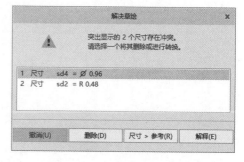

图 2-86 "解决草绘"对话框

约束），获取其简要的说明信息，草绘器将加亮（突出显示）与该约束关联的图元。

2.10 草绘器诊断工具

Creo Parametric 5.0 提供了实用的草绘器诊断工具（命令），如图 2-87 所示。使用草绘器诊断工具（命令）可提供与创建基于草绘的特征和再生失败相关的信息。

图 2-87 草绘器诊断工具（命令）

2.10.1 着色的封闭环

"着色封闭环"诊断工具主要用来检测由活动草绘器几何的图元形成的封闭环，即对草绘图元的封闭链内部着色。

在"检查"组中单击 （着色封闭环）按钮，进入"着色封闭环"诊断模式中，则用预定义颜色填充草绘区域的实线封闭环，如图 2-88 所示。

如果草绘有几个彼此包含的封闭环，则最外面的环被着色，而内部的环的着色被替换，如图 2-89 所示。

用户可以在功能区的"文件"选项卡中选择"选项"命令，打开"Creo Parametric 选项"对话框，在左窗格中选择"系统外观"类别，接着在"全局颜色"选项组下展开"草绘器"节点，单击"着色封闭环"前面的颜色按钮，从中选择所需的主体颜色来设置封闭环的填充颜色或使用默认颜色设置，如图 2-90 所示，然后单击"确定"按钮。

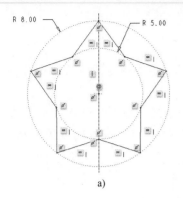

a)

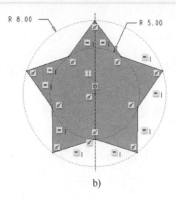

b)

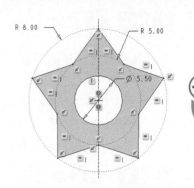

图 2-88　着色封闭环前后

a）未进入"着色封闭环"诊断模式　b）进入"着色封闭环"诊断模式

图 2-89　着色的封闭环
（一种套环形式）

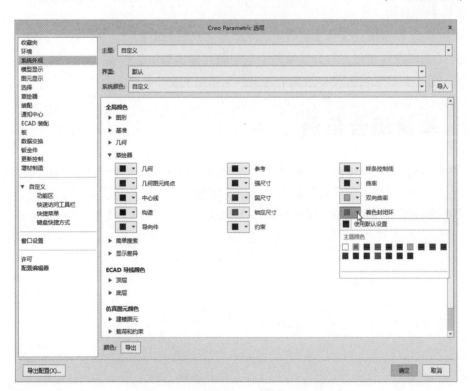

图 2-90　为着色封闭环自定义填充颜色

2.10.2　加亮开放端点

"突出显示（加亮）开放端点"诊断工具主要用来检测并加亮与活动草绘或活动草绘组内其他图元的端点不重合的图元的端点。注意：构造图元的开放端未被突出显示。

在"检查"组中单击选中 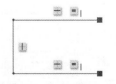（突出显示开放端）按钮时，则进入"加亮开放端点"诊断模式，此时，草绘器实线图形中所有现有的开放端均加亮显示，如图 2-91 所示。

图 2-91　加亮开放端点

2.10.3 重叠几何

"重叠几何"诊断工具主要用来检测并加亮活动草绘或活动草绘组内与任何其他几何重叠的几何。

要显示重叠的图元，则在"检查"组中单击选中 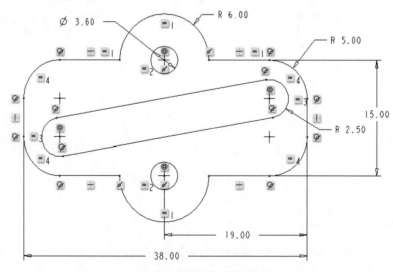（重叠几何）按钮，进入"重叠几何"诊断模式中，此时重叠的几何图形以为"加亮-边（突出显示边）"设置的颜色显示。值得注意的是，加亮重叠几何工具不会保持活动状态。

2.10.4 附加诊断工具

"检查"组中提供的附加诊断工具有以下几种。当然在功能区的"分析"选项卡中还有其他分析诊断工具。

- （交点）按钮：打开显示两个选定图元交点信息的窗口。
- （相切点）按钮：打开显示两个选定图元相切点信息的窗口。
- （图元）按钮：打开显示某个选定图元信息的窗口。

2.11 草绘综合范例

绘制较为复杂的二维图形时，通常可以先绘制大概的图形，或者将整个图形拆分成几个部分绘制，必要时设置所需的几何约束，标注所需的强尺寸以及修改尺寸等。

本草绘综合范例要完成的二维图形如图2-92所示，其具体操作步骤如下。

图2-92 草绘综合范例1

1）新建草绘文件。在"快速访问"工具栏中单击（创建新对象）按钮，弹出"新建"对话框。在"新建"对话框的"类型"选项组中选择"草绘"单选按钮，在"名称"文本框中输入文件名为"bc_2_zhf1"。单击"确定"按钮，进入草绘器。

2）绘制一个矩形并修改其相应的尺寸。在"草绘"组中单击□（拐角矩形）按钮，在绘图区域用鼠标左键指定放置矩形的一个顶点，然后指定另一个顶点以指示矩形的对角线，从而完成绘制一个矩形。接着，修改该矩形的长和宽尺寸，修改尺寸后的矩形如图2-93所示。

3）绘制两个圆。在"草绘"组中单击◎（圆心和点）按钮，分别在矩形两条长边的中点处各绘制一个圆，注意两圆的半径相等，如图2-94所示。

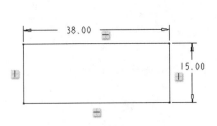

图2-93 完成一个矩形

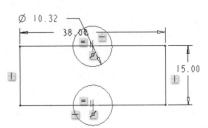

图2-94 绘制两个半径相等的圆

4）圆角。在"草绘"组中单击〱（圆形修剪）按钮，在图形中创建图2-95所示的4个圆角。

5）给圆角添加相等约束条件。在"约束"组中选择═（相等）图标按钮，单击其中一处圆角，接着再单击另一处圆角，从而为该两处圆角设置半径相等约束。使用同样的方法，将所有圆角均添加为半径相等约束。

给圆角添加完半径相等约束条件的图形如图2-96所示。

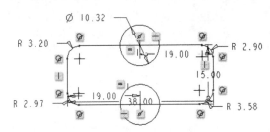

图2-95 绘制4个圆角

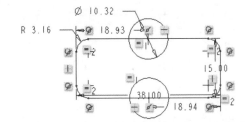

图2-96 给圆角添加完半径相等约束条件

6）修剪图形。在"编辑"组中单击⟋（删除段）按钮，将图形修剪成如图2-97所示。

7）绘制两个小圆。在"草绘"组中单击◎（圆心和点）按钮，绘制两个半径相等的小圆，如图2-98所示。

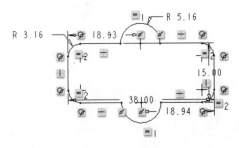

图2-97 修剪图形

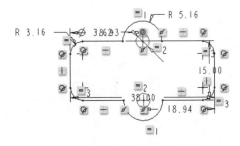

图2-98 绘制两个半径相等的小圆

8）为相关线段添加相等约束。在"约束"组中选择 ═（相等）图标按钮，单击图2-99所示的线段1，接着单击图2-100所示的线段2，从而使该两条线段长度相等。

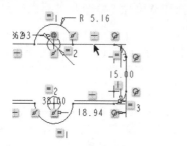

图2-99 选择所需的线段1

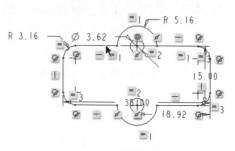

图2-100 选择所需的线段2

9）绘制两个小圆。在"草绘"组中单击 ⊙（圆心和点）按钮，以左下圆角中心为圆心绘制一个小圆，如图2-101所示，接着再以右上圆角中心为圆心绘制一个与刚才小圆半径相等的小圆，如图2-102所示。

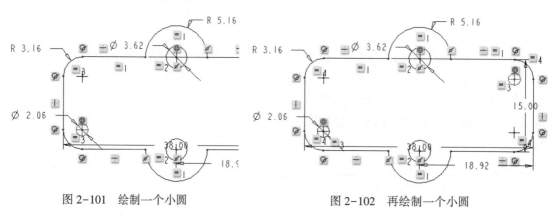

图2-101 绘制一个小圆　　　　　　　　图2-102 再绘制一个小圆

10）绘制相切直线。在"草绘"组中单击 ✕（直线相切）按钮，分别绘制两条相切的直线，如图2-103所示。

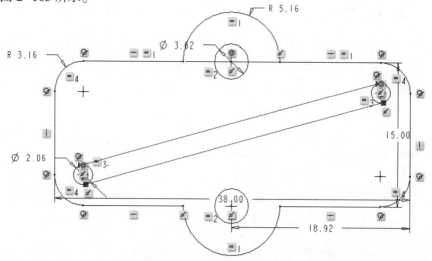

图2-103 绘制两条相切的直线

11）修剪图形。在"编辑"组中单击 ✂（删除段）按钮，将图形修剪成图2-104所示。

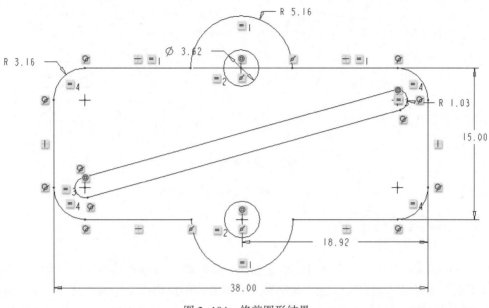

图2-104　修剪图形结果

12）标注所需的尺寸。在"尺寸"组中单击 ↔（尺寸）按钮，标注所需要的尺寸（暂时不用修改默认的尺寸值）。标注结果如图2-105所示。

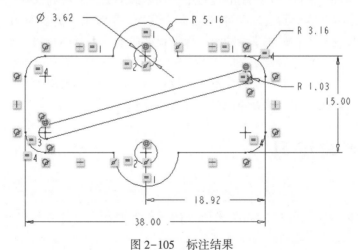

图2-105　标注结果

13）修改相关尺寸。在"操作"组中确保选中 ▶（依次选择）按钮（此时该按钮处于下凹状态），使用鼠标框选所有尺寸，在"编辑"组中单击 ≡（修改）按钮，弹出"修改尺寸"对话框。通过"修改尺寸"对话框进行尺寸修改，如图2-106所示，然后单击"确定"按钮。

14）保存文件。

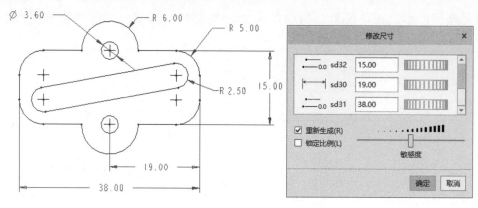

图 2-106　修改尺寸

2.12　本章小结

Creo Parametric 提供了一个专门的草绘模块，该模块也被通常称为"草绘器"。零件建模离不开使用草绘器来绘制所需的二维图形。本章介绍的内容有草绘模式简介、草绘环境及相关设置、绘制草绘器图元、编辑图形对象、标注、修改尺寸、几何约束、使用草绘器调色板、解决草绘冲突、使用草绘器诊断工具和草绘综合范例等。

在某些设计场合，可以考虑使用草绘器调色板来调用预定义好的图形，这样设计效率很高。另外，在草绘器中进行图形绘制的过程中，当新添加的尺寸或约束对现有强尺寸或强约束相互冲突或多余时，草绘器会加亮冲突尺寸或约束，并弹出"解决草绘"对话框，利用该对话框可以很直观地及时解决草绘冲突，保证设计质量。本章还介绍了草绘器诊断工具的一些实用知识，包括"着色的封闭环""加亮开放端点""重叠几何"诊断工具等。

在本章中，还介绍了一个草绘综合范例，旨在引导读者学以致用，举一反三。通过本章的学习，将为后面掌握三维建模等知识打下扎实的基础。

2.13　思考与练习

（1）如何创建一个草绘文件？草绘文件的格式（或后缀名）是什么？

（2）请简单解释草绘器中的相关术语（图元、参照图元、约束、尺寸、参数、关系、强尺寸或强约束、弱尺寸或弱约束、冲突）。

（3）使用草绘器的目的管理器有什么好处？

（4）绘制圆或圆弧主要有哪些方式？

（5）如何绘制一个椭圆？在 Creo Parametric 中绘制的椭圆具有什么样的主要特性？

（6）修剪图元主要分哪几种方式？各应用在什么场合？

（7）如何将图元进行构造切换？

（8）简述周长尺寸和纵坐标尺寸（基线尺寸）的应用方法及其典型步骤。可以举例进行说明。

（9）简述使用草绘器调色板的好处。

（10）简单说一说"着色封闭环""加亮开放端点""重叠几何"这 3 个草绘器诊断工具的功能含义。

（11）上机练习：绘制图 2-107 所示的图形，并进行相关标注。

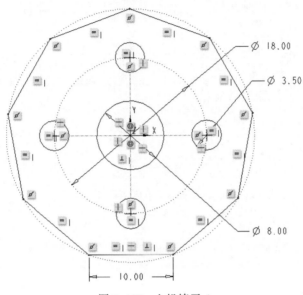

图 2-107　上机练习 A

（12）上机练习：绘制图 2-108 所示的图形，并进行相关标注。

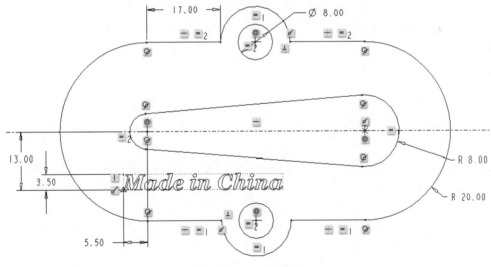

图 2-108　上机练习 B

（13）上机练习：绘制图 2-109 所示的图形，并进行相关标注。

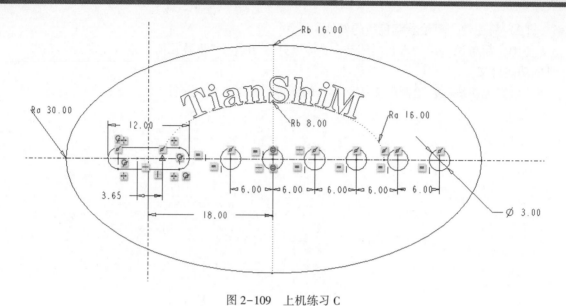

图 2-109   上机练习 C

第3章 基准特征

本章导读：

　　Creo Parametric 基准特征主要包括基准平面、基准轴、基准点、基准坐标系和基准曲线等。基准特征通常用来为其他特征提供定位参考，或者为零部件装配提供必要的约束参考。在本章中，重点介绍基准平面、基准轴、基准点、基准曲线、基准坐标系以及基准参考的相关知识。

3.1 基准平面

　　基准平面好比一张白纸，用户可以在该白纸上绘制截面图形。这是基准平面最重要的一个应用方面。此外，还可以将基准平面应用在其他方面，例如作为参考用在尚未有基准平面的零件中以放置新特征、作为其他图元的标注参考、辅助进行零部件装配等。

　　基准平面是无限的，但是在 Creo Parametric 系统中可以根据需要调整基准平面的显示轮廓大小，使之与零件、特征、曲面、边或轴相吻合，或者为基准平面指定显示轮廓的高度和宽度值。值得注意的是，为基准平面指定的显示轮廓高度和宽度值不是 Creo Parametric 尺寸值，系统不会显示这些值。

　　在新建一个使用 mmns_part_solid 模板的 Creo Parametric 零件文件时，系统提供了已经预定义好的 3 个相互正交的基准平面，即 TOP 基准平面、FRONT 基准平面和 RIGHT 基准平面，如图 3-1 所示。在零件设计过程中，用户可以根据实际情况创建所需要的基准平面，系统将用依次顺序分配基准名称（DTM1、DTM2、DTM3 和 DTM4……）。当然，用户可以修改这些新基准平面的名称。

1. 修改基准平面的名称

修改基准平面的名称可以有如下几种典型方法。

- 在模型树中右击相应基准平面特征，如图 3-2 所示，接着从出现的快捷菜单中选择"重命名"命令。
- 在模型树中巧妙地双击相应基准平面的名称。
- 在创建新基准平面的过程中，使用"基准平面"对话框的"属性"选项卡为基准平面设置一个初始名称。

2. 选择基准平面

在实际设计中，经常要进行基准平面的选取操作。要选取一个基准平面，通常可以在图形窗口中拾取它的名称，选取它的一条边界，或者在模型树中单击它的树节点来选取。在一些设计场合，如果担心基准平面的可视边界可能妨碍模型曲面或边的选取，则可以将配置选项"select_on_dtm_edges"的值设置为"sketcher_only"，以便只有在标注草绘截面时，基准的可视边才可选取。

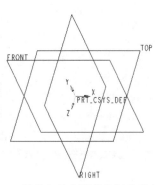

图 3-1 零件文件中预定义好的基准平面　　图 3-2 在模型树中右击基准平面特征

实用知识： 关于配置选项"select_on_dtm_edges"

配置选项"select_on_dtm_edges"用于指定选取基准平面的方法。它提供了两个值选项，即"all_modes""sketcher_only"，前者允许通过单击基准平面的可视边界来进行选择，后者则允许在草绘器以外的模式下，通过单击基准平面的标记（标签）来选择基准平面。

3. "基准平面"对话框

在介绍具体的基准平面创建方法之前，首先要熟悉一下"基准平面"对话框。在"基准"组中单击 □（基准平面）按钮，打开图 3-3 所示的"基准平面"对话框。该对话框有 3 个选项卡，即"放置"选项卡、"显示"选项卡和"属性"选项卡。下面介绍这 3 个选项卡的功能含义。

（1）"放置"选项卡

"放置"选项卡主要包含一个"参考"收集器，允许通过参考现有平面、曲面、边、点、坐标系、轴、顶点、基于草绘的特征、平面小平面、边小平面、顶点小平面、曲线、草绘基准曲线和导槽来放置新基准平面。用户也可以选取目的对象、基准坐标系或非圆柱曲面作为创建基准平面的放置参考。此外，还可以为每个选定参考设置一个约束，例如当选择 TOP 基准平面为参考时，可以为该参考设置图 3-4 所示的其中一个约束。

图 3-3 "基准平面"对话框　　　　图 3-4 为选定参考设置一个约束

在"参考"收集器中出现的"约束类型"列表框菜单上包含如下可用约束类型。

- "穿过"：通过选定参考放置新基准平面。当选取基准坐标系作为放置参考且约束类型设置为"穿过"时，在"基准平面"对话框中将显示一个"平面"下拉列表框，从中可以选择"XY""YZ""ZX"选项，如图3-5所示。

  ➢ "XY"：通过XY平面放置基准平面。

  ➢ "YZ"：通过YZ平面放置基准平面，此为默认选项。

  ➢ "ZX"：通过ZX平面放置基准平面。

- "偏移"：按自选定参考的偏移放置新基准平面。它是选取基准坐标系作为放置参考时的默认约束类型，如图3-6所示。可以依据所选取的参考及设定的约束类型，输入新基准平面的平移偏移值或旋转偏移值。

图3-5 "穿过"约束类型示例

图3-6 "偏移"约束类型示例

- "平行"：平行于选定参考放置新基准平面。
- "垂直"：垂直于选定参考放置新基准平面。
- "相切"：相切于选定参考放置新基准平面。当基准平面与非圆柱曲面相切并通过选定为参考的基准点、顶点或边的端点时，系统会将"相切"约束添加到新创建的基准平面。
- "中间平面"：用于在指定相关参考对象的中间位置生成一个基准平面。

（2）"显示"选项卡

"显示"选项卡如图3-7所示。

- "反向"按钮：单击此按钮，则反转基准平面的法向。
- "调整轮廓"复选框：勾选此复选框，则允许调整基准平面轮廓的大小，此时可以使用"轮廓类型选项"下拉列表框的"大小"选项和"参数"选项，如图3-8所示。当选择"参考"选项时，允许根据选定参考（如零件、特征、边、轴或曲面）调整基准平面的大小，即调整基准平面的大小使其适合参考；当选择"大小"选项时，允许将基准平面轮廓的显示尺寸调整为指定值（宽度和高度）。"锁定长宽比"复选框仅在勾选"调整轮廓"复选框以及选择"大小"选项时可用，该复选框用于设置保持基准平面轮廓显示的高度和宽度比例。

（3）"属性"选项卡

切换到"属性"选项卡，如图3-9所示。在该选项卡中，可以重命名基准特征，可以单击 **ⅰ**（显示此特征的信息）按钮，在Creo Parametric浏览器中查看关于当前基准平面特征的详细信息，如图3-10所示。

图 3-7　"显示"选项卡

图 3-8　使用轮廓类型选项

图 3-9　"属性"选项卡

图 3-10　Creo Parametric 浏览器

4. 创建基准平面

下面介绍创建基准平面的典型方法及步骤。

1）单击 ⟋（基准平面）按钮，打开"基准平面"对话框。

2）为新基准平面选择放置参考。所选的有效参考被收集在"基准平面"对话框的"放置"选项卡的"参考"收集器中，同时系统自动提供了一个默认的放置约束类型。用户可以根据设计要求从"约束类型"下拉列表框菜单中选择所需的一个放置约束类型选项，并设置相关的参数。如果需要，可以按〈Ctrl〉键选择其他对象来添加放置参考，并设置其相应的放置约束类型等，以使新基准平面完全被约束。

例如，可以通过选取现有的一个基准平面或平曲面来创建新基准平面，如图 3-11 所示，选择 TOP 基准平面作为放置参考，约束类型为"偏移"，在"偏移"下的"平移"框中输入"115"，此时在图形窗口中可以预览到新基准平面。

3）需要时，可以切换到"显示"选项卡，调整新基准平面的轮廓显示大小和法向方向等。

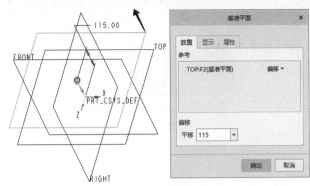

图 3-11　创建偏移基准平面

4）需要时，可以切换到"属性"选项卡，在"名称"文本框中更改该基准平面的名称，若单击 **i**（显示此特征的信息）按钮，则在 Creo Parametric 浏览器中查看关于当前基准平面特征的详细信息。

5）单击"基准平面"对话框中的"确定"按钮，完成该新基准平面的创建。

需要注意的是，Creo Parametric 允许用户先在图形窗口中选择有效参考组合（见表 3-1），然后单击 ▱（基准平面）按钮，即可快速定义基准平面而不使用"基准平面"对话框。例如，结合〈Ctrl〉键在图形窗口中选择 3 个基准点或顶点（不能共线），接着单击 ▱（基准平面）按钮，便可通过对每个基准点或顶点加以约束来快速地创建一个基准平面。

表 3-1　使用预选基准参考来快速创建基准平面

序　号	有效参考组合	快速创建基准平面说明
1	三个基准点或顶点（不能共线）	通过每个基准点/顶点加以约束来创建基准平面
2	两个共面边或两个轴（必须共面但不共线）	通过这些参考加以约束来创建基准平面
3	一个基准平面或平曲面及两个基准点或顶点（点或顶点不能与平面的法线共线）	通过选定点创建垂直于平面的基准平面
4	一个基准点和一个轴或直边/曲线（点不能与轴或边共线）	通过基准点和轴/边加以约束来创建基准平面

5. 创建基准平面的操作范例

下面介绍一个涉及创建多个基准平面的典型操作实例，目的是让读者通过操作实例更快地掌握创建基准平面的典型方法及技巧等。在该操作实例中主要介绍创建偏移基准平面、创建具有角度偏移的基准平面和创建与曲面相切的基准平面。

（1）创建偏移基准平面

1）单击 ▣（打开）按钮，弹出"文件打开"对话框，选择位于配套素材的 CH3 文件夹中的"bc_3_jzpm_1. prt"文件，单击对话框中的"打开"按钮。该文件中存在的模型如图 3-12 所示。

2）单击 ▱（基准平面）按钮，打开"基准平面"对话框。

3）在模型树中选择 RIGHT 基准平面，接受默认的约束类型选项为"偏移"，接着在"偏移"下的"平移"框中输入"120"，如图 3-13 所示。

4）单击"基准平面"对话框中的"确定"按钮。完成创建一个新基准平面，该基准平面的名称为 DTM1，如图 3-14 所示。

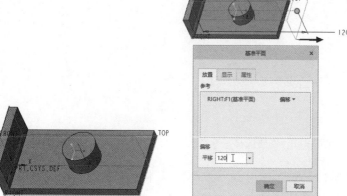

图 3-12 文件中的原始模型　　图 3-13 创建偏移基准平面　　图 3-14 完成基准平面 DTM1

（2）创建具有角度偏移的基准平面

1）单击 ▱（基准平面）按钮，打开"基准平面"对话框。

2）在模型中选择圆柱体的特征轴 A_1，其约束类型默认为"穿过"，接着按住〈Ctrl〉键选择 DTM1 基准平面，并在"偏移"下的"旋转"角度框中输入"45"，如图 3-15 所示。

3）在"基准平面"对话框中单击"确定"按钮，完成基准平面 DTM2 的创建，其效果如图 3-16 所示。

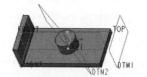

图 3-15 创建具有角度偏移的基准平面　　图 3-16 完成偏移角度基准平面的创建

（3）创建与曲面相切的基准平面

1）单击 ▱（基准平面）按钮，打开"基准平面"对话框。

2）选择图 3-17 所示的圆柱曲面，所选的该参考出现在"参考"收集器中，将其约束类型选项设置为"相切"选项。

3）按住〈Ctrl〉键的同时单击图 3-18 所示的顶点，该点参考的约束类型选项自动为"穿过"选项。

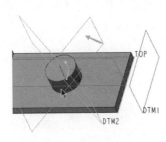
图 3-17　选择圆柱曲面

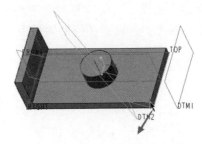
图 3-18　增加一个顶点参考

4）单击"基准平面"对话框中单击"确定"按钮，创建的与选定曲面相切的并且通过指定点的基准平面 DTM3 如图 3-19 所示。

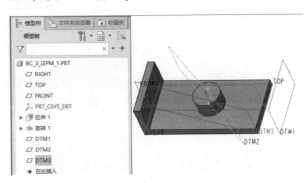
图 3-19　完成基准平面 DTM3

3.2　基准轴

基准轴可以用作特征创建的参考，多用来辅助创建基准平面、定义同轴放置项目和创建径向阵列等。基准轴是独立的特征，它可以被重定义、重命名、隐含、遮蔽或删除，可以显示在模型树中。而特征轴则不同，特征轴是在创建旋转特征、孔特征、拉伸圆柱等特征时自动产生的，如果将这些特征删除，则其内部的特征轴也随之被删除。

在零件模式下创建的新基准轴，Creo Parametric 会默认给新基准轴以"A_#"（#是已创建的基准轴的编号）的形式命名。

用户可以根据需要，为基准轴指定一个长度值来显示，或调整轴长度使其在视觉上与选定为参考的边、曲面、基准轴、零件模式中的特征或装配模式中的零件相拟合。

1. "基准轴"对话框

单击 ∕（基准轴）按钮，打开图 3-20 所示的"基准轴"对话框。该对话框有 3 个选项卡，即"放置"选项卡、"显示"选项卡和"属性"选项卡。

（1）"放置"选项卡

"放置"选项卡包含"参考"收集器和"偏移参考"收集器。其中，使用"参考"收集器选择要在其上放置新基准轴的参考，并指定参考约束类型。需要时，可以按住〈Ctrl〉键选择其他参考。参考约束类型可以有"穿过""法向""相切""中心"。如果在"参考"收集器中为所选参考选择"法向"作为参考约束类型，则可激活"偏移参考"收集器，接着选择所需的偏移参考，并设置相应的偏移距离，示例如图 3-21 所示。

图 3-20 "基准轴"对话框   图 3-21 定义放置参考和偏移参考

（2）"显示"选项卡

切换到"显示"选项卡，若勾选"调整轮廓"复选框，可以调整基准轴轮廓的显示长度，从而使基准轴轮廓与指定尺寸或选定参考相拟合，如图 3-22 所示，可以从指定下拉列表框中选择"大小"选项或"参考"选项。

（3）"属性"选项卡

切换到图 3-23 所示的"属性"选项卡，可以更改该基准轴的名称，如果需要可以单击 🛈（显示此特征的信息）按钮，在 Creo Parametric 浏览器中查看关于当前基准轴特征的详细信息。

图 3-22 "基准轴"对话框的"显示"选项卡   图 3-23 "基准轴"对话框的"属性"选项卡

2. 创建基准轴

通常，先单击 ╱（基准轴）按钮，接着指定放置参考等来创建新基准轴。下面通过图例的方式介绍创建基准轴常见的两种典型情形。

（1）使用两个偏移参考创建垂直于曲面的基准轴

例如，单击 ╱（基准轴）按钮后，在实体平整面上单击以指定放置参考，其参考约束类型为"法向"，此时可以在模型中分别拖动偏移参考控制滑块来选取两个偏移参考，或者在"基准轴"对话框的"放置"选项卡中，单击"偏移参考"收集器将其激活，然后结合

〈Ctrl〉键选择两个偏移参考，并设置它们相应的偏移尺寸，如图 3-24 所示。

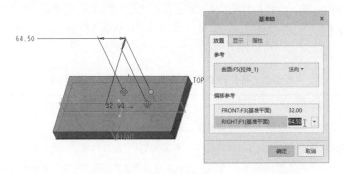

图 3-24　使用两个偏移参考创建垂直于曲面的基准轴

（2）选取圆曲线或边来创建基准轴

单击 ✐（基准轴）按钮，打开"基准轴"对话框。选取圆边或曲线、基准曲线，或是选择共面圆柱曲面的边作为基准轴的放置参考，选定参考在"基准轴"对话框"放置"选项卡内的"参考"收集器中显示，选定参考的默认约束类型为"中心"，如图 3-25 所示为此情形下创建基准轴的示例。

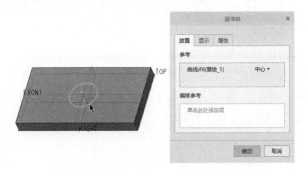

图 3-25　选取圆曲线创建基准轴（放置约束类型为"中心"时）

在该典型情形中，如果将选定参考的约束类型选项更改为"相切"，则需要再另外选择一个参考（如顶点或基准点），并指定该参考的约束类型为"穿过"，则会约束所创建的基准轴和曲线或边相切，同时穿过顶点或基准点，典型示例如图 3-26 所示。

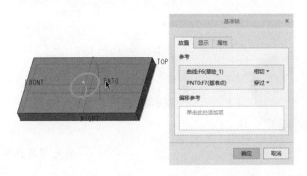

图 3-26　选取圆曲线创建基准轴（放置约束类型为"相切"时）

3. 使用预选基准轴参考的方式快捷定义基准轴

在 Creo Parametric 中，同样允许使用预选基准轴参考的方式快捷定义基准轴，而不必使用"基准轴"对话框，这种操作方式可在一定程度上节省操作时间。表 3-2 给出了这种快捷方式的操作关系。

表 3-2　使用预选基准轴参考来快速创建基准轴

序 号	有效参考组合	快速创建基准轴说明
1	一个直边或轴	通过选定边创建基准轴
2	两个基准点或顶点	通过每个基准点或顶点加以约束来创建基准轴
3	基准点或顶点和基准平面或平面曲面	创建通过基准点或顶点并与基准平面或平面曲面垂直的基准轴，在基准轴和基准平面或平面曲面的交点处显示一个控制滑块
4	两个非平行的基准平面或平面曲面	如果平面相交，则通过相交线创建基准轴
5	曲线或边以及其中一个端点或基准点	创建限制为过端点或基准点并与曲线或边相切的基准轴
6	平面圆边或曲线、基准曲线或圆柱曲面的边	通过平面圆边或曲线的中心创建的、且垂直于选定曲线或边所在的平面的基准轴；对于圆柱曲面的边，将沿着圆柱曲面的中心线创建基准轴
7	基准点和曲面	如果基准点在选定曲面上，则通过该点并垂直于该曲面创建基准轴；如果基准点不在选定曲面上，则会打开"基准轴"对话框

4. 创建基准轴的操作实例

下面介绍一个涉及创建多个基准轴的典型操作实例。

（1）使用两个偏移参考创建垂直于曲面的基准轴

1）单击 📂（打开）按钮，弹出"文件打开"对话框，选择位于配套资料包的 CH3 文件夹中的 "bc_3_jzz.prt" 文件，单击对话框中的"打开"按钮。该文件中存在的模型如图 3-27 所示。

2）单击 ╱（基准轴）按钮，打开"基准轴"对话框。

3）在模型顶面（与 TOP 基准平面平行的实体面）图 3-28 所示的区域单击，此时所选参考出现在"参考"收集器中，同时在模型中显示新基准轴的两个偏移参考控制滑块。

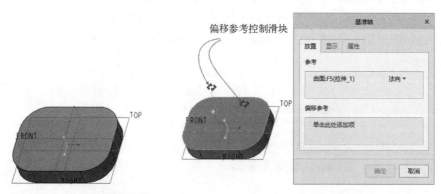

图 3-27　文件中的原始模型　　　　　图 3-28　指定放置参考

4）使用鼠标拖动其中一个偏移参考控制滑块来选择 FRONT 基准平面作为其中一个偏移参考，接着拖动另一个偏移参考控制滑块来选择 RIGHT 基准平面作为另一个偏移参考，然后在对话框的"偏移参考"收集器中分别设置相应的偏移距离，如图3-29所示。

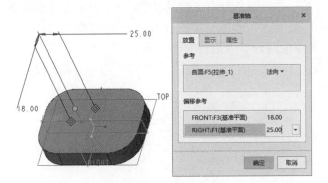

图3-29　定义偏移参考

操作技巧： 也可以不采用拖动偏移参考控制滑块的方式来指定偏移参考，即可以在"基准轴"对话框的"放置"选项卡中单击"偏移参考"收集器的框，将其激活，然后结合〈Ctrl〉键分别选择FRONT基准平面和RIGHT基准平面，并修改其相应的偏移距离即可。

5）单击"基准轴"对话框中的"确定"按钮，创建的该基准轴被命名为A_1。

（2）穿过选定圆边的中心，以垂直于选定圆边所在的平面方向创建基准轴

1）确保没有选择任何图形对象后再单击 / （基准轴）按钮，打开"基准轴"对话框。

2）在模型中单击图3-30所示的圆角边线，其参考约束类型为"中心"。

3）单击"基准轴"对话框中的"确定"按钮，完成基准轴A_2。

（3）使用预选的两个基准平面快速创建基准轴

1）在模型窗口中或模型树中选择RIGHT基准平面，接着按住〈Ctrl〉键的同时选择FRONT基准平面。

2）单击 / （基准轴）按钮，从而快速创建基准轴A_3，如图3-31所示。

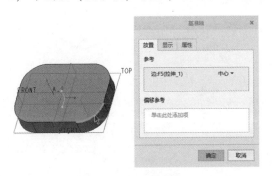
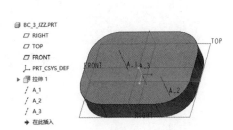

图3-30　选择圆边　　　　　　图3-31　完成创建第3个基准轴

3.3　基准点

基准点在实际设计中，也经常会用到。通常用创建的基准点来作为构造元素，为其他特征的创建提供定位参考，同时基准点也可用作计算和模型分析的已知点。

在 Creo Parametric 5.0 中，可以创建 3 种类型的基准点，即一般基准点（例如，在图元上、图元相交处或自某一图元偏移处所创建的基准点）、自坐标系偏移的基准点（通过自选定坐标系偏移所创建的基准点）和域基准点（在"行为建模"中用于分析的点，一个域点标识一个几何域），其中前两种类型用在常规建模中。

创建这些基准点的工具按钮位于功能区"模型"选项卡的"基准"组中，如图 3-32 所示。

图 3-32　用于创建基准点的工具按钮

3.3.1 一般基准点

这类基准点属于最为常见的一般类型的基准点。可以依据现有几何和设计意图，使用不同方法指定此类点的位置，例如将点创建在模型几何上。

单击 ⁑⁑（基准点）按钮，弹出图 3-33 所示的"基准点"对话框。该对话框有两个选项卡，即"放置"选项卡和"属性"选项卡。"放置"选项卡用于定义点的位置，"属性"选项卡用于编辑该基准点特征名称并可通过 Creo Parametric 浏览器访问特征信息。

添加新点时，新点会出现在"基准点"对话框的"放置"选项卡的点列表中。在"基准点"对话框中单击点列表中的"新点"，此时符号"➡"指向"新点"，表示当前处于创建新点的状态下。如果在点列表中右击某个点标签，则弹出图 3-34 所示的快捷菜单，从中可以执行"删除""重命名""重复（复制）"命令操作。其中，"重复（复制）"命令用于使用相同的放置方法创建一个新点。

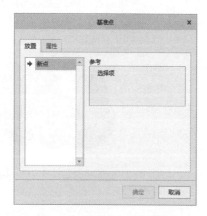

图 3-33　"基准点"对话框

图 3-34　右击点列表中的某个点

下面结合典型实例介绍创建一般基准点的常见几种情况。首先单击 📂（打开）按钮，弹出"文件打开"对话框，选择附赠网盘资料 CH3 文件夹中的"bc_3_jzd_1.prt"文件，单击对话框中的"打开"按钮。该文件中存在的模型如图 3-35 所示。

（1）在 3 个基准平面的相交处创建基准点

1）单击 ✕✕（基准点）按钮，弹出"基准点"对话框。

2）选择 FRONT 基准平面，按住〈Ctrl〉键的同时依次选择 RIGHT 基准平面和 TOP 基准平面，如图 3-36 所示，从而在选定的 3 个基准平面的相交处创建一个新点 PNT0。

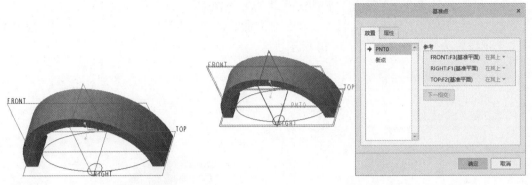

图 3-35 文件中存在着的原始模型　　　图 3-36 在 3 个基准平面的相交处创建基准点

3）在"基准点"对话框中单击"确定"按钮。

（2）在指定边上创建基准点

1）单击 ✕✕（基准点）按钮，弹出"基准点"对话框。

2）在图 3-37 所示的边线上单击。

3）在"基准点"对话框的"放置"选项卡中，修改点相对于指定曲线末端的偏移比率为"0.60"，如图 3-38 所示。

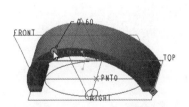

图 3-37 在指定边上创建基准点　　　图 3-38 修改点相对于指定曲线末端的偏移比率

实用知识：当使用"放置"选项卡定位新基准点时，系统提供了"曲线末端"单选按钮和"参考"单选按钮。若选择"曲线末端"单选按钮，则从曲线或边的默认端点开始测量距离，要使用另一个端点，则可以单击"下一络点"按钮。若选择"参考"单选按钮，则从选定图元开始测量距离，需选择所需的参考图元，例如一个实体曲面。另外，系统提供了两种指定偏移距离的方式，即通过指定偏移比率的方式和通过指定实际长度的方式。前者是在"偏移"尺寸框中输入偏移比率，偏移比率是一个分数，由基准点到选定端点之间的距离比上曲线或边的总长度而得，它是 0 到 1 之间的一个值；后者需从图 3-39 所示的下拉列表框中选择"实际值"选项，接着在"偏移"尺寸框中输入从基准点到端点或参考的实际曲线长度。

4）在"基准点"对话框中单击"确定"按钮。

（3）在中心处创建基准点

1）单击 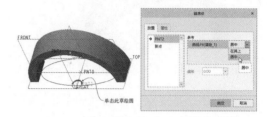（基准点）按钮，弹出"基准点"对话框。

2）在模型窗口中单击草绘圆，接着在对话框的"参考"收集器中，将选定参考的约束类型选项设置为"居中"，如图3-40所示。

图3-39 从下拉列表框中选择"实际值"选项

图3-40 在选定图元中心处创建基准点

（4）在曲线相交处创建基准点

1）在"基准点"对话框中单击点列表中的"新点"，此时符号"➡"指向"新点"，表示当前处于创建新点的状态。

2）在草绘圆所需的一侧单击，接着按住〈Ctrl〉键单击与之相交的椭圆，单击位置如图3-41所示。该所选两曲线具有两个相交点，如果预览的默认基准点不是所需要的，那么可以单击"下一相交"来切换。

创建的基准点被自动命名为PNT3。

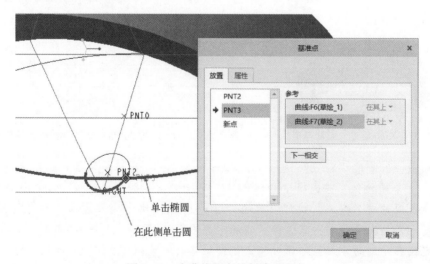

图3-41 在曲线相交处创建基准点

（5）在曲面上创建基准点

说明： 可以向曲面或面组添加点。要在曲面或面组上创建基准点，必须标注该点到两个偏移参考的尺寸（即偏移参考尺寸）。放置在曲面或面组上的每个新点都在拾取位置显示一个放置控制滑块，以及要用于标注该点到模型几何的尺寸的两个偏移参考控制滑块。起初，偏移参考控制滑块未被连接到任何参考，需要由用户指定相应的偏移参考。

1）在"基准点"对话框中单击点列表中的"新点"，此时符号"➔"指向"新点"，表示当前处于创建新点的状态。

2）在图3-42所示的曲面上单击，在拾取位置显示一个放置控制滑块，以及两个偏移参考控制滑块。使用鼠标拖动其中一个偏移参考控制滑块捕捉并选择RIGHT基准平面，接着使用鼠标拖动另一个偏移参考控制滑块捕捉并选择FRONT基准平面，如图3-43所示。

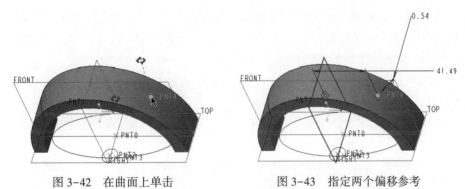

图3-42　在曲面上单击　　　　图3-43　指定两个偏移参考

3）在"基准点"对话框的"偏移参考"收集器中，分别设置两个偏移参考尺寸，如图3-44所示。

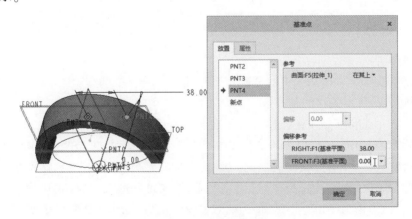

图3-44　设置偏移参考尺寸

（6）自曲面偏移创建基准点

说明： 若要创建自曲面的偏移点，则从在曲面上创建点开始，然后通过将位置约束由默认的"在其上"更改为"偏移"，自该曲面偏移该点。

1）在"基准点"对话框中单击点列表中的"新点"，此时符号"➔"指向"新点"，表示当前处于创建新点的状态。

2）在图3-45所示的曲面上单击，接着在"基准点"的"参考"收集器中将默认的位置约束选项更改为"偏移"，如图3-46所示。

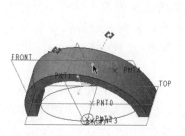

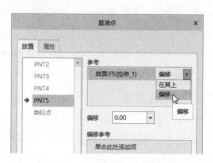

图3-45　在曲面上单击　　　　　图3-46　更改位置约束选项

3）在"偏移"框中输入"10"，接着在"偏移参考"收集器的列表框中单击，将其激活，选择RIGHT基准平面，按住〈Ctrl〉键选择FRONT基准平面，然后在"偏移参考"收集器中修改相应的偏移参考尺寸，如图3-47所示。

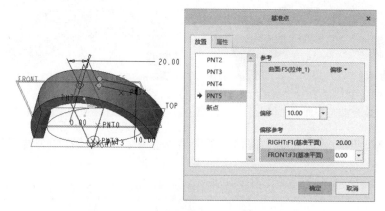

图3-47　定义偏移参考及其偏移参考尺寸

4）单击"基准点"对话框中的"确定"按钮。

（7）创建自另一点偏移的基准点

1）单击 ※※（基准点）按钮，弹出"基准点"对话框。

2）在模型窗口中选择PNT4基准点，按住〈Ctrl〉键选择"PRT_CSYS_DEF"坐标系，注意参考的位置约束类型。只有选取坐标系作为方向参考或第二参考时，三维偏移才可用，此时可以从"偏移类型"下拉列表框中选择"笛卡儿""圆柱""球面形"。在本例中，选择"笛卡儿"，然后分别设置"X"值为"10"，"Y"值为"5"，"Z"值为"20"，如图3-48所示。

> ⚠ 注　意
>
> 　如果选取坐标系的轴作为方向参考或第二参考，则只能沿选定的轴偏移点。

3）单击"基准点"对话框中的"确定"按钮。

至此，完成了本例所有基准点的创建，如图3-49所示。通过本例的操作，读者还应该要深刻了解到基准点特征可包含同一操作过程中创建的多个基准点。属于同一特征下的点，相当于组合成一个组（集合），若删除该特征，则会删除该特征中的所有点。如果要删除该基准点特征中的个别点，则必须对该基准点特征进行编辑定义（可在模型树中右击或单击该基准点特征并从快捷工具栏中单击"编辑定义"按钮 🍎，弹出"基准点"对话框），利用"基准点"对话框的点列表进行指定点的删除操作。在模型树中，属于同一特征的所有基准点均显示在一个特征节点下。

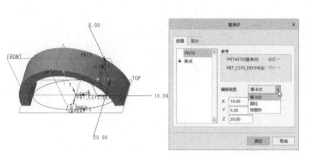

图 3-48　创建自另一点偏移的基准点　　　图 3-49　完成所有基准点的创建

3.3.2 从坐标系偏移的基准点

这类基准点是通过自选定坐标系偏移所创建的基准点，选定的坐标系可以是笛卡儿坐标系、球坐标系或柱坐标系。在创建此类基准点的过程中，用户可以通过相对于选定坐标系定位点方法将点手动添加到模型中，也可通过输入一个或多个文件创建点阵列的方法将点手动添加到模型中，或同时使用这两种方法将点手动添加到模型中。

单击 ✱✱（偏移坐标系基准点）按钮，弹出图 3-50 所示的"基准点"对话框，利用其中的"放置"选项卡定义所需的点位置。

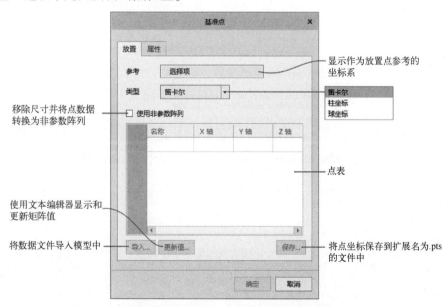

图 3-50　"基准点"对话框（适用于创建偏移坐标系基准点）

此时，在图形窗口中选取用于放置点的坐标系，在对话框的"类型"下拉列表框中选择"笛卡儿""柱坐标""球坐标"坐标系类型中的一种，接着单击点表中的单元格，为每个所需轴的点输入相应坐标。例如，假设从"类型"下拉列表框中选择"笛卡儿"坐标系类型，单击点表中的单元格后，必须指定 X、Y 和 Z 方向上的距离，如图 3-51 所示。指定点的坐标后，新点即出现在图形窗口中，并带有一个以设置颜色的矩形标识的拖动控制滑块。

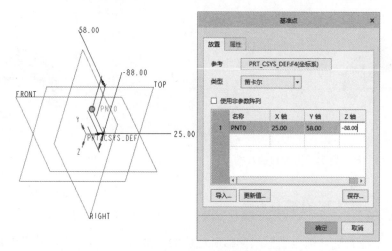

图 3-51　创建偏移坐标系基准点示例

要添加其他点，可以在点表中单击下一行，然后输入该点的坐标。或者，单击"更新值"按钮，在弹出来的文本编辑器中输入值（各个值之间以空格进行分隔），如图 3-52 所示。按照要求输入值后，在文件编辑器的"文件"菜单中选择"保存"命令，接着再次从"文件"菜单中选择"退出"命令。

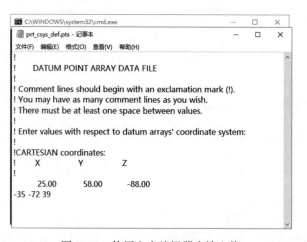

图 3-52　使用文本编辑器中输入值

 注 意

要使用文本编辑器添加点，点表中必须至少有一个值。

完成点的创建后，可以单击"偏移坐标系基准点"对话框中的"确定"按钮，接受这些点并退出。如果在"偏移坐标系基准点"对话框中单击"保存"按钮，则将这些点保存到一个指定文件名及位置的单独文件中。如果勾选"转换为非参数矩阵"复选框，则通过去除尺寸将这些点转换为非参数矩阵。

另外，若直接在"基准点"对话框中单击"导入"按钮，则弹出"打开"对话框，从中选择要输入的 *.pts 点文件或 Ibl 文件，所输入的点被添加到表中，每一行包含一个点。

3.3.3 域基准点

域基准点简称为"域点"，它是与用户定义的分析（UDA）一起使用的一类基准点。域点定义了一个从中选定它的域，域点不需要标注，它属于整个域。域点不作为规则建模的参考，而常用作定义用户定义的分析所需的特征的参考。

在零件模式下创建的域点，其名称被默认命名为"FPNT#"，而在组件中的域点名称则被默认命名为"AFPNT#"。

由于域基准点不常用，下面只简单地介绍创建域点的典型方法及步骤，只要求读者，有个概念上的认识即可。

1）单击 （域基准点）按钮，弹出图 3-53 所示的"基准点"对话框。

2）在图形窗口中，选择要在其中放置点的曲线、边、实体曲面或面组。一个点被添加到选定参考中。

图 3-53 "基准点"对话框
（用于创建域基准点）

3）如果要更改此域点的名称，可以切换到此"基准点"对话框中的"属性"选项卡，在"名称"文本框中输入新的名称。

4）在此"基准点"对话框中单击"确定"按钮。

3.4 基准曲线

基准曲线是一类重要的特征，它通常被用作边界混合曲面的边界、扫描特征的轨迹等。优美曲面的创建很多都依赖于高质量的基准曲线。

下面介绍草绘基准曲线和创建基准曲线的知识点。

3.4.1 草绘基准曲线

在"基准"组中单击 ∿（草绘）按钮，可以使用与草绘其他特征相同的方法草绘基准曲线。此类曲线可以由一个或多个草绘段以及一个或多个开放或封闭的环组成。

下面通过典型的实例操作来介绍如何使用草绘工具绘制基准曲线。

1）单击 □（新建）按钮，弹出"新建"对话框。在"类型"选项组中选择"零件"单选按钮，在"子类型"选项组中选择"实体"单选按钮，在"名称"文本框中输入"bc_jzqx_1"，取消勾选"使用默认模板"复选框，单击"确定"按钮。接着在弹出的"新文件选项"对话框中，选择"mmns_part_solid"模板，单击"确定"按钮，进入零件设计模式。

2）在功能区"模型"选项卡的"基准"组中单击 ∿（草绘）按钮，弹出"草绘"对话框。

3）选择 FRONT 基准平面作为草绘平面，以 RIGHT 基准平面为"右"方向参考，如图 3-54 所示，单击"草绘"对话框中的"草绘"按钮，进入草绘模式。

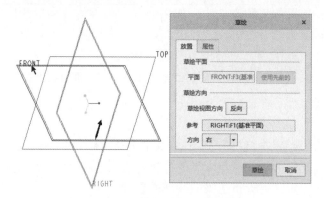

图 3-54　指定草绘平面及草绘方向

4）执行草绘器中的相关绘图工具按钮，绘制图 3-55 所示的图形。

5）单击 ✔（确定）按钮，完成绘制曲线并退出草绘模式。按〈Ctrl+D〉组合键以默认的标准视角方位显示模型对象，此时可以看到完成的基准曲线如图 3-56 所示。

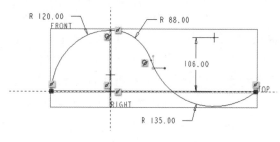

图 3-55　草绘基准曲线

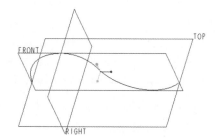

图 3-56　完成基准曲线

3.4.2 创建基准曲线

在功能区的"模型"选项卡中单击"基准"→"曲线"旁的 ▶（三角展开）按钮，可以展开一个包括 3 个"基准曲线"工具命令的列表，如图 3-57 所示。下面分别介绍这 3 个"基准曲线"工具命令的应用方法。

1. 通过点的曲线

使用"通过点的曲线"命令可以由依次指定的若干个点创建基准曲线。选择"通过点的曲线"命令时，功能区提供了"曲线：通过点"选项卡，如图 3-58 所示。下面简要地介绍该选项卡的各主要组成元素。

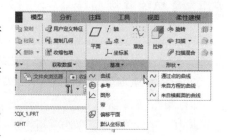

图 3-57　访问"基准曲线"工具

- ∿（样条连接）按钮：使用样条连接将当前指定点与前一个点相连。只有选择了两个或两个以上的要通过的点时，该按钮才可用。

- ⌃（直线连接）按钮：使用直线连接将当前指定点与前一个点相连。只有选择了两个或两个以上的要通过的点时，该按钮才可用。单击选中此按钮时，在该按钮的右侧出现 ⚬⚬（为曲线添加圆角）按钮，用户可以根据设计要求单击 ⚬⚬（为曲线添加圆角）按钮以按指定值对曲线进行圆角。

- "放置"下滑面板：该面板如图 3-59 所示，包括点集列表、"点"收集器、"连接到前一点的方式"选项组、"在曲面上放置曲线"复选框和"曲面"收集器等。点集列表定义一组用于定义曲线的点集，所谓点集是指一个点及其设置，而在该列表中选择某个点时，会显示该点的收集器及其设置。点集列表中的"添加点"选项用于将新点集添加到点列表中，位于点集列表右侧的 ▲（向上排序）按钮用于将点列表中的选定点向上重新排序，▼（向下排序）按钮用于将点列表中的选定点向下重新排序。"点"收集器将点、顶点、曲线端点或特征（如一个包含多个点的基准点特征）显示为参考以放置曲线。"连接到前一点的方式"选项组提供"样条"单选按钮和"直线"单选按钮，前者使用样条将当前选定点与前一个点相连，后者使用直线将当前选定点与前一个点相连。当勾选"在曲面上放置曲线"复选框时，则将整条曲线强制放置在选定曲面上。
- "结束条件"下滑面板：该面板主要包含"曲线侧"列表和"结束条件"下拉列表框，如图 3-60 所示。"曲线侧"列表用于选择曲线的起点或终点，并显示点的设置。"结束条件"下拉列表框用于在选定曲线的端点设置条件类型，可供选择的条件类型有"自由""相切""曲率连接""垂直"。其中，"自由"用于设置在此端点使曲线无相切约束；"相切"用于使曲线在该端点处与选定参考相切；"曲率连续"用于使曲线在该端点处与选定参考相切，并将连续曲率条件应用至曲线；"垂直"用于使曲线在该端点处与选定参考垂直。

图 3-58　功能区出现的"曲线：通过点"选项卡

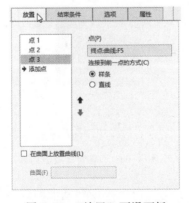

图 3-59　"放置"下滑面板

图 3-60　"结束条件"下滑面板

- "选项"下滑面板：该面板提供了"扭曲曲线"复选框和"扭曲曲线设置"按钮，如图 3-61 所示。当只选择两个点来创建样条方式的基准曲线（即创建通过两个点的样条基准曲线）时，如果要扭曲曲线，则可以在该面板中勾选“扭曲曲线”复选框，此时“扭曲曲线设置”按钮可用，接着单击“扭曲曲线设置”按钮，弹出图 3-62 所示的“修改曲线”对话框，结合“修改曲线”对话框和曲线出现的控制点来修改曲线即可。

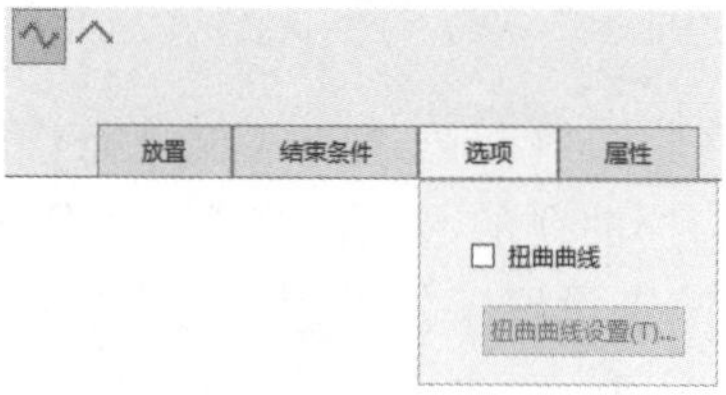

图 3-61 “选项”下滑面板

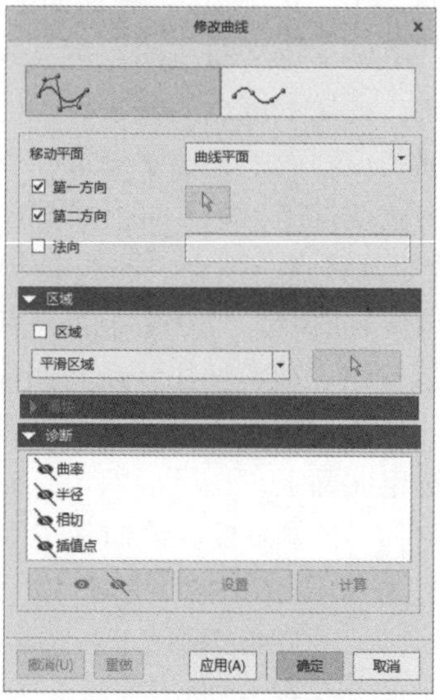

图 3-62 “修改曲线”对话框

- “属性”下滑面板：单击“属性”标签打开图 3-63 所示的“属性”下滑面板，在“名称”文本框中可设置特征名称，而单击 （显示此特征的信息）按钮，则可以在 Creo Parametric 浏览器中显示详细的基准曲线属性信息。

在功能区的“曲线：通过点”选项卡的最右部区域嵌入了一个“基准”溢出列表，如图 3-64 所示，这是为了方便用户在创建当前特征的过程中随时创建所需要的基准特征。在很多特征的用户界面（选项卡）上都嵌入有“基准”溢出列表，以后不再赘述。

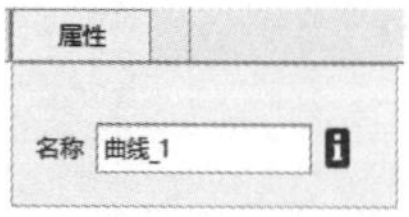

图 3-63 “属性”下滑面板

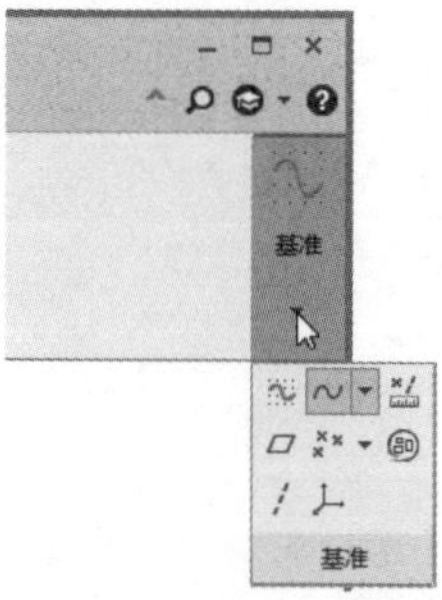

图 3-64 “基准”溢出列表

下面通过操作范例介绍如何使用“通过点的曲线”命令来创建基准曲线。在该操作范例中，主要知识点包括：①通过若干个连接点创建空间基准曲线并定义其端点处的相切条件；②创建通过曲面上的点的基准曲线；③创建通过两个点的基准曲线，并对其进行扭曲处理。

（1）通过若干个连接点创建空间基准曲线并定义其端点处的相切条件

1）单击 📂（打开）按钮，弹出"文件打开"对话框，选择附赠网盘资料 CH3 文件夹中的"bc_jzqx_2. prt"文件，单击对话框中的"打开"按钮，文件中存在的模型如图 3-65 所示。为了便于在图形窗口中选择基准点，建议在功能区的"视图"选项卡中选中 📸（点标记显示）图标。

2）在功能区的"模型"选项卡中单击"基准"→"曲线"旁的 ▸（三角展开）按钮，接着选择"通过点的曲线"命令，则功能区出现"曲线：通过点"选项卡。

3）在图形窗口中依次单击 PNT3、PNT4 和 PNT5 这 3 个基准点，如图 3-66 所示，此时打开"放置"下滑面板，在点集列表中分别选择"点 2"和"点 3"，确保这两个点连接到前一点的方式均为"样条"。

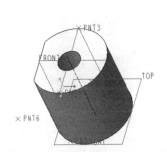

图 3-65 文件中的原始模型

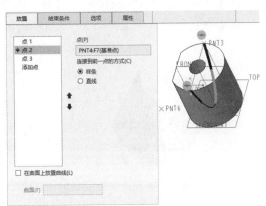

图 3-66 选择 3 个基准点来创建曲线

4）在"曲线：通过点"选项卡中打开"结束条件"下滑面板，在"曲线侧"列表中选择"起点"，接着从"结束条件"下拉列表框中选择"垂直"选项，在图形窗口中选择模型上端面作为垂直参考面，并单击"反向"按钮以使箭头方向满足设计要求，如图 3-67 所示。

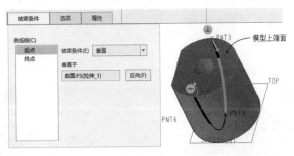

图 3-67 设置曲线起点的条件

5）在"曲线侧"列表中选择"终点"，接着从"结束条件"下拉列表框中选择"垂直"选项，再在图形窗口中单击实体模型的上端面，如图 3-68 所示。

6）在"曲线：通过点"选项卡中单击 ✔（完成）按钮，从而完成创建第一条基准曲线。

（2）创建通过曲面上的点的基准曲线

1）在功能区的"模型"选项卡中单击"基准"→"曲线"旁的 ▸（三角展开）按钮，接着选择"通过点的曲线"命令，则功能区出现"曲线：通过点"选项卡。

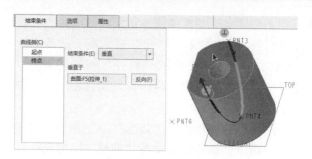

图 3-68　定义曲线终点的条件

2）在图形窗口中依次选择 PNT0、PNT2 和 PNT1，如图 3-69 所示。

3）在"曲线：通过点"选项卡中打开"放置"下滑面板，勾选"在曲面上放置曲线"复选框，接着在图形窗口中选择图 3-70 所示的圆柱外曲面。

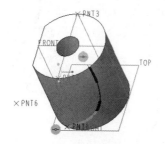

图 3-69　依次单击位于曲面上的 3 个点

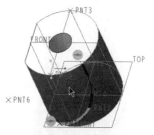

图 3-70　选择曲面以在其上创建曲线

4）在"曲线：通过点"选项卡中单击 ✔（完成）按钮，完成创建通过曲面上的点的基准曲线，该基准曲线位于指定曲面上，如图 3-71 所示。

（3）创建通过两个点的基准曲线，并对其进行扭曲处理

1）在功能区的"模型"选项卡中单击"基准"→"曲线"旁的 ▶（三角展开）按钮，接着选择"通过点的曲线"命令，则功能区出现"曲线：通过点"选项卡。

2）在图形窗口中依次单击 PNT3 和 PNT6，如图 3-72 所示。

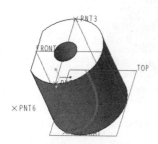

图 3-71　在指定曲面上创建通过点的曲线

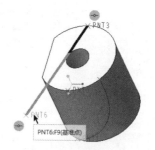

图 3-72　单击两点

3）在"曲线：通过点"选项卡中打开"选项"滑出面板，勾选"扭曲曲线"复选框，接着单击"扭曲曲线设置"按钮，弹出"修改曲线"对话框。

4）在"修改曲线"对话框中选中 ⤬（控制多面体）按钮，分别使用鼠标拖动曲线出现的两个中间控制点，以调整曲线的形状，参考效果如图 3-73 所示。

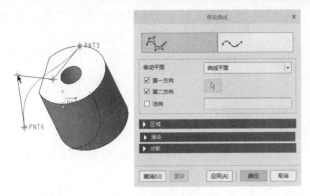

图 3-73 修改曲线

5）在"修改曲线"对话框中单击"确定"按钮。

6）在"曲线：通过点"选项卡中单击✓（完成）按钮，完成本实例操作。

2. 来自横截面的曲线

使用"来自横截面的曲线"命令，可以使用现有平面横截面（即沿着平面横截面边界与零件轮廓之间的相交线）创建曲线。注意不能使用偏距横截面中的边界创建基准曲线。

下面介绍使用横截面创建基准曲线的典型步骤。注意要先确保模型中已经存在着所需的已命名的横截面。

1）在功能区的"模型"选项卡中单击"基准"→"曲线"旁的▶（三角展开）按钮，接着选择"来自横截面的曲线"命令，在功能区打开图 3-74 所示的"曲线"选项卡。

图 3-74 "曲线"选项卡

2）在"横截面"下拉列表框中选择用来创建曲线的横截面。注意不能使用偏移横截面中的边界创建基准曲线。"参考"下滑面板提供"横截面"收集器，以显示选定用来创建曲线的横截面。

3）单击✓（完成）按钮，完成通过横截面创建基准曲线。如果横截面有多个链，则每个链都有一个复合曲线。

请看下面一个使用剖截面创建基准曲线的操作实例。在该实例中，首先需要创建一个平面剖截面，然后通过该平面剖截面创建基准曲线。

（1）创建平面剖截面

1）单击📂（打开）按钮，弹出"文件打开"对话框，选择附赠网盘资料 CH3 文件夹中的"bc_jzqx_3.prt"文件，单击对话框中的"打开"按钮。该文件中存在的模型如图 3-75 所示。

2）在"图形"工具栏中单击📷（视图管理器）按钮，或者在功能区"视图"选项卡的"模型显示"组中单击📷（视图管理器）按钮，打开"视图管理器"对话框，并切换到"截面"选项卡，如图 3-76 所示。

图 3-75　文件中的原始模型

图 3-76　"视图管理器"对话框

3）在"截面"选项卡中单击"新建"按钮以打开一个下拉菜单，如图 3-77a 所示，从中选择"平面"选项，接着在出现的文本框中输入截面的名称为"BC_FRONT_Xs"，如图 3-77b 所示，按〈Enter〉键。

a)

b)

图 3-77　创建平面截面
a）单击"新建"按钮　b）输入截面名称

4）功能区出现"截面"选项卡，如图 3-78 所示，从一个下拉列表框中选择"偏移"选项，此时"参考"下滑面板中的"截面参考"收集器处于活动状态，系统提示选择平面、曲面、坐标系或坐标系轴来放置截面。

图 3-78　"截面"选项卡

5）在图形窗口中选择 FRONT 基准平面，并在"截面"选项卡中增加选中█（在横截面曲面上显示剖面线图案）按钮，可以看到创建的平面剖截面如图 3-79 所示。其实，该截面平面也能通过选择"X 方向"来生成。

6）在"截面"选项卡中单击✔（完成）按钮。

7）在"视图管理器"对话框中单击"关闭"按钮。接着在模型树的"截面"节点下单击"BC_FRONT_XS"截面节点，并从弹出的快捷工具栏中选择"取消激活"图标✎，再右击"BC_FRONT_XS"截面节点，并从弹出的右键快捷菜单中取消勾选"显示截面"复选框。

（2）使用平面剖截面创建基准曲线

此时，BC_FRONT_XS横截面还处于被选中的状态，在功能区的"模型"选项卡中单击"基准"→"曲线"旁的▶（三角展开）按钮，接着选择"来自横截面的曲线"命令，则快速完成创建一条基准曲线，如图3-80所示。

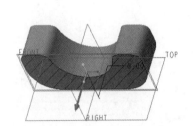

图3-79　创建平面剖截面

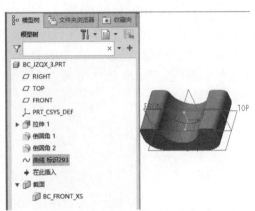

图3-80　完成创建一条基准曲线

说明：如果在选择"来自横截面的曲线"命令之前，没有选择所需要的基准曲线，那么选择"来自横截面的曲线"命令时，功能区将出现"曲线"选项卡，然后从"横截面"下拉列表框中选择"BC_FRONT_XS"，如图3-81所示，最后单击✔（完成）按钮即可。

图3-81　从"曲线"选项卡中选择横截面名称

3. 来自方程的曲线

使用"来自方程的曲线"选项，可以通过方程创建基准曲线。在编辑方程时要注意，不能在定义基准曲线的方程中使用这些语句：abs、ceil、floor、else、extract、if、endif、itos和search。

下面通过一个操作实例来辅助介绍使用"来自方程的曲线"方法来创建基准曲线的典型方法及其步骤。

1）单击 （新建）按钮，弹出"新建"对话框。在"类型"选项组中选择"零件"单选按钮，在"子类型"选项组中选择"实体"单选按钮，在"名称"文本框中输入"bc_jzqx_4"，取消勾选"使用默认模板"复选框，单击"确定"按钮。接着在打开的"新文件选项"对话框中，选择"mmns_part_solid"模板，单击"确定"按钮，进入零件设计模式。

2）在功能区的"模型"选项卡中单击"基准"→"曲线"旁的▶（三角展开）按钮，接着选择"来自方程的曲线"命令，在功能区打开"曲线：从方程"选项卡，如图3-82所示。

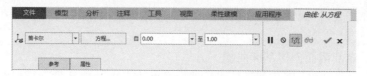

图 3-82 "曲线：从方程"选项卡

3）在图形窗口或模型树中，选择一个基准坐标系或目的基准坐标系以表示方程的零点，本例选择 PRT_CSYS_DEF 坐标系。

4）在 旁的下拉列表框中选择一个坐标系类型（可选的坐标系类型有"笛卡儿""柱坐标""球坐标"，如图 3-83 所示），本例选择"笛卡儿"坐标系类型。

5）单击"方程"按钮，弹出"方程"对话框，在"方程"对话框的输入框中输入图 3-84 所示的函数方程。

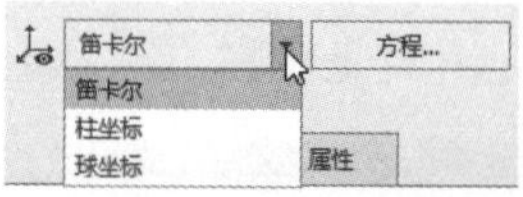

图 3-83 选择一个坐标系类型

图 3-84 输入函数方程

6）在"方程"对话框中单击 （执行/校验关系并按关系创建新参数）按钮，系统弹出"校验关系"对话框提示已成功校验了关系，接着在"校验关系"对话框中单击"确定"按钮。

7）在"方程"对话框中单击"确定"按钮。

8）在"曲线：从方程"选项卡中单击 （完成）按钮，创建的基准曲线如图 3-85 所示。

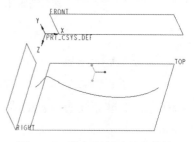

图 3-85 从方程创建基准曲线

3.5 基准坐标系

基准坐标系是可以添加到零件和组件中的参考特征。使用基准坐标系可以辅助计算质量属性、组装元件、为其他特征提供定位参考、为"有限元分析（FEA）"放置约束、为刀具轨迹提供制造操作参考等。

在工程设计领域，常见的基准坐标系有笛卡儿坐标系、柱坐标系和球坐标系。

- 笛卡儿坐标系：系统用 X、Y 和 Z 表示坐标值。
- 柱坐标系：系统用半径、theta（q）和 Z 表示坐标值。
- 球坐标系：系统用半径、theta（q）和 phi（f）表示坐标值。

其中，最为常用的坐标系是笛卡儿坐标系。

在零件模式下创建基准坐标系，Creo Parametric 将基准坐标系默认命名为 CS#（#是已创建的基准坐标系的号码，如 0、1、2······）。用户可以更改默认的基准坐标系的名称，方法主要有如下几种。

- 在创建过程中，切换到"坐标系"对话框中的"属性"选项卡，在"名称"文本框中为基准坐标系设置一个初始名称。
- 在模型树中的基准特征上右键单击，并从快捷菜单中选取"重命名"，以改变该现有的基准坐标系的名称。

要创建基准坐标系，需要熟悉"坐标系"对话框中各选项卡的主要功能含义。在功能区"模型"选项卡的"基准"组中单击 ⅃（坐标系）按钮，打开"坐标系"对话框。该坐标系具有 3 个选项卡，即"原点"选项卡、"方向"选项卡和"属性"选项卡。

（1）"原点"选项卡

"原点"选项卡如图 3-86 所示，该选项卡主要包含下列几部分。

- "参考"收集器：可以随时在该收集器内单击，将其激活，以选取或重定义坐标系的放置参考。
- "偏移类型"下拉列表框：此列表框提供了"笛卡儿""圆柱""球坐标""自文件"选项。当选择"笛卡儿"选项时，使用 X、Y、Z 坐标确定相对于参考坐标系的位置；当选择"圆柱"选项时，允许通过设置半径、Theta 和 Z 值偏移坐标系；当选择"球坐标"选项时，使用"半径"、Theta 和 Phi 值确定相对于参考坐标系的位置；当选择"自文件"选项时，允许从转换文件输入坐标系的位置。

（2）"方向"选项卡

切换到"坐标系"对话框的"方向"选项卡，如图 3-87 所示，主要用来设置坐标系轴的位置。该选项包含下列选项。

图 3-86 "原点"选项卡

图 3-87 "方向"选项卡

- "参考选择"单选按钮：选择该单选按钮，允许通过选取坐标系轴中任意两根轴的方向参考定向坐标系。需要为每个方向收集器选取一个参考，并从相应的下拉列表框中选取一个方向名称。值得注意的是，在默认情况下，系统假设坐标系的第一方向将平行于第一原点参考。如果该参考为一直边、曲线或轴，那么坐标系轴将被定向为平行于此参考；如果已选定某一平面，那么坐标系的第一方向将被定向为垂直于该平面。系统计算第二方向的方法是投影将与第一方向正交的第二参考。
- "选定的坐标系轴"单选按钮：选择该单选按钮，允许绕着作为放置参考使用的坐标系的轴旋转当前坐标系。选定的第一个偏移参考用作第二个定向方向参考。
- "设置Z垂直于屏幕"按钮：单击此按钮，则快速地将Z轴定向为垂直于屏幕（图形窗口）。

（3）"属性"选项卡

切换到"坐标系"对话框的"属性"选项卡，可以对基准坐标系特征进行重命名，并在 Creo Parametric 浏览器中查看关于当前基准特征的信息。

3.6　基准参考

在本节中，主要介绍基准参考的基础知识，只要求读者初步了解什么是基准参考，以及熟悉创建基准参考时所使用的"基准参考"对话框。

基准参考特征是用户定义的曲面集、边链、基准平面、基准轴、基准点或基准坐标系，它可用于创建目的对象以及放置用户定义的特征。在功能区的"模型"选项卡中单击"基准"→⌷（参考）按钮，将打开图 3-88 所示的"基准参考"对话框。该对话框中各组成部分的功能含义如下。

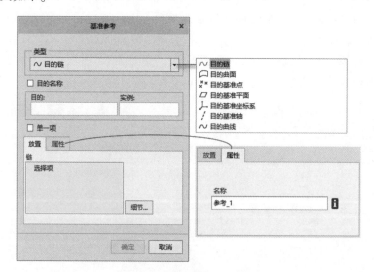

图 3-88　"基准参考"对话框

- "类型"下拉列表框：用来设置目的基准的类型，这些类型选项包括"目的链""目的曲面""目的基准点""目的基准平面""目的基准轴""目的基准坐标系""目的曲线"。

- "目的名称"复选框：勾选此复选框，则可为目的对象分配一个名称。用户定义的目的名称可根据该对象的设计目的与实例来设置。
- "单一项"复选框：勾选此复选框时，将用于定义目的对象的参考限定为单一对象或查询。
- "放置"选项卡：用于收集参考，以定义基准参考和目的对象。
- "属性"选项卡：切换到此选项卡，可重命名基准参考特征，以及查询此特征的详细信息。

3.7　本章小结

在 Creo Parametric 中，创建合适的基准特征是很重要的，巧用基准特征可以使创建其他特征变得灵活而具有很高的设计效率。基准特征主要包括基准平面、基准轴、基准点、基准曲线和基准坐标系等。在实际应用中，创建的基准特征通常用来为其他特征提供定位参考，或者为零部件装配提供必要的约束参考等。

本章重点介绍常用的基准平面、基准轴、基准点、基准曲线、基准坐标系和基准参考这些内容。在学习这些基准特征的知识时，需要总结基准特征的某些应用共性，例如在需要时如何选择它们、系统如何对新基准特征进行命名、创建各基准特征的相应操作步骤有什么异同之处等。另外，读者需要掌握基准点的分类，即基准点可以分为一般基准点、从坐标系偏移的基准点和域基准点，另外还有第 2 章介绍的草绘基准几何点。注意这些基准点的创建方法及其应用场合。而基准曲线的创建方式也有多种，包括草绘基准曲线、通过点的基准曲线、来自方程的曲线和来自横截面的曲线。

在新建一个使用 mmns_part_solid 模板的 Creo Parametric 零件文件时，系统提供了已经预定义好的 3 个相互正交的基准平面（即 TOP 基准平面、FRONT 基准平面和 RIGHT 基准平面）和一个基准坐标系。用户可以根据建模需要，创建所需要的基准特征，以便于或辅助零件建模。

3.8　思考与练习

（1）Creo Parametric 基准特征主要包括哪些特征？

（2）如何选择基准平面？如何选择基准轴？

（3）基准点主要分为哪几类？这几类基准点的典型特点各是什么？

（4）如何草绘基准曲线？可以以在 TOP 基准平面中绘制图 3-89 所示的曲线为例进行介绍。

（5）常见基准坐标系包括哪些？这些基准坐标系使用的参数各是什么？

（6）如何创建通过曲面上的点的基准曲线，且该基准曲线位于指定曲面上。

（7）如何使用"从方程"方法来创建基准曲线？可以以某三角函数曲线为例进行说明。

（8）上机练习：要求在空间中创建若干个基准点，接着通过这些基准点创建空间基准曲线，最后通过基准曲线首尾两个端点创建一根基准轴。具体设计尺寸由读者把握，在这里给出了参考效果，如图3-90所示。

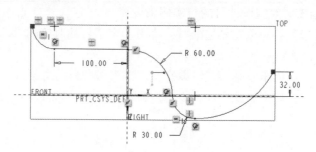

图 3-89　草绘基准曲线

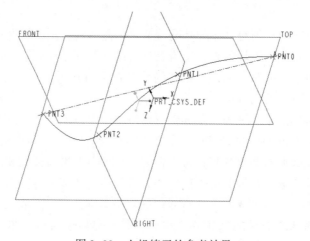

图 3-90　上机练习的参考效果

第4章 基础特征

本章导读：

  Creo Parametric 基础特征主要包括拉伸特征、旋转特征、扫描特征、混合特征、扫描混合特征和螺旋扫描。这类基础特征通常需要定义所需的剖面，由剖面经过一定的方式来进行建构。

  本章将通过图文并茂的形式，结合典型实例来重点介绍常见的这些基础特征：拉伸特征、旋转特征、扫描特征、混合特征、扫描混合特征、螺旋扫描特征、体积块螺旋扫描特征。

4.1 拉伸特征

  拉伸特征是定义三维几何的一种基本方法，它是通过将二维截面在垂直于草绘平面的某方向上以设定的距离来拉伸而生成的。拉伸特征的典型示例如图 4-1 所示。

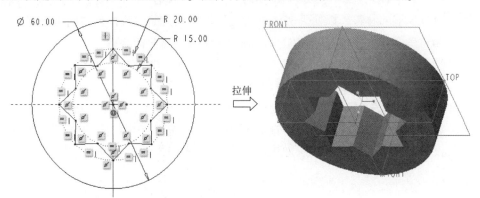

图 4-1 拉伸特征示例

  在功能区"模型"选项卡的"形状"组中单击 [◆]（拉伸）按钮，打开图 4-2 所示的"拉伸"选项卡。从该"拉伸"选项卡中可以看出，通过拉伸操作，可以创建实体伸出项、切口、拉伸曲面以及曲面修剪等。

图 4-2 "拉伸"选项卡

下面介绍"拉伸"选项卡中各主要工具按钮及选项等组成元素的功能含义。

- ▢：创建实体。
- ▨：创建曲面。
- "深度选项"下拉列表框：约束特征的深度。深度选项包括辿（盲孔）、日（对称）、辿（穿至）、≝（下一个）、辿（穿透）和辿（到选定项）。通过选取这些深度选项之一可以指定拉伸特征的深度，具体说明见表4-1。

表4-1 使用深度选项约束拉伸特征的深度

序 号	深度选项	功能说明	注意事项
1	辿（盲孔）	自草绘平面以指定深度值拉伸截面	指定一个负的深度值会反转深度方向
2	日（对称）	在草绘平面每一侧上以指定深度值的一半拉伸截面	
3	辿（穿至）	将截面拉伸，使其与选定曲面相交	对于终止曲面，可以选择实体中的任意一个曲面，无需是平面
4	≝（下一个）	拉伸截面至下一曲面，即在特征到达第一个曲面时将其终止	基准平面不能被用作终止曲面，使用此选项可以使特征在其接触到实体的收个曲面处终止
5	辿（穿透）	拉伸截面，使之与所有曲面相交	使用此选项，在特征到达最后一个曲面时将其终止
6	辿（到选定项）	将截面拉伸至一个选定点、曲线、平面或曲面	

- "深度"值框或"参考"收集器："深度"值框用于指定由深度尺寸所控制的拉伸的深度值；如果需要深度参考，文本框将起到"参考"收集器的作用，并列出参考摘要。
- ▨：沿拉伸移除材料，以便为实体特征创建切口或为曲面特征创建面组修剪。
- ▢：为草绘添加厚度以创建薄实体、薄实体切口或薄曲面修剪。
- "放置"面板：该面板如图4-3所示，使用该面板创建或重定义特征截面。要创建拉伸截面，则单击"定义"按钮，打开草绘器以创建内部草绘。
- "选项"面板：该面板如图4-4所示，使用该面板可以定义草绘平面每一侧的特征深度。对于曲面特征，可以通过勾选"封闭端"复选框来用封闭端创建曲面特征。在该面板中还可以通过勾选"添加锥度"复选框来按值使拉伸体形成锥度，其锥角在-89.9°至89.9°之间。

图4-3 "放置"面板

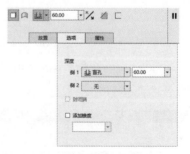

图4-4 "选项"面板

- "属性"面板：该面板如图4-5所示。在该上滑面板的"名称"文本框中可以更改拉伸特征名，需要时可以单击**ⅰ**（显示此特征的信息）按钮，从而在 Creo Parametric 浏览器中查看此特征的详细信息。

图 4-5 "拉伸"选项卡的"属性"面板

下面通过两个典型操作实例介绍创建拉伸实体和拉伸曲面的方法及技巧等。

1. 拉伸实例 1

实例目的：掌握创建实体伸出项、创建加厚拉伸和创建切口。

（1）新建零件文件

1）单击 （新建）按钮，弹出"新建"对话框。

2）在"类型"选项组中选择"零件"单选按钮，在"子类型"选项组中选择"实体"单选按钮，在"名称"文本框中输入"bc_4_ls_1"，清除"使用默认模板"复选框，单击"确定"按钮。

3）系统弹出"新文件选项"对话框，选择 mmns_part_solid 模板，然后单击"确定"按钮，进入零件设计模式。

（2）创建拉伸实体特征

1）在功能区"模型"选项卡的"形状"组中单击 （拉伸）按钮，打开"拉伸"选项卡。

2）默认时，"拉伸"选项卡中的 （创建实体）按钮处于被选中的状态。选择"放置"选项，打开"放置"面板，接着在"放置"面板中单击"定义"按钮，弹出"草绘"对话框。

3）选择 TOP 基准平面作为草绘平面，以 RIGHT 基准平面为"右"方向参照，如图 4-6 所示。单击"草绘"按钮，进入草绘模式。

4）绘制图 4-7 所示的剖面，单击 （确定）按钮。

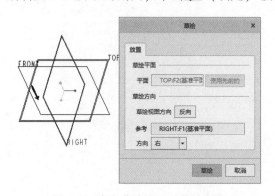

图 4-6 定义草绘平面及草绘方向

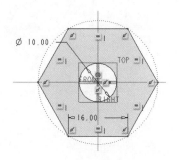

图 4-7 绘制拉伸剖面

5）在"拉伸"选项卡中输入侧1的拉伸深度为"3"，如图4-8所示。

6）在"拉伸"选项卡中单击 ✔（完成）按钮。创建的拉伸实体特征如图4-9所示，图中的模型以默认的标准方向视角显示（可按〈Ctrl+D〉组合键）。

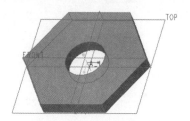

图4-8　输入侧1的拉伸深度为3　　　　图4-9　创建的拉伸实体特征

（3）以拉伸的方式切除材料

1）在"形状"组中单击 （拉伸）按钮，打开"拉伸"选项卡。

2）默认时，"拉伸"选项卡中的 □（创建实体）按钮处于被选中的状态。在"拉伸"选项卡中单击 （去除材料）按钮。

3）选择"放置"选项以打开"放置"面板，接着单击"定义"按钮，弹出"草绘"对话框。

4）在"草绘"对话框中单击"使用先前的"按钮，进入内部草绘模式。

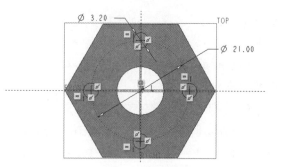

5）绘制图4-10所示的剖面，单击 ✔（确定）按钮。

6）单击 （将拉伸的深度方向更改为草绘的另一侧，简称深度方向）按钮，并从深度选项下拉列表框中选择 （穿透），

图4-10　绘制剖面

此时按〈Ctrl+D〉组合键以默认的标准方向视角显示模型，效果如图4-11所示。

7）单击"拉伸"选项板中的 ✔（完成）按钮。以拉伸方式切除出的模型效果如图4-12所示。

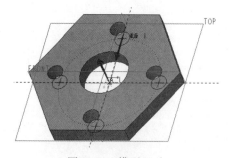

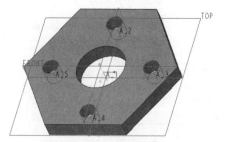

图4-11　模型显示　　　　　　　　　图4-12　切除效果

（4）创建拉伸加厚特征

1）在"形状"组中单击 （拉伸）按钮，打开"拉伸"选项卡。

2）默认时，"拉伸"选项卡中的▢（创建实体）按钮处于被选中的状态。在"拉伸"选项卡中单击▢（加厚草绘）按钮。

3）在"拉伸"选项卡中选择"放置"选项以打开"放置"面板，接着单击"定义"按钮，弹出"草绘"对话框。

4）在"草绘"对话框中单击"使用先前的"按钮，进入内部草绘模式。

5）单击▢（投影，即通过边创建图元）按钮，打开图4-13所示的"类型"对话框。在"选择使用边"选项组中选择"单一"单选按钮，接着在图形窗口中分别单击中心圆孔的两段截面半圆，如图4-14所示。然后，在"类型"对话框中单击"关闭"按钮。

单击✔（确定）按钮，完成草绘并退出草绘模式。

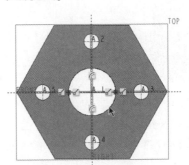

图4-13 "类型"对话框　　　　图4-14 通过边创建图元

6）在"拉伸"选项卡中输入加厚的厚度为"2"，接着单击两次最右侧的▨（在草绘的一侧、另一侧或两侧间更改拉伸方向，简称材料侧）按钮，使加厚材料侧方向向两侧，即向两侧添加厚度，如图4-15所示。

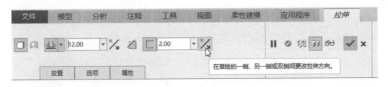

图4-15 设置加厚厚度和加厚材料侧方向

7）输入拉伸的深度值为"12"。此时，模型动态几何预览效果如图4-16所示。

8）在"拉伸"选项板中单击✔（完成）按钮，完成的模型效果如图4-17所示。

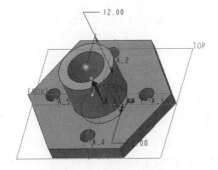

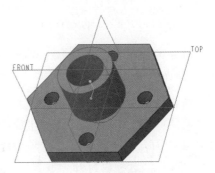

图4-16 模型动态几何预览　　　　图4-17 完成的模型效果

2. 拉伸实例2

实例目的：重点掌握创建拉伸曲面、曲面修剪以及重编辑定义拉伸特征等。

（1）新建零件文件

1）单击 □（新建）按钮，弹出"新建"对话框。

2）在"类型"选项组中选择"零件"单选按钮，在"子类型"选项组中选择"实体"单选按钮，在"名称"文本框中输入"bc_4_ls_2"，取消勾选"使用默认模板"复选框，单击"确定"按钮。

3）系统弹出"新文件选项"对话框，选择 mmns_part_solid 模板，然后单击"确定"按钮，进入零件设计模式。

（2）创建拉伸曲面

1）在"形状"组中单击 ▥（拉伸）按钮，打开"拉伸"选项卡。

2）在"拉伸"选项卡中单击 ▢（生成曲面）按钮。

3）选择"放置"以打开"放置"面板，接着单击"定义"按钮，弹出"草绘"对话框，接着选择 FRONT 基准平面为草绘平面参照，以 RIGHT 基准平面为"右"方向参照，单击"草绘"按钮，进入草绘模式。用户也可以在不打开"放置"面板的情况下，直接在图形窗口中选择 FRONT 基准平面用作草绘平面，快速进入内部草绘器。

4）绘制图 4-18 所示的开放剖面，单击 ✔（确定）按钮，完成草绘并退出草绘模式。

5）从深度选项下拉列表框中选择 ⯁（对称），在侧1深度框中输入深度值为"10"。

6）在"拉伸"选项卡中单击 ◌◌（特征预览）按钮，并按〈Ctrl+D〉组合键以默认的标准方向视角显示模型，此时可以看到经过校验的将要生成的拉伸曲面，如图 4-19 所示。接着单击在操控板中出现的 ▶（退出暂停模式，继续使用此工具）按钮。

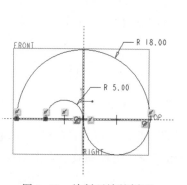

图 4-18 绘制开放的剖面

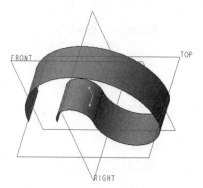

图 4-19 拉伸曲面

7）在"拉伸"选项卡中单击 ✔（完成）按钮，完成该拉伸曲面的创建工作。

（3）创建曲面修剪

1）在"形状"组中单击 ▥（拉伸）按钮，打开"拉伸"选项卡。

2）在"拉伸"选项卡中单击 ▢（生成曲面）按钮，并单击 ◿（去除材料）按钮，在模型窗口中单击曲面，此时"拉伸"选项卡提供的工具按钮和选项如图 4-20 所示。

3）选择"放置"选项以打开"放置"面板，接着单击位于"放置"面板中的"定义"按钮，弹出"草绘"对话框，选择 TOP 基准平面为草绘平面，以 RIGHT 基准平面为"右"

方向参照，单击"草绘"按钮，进入草绘模式。

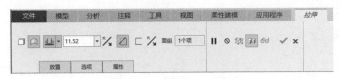

图 4-20 "拉伸"选项卡

4）绘制图 4-21 所示的剖面，单击 ✔（确定）按钮，完成草绘并退出草绘模式。

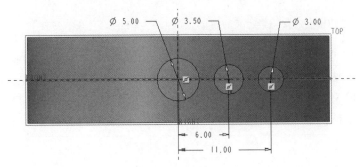

图 4-21 绘制剖面

5）在"拉伸"选项卡中单击"选项"标签，打开"选项"面板，分别从"侧 1"和"侧 2"深度选项列表框中选择 ⌷⌷（穿透），如图 4-22 所示。

6）在"拉伸"选项卡中单击 ✔（完成）按钮，完成曲面修剪的效果如图 4-23 所示。

图 4-22 设置两侧的深度选项

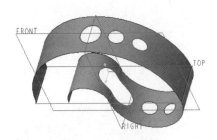

图 4-23 曲面修剪

（4）重编辑定义拉伸特征

1）在模型树中单击"拉伸 1"特征树节点，如图 4-24 所示，然后从出现的快捷工具栏中单击 ⚙（编辑定义）按钮。

说明：在该快捷工具栏中提供以下 3 个用于修改特征的实用工具命令。如果在模型树中右击特征，除了弹出快捷工具栏之外，还会弹出一个快捷菜单。

- ⚙（编辑定义）按钮：重定义选定的特征。
- ✎（编辑参照）：编辑选定项的参照，可以通过用新参照替换现有参照来将其改变。
- ⌗（编辑）按钮：修改特征尺寸。

2）功能区打开"拉伸"选项卡，选择"放置"选项，如图 4-25 所示，打开"放置"面板，接着单击该面板中的"编辑"按钮。

图 4-24 在模型树中右击要编辑定义的特征

图 4-25 在"拉伸"选项卡中操作

3）单击 (3点/相切端弧) 按钮，在原来开放图形的两端点处绘制一个圆弧，以形成闭合的图形，如图 4-26 所示，单击 ✔ （确定）按钮，完成草绘并退出草绘模式。

4）在"拉伸"选项卡中选择"选项"标签，打开"选项"面板。接着在该面板中勾选"封闭端"复选框，如图 4-27 所示。

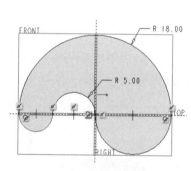

图 4-26 修改剖面

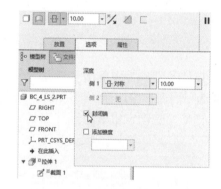

图 4-27 勾选"封闭端"复选框

5）在"拉伸"选项卡中单击 ✔ （完成）按钮，修改后的曲面模型效果如图 4-28 所示。

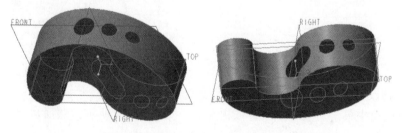

图 4-28 具有封闭端的曲面模型效果

4.2 旋转特征

旋转特征是通过绕中心线旋转草绘截面来创建的一类特征。在实际设计中，通常使用旋转工具来创建一些具有回转体形状特点的模型，示例如图 4-29 所示。

在"形状"组中单击 （旋转）按钮，则功能区出现"旋转"选项卡，如图 4-30 所示。

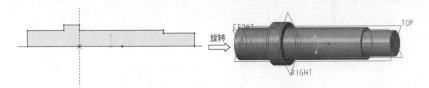

图 4-29 创建旋转特征的示例

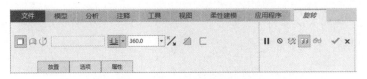

图 4-30 "旋转"选项卡

在"旋转"选项卡中指定特征类型，如 ▢（创建实体）或 ◖（创建曲面），接着选择或创建草绘，注意在草绘的旋转截面中需要旋转轴，该旋转轴既可以利用截面创建，也可以通过选取模型几何进行定义。在创建旋转特征的过程中，用户可以根据设计需要更改旋转角度，在实体或曲面、伸出项或切口间进行切换，或指定草绘厚度以创建旋转加厚特征。

1. 定义旋转截面、旋转轴和旋转角度

在介绍创建旋转特征的典型操作实例之前，先重点介绍创建旋转特征时需要注意的以下 3 个方面。

（1）关于旋转截面

绘制旋转截面时需要考虑定义旋转截面的两个基本规则：一个是可使用开放或闭合截面创建旋转曲面；另一个是必须只在旋转轴的一侧草绘几何。

（2）关于旋转轴

定义旋转特征的旋转轴，主要有两种方法：一种是通过外部参考，即使用现有的有效类型的零件几何（可选择基准轴、直边、直曲线或坐标系的轴定义旋转轴）；另一种是使用内部中心线，即在草绘器中创建所需要的中心线。

定义旋转轴的基本规则包括：必须只在旋转轴的一侧草绘几何；旋转轴（几何参考或中心线）必须位于截面的草绘平面中。

当使用草绘器中心线作为旋转轴时，需要注意：如果截面只包含一条中心线（含几何中心线和构造中心线），则该中心线将被用作旋转轴；如果截面包含两条或两条以上的中心线，则允许用户选择一条合适的中心线指定为旋转轴，其方法是在草绘器中先选择要作为旋转轴的中心线，接着在功能区中选择"设置"→"特征工具"→"指定旋转轴"命令，如图 4-31 所示。也可以利用右键快捷菜单中的"指定旋转轴"命令，如图 4-32 所示。最佳做法是使用几何中心线（由草绘器"基准"组中的"中心线"按钮┊创建）作为旋转轴。

（3）关于旋转角度

将截面绕一个旋转轴旋转至指定角度便可以形成旋转特征。用户可通过选取下列角度选项之一来定义旋转角度：

┴（可变/变量）：自草绘平面以指定角度值旋转截面。在相应的角度文本框中输入角度值，或选取一个预定义的角度（如 90°、180°、270°、360°）。

┼（对称）：在草绘平面的每个侧上以指定角度值的一半旋转截面。

⟂（到选定项）：将截面一直旋转到选定基准点、顶点、平面或曲面。注意：终止平面或曲面必须包含旋转轴。

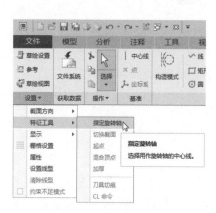

图4-31 指定旋转轴的命令

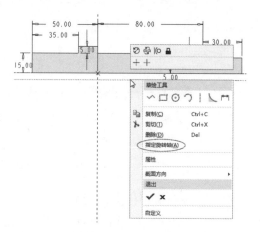

图4-32 快捷菜单中的"指定旋转轴"命令

2. 创建旋转特征的操作实例

下面介绍一个创建旋转特征的典型操作实例。该典型操作实例的目的是通过实例操作，让读者熟悉创建旋转特征的流程及方法，掌握创建旋转特征的细节操作。

（1）新建零件文件

1）单击 🗋（新建）按钮，弹出"新建"对话框。

2）在"类型"选项组中选择"零件"单选按钮，在"子类型"选项组中选择"实体"单选按钮，在"名称"文本框中输入"bc_4_xz_1"，取消勾选"使用默认模板"复选框，单击"确定"按钮。

3）系统弹出"新文件选项"对话框，选择 mmns_part_solid 模板，然后单击"确定"按钮，进入零件设计模式。

（2）创建旋转实体特征

1）在"形状"组中单击 ⬠（旋转）按钮，则功能区出现"旋转"选项卡。默认时，"旋转"选项卡中的 ⬜（创建实体）按钮处于被选中的状态。

2）选择"放置"选项，打开图4-33所示的"放置"面板，接着单击"定义"按钮，弹出"草绘"对话框。选择 FRONT 基准平面作为草绘平面，以 RIGHT 基准平面为"右"方向参考，单击"草绘"对话框中的"草绘"按钮，进入草绘模式。

说明：用户也可以不打开"放置"面板，直接选择 FRONT 基准平面作为草绘平面，此时系统会以默认的方向参考快速地进入内部草绘器。允许用户在草绘器中根据设计要求，使用功能区"草绘"选项卡的"设置"组中的以下3个实用按钮。

- 🗒（草绘设置）按钮：单击此按钮，弹出"草绘"对话框，从中指定草绘设置。
- 🗐（参考）按钮：单击此按钮，弹出"参考"对话框，用于指定截面的标注和约束参考。
- 🖼（草绘视图）按钮：定向草绘平面使其与屏幕平行。

3）绘制图4-34所示的旋转剖面，该剖面中绘制有两条构造中心线，构造中心线可使用"草绘"组中的 ⋮ （中心线）按钮来创建。绘制好两条构造中心线后，在草绘区域中选择水平的中心线，接着在功能区中选择"设置"→"特征工具"→"指定旋转轴"命令，从而将该中心线指定为旋转轴（相当于转化为几何构造线）。指定旋转轴，还可以采用最佳的做法，那就是使用"基准"组中的 ⋮ （几何中心线）按钮直接创建用作旋转轴的几何中心线。

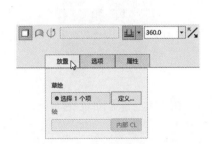

图 4-33 打开"放置"面板

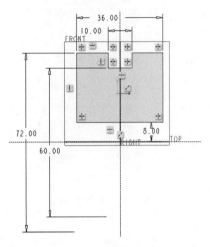

图 4-34 绘制旋转剖面

4）单击✔（确定）按钮，完成草绘并退出草绘模式。

5）接受默认的旋转角度为 360°，如图 4-35 所示。

6）单击"旋转"选项卡中的 ✔（完成）按钮，创建的旋转实体特征如图 4-36 所示。

图 4-35 接受默认的旋转角度为 360°

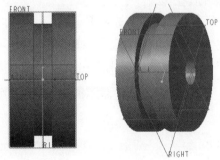

图 4-36 创建旋转实体特征

（3）以旋转的方式切除材料

1）在"形状"组中单击 ❖（旋转）按钮，则功能区出现"旋转"选项卡。

2）默认时，"旋转"选项卡中的 □（创建实体）按钮处于被选中的状态。单击 ◢（去处材料）按钮。

3）选择"放置"选项以打开"放置"面板，接着单击该面板中的"定义"按钮，弹出"草绘"对话框，然后在"草绘"对话框中单击"使用先前的"按钮，进入草绘模式。

4）绘制图 4-37 所示的图形（注意单击"基准"组中的 ⋮ （中心线）按钮绘制一条几何中心线用作旋转轴），单击✔（确定）按钮，完成草绘并退出草绘模式。

5）接受默认的旋转角度为360°，接着单击"旋转"选项卡中的 ☑（完成）按钮，得到的模型效果如图4-38所示。

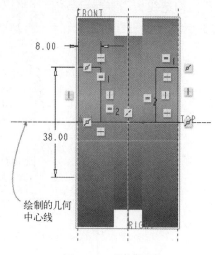

图4-37 绘制图形

图4-38 旋转切除的模型效果

4.3 扫描特征

使用Creo Parametric系统提供的"扫描"工具，可以在沿着一个或多个选定轨迹扫描截面时通过控制截面的方向、旋转和几何来添加或移除材料，其中包括使用恒定截面或可变截面创建扫描。

1. "扫描"选项卡

在功能区"模型"选项卡的"形状"组中单击 ▦（扫描）按钮，打开图4-39所示的"扫描"选项卡。下面介绍"扫描"选项卡中的主要组成部分。

图4-39 "扫描"选项卡

（1）"扫描"选项卡中的相关工具按钮

- ▢：扫描为实体。
- ◨：扫描为曲面。
- ◪：打开内部草绘器来创建或编辑扫描截面。
- ◢：实体切口或曲面切口。
- ⬚：为草绘添加厚度以创建薄实体、薄实体切口或薄曲面修剪。
- ⊢：创建恒定截面扫描。
- ⋃：创建可变截面扫描，允许截面根据参数化参考或沿扫描的关系进行变化。

- "面组"收集器：当选择 □（曲面）和 ◪（切口）按钮时，"扫描"选项卡出现"面组"收集器，显示选择要修剪的面组。

（2）"参考"面板

"参考"面板如图 4-40 所示，其中，"轨迹"收集器用于显示选定的轨迹（包括作为轨迹原点和集类型的链轨迹），并允许用户指定轨迹类型（原点轨迹、法向轨迹、X 轨迹和相切轨迹）。原点轨迹、其他轨迹和其他参考（如平面、边或坐标系的轴）定义截面沿扫描的方向。"细节"按钮用于打开"链"对话框以修改链属性。

> **⚠ 注意**
>
> 对于原点轨迹外的所有其他轨迹，在选中 T、N 或 X 复选框前，默认情况下都是辅助轨迹。只有一个轨迹可以是 X 轨迹，也只有一个轨迹可以是"法向"轨迹（N 轨迹）。另外，同一轨迹既可以作为"法向"轨迹，也可以同时作为 X 轨迹，而任何具有相邻曲面的轨迹都可以是"相切"轨迹。尤其要注意不能删除原点轨迹。但可以替换原点轨迹。

在"截平面控制"下拉列表框用于设置定向截面的方式，它提供了"垂直于轨迹""垂直于投影""恒定法向"选项。

- "垂直于轨迹"选项：截面在整个长度上保持与原点轨迹垂直。
- "垂直于投影"选项：沿投影方向看去，截面保持与原点轨迹垂直。Z 轴与指定方向上的原点轨迹的投影相切。
- "恒定法向"选项：Z 轴平行于指定的方向参考矢量。可以利用"方向参考"收集器添加或删除参考。

"水平/垂直控制"下拉列表框：用于决定绕草绘平面法向的框架旋转沿扫描如何定向，所谓框架实质上是沿着原点轨迹滑动并且自身带有要被扫描截面的坐标系，即框架决定着草绘沿原点轨迹移动时的方向。该下拉列表框中可用的选项如下。

- "自动"选项：截面由 XY 方向自动定向。Creo Parametric 系统可计算 X 向量的方向，最大程度地降低扫描几何的扭曲。对于没有参照任何曲面的原始轨迹，"自动"为默认选项。
- "垂直于曲面"选项：截面 Y 轴垂直于原点轨迹所在的曲面。如果"原点轨迹"参考为曲面上的曲线、曲面的单侧边、曲面的双侧边或实体边、由曲面相交创建的曲线或两条投影曲线，则此为默认选项。使用"下一个"允许移动到下一个法向曲面。
- "X 轨迹"：截面的 X 轴通过指定的 X 轨迹和沿扫描的截面的交点。
- "起点的 X 方向参考"收集器：当选择"垂直于轨迹"或"恒定法向"，且水平/竖直控制为"自动"时，显示原点轨迹起点处的截面 X 轴方向。

（3）"选项"面板

"选项"面板主要用于设置是否封闭扫描特征的每一端、是否将实体扫描特征的端点连接到邻近的实体曲面而不留间隙，以及指定草绘放置点，如图 4-41 所示。

- "封闭端"复选框：用于设置是否封闭扫描特征的每一端，适用于具有封闭环截面和开放轨迹的曲面扫描。
- "合并端"复选框：勾选此复选框时，将实体扫描特征的端点连接到邻近的实体曲面而不留间隙。当扫描截面为恒定、存在开放的平面轨迹、截平面控制为"垂直于轨迹"、水平/竖直控制为"自动",以及邻近项至少包含一个实体特征时可用。

- "草绘放置点"收集器:用于指定原点轨迹上的某个点来作为草绘放置点,该点不影响扫描的起始点。如果该收集器为空,则将扫描的起始点用作草绘截面的默认位置。

图 4-40 "参考"面板　　　图 4-41 "选项"面板

(4)"相切"面板

"相切"面板如图 4-42 所示,其中"轨迹"列表框显示扫描特征中的轨迹列表,"参考"下拉列表框用于设定如何用相切轨迹控制曲面。用户应该注意"参考"下拉列表框中以下这些参照相切选项。

- "无":禁用相切轨迹。
- "侧 1":扫描截面包含与轨迹侧 1 上曲面相切的中心线。
- "侧 2":扫描截面包含与轨迹侧 2 上曲面相切的中心线。
- "选定":手动为扫描截面中相切中心线指定曲面。

(5)"属性"面板

"属性"面板如图 4-43 所示。在该面板的"名称"文本框中可重命名当前新扫描特征,若单击█(显示此特征的信息)按钮,则在 Creo Parametric 浏览器中查看关于该扫描特征的详细信息。

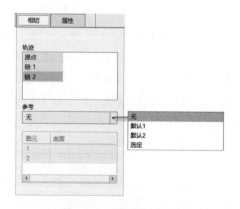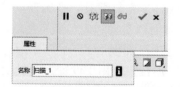

图 4-42 "相切"面板　　　图 4-43 "属性"面板

2. 创建扫描特征的基本方法

要创建扫描特征,可以按照以下的方法步骤进行。有些步骤可灵活调整。

1)在功能区"模型"选项卡的"形状"组中单击 📦 (扫描)按钮,打开"扫描"选项卡。

2）在"扫描"选项卡中打开"参考"面板，确保激活"轨迹"收集器，选择现有曲线链或边链作为轨迹。按住〈Ctrl〉键可选择多个轨迹，而按住〈Ctrl〉键可选择形成链的多个图元。如果需要，可单击"细节"按钮以打开"链"对话框来选择轨迹段。选择的第一个链默认为原点轨迹（原始轨迹），在原点轨迹上会出现一个箭头，单击该箭头则会将轨迹的起点更改到轨迹的另一个端点。必要时，为选定轨迹设定类型。

3）在"扫描"选项卡中设定截面类型，即根据设计要求，单击 ⊢（恒定截面扫描）按钮以创建大小和形状保持不变的截面，或者单击 ⊿（可变截面扫描）按钮以创建大小和形状可以沿扫描轨迹变化的截面。默认时只选择一条轨迹时，截面类型会被自动设置为恒定；如果选择了多条轨迹，那么它通常会被自动设置为可变。

4）在"扫描"选项卡中单击 ⊡（实体）按钮以创建实体扫描，或者单击 ▨（曲面）按钮以创建曲面扫描。

5）要沿着扫描移除材料，则可单击 ▨（去除材料）按钮，若单击相应的 ⅍（反向）按钮，则反向从中移除材料的草绘侧。

6）要给出扫描厚度，则单击 ⊏（创建薄板）按钮，接着输入或选择厚度值，并可以在草绘的一侧、另一侧或两侧之间切换加厚方向。

7）对于移除材料的曲面扫描，则可单击出现的"面组"收集器以将其激活，接着再选择要修剪的面组。

8）在"扫描"选项卡中打开"参考"面板，从"截平面控制"下拉列表框中选择一个选项来确定如何定义截平面（扫描坐标系的 Z 方向），并从"水平/竖直控制"下拉列表框中选择一个选项来确定绕草绘平面法向的框架旋转沿扫描如何定向（扫描坐标系的 XY 轴）。

9）要设置相切条件，则在"扫描"选项卡中打开"相切"面板，从"轨迹"列表框中选择一条轨迹，接着在"参考"下拉列表框中选择一个选项将扫描截面设置为包含一条中心线，该中心线在选定轨迹的"侧1"或"侧2"与曲面相切，或者与选定曲面相切。

10）在"扫描"选项卡中单击 ▨（创建或编辑扫描截面）按钮，打开草绘器，在轨迹起点的十字叉丝处草绘截面，然后单击 ✔（确定）按钮，完成草绘并退出草绘器。

11）如果需要，可以打开"扫描"选项卡的"选项"面板，按照下列要求进行设置。
● 要封闭曲面扫描的端点，勾选"封闭端"复选框。
● 要消除扫描端点合并到邻近实体处的间隙，则勾选"合并端"复选框。
● 要沿轨迹选择位置来草绘截面，则单击"草绘放置点"框，接着单击原点轨迹上的某点，这不会影响扫描的起始点。

12）在"扫描"选项卡中单击 ☑（完成）按钮。
在创建扫描特征时，如果出现以下情况，则扫描可能会失败。
● 轨迹与自身相交。
● 将截面对齐或标注到固定图元，但在沿三维轨迹扫描时，截面定向将发生变化。
● 相对于该截面，弧或样条半径太小，并且该特征通过该弧与自身相交。

3. 创建扫描特征的典型示例
在创建扫描特征时，有以下几个典型示例需要用户注意。
1）如果轨迹具有形成角度的直线段时，扫描将会形成带斜接的拐角，此类示例如

图 4-44 所示。

2）创建具有闭合轨迹的实体扫描，其截面必须闭合，此类示例如图 4-45 所示。

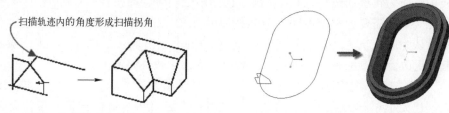

图 4-44　示例：扫描轨迹内的角度形成扫描拐角　　　图 4-45　具有闭合轨迹的实体扫描

3）在创建恒定截面扫描实体的过程中，使用"合并端"复选框可封闭轨迹端点接触到邻近几何实体时产生的间隙，要求轨迹是非闭合的（起点与终点不接触），截面控制方式为"垂直于轨迹"。图 4-46 展示了"合并端"复选框状态对扫描实体结果的影响。

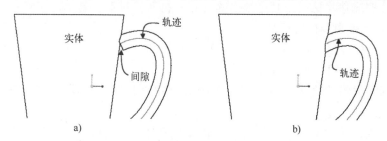

图 4-46　对比示例：扫描特征中的"合并端"设置

a）"合并端"复选框未被勾选时　b）"合并端"复选框被勾选时

4.3.1 恒定截面扫描

可以通过选择一条轨迹然后草绘一个截面来跟随它进行扫描操作，从而创建具有恒定截面的扫描特征。在介绍恒定截面扫描范例之前，先简要地介绍恒定截面的工作流，如下。

1）在"形状"组中单击 （扫描）按钮，打开"扫描"选项卡。

2）选择原点轨迹。原点轨迹将在"参考"面板的"轨迹"收集器的第一行中出现，"N"复选框默认处于被勾选的状态，而在"截平面控制"下拉列表框中默认选定"垂直于轨迹"选项。根据设计情况，还可以设置"水平/竖直控制"方式等。

3）草绘截面进行扫描。

4）预览扫描几何并完成特征。

下面介绍创建恒定截面扫描特征的 3 个典型范例。

（1）恒定截面扫描操作范例 1

恒定截面扫描操作范例 1 的具体操作步骤如下。

1）单击 （新建）按钮，弹出"新建"对话框。在"类型"选项组中选择"零件"单选按钮，在"子类型"选项组中选择"实体"单选按钮，在"名称"文本框中输入"bc_4_3_hjsm1"，取消勾选"使用默认模板"复选框，单击"确定"按钮。系统弹出"新文件选项"对话框，选择 mmns_part_solid 模板，然后单击"确定"按钮，进入零件设计模式。

2）在功能区"模型"选项卡的"形状"组中单击 🟫（扫描）按钮，打开"扫描"选项卡。

3）在功能区的右侧打开"基准"列表，接着从"基准"列表中单击 🟫（草绘）按钮，弹出"草绘"对话框，选择 TOP 基准平面作为草绘平面，默认以 RIGHT 基准平面为"右"方向参考，如图 4-47 所示，单击"草绘"按钮，进入草绘器中。绘制图 4-48 所示的开放图形作为扫描轨迹，单击 ✓（确定）按钮。

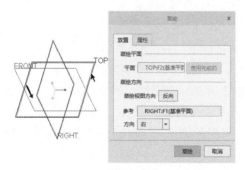

图 4-47　指定草绘平面

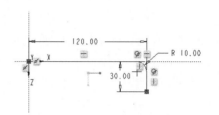

图 4-48　绘制开放图形

4）在"扫描"选项卡中单击出现的 ▶（退出暂停模式，继续使用此工具）按钮，如图 4-49 所示。

图 4-49　退出暂停模式，继续使用"扫描"工具

5）刚绘制的开放曲线被默认选定为原点轨迹，如图 4-50 所示。这里要改变轨迹起点，则在图形窗口中单击原点轨迹上的默认起点箭头，使起点箭头切换到原点轨迹的另一端，如图 4-51 所示。此时，如果打开"扫描"选项卡的"参考"面板，则可以看到默认的截平面控制方式为"垂直于轨迹"，水平/竖直控制方式为"自动"，起点的 X 方向参考为默认。

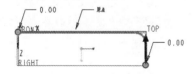

图 4-50　默认为原点轨迹

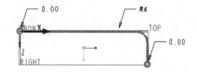

图 4-51　更改原点轨迹的起点方向

6）在"扫描"选项卡中确保选中 ▬（恒定截面扫描）按钮，并单击 📝（创建或编辑扫描截面），进入内部草绘器。

7）绘制图 4-52 所示的扫描截面，单击 ✓（确定）按钮。

8）在"扫描"选项卡中单击 ✓（完成）按钮，结果如图 4-53 所示。

（2）恒定截面扫描操作范例2

恒定截面扫描操作范例2的具体操作步骤如下。

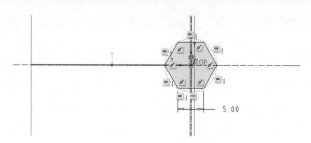

图 4-52　绘制扫描截面

1）单击 □（新建）按钮，弹出"新建"对话框。在"类型"选项组中选择"零件"单选按钮，在"子类型"选项组中选择"实体"单选按钮，在"名称"文本框中输入"bc_4_3_hjsm2"，取消勾选"使用默认模板"复选框，单击"确定"按钮。系统弹出"新文件选项"对话框，选择 mmns_part_solid 模板，然后单击"确定"按钮，进入零件设计模式。

2）在功能区"模型"选项卡的"形状"组中单击 ⬡（扫描）按钮，打开"扫描"选项卡。

3）在功能区的右侧打开"基准"列表，接着从"基准"列表中单击 ⬡（草绘）按钮，弹出"草绘"对话框，选择 FRONT 基准平面作为草绘平面，默认以 RIGHT 基准平面为"右"方向参考，单击"草绘"按钮，进入草绘器中。绘制图 4-54 所示的闭合图形作为扫描轨迹，单击 ✔（确定）按钮。

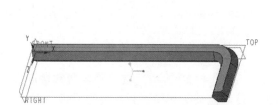

图 4-53　创建的恒定截面扫描特征

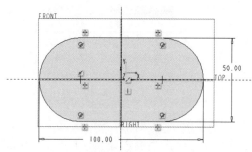

图 4-54　绘制将作为扫描轨迹的闭合图形

4）在"扫描"选项卡中单击出现的 ▶（退出暂停模式，继续使用此工具）按钮。

5）刚绘制的闭合曲线被默认选定为原点轨迹。如果原点轨迹上默认的起点箭头方向如图 4-55 所示，那么可单击此箭头以反转其方向，如图 4-56 所示。

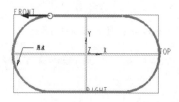

图 4-55　默认为原点轨迹

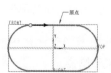

图 4-56　反转原点轨迹的起点箭头方向

6）在"扫描"选项卡中确保选中 ▬（恒定截面扫描）按钮，并单击 ⬡（创建或编辑扫描截面），进入内部草绘器。

7）绘制图 4-57 所示的扫描截面，单击 ✔（确定）按钮。

8）在"扫描"选项卡中单击 ✔（完成）按钮，结果如图 4-58 所示。

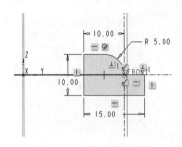

图 4-57　绘制扫描截面

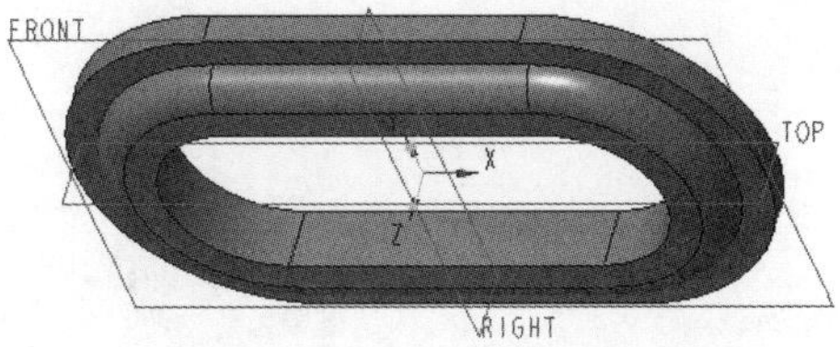

图 4-58　创建扫描实体特征

（3）恒定截面扫描操作范例 3

恒定截面扫描操作范例 3 的具体操作步骤如下。

1）单击 📂（打开）按钮，弹出"文件打开"对话框。从本书配套资料包中的 CH4 文件夹中选择 bc_4_3_hjsm3a. prt 文件，单击"打开"按钮。该文件中存在着的实体模型如图 4-59 所示。

2）在功能区"模型"选项卡的"基准"组中单击 🌣（草绘）按钮，弹出"草绘"对话框。选择 FRONT 基准平面作为草绘平面，默认以 RIGHT 基准平面为"右"方向参考，单击"草绘"对话框中的"草绘"按钮，进入内部草绘器。绘制图 4-60 所示的轨迹线，该轨迹线为绘制的样条曲线，其端点需要被约束到实体外轮廓侧影线上，单击 ✔（确定）按钮。

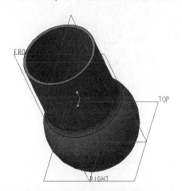

图 4-59　文件中的原始实体模型

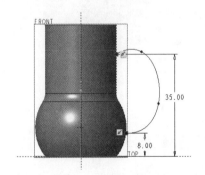

图 4-60　绘制轨迹线

3）在功能区"模型"选项卡的"形状"组中单击 🍥（扫描）按钮，打开"扫描"选项卡。默认时，"扫描"选项卡中的 ▢（实体）按钮处于被选中的状态。

4）在"扫描"选项卡中打开"参考"面板，"轨迹"收集器处于激活状态，在图形窗口中单击选择先前绘制的样条曲线作为原点轨迹，并设置其起点箭头如图 4-61 所示。而在"参考"选项卡的"截平面控制"下拉列表框中默认选择"垂直于轨迹"选项，在"水平/竖直控制"下拉列表框中选择"自动"选项。

5）在"扫描"选项卡中确保选中 ⊫（恒定截面扫描）按钮，接着单击 🗹（创建或编辑扫描截面），进入内部草绘器。

6）绘制图 4-62 所示的一个椭圆作为扫描截面，并为该椭圆标注其长轴半径和短轴半径，然后单击✔（确定）按钮。

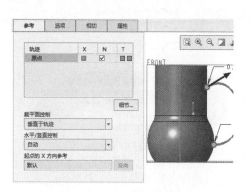

图 4-61　选定原点轨迹等

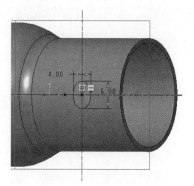

图 4-62　绘制扫描截面

7）在"扫描"选项卡中打开"选项"面板，勾选"合并端"复选框。

8）在"扫描"选项卡中单击✔（完成）按钮，创建的扫描特征作为模型的把柄结构，效果如图 4-63 所示。

说明：如果在该范例的步骤7）中，取消勾选"合并端"复选框，那么最终创建的扫描特征不会把扫描端点合并到相邻实体上，而是形成图 4-64 所示的自由结果（有间隙）。

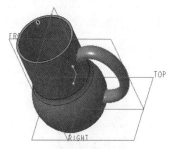

图 4-63　完成创建扫描特征

图 4-64　自由端点的扫描结果

4.3.2　可变截面扫描

使用"形状"组中的（扫描）按钮，通过沿一条或多条轨迹扫描二维截面来创建三维几何对象，除了可以创建恒定截面的扫描特征之外，还可以创建可变截面的扫描特征。创建可变截面扫描特征会将草绘图元约束到其他轨迹（中心平面或现有几何），或者使用由 trajpar 参数设置的截面关系可使草绘可变。草绘所约束到的参考可以改变截面形状，而通过使用关系（由 trajpar 设置）定义标注形式也能使草绘可变。trajpar 参数在 Creo Parametric 中表示轨迹路径，其取值范围为 0~1，其中 0 表示轨迹起点，1 表示轨迹终点，其在关系中用作自变量。

下面介绍两个应用可变截面扫描特征的操作实例。

（1）可变截面扫描操作实例 1

实例目的：通过实例操作学习创建可变剖面扫描特征的一般步骤。

1）单击（新建）按钮，弹出"新建"对话框。在"类型"选项组中选择"零件"

单选按钮，在"子类型"选项组中选择"实体"单选按钮，在"名称"文本框中输入"bc_4_3_kbsm1"，取消勾选"使用默认模板"复选框，单击"确定"按钮。系统弹出"新文件选项"对话框，选择 mmns_part_solid 模板，然后单击"确定"按钮，进入零件设计模式。

2）在功能区"模型"选项卡的"基准"组中单击 （草绘）按钮，弹出"草绘"对话框。选择 FRONT 基准平面作为草绘平面，默认以 RIGHT 基准平面为"右"方向参考，单击"草绘"对话框中的"草绘"按钮，进入内部草绘器。绘制图 4-65 所示的两段圆弧，单击✔（确定）按钮，完成草绘并退出草绘器。

3）按〈Ctrl+D〉组合键以默认的标准方向视角显示模型。

4）在功能区"模型"选项卡的"形状"组中单击 （扫描）按钮，打开"扫描"选项卡。默认时，"扫描"选项卡中的 （实体）按钮处于被选中的状态。

5）在"扫描"选项卡中打开"参考"面板，选择下方一条圆弧作为原点轨迹（原点轨迹上会显示有一个起点箭头），接着按住〈Ctrl〉键选择另一条曲线作为链轨迹，如图 4-66 所示。

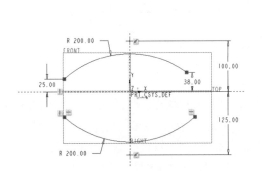

图 4-65 绘制两段圆弧

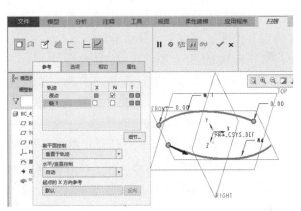

图 4-66 指定原点轨迹和链轨迹

6）在"扫描"选项卡中确保默认选中 （可变截面扫描）按钮，接着单击 （创建或编辑扫描截面），进入内部草绘器。

7）绘制图 4-67 所示的扫描截面，然后单击✔（确定）按钮。

8）在"扫描"选项卡中单击 （完成）按钮，按〈Ctrl+D〉组合键，可以看到完成创建的可变截面扫描实体特征如图 4-68 所示。

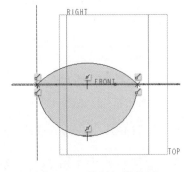

图 4-67 绘制扫描截面

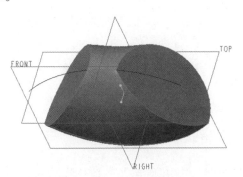

图 4-68 创建可变截面扫描实体特征

（2）可变截面扫描实例2

实例目的：通过实例操作掌握使用关系创建可变截面扫描的方法，并熟悉 trajpar 参数的应用。在 Creo Parametric 中，可以使用带 trajpar 参数的截面关系来使草绘可变，以改变截面形状。

1）单击 □（新建）按钮，弹出"新建"对话框。在"类型"选项组中选择"零件"单选按钮，在"子类型"选项组中选择"实体"单选按钮，在"名称"文本框中输入"bc_4_3_kbsm2"，取消勾选"使用默认模板"复选框，单击"确定"按钮。系统弹出"新文件选项"对话框，选择 mmns_part_solid 模板，然后单击"确定"按钮，进入零件设计模式。

2）在功能区"模型"选项卡的"基准"组中单击 ≈（草绘）按钮，弹出"草绘"对话框。选择 FRONT 基准平面作为草绘平面，默认以 RIGHT 基准平面为"右"方向参考，单击"草绘"按钮，进入内部草绘器。绘制图 4-69 所示的截面，单击 ✔（确定）按钮，完成草绘并退出草绘器。

3）在功能区"模型"选项卡的"形状"组中单击 ●（扫描）按钮，打开"扫描"选项卡。默认时，"扫描"选项卡中的 □（实体）按钮处于被选中的状态。

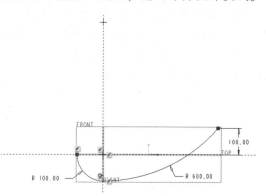

图 4-69　绘制连续的两段圆弧

4）在"扫描"选项卡中打开"参考"面板，"轨迹"收集器处于激活状态，确保选中刚绘制的曲线作为原点轨迹，并注意其起点箭头所在的位置，在"参考"选项卡的"截平面控制"下拉列表框中默认选择"垂直于轨迹"选项，在"水平/竖直控制"下拉列表框中选择"自动"选项，如图 4-70 所示。注意：若巧妙地单击原点轨迹的箭头则可以快速地将起点切换到原点轨迹的另一端点。

5）在"扫描"选项卡中单击 ∠（可变截面扫描）按钮，接着单击 ☑（创建或编辑扫描截面），进入内部草绘器。

6）在十字叉丝处绘制图 4-71 所示的一个截面圆。

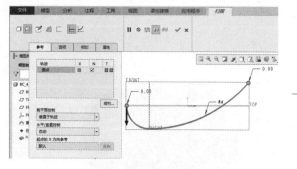

图 4-70　指定原点轨迹等

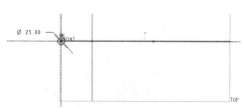

图 4-71　绘制一个圆截面

7）在功能区中切换至"工具"选项卡，在"模型意图"组中单击 d=（关系）按钮，弹出"关系"对话框，在"关系"对话框中输入以下带 trajpar 参数的截面关系，从而使草绘的截面形状可变。注意 sd3 是由 Creo Parametric 指定给圆的尺寸代号，可以在草绘区域的截面中显示此尺寸代号。

$$sd3 = 25 * (1.2+2 * trajpar)$$

此时，"关系"对话框如图 4-72 所示，然后单击"确定"按钮。

8）在功能区中切换回"草绘"选项卡，单击 ✔（确定）按钮，完成草绘并退出草绘器。

9）在"扫描"选项卡中单击 ✔（完成）按钮，创建的可变截面扫描实体特征如图 4-73 所示。

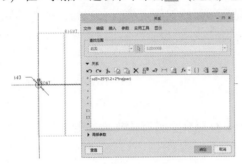
图 4-72 "关系"对话框

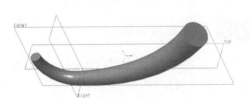
图 4-73 创建可变截面扫描实体特征

4.4 混合特征

混合特征至少具有两个平面截面，可以将混合特征看作是将这些平面截面在其顶点处用过渡曲面连接而形成的一个连续特征。在 Creo Parametric 中，混合特征的混合类型可以分为"平行""旋转""常规（一般）"，这些混合类型的特点如下。

- "平行"：所有混合截面都位于截面草绘中的多个平行平面上。
- "旋转"：混合截面绕旋转轴旋转，最大角度可达 120°（范围为-120°~120°）。
- "常规（一般）"：一般混合截面可以绕 X 轴、Y 轴和 Z 轴旋转，也可以沿这三个轴平移。每个截面都单独草绘，并用截面坐标系对齐。一般混合特征的创建工具需要设置配置选项等才能调出来，本书不作深入介绍。

在创建混合特征时，需要注意每个混合截面包含的图元数。通常情况下，除了封闭混合外，每个混合截面包含的图元数都必须始终保持相同。对于没有足够几何图元的截面，可以采用添加混合顶点的方式增加图元数，每个混合顶点相当于给截面添加一个图元；也可以通过将某图元打断来为截面添加图元数。值得注意的是，在"帽状"的平行混合特征中，允许第一个或最后一个截面只由一个草绘点构成，例如，在图 4-74 所示的五角形模型中，其中一个平行混合剖面只由一个草绘点组成。

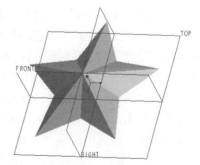
图 4-74 五角形模型

所使用的添加混合顶点的方法分两种情况，即它取决于是使用选定截面还是草绘截面来创建平行混合。

1）选定截面：如果截面创建方法是 ∿（选定截面），那么在打开"混合"选项卡时单击"截面"标签以打开"截面"面板，接着在"截面"下选择要添加混合顶点的截面，然后单击"添加混合顶点"即可。

2）草绘截面：如果界面创建方法是 📝（草绘截面），那么在打开"草绘"选项卡时便显示了要添加混合顶点的截面草绘，可选择现有几何图元的顶点，接着单击"草绘"→"设置"→"特征工具"→"混合顶点"，或者右键单击顶点并从弹出的快捷菜单中选择"混合顶点"命令。在顶点处会出现一个圆便是该点处右一个混合顶点。

在同一个点处可以创建多个混合顶点，每个附加顶点将创建一个直径渐增的同心圆。

另外，在创建混合特征时，需要注意各个混合剖面的起始点位置，起始点位置不同则会使生成的混合特征有所不同。用户可以使用"草绘"→"设置"→"特征工具"→"起始点"命令为混合剖面指定新起始点。

4.4.1 平行混合特征

在 Creo Parametric 中，可以创建两种类型的平行混合：具有常规截面的平行混合和具有投影截面的平行混合。

1. 具有常规截面的平行混合

这是最为常用的平行混合，它的创建至少要使用两个相互平行的平面截面，这些平面截面在其边缘用过渡曲面连接形成一个连续特征。在创建此类平行混合特征的过程中，用户既可以草绘所需的平面截面，也可以选择已有的平面截面，即可以通过"草绘截面"选项来草绘截面，也可以通过"选定截面"选项使用在进入"混合"工具命令之前草绘的截面。如果混合中的第一个截面是一个内部或外部草绘的话，那么混合中的其余截面必须为内部草绘。如果第一个截面是通过选择链定义的，那么也必须要选择其余截面。

对于具有常规截面的平行混合，可以通过使用与另一草绘截面的偏移值来设定草绘截面的草绘平面，或者使用一个参考来定义草绘截面的草绘平面。另外，可以将第一个和最后一个截面定义为点。

下面以两个范例来介绍如何创建具有常规截面的平行混合特征。

（1）通过选择截面创建平行混合特征的范例

该范例具体的操作步骤如下。

1）在"快速访问"工具栏中单击 📂（打开）按钮，弹出"文件打开"对话框，选择配套文件"bc_4_4_1_pxhh. prt"，在"文件打开"对话框中单击"打开"按钮，该文件中已有 3 个平行截面，如图 4-75 所示。

2）在功能区的"模型"选项卡中单击"形状"组名称以打开其溢出面板，如图 4-76 所示，接着单击 ⟋（混合）按钮，则在功能区中出现"混合"选项卡。

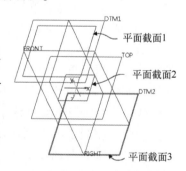

图 4-75　已有 3 个平面截面

3）在"混合"选项卡中单击 ◻（实体）按钮，接着单击 ～（选定截面）按钮，或者选择"截面"面板中的"选定截面"单选按钮，如图 4-77 所示。

4）在图形窗口中选择平面截面 1 作为平行混合的第一个平行截面。

5）在"截面"面板中单击"插入"按钮，在图形窗口中选择平面截面 2 作为平行混合的第二个平行截面。

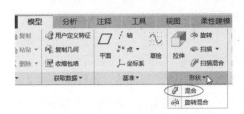

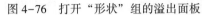

图4-76 打开"形状"组的溢出面板

图4-77 "混合"选项卡

6）在"截面"面板中单击"插入"按钮，在图形窗口中选择平面截面3作为平行混合的第三个平行截面，此时特征动态预览如图4-78所示。

知识点拨： 在选择现有截面时，如果发现起点箭头的默认位置不对，那么可以使用鼠标拖拽起点箭头的圆点图柄，将其重置到截面中所需的位置点处。如果发现闭合截面的起点箭头的默认方向不对，那么可以通过单击起点箭头的方式来反转其指向。

7）在"混合"选项卡中打开"选项"面板，从"混合曲面"选项组中选择"平滑"单选按钮，如图4-79所示。选择"平滑"单选按钮时，则创建平滑直线并通过样条曲面来连接截面的相应边。而如果选择的是"直"单选按钮，那么将使用直线连接混合截面并通过直纹曲面连接截面的边。

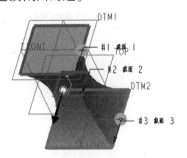

图4-78 选择好3个平行截面

图4-79 选择"平滑"单选按钮

8）在"混合"选项卡中打开"相切"面板，选择每个开始截面和终止截面的相切条件。在本例中，开始截面和终止截面的相切条件均默认为"自由"，如图4-80所示。

9）在"混合"选项卡中单击☑（完成）按钮，完成创建的平行混合实体特征如图4-81所示。

图4-80 指定边界相切条件

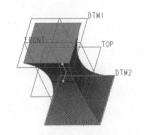

图4-81 平滑的平行混合实体特征

说明：如果在本例步骤7），从"混合"选项卡的"选项"面板中选择"混合曲面"选项组中的"直"单选按钮，那么最终创建的平行混合实体特征如图4-82所示。

（2）通过草绘截面创建平行混合特征的范例

通过草绘截面创建平行混合特征的范例如下。

1）单击 （新建）按钮，弹出"新建"对话框。在"类型"选项组中选择"零件"单选按钮，在"子类型"选项组中选择"实体"单选按钮，在"名称"文本框中输入"bc_4_4_1_pxhh_2"，取消勾选"使用默认模板"复选框，单击"确定"按钮。系统弹出"新文件选项"对话框，选择 mmns_part_solid 模板，然后单击"确定"按钮，进入零件设计模式。

2）在功能区"模型"选项卡中单击"形状"组名称以打开其溢出面板，接着单击 （混合）按钮，则在功能区中出现"混合"选项卡，默认时"混合"选项卡中的 （实体）按钮处于被选中的状态。

3）在"混合"选项卡中单击 （草绘截面）按钮，或者选择"截面"面板中的"草绘截面"单选按钮，并在"截面"面板中单击"定义"按钮，弹出"草绘"对话框，选择 TOP 基准平面作为截面1的草绘平面，默认以 RIGHT 基准平面为"右"方向参考，单击"草绘"按钮，进入截面1的草绘模式。

4）绘制图4-83所示的第一个截面，该截面为一个正六边形，单击 （确定）按钮。

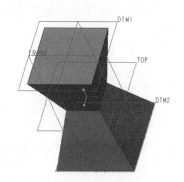

图4-82　直连接的平行混合实体特征

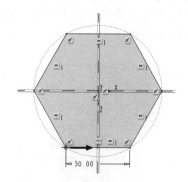

图4-83　绘制第一个截面

5）在"截面"面板的"草绘平面位置定义方式"选项组中选择"偏移尺寸"单选按钮，在"偏移自"选项组中设置偏移"截面1"为"30"，如图4-84所示。用户也可以在"混合"选项卡的一个下拉列表框中选择 （使用距其他草绘平面的偏移尺寸定义草绘平面位置）图标选项，接着从旁边的"偏移自"列表中选择新截面偏移时参考的截面，并在选定截面旁的框中输入偏置值。

6）在"截面"面板中单击"草绘"按钮，进入草绘器，绘制图4-85所示的第二个截面，该截面和第一个截面一模一样，它们的起点和终止点也相同。单击 （确定）按钮，完成截面草绘并退出草绘器。

7）在"截面"面板中单击"插入"按钮，从"草绘平面位置定义方式"选项组中选择"偏移尺寸"单选按钮，设置偏移自"截面2"的偏移距离为"25"。

8）在"截面"面板中单击"草绘"按钮，进入草绘器中，在"草绘"组中单击 （点）按钮，绘制图4-86所示的一个点，也就是说第3个截面由一个点构成。单击 （确定）按钮，完成截面草绘并退出草绘器。

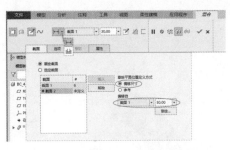 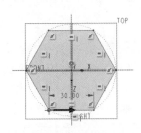 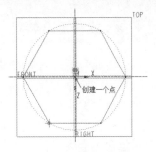

图 4-84　设置截面 2 的草绘平面的位置　　图 4-85　绘制第二个截面　　图 4-86　绘制第三个截面

9）在"混合"选项卡中打开"选项"面板，选择"直"单选按钮。

10）在"混合"选项卡中单击 ✅（完成）按钮，完成创建的平行混合特征如图 4-87 所示。

说明：在本例中，如果在"混合"选项卡的"选项"面板中不选择"直"单选按钮，而是选择"平滑"单选按钮，那么在"相切"面板中可以为终止截面（即由一个点构成的截面 3）设置"尖角"或"平滑"的边界相切条件，如图 4-88 所示。有兴趣的读者可以实际操作并注意观察为终止截面设置"尖角"或"平滑"边界相切条件时混合特征的形体变化。

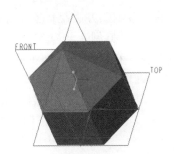 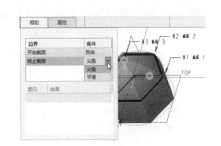

图 4-87　完成创建的平行混合特征　　图 4-88　设置终止截面的边界相切条件

2. 具有投影截面的平行混合

投影平行混合包含两个位于相同的平面曲面或基准平面上的截面，这两个截面以垂直于草绘平面的方向，投影到两个不同的实体曲面上。其中，第一个截面投影到第一个选定曲面上，第二个截面投影到第二个选定曲面上，每个投影截面都必须完全落在其所选曲面的边界之内。需要用户注意的是：投影平行混合不能与其他曲面相交。

在 Creo Parametric 5.0 用户界面的功能区中，默认时并没有提供用于创建投影截面混合特征的工具命令。要调出"投影截面混合"工具命令，首先要将 enable_obsoleted_features 配置选项设置为 yes 以启用"所有命令"列表中的"投影截面混合"命令。这又涉及"所有命令"列表的使用。在功能区的"文件"选项卡中选择"选项"命令，打开"Creo Parametric 选项"对话框，选择"自定义"下的"功能区"类别，接着从"类别"下拉列表框中选择"所有命令（设计零件）"选项，然后从"所有命令"列表中选择"投影截面混合"命令，将其添加到功能区中所需的用户定义组即可。

由于"投影截面混合"工具命令使用较少，本书不作介绍，只要求读者大致了解投影截面混合的概念知识。

4.4.2 旋转混合特征

旋转混合特征是通过使用绕旋转轴旋转的截面来创建的，典型示例如图 4-89 所示，图中截面 2 相对于截面 1 绕旋转轴旋转 45°，截面 3 相对于截面 2 绕旋转轴旋转 90°。如果第一个草绘或选择的截面包含一个旋转轴或中心线，那么系统会将其自动选定为旋转轴；如果第一个草绘不包含旋转轴或中心线，那么可以选择几何线作为旋转轴。旋转混合特征的所有截面必须位于相交于同一旋转轴的平面中。对于草绘截面来说，可以通过使用相对于混合中另一截面的偏移值或通过选择一个参考来定义截面的草绘平面。

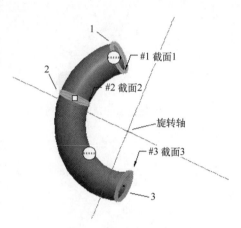

图 4-89　旋转混合特征示例

如果将旋转混合特征定义为闭合的，那么 Creo Parametric 会使用第一个截面作为最后一个截面，而不必草绘最后一个截面，最终将形成一个闭合的旋转混合特征。

下面通过一个典型的操作实例介绍旋转混合特征的一般创建方法及其步骤、技巧等。

1）单击 □（新建）按钮，弹出"新建"对话框。在"类型"选项组中选择"零件"单选按钮，在"子类型"选项组中选择"实体"单选按钮，在"名称"文本框中输入"bc_4_4_xzh"，取消勾选"使用默认模板"复选框，单击"确定"按钮。系统弹出"新文件选项"对话框，选择 mmns_part_solid 模板，然后单击"确定"按钮，进入零件设计模式。

2）在功能区的"模型"选项卡中单击"形状"→ （旋转混合）按钮，打开"旋转混合"选项卡，从中确保选中 □（实体）按钮。

3）在"旋转混合"选项卡中单击 （草绘截面）按钮，或者打开"截面"面板并从中选择"草绘截面"单选按钮，如图 4-90 所示。

4）在"截面"面板中单击"定义"按钮，弹出"草绘"对话框，选择 TOP 基准平面作为截面 1 的草绘平面，默认以 RIGHT 基准平面作为"右"方向参考，单击"草绘"按钮，进入草绘器中（此时在功能区自动打开"草绘"选项卡）。

5）绘制第一个截面，根据需要，可在"基准"组中单击 （中心线）按钮来创建一条将定义旋转轴的几何中心线。在本例中，绘制的第一个截面如图 4-91 所示（包含一条几何中心线），然后单击 （确定）按钮。

图 4-90　功能区的"旋转混合"选项卡

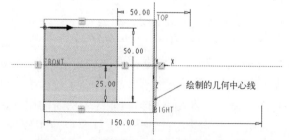

图 4-91　绘制截面 1（含一条几何中心线）

知识点拨： 如果草绘的截面不包含几何中心线，那么可以在完成截面后在"截面"面板中单击"旋转轴"收集器（等同单击⑪收集器框），然后选择线性参考作为旋转轴。

6）在"截面"面板的"草绘平面位置定义方式"选项组中选择"偏移尺寸"单选按钮，在"偏移自"下拉列表框中选择新截面偏移时参考的截面，这里默认选择"截面1"，并在旁边的框中输入一个介于-120°至120°之间的角度偏移值，这里输入"45"。然后在"截面"面板中单击"草绘"按钮，创建图4-92所示的截面2，单击✔（确定）按钮以完成草绘并退出草绘器。

7）在"旋转混合"选项卡的"截面"面板中单击"插入"按钮，接着在"草绘平面位置定义方式"选项组中默认选择"偏移尺寸"单选按钮，从"偏移自"下拉列表框中选择"截面2"，并设置其角度偏移值为"90"。单击"草绘"按钮，绘制截面3，如图4-93所示，单击✔（确定）按钮。

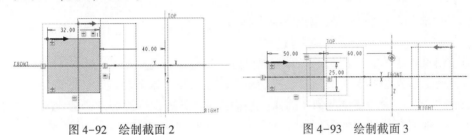

图4-92 绘制截面2   图4-93 绘制截面3

8）在"旋转混合"选项卡中单击□（创建薄特征）按钮，并设置薄壁厚度为"6"；打开"选项"面板，选择"平滑"单选按钮，如图4-94所示。

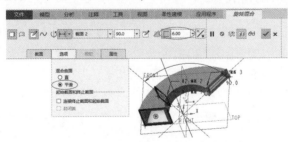

图4-94 在"旋转混合"选项卡中进行设置

9）在"旋转混合"选项卡中单击☑（完成）按钮，完成创建的旋转混合实体特征如图4-95所示。

说明： 在本例中，如果在"旋转混合"选项卡的"选项"面板中勾选"连接终止截面和起始截面"复选框，那么最终生成的旋转混合实体特征如图4-96所示。

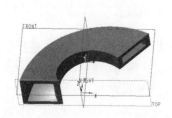

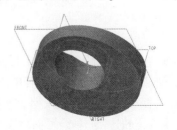

图4-95 完成创建旋转混合实体特征   图4-96 连接终止截面和起始截面

4.5 扫描混合

扫描混合相当于具有扫描和混合两种操作特点。扫描混合可以具有原点轨迹（必需）和第二轨迹（也称次要轨迹，该种轨迹可选），且每个扫描混合特征至少要具有两个剖面。要定义扫描混合的轨迹，可以选择一条草绘曲线、基准曲线或边的链，注意每次只有一个轨迹是活动的。在某些设计场合下，可以使用区域位置及通过控制特征在截面间的周长来控制扫描混合几何，以满足特定的设计要求。

扫描混合特征示例如图4-97所示，该扫描混合特征具有4个剖面。

在创建扫描混合特征时，应重点注意下列限制条件（摘自 Creo Parametric 帮助文件）。

图4-97 扫描混合特征示例

- 对于闭合轨迹轮廓，在起始点和其他位置必须至少各有一个截面。
- 轨迹的链起点和终点处的截面参考是动态的，并且在修剪轨迹时会更新。
- 截面位置可以参考模型几何（例如一条曲线），但修改轨迹会使参考无效。在此情况下，扫描混合特征会失败。
- 所有截面必须包含相同的图元数。

4.5.1 创建基本扫描混合特征

创建扫描混合特征。离不开定义轨迹和剖面。可以采用草绘轨迹，或选取现有曲线和边的方法来定义轨迹，另外注意使用"扫描混合"选项卡（"扫描混合"用户界面）或快捷菜单命令来进一步配置所要创建的扫描混合特征。

下面概括性地介绍创建基本扫描混合特征的一般方法及步骤（有些步骤可以根据用户操作习惯或实际设计情况而进行相应地灵活调整），然后再介绍一个创建基本扫描混合特征的操作实例。

1）在功能区"模型"选项卡的"形状"组中单击 💉（扫描混合）按钮，打开图4-98所示的"扫描混合"选项卡。

图4-98 "扫描混合"选项卡

2）在"扫描混合"选项卡中打开"参考"面板，选择轨迹，注意选择的第一条轨迹作为原点轨迹，如图4-99所示。若单击"细节"按钮，则可以打开"链"对话框以设置轨迹参考。在"横截面控制"下拉列表框中可以选择以下选项之一。

- "垂直于轨迹"：草绘平面垂直于指定的轨迹（在第N列被选中），即截平面在整个长度内保持与指定的轨迹垂直（在N列中检测）。此为默认设置。

- "垂直于投影"：Z轴与指定方向上的原点轨迹投影相切。选择此选项，"方向参考"收集器被激活，提示选择方向参考；不需要水平/垂直控制。
- "恒定法向"：Z轴平行于指定方向向量。选择此选项，"方向参考"收集器被激活，根据实际情况选择方向参考。

3）设置"水平/垂直控制"选项等。"水平/垂直控制"选项包括以下内容。

- "自动"：X轴位置沿原点轨迹确定。当没有与原点轨迹相关的曲面时，此为默认设置。
- "垂直于曲面"：Y轴指向选定曲面的方向，垂直于与原点轨迹关联的所有曲面。当原点轨迹至少具有一个相关曲面时，此项为默认设置。单击"下一个"按钮可切换可能的曲面。
- "X轨迹"：有两个轨迹时显示。X轨迹为第二轨迹而且必须比原点轨迹要长。

4）在"扫描混合"选项卡中打开"截面"面板，并选取横截面的类型选项，如选择"草绘截面"单选按钮或"选定截面"单选按钮，如图4-100所示。

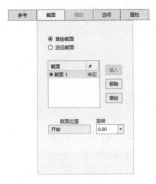

图4-99 "扫描混合"选项卡的"参考"面板　　图4-100 进入"截面"面板

5）如果选择"草绘截面"单选按钮，则需选取一个位置点，然后在"截面"面板中单击"草绘"按钮，进入草绘器草绘剖面。再单击"插入"按钮，可以选取用于指定剖面位置的附加点。

6）如果选择"选定截面"单选按钮，则选取一个截面，接着单击"插入"按钮并选择一个附加截面。用同样的方法必须至少定义两个横截面。

7）在"扫描混合"选项卡中打开"相切"面板。利用该面板，可以定义扫描混合的端点和相邻模型几何间的相切关系。

8）在"扫描混合"选项卡中打开"选项"面板。利用该面板，可以设置扫描混合面积和周长控制选项。

9）在"扫描混合"选项卡中设置创建实体或曲面，并可设置其他选项。即注意这些按钮（□、△、◢和□等）的应用。

10）确保草绘或选择所有横截面等操作后，单击"扫描混合"选项卡中的✓（完成）按钮。

下面介绍创建基本扫描混合特征的简单操作实例。

1）单击□（新建）按钮，弹出"新建"对话框。在"类型"选项组中选择"零件"单选按钮，在"子类型"选项组中选择"实体"单选按钮，在"名称"文本框中输入"bc_4_5_smhh1"，取消勾选"使用默认模板"复选框，单击"确定"按钮。系统弹出"新文件选项"对话框，选择mmns_part_solid模板，然后单击"确定"按钮，进入零件设计模式。

Creo 5.0 从入门到精通 第2版

2）单击 （草绘）按钮，弹出"草绘"对话框，选择 TOP 基准平面为草绘平面，以 RIGHT 基准平面为"右"方向参考，单击"草绘"按钮，进入草绘模式。绘制图 4-101 所示的曲线，单击 （确定）按钮。

3）在功能区"模型"选项卡的"形状"组中单击 （边界混合）按钮，打开"扫描混合"选项卡。

4）在"扫描混合"选项卡中单击 （实体）按钮。

5）选择稍前创建的草绘线作为原点轨迹，可以打开"参考"面板查看默认的截平面控制选项等，如图 4-102 所示。

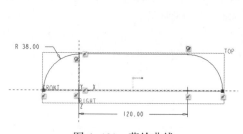

图 4-101　草绘曲线

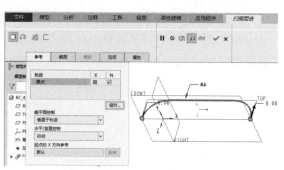

图 4-102　指定原点轨迹等

6）在"扫描混合"选项卡中打开"截面"面板。选中"草绘截面"单选按钮，截面1的截面位置默认为原点轨迹的开始点处，该截面默认的旋转角度为0，如图 4-103 所示，单击"草绘"按钮，进入草绘模式。

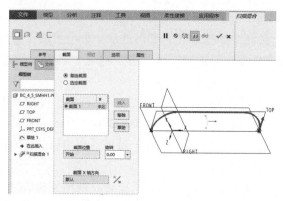

图 4-103　在"扫描混合"选项卡的"截面"面板中进行设置

7）绘制图 4-104 所示的截面 1，单击 （确定）按钮。

8）在"截面"面板中单击"插入"按钮，确保在截面列表中选择"截面 2"，接着按〈Ctrl+D〉组合键调整视角，并在图形窗口中单击图 4-105 所示的位置点。

9）在"截面"面板中单击"草绘"按钮，绘制图 4-106 所示的截面 2。单击 （确定）按钮。

10）在"截面"面板中单击"插入"按钮，确保在截面列表中选择"截面 3"，接着按〈Ctrl+D〉组合键调整视角，并在图形窗口中单击图 4-107 所示的位置点（一圆弧与直线的交点）。

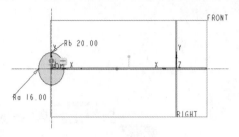

图 4-104 绘制截面 1

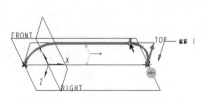

图 4-105 指定截面 2 的位置点

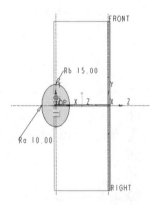

图 4-106 绘制截面 2

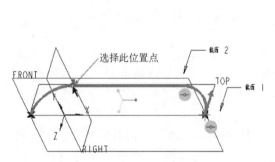

图 4-107 指定截面 3 的放置位置点

11）在"截面"面板中单击"草绘"按钮，绘制图 4-108 所示的截面 3。单击✔（确定）按钮。

12）在"截面"面板中单击"插入"按钮，确保在截面列表中选择"截面 4"，其截面位置默认为轨迹结束点处，默认的旋转角度为 0。

13）在"截面"面板中单击"草绘"按钮，绘制图 4-109 所示的截面 4。单击✔（确定）按钮。

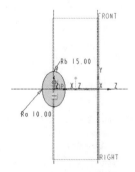

图 4-108 绘制截面 3

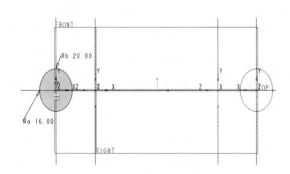

图 4-109 绘制截面 4

14）在"扫描混合"选项卡中打开"相切"面板，分别将开始截面和终止截面的条件设置为"垂直"，如图 4-110 所示。

15）在"扫描混合"选项卡中单击✅（完成）按钮，创建的扫描混合实体特征如图 4-111 所示。

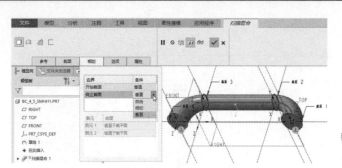

图4-110 设置边界相切条件

图4-111 创建扫描混合特征

4.5.2 使用区域控制修改扫描混合

在创建某些扫描混合特征时，可以打开"扫描混合"选项卡的"选项"面板，使用位于该面板中的"设置剖面区域控制"单选按钮，在扫描混合的指定位置指定剖面区域，即允许将控制点添加到原点轨迹或从原始轨迹删除控制点，并可在这些点指定或更改面积值。

请看使用区域控制修改扫描混合的典型操作实例。

1）单击▣（打开）按钮，弹出"文件打开"对话框。从本书配套资料包中的CH4文件夹中选择"bc_4_5_smhh2. prt"文件，单击"打开"按钮。存在的原始模型如图4-112所示。

2）在模型树中单击"扫描混合1"特征，弹出一个快捷工具栏，如图4-113所示，然后从此快捷工具栏中单击▣（编辑定义）按钮，打开"扫描混合"选项卡。

3）在"扫描混合"选项卡中打开"选项"面板，从中选择"设置横截面面积控制"单选按钮，并勾选"调整以保持相切"复选框，如图4-114所示。

图4-112 原始扫描混合特征

图4-113 右击扫描混合特征

图4-114 选择"设置横截面面积控制"等

4）在"选项"面板中单击位置收集器，将其激活。然后在轨迹上单击 PNT0 基准点。所选新位置会出现在该位置收集器中。

5）在位置收集器下边缘拖动滑块，找到"面积"列并单击相应单元格，然后更改该新截面的面积，如图 4-115 所示，选定点处的扫描混合面积会更新为新值。

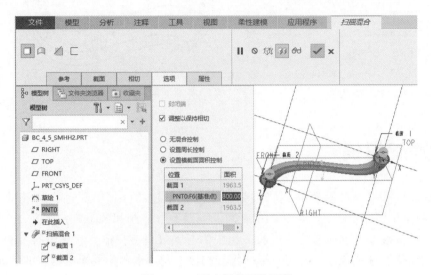

图 4-115　更改新截面的面积

6）单击"扫描混合"选项卡中的 ✓（完成）按钮，则得到编辑定义后的扫描混合特征如图 4-116 所示。

图 4-116　扫描混合特征

4.5.3　控制扫描混合的周长

要控制扫描混合的周长，需要打开"扫描混合"选项卡的"选项"面板，选中"设置周长控制"单选按钮。"设置周长控制"单选按钮的作用是通过控制截面之间的周长来控制该特征的形状。如果两个连续截面具有相同周长，那么系统试图对这些截面保持相同的横截面周长；如果有不同周长的截面，那么系统用沿该轨迹的每个曲线的线性插值来定义其截面间特征的周长。需要注意的是，不能为扫描混合特征同时指定周长控制和切向条件。

当选择"设置周长控制"单选按钮时，还可以根据设计需要勾选"通过混合中心创建曲线"复选框来显示连接特征横截面中心的曲线。"通过混合中心创建曲线"复选框仅与"设置周长控制"单选按钮一起时可用，如图 4-117 所示。使用周长控制的扫描混合示例如图 4-118 所示，如果截面 1 周长等于截面 2 周长，那么截面 3 周长也与截面 1 周长或截面 2

周长相等，图中4为原点轨迹。

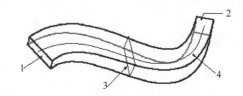

图 4-117 "选项"面板　　　　　　　　　　图 4-118 使用设置周长控制

4.6 螺旋扫描

螺旋扫描特征是通过沿着螺旋轨迹扫描截面来创建的，其中轨迹由旋转曲面的轮廓（定义螺旋特征的截面原点到其旋转轴的距离）与螺距（螺圈间的距离）定义。

在功能区"模型"选项卡的"形状"组中单击 (螺旋扫描) 按钮，打开图 4-119 所示的"螺旋扫描"选项卡。下面先介绍"螺旋扫描"选项卡各主要组成要素的功能含义。

图 4-119 "螺旋扫描"选项卡

（1）相关工具命令
- □：创建实体特征。
- ▢：创建曲面特征。
- ✎：打开草绘器以创建或编辑扫描横截面。
- ◿：沿螺旋扫描移除材料，以便为实体特征创建切口或为曲面特征创建面组修剪。
- ⌐：为草绘添加厚度以形成薄实体、薄实体切口或薄曲面修剪。
- 𝄪⬜▾：设置螺距值。
- ⌖：使用左手定则设置螺旋扫描方向。
- ⌖：使用右手定则设置螺旋扫描方向。

（2）相关面板
"螺旋扫描"选项卡包含4个面板，分别为"参考"面板、"间距"面板、"选项"面板和"属性"面板。
- "参考"面板："参考"面板如图 4-120 所示。其中，"螺旋扫描轮廓"收集器用于显示螺旋扫描的草绘轮廓，单击"定义"按钮可打开草绘器以定义内部草绘；"轮廓起点"旁的"反向"按钮用于在螺旋扫描轮廓的两个端点间切换螺旋扫描的起点；"旋转轴"收集器用于显示旋转轴，而"内部 CL"按钮将在螺旋扫描轮廓草绘中定义的几何中心线设置为螺旋扫描的旋转轴；"截面方向"选项组用于设置内部草绘平面的方向，分两种情况，一种是"穿过旋转轴"，另一种是"垂直于轨迹"。

- "间距"面板："间距"面板如图 4-121 所示。"#"以表的形式显示间距点的编号列表；"间距"列显示指定点的螺距值；"位置类型"列用于设置一种方法，该方法决定第 3 点以后的间距点的放置，方法选项有"按值""按参考""按比率"，"按值"使用距起点的距离值设置点位置，"按参考"使用参考设置点位置，"按比例"使用距螺旋轮廓起点的轮廓长度的比率设置点位置；"位置"列用于设置点位置。单击"添加间距"，则在间距表中添加新行并添加一个新的间距点。

图 4-120 "参考"面板

图 4-121 "间距"面板

- "选项"面板："选项"面板如图 4-122 所示。"封闭端"复选框用于封闭螺旋扫描特征的每一端，适用于具有封闭截面和非封闭轨迹的曲面扫描。"常量（保持恒定截面）"单选按钮用于设置沿着轨迹扫描时保持恒定截面；"变量（改变截面）"单选按钮则用于设置使用可变截面创建扫描，可以使用带 trajpar 参数的截面关系使草绘可变。

- "属性"面板："属性面板"如图 4-123 所示，其中"名称"文本框用于显示和设置螺旋扫描的名称，■（显示此特征的信息）按钮用于打开 Creo Parametric 浏览器以显示详细的特征信息。

图 4-122 "选项"面板

图 4-123 "属性"面板

螺旋扫描特征的螺距可以是恒定的，也可以是可变的。图 4-124 所示是两种典型的螺旋扫描特征的示例。

a)   b)

图 4-124 两种典型的螺旋扫描特征示例

a）恒定螺距 b）可变螺距

4.6.1 创建恒定螺距值的螺旋扫描特征

可以按照以下简述的步骤来创建恒定螺距值的螺旋扫描特征。

1）在功能区"模型"选项卡的"形状"组中单击 ▨▨（螺旋扫描）按钮，打开"螺旋扫描"选项卡，并在该选项卡中单击 □（实体）按钮或 ▢（曲面）按钮。

2）选择或草绘螺旋扫描轮廓。要选择已有的草绘定义螺旋扫描轮廓，那么在"螺旋扫描"选项卡的"参考"面板中单击"螺旋扫描轮廓"收集器，接着选择一个非闭合的草绘。要草绘螺旋扫描轮廓，则在"参考"面板中单击"定义"按钮，弹出"草绘"对话框，指定草绘平面和方向，单击"草绘"按钮，进入草绘器来草绘螺旋扫描轮廓，可以包含用于定义旋转轴的几何中心线，然后单击 ✔（确定）按钮。注意在进行草绘轮廓操作时，应该遵循以下规则。

- 草绘图元必须为非闭合的（不能形成环）。
- 螺旋扫描轮廓图元的切线在任意点都不得垂直于中心线。
- 如果要为截面方向选择"垂直于轨迹"，那么螺旋扫描轮廓图元一定彼此相切（C1 连续）。

3）要将螺旋扫描的起点从螺旋扫描轮廓的一端切换到另一端，则在"参考"面板中单击"轮廓起点"旁边的"反向"按钮。

4）如果在螺旋扫描轮廓草绘中草绘了几何中心线，那么几何中心线将被自动选定为旋转轴。如果螺旋扫描轮廓草绘中不包含几何中心线，则在"参考"面板中单击"旋转轴"收集器，接着在图形窗口中选择一条直曲线、边、轴或坐标系的轴，选定的参考必须位于草绘平面上。

5）要设置与螺旋扫描轮廓相关的截面方向，则在"参考"面板的"截面方向"选项组中选择"穿过旋转轴"单选按钮或"垂直于轨迹"单选按钮。

6）草绘要螺旋扫描的横截面。在"螺旋扫描"选项卡中单击 ☑（创建或编辑扫描截面）按钮，进入草绘器，在草绘起点（十字叉丝交点）草绘一个截面以沿着轨迹扫描。草绘截面、螺旋扫描轮廓和十字叉丝交点应该全部位于旋转轴的同一侧，单击 ✔（确定）按钮。

7）根据设计要求，在"螺旋扫描"选项卡中可以设置移除材料、扫描厚度等。根据具体情况灵活操作。

8）在 ▨▨ 旁的框中输入或选择间距值（螺距）。

9）在"螺旋扫描"选项卡中单击 ◉（左手定则）按钮以使用左手定则设置螺旋扫描

方向，或者单击 （右手定则）按钮以使用右手定则设置螺旋扫描方向。

10）在"选项"面板中选择"常量（保持恒定截面）"单选按钮或"变量（改变截面）"单选按钮等。

11）在"螺旋扫描"选项卡中单击 ✔ （完成）按钮。

下面介绍创建恒定螺距螺旋扫描特征的一个典型实例。

1）单击 📄 （新建）按钮，弹出"新建"对话框。在"类型"选项组中选择"零件"单选按钮，在"子类型"选项组中选择"实体"单选按钮，在"名称"文本框中输入"bc_4_6_lxsm1"，取消勾选"使用默认模板"复选框，单击"确定"按钮。系统弹出"新文件选项"对话框，选择 mmns_part_solid 模板，然后单击"确定"按钮，进入零件设计模式。

2）在功能区"模型"选项卡的"形状"组中单击 （螺旋扫描）按钮，打开"螺旋扫描"选项卡，并在该选项卡中默认选中 □ （实体）按钮和 （右手定则）按钮。

3）在"螺旋扫描"选项卡中打开"参考"面板，单击"定义"按钮，弹出"草绘"对话框。选择 FRONT 基准平面作为草绘平面，如图 4-125 所示，并以 RIGHT 基准平面为"右"方向参考，单击"草绘"按钮，进入内部草绘器。

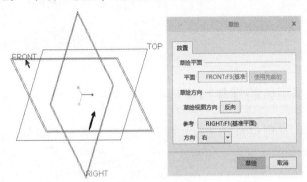

图 4-125　设定草绘平面及草绘方向

4）草绘螺旋扫描轮廓和一条几何中心线，如图 4-126 所示，单击 ✔ （确定）按钮。

5）在"螺旋扫描"选项卡的"参考"面板中，从"截面方向"选项组中选择"穿过旋转轴"单选按钮，并在"螺旋扫描"选项卡中的 旁的框中输入间距值（螺距）为"10"，如图 4-127 所示。

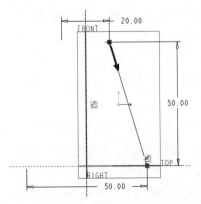

图 4-126　草绘螺旋扫描轮廓和一条几何中心线

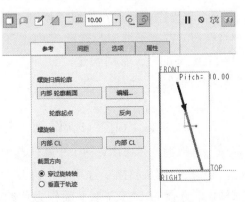

图 4-127　设置截面方向和螺距

6）在"螺旋扫描"选项卡中单击 ✏️（创建或编辑扫描截面）按钮，进入草绘器，绘制并修改截面，如图4-128所示，然后单击 ✔（确定）按钮。

7）在"螺旋扫描"选项卡中单击 ✔（完成）按钮。完成的恒定螺距的螺旋扫描特征如图4-129所示（可按〈Ctrl+D〉组合键以默认的标准方向视角来显示效果）。

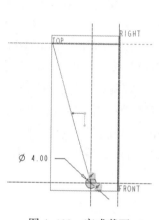

图4-128　完成截面

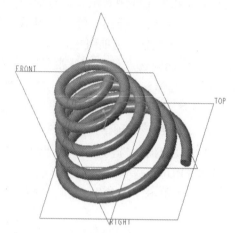

图4-129　创建恒定螺距的螺旋扫描特征

4.6.2 创建可变螺距值的螺旋扫描特征

创建的螺旋扫描特征可以是具有可变螺距值的（即螺旋线螺圈之间的距离可变）。在Creo Parametric 5.0中，可通过定义间距点来设置可变螺距，第一个间距点始终从螺旋扫描轮廓的起点投影到旋转轴，最后一个间距点从螺旋扫描轮廓的端点投影到旋转轴，用户根据设计要求，沿着旋转轴在第一个和最后一个点之间定义所需间距点的位置（方法有"按参考""按比率""按值"）。

创建具有可变螺距值的螺旋扫描特征的步骤与创建具有恒定螺距值的螺旋扫描特征的步骤基本相似，不同之处在于前者需要使用"螺旋扫描"选项卡的"螺距"面板来定义相应间距点。下面通过典型的操作实例介绍创建可变螺距值的螺旋扫描特征。

1）单击 🗋（新建）按钮，弹出"新建"对话框。在"类型"选项组中选择"零件"单选按钮，在"子类型"选项组中选择"实体"单选按钮，在"名称"文本框中输入"bc_4_6_lxsm2"，取消勾选"使用默认模板"复选框，单击"确定"按钮。系统弹出"新文件选项"对话框，选择mmns_part_solid模板，然后单击"确定"按钮，进入零件设计模式。

2）在功能区"模型"选项卡的"形状"组中单击 🌀（螺旋扫描）按钮，打开"螺旋扫描"选项卡，并在该选项卡中默认选中 ▢（实体）按钮和 ⊙（右手定则）按钮。

3）在"螺旋扫描"选项卡中打开"参考"面板，单击"定义"按钮，弹出"草绘"对话框。选择FRONT基准平面作为草绘平面，并以RIGHT基准平面为"右"方向参考，单击"草绘"按钮，进入内部草绘器。

4）草绘螺旋扫描轮廓和一条几何中心线，如图 4-130 所示，单击 ✓（确定）按钮。

5）在"螺旋扫描"选项卡的"参考"面板中，选择"截面方向"选项组中的"穿过旋转轴"单选按钮。

6）在"螺旋扫描"选项卡打开"间距"面板，将起点处的间距设置为"2"，接着单击"添加间距"以添加一个间距点，该间距点的位置默认为终点，并将其间距值设置为"2"，如图 4-131 所示。

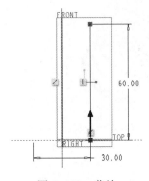

图 4-130　草绘

图 4-131　设置起点和终点处间距值

7）在"间距"面板的间距表中单击"添加间距"添加编号为 3 的一个间距点，从其"位置类型"框中选择"按值"，在其"位置"框中输入"3"（即设置该间距点距离起点为 3），在其"间距"框中将该点处的螺距设定为"2"，如图 4-132 所示。使用同样的方法添加其他间距点并设置相应的参数，如图 4-133 所示。

图 4-132　设置间距点 3 的间距值和位置

图 4-133　添加其他间距点

8）在"螺旋扫描"选项卡的"选项"面板中选中"常量（保持恒定截面）"单选按钮，接着在"螺旋扫描"选项卡中单击 ✐（创建或编辑扫描截面）按钮，进入草绘器，绘制并修改截面，如图 4-134 所示，然后单击 ✓（确定）按钮。

9）在"螺旋扫描"选项卡中单击 ✓（完成）按钮，完成的具有可变螺距的螺旋扫描特征如图 4-135 所示（可按〈Ctrl+D〉组合键以默认的标准方向视角来显示效果）。

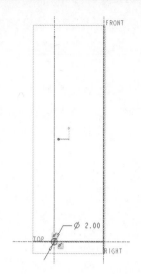

图4-134 草绘横截面

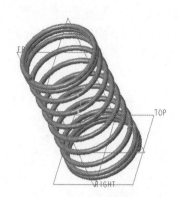

图4-135 完成可变螺距的螺旋扫描特征（弹簧）

4.7 体积块螺旋扫描

　　"体积块螺旋扫描"命令主要用于通过沿着新的螺旋线扫描旋转对象来移除实体材料，操作结果类似于旋转刀具的加工工艺（尤其是车削和铣削加工）。典型示例如图4-136所示，经旋转草绘生成的旋转3D对象会沿着螺旋移动，并从零件中移除材料。所述的螺旋是指3D对象在移除材料以创建几何时的行进路径，螺旋和其他参考（例如平面、轴、边或坐标系的轴）用于定义3D对象沿体积块螺旋扫描的方向；所述的3D对象是通过草绘或选择一个截面来创建的（Creo会将该草绘旋转360°），当3D对象沿螺旋移动时，Creo会模拟切削刀具，在沿刀具路径移动时移除材料；3D对象拖动器会在体积块螺旋扫描工具中显示3D对象的方向，它类似于一个坐标系，沿着螺旋方向随3D对象一起滑动。

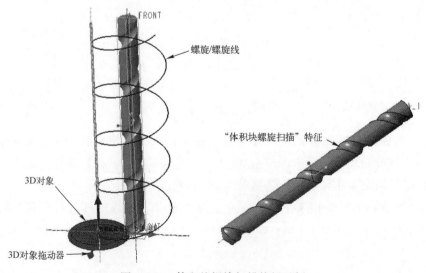

图4-136 体积块螺旋扫描特征示例

在功能区"模型"选项卡的"形状"组中单击 （体积块螺旋扫描）按钮，打开图4-137所示的"体积块螺旋扫描"选项卡。下面先介绍"体积块螺旋扫描"选项卡各主要组成要素的功能含义。

图4-137 "体积块螺旋扫描"选项卡

（1）相关工具命令

- ：用于设置螺距值，即可以在此框中输入螺距值或从最近使用的值菜单中选择一个螺距值。
- ⓒ：使用左手定则设置扫描方向。
- ⓢ：使用右手定则设置扫描方向。
- ⅃₃：用于设置是否显示螺旋和3D对象拖动器。
- ⅃₃：用于设置是否显示旋转3D对象。

（2）相关面板

"体积块螺旋扫描"选项卡包含5个面板，分别为"参考"面板、"截面"面板、"间距"面板、"调整"面板和"属性"面板。

- "参考"面板：此面板如图4-138所示，主要用于定义螺旋。其中，"螺旋扫描轮廓"收集器用于收集螺旋外边界的草绘，"定义"按钮用于打开草绘器以便定义内部草绘。"螺旋起点"旁的"反向"按钮用于在螺旋轮廓的两个端点间切换体积块螺旋扫描的起点。"螺旋轴"收集器用于收集螺旋中心轴，"内部CL"按钮用于将在螺旋轮廓草绘中定义的几何中心线设置为螺旋的轴。

- "截面"面板：此面板如图4-139所示。当在此面板中选择"草绘截面"单选按钮时，此面板将提供一个"创建/编辑截面"按钮，单击此按钮可以创建或编辑一个经旋转而形成3D对象的草绘，此草绘会被系统自动放置在螺旋的起始点处。当选择"选定截面"单项按钮时，此面板将提供"草绘"收集器、"旋转轴"收集器和"原点"收集器，"草绘"收集器收集用来定义3D对象的草绘，"旋转轴"收集器用于选择一个直线图元作为3D对象的旋转轴，它必须与草绘中的其中一条线共线，"原点"收集器用于沿旋转轴方向选择一个位置，此位置用于定义3D对象与螺旋之间的接触点，原点对象可以是点、坐标系或顶点。

图4-138 "参考"面板

图4-139 "截面"面板

知识点拨：3D对象的旋转截面是有这些限制要求的：包含一条沿Y轴方向的直线（用作3D对象的旋转轴），当"草绘"选项卡处于打开状态时Y轴在3D对象拖动器中显示为绿色；截面必须位于Y轴的同一侧；截面仅包含直线和圆弧的组合，且截面必须是闭合的；截面是凸形的，截面绕Y轴旋转而生成的3D对象必须呈凸形，如图4-140所示。图4-140a所示为凸形截面可用于旋转创建凸形的3D对象；图4-140b所示为截面草绘虽然是凸形的，但其通过旋转生成的3D对象不是凸形的，因为截面无效；图4-140c所示为截面不是凸形草绘，此草绘是无效的。

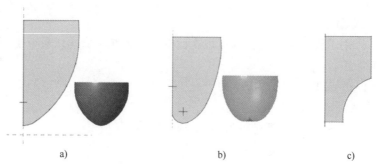

图4-140　截面必须为凸形

a) 有效凸形　b) 无效凸形　c) 无效草绘（不是凸形的）

- "间距"面板：此面板如图4-141所示，用于设置相关的螺距，与螺旋扫描工具的"间距"面板类似，在此不再赘述。
- "调整"面板：此面板如图4-142所示，用于调整3D对象的方向。"倾斜绕轴"下的"X轴"单选按钮用于设置3D对象绕X轴倾斜，"Z轴"单选按钮用于设置3D对象绕Z轴倾斜，"倾斜角"框则用来定义倾斜角度值，取值范围是±90°。

图4-141　"间距"面板

图4-142　"调整"面板

- "属性"面板：利用此面板的"名称"框可查看和设置特征名称，单击 i（显示此特征的信息）按钮则在浏览器中显示详细的此特征信息。

下面介绍一个创建"体积块螺旋扫描"特征的操作实例。

1) 单击 📂（打开）按钮，弹出"文件打开"对话框。从本书配套资料包中的CH4文件夹中选择"bc_4_7_tjklxsm. prt"文件，单击"打开"按钮。存在的原始模型如图4-143所示。

2) 在功能区"模型"选项卡的"形状"组中单击 〰〰（体积块螺旋扫描）按钮，打开

"体积块螺旋扫描"选项卡。

3）在"体积块螺旋扫描"选项卡中单击选中 ⟟ （右手定则）按钮，接着打开"参考"面板，并在"参考"面板中单击位于"螺旋扫描轮廓"收集器右侧的"定义"按钮，弹出"草绘"对话框，选择 FRONT 基准平面作为草绘平面，默认以 RIGHT 基准平面作为"右"方向参考，单击"草绘"按钮，进入草绘模式。绘制图 4-144 所示的一条直线，以及绘制一条定义螺旋中心轴的几何中心线，单击 ✔ （确定）按钮。

图 4-143 原始模型

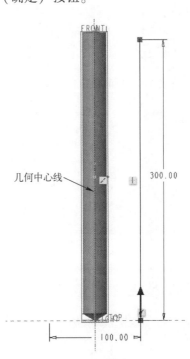

图 4-144 绘制定义螺旋轮廓的一条直线

知识点拨：在上述草绘模式中可以只绘制一个开放的草绘以形成螺旋轮廓，该草绘可以不包含螺旋的中心轴，待完成草绘后在"体积块螺旋扫描"选项卡的"参考"面板中，利用"螺旋起点"旁边的"反向"按钮来在螺旋轮廓的两个端点之间切换体积块螺旋扫描的起始点，利用"螺旋轴"收集器选择直曲线、边、轴或坐标系的轴来定义旋转轴，选定的参考必须位于草绘平面上。

4）单击 ⚙ （显示 3D 对象的螺旋和方向）按钮，此时图形窗口中显示的效果如图 4-145 所示（显示有螺旋和 3D 对象拖动器）。

5）在"体积块螺旋扫描"选项卡中打开"截面"面板，选择"草绘截面"单选按钮，单击"创建/编辑截面"按钮，进入草绘模式，草绘螺旋原点处的截面，如图 4-146 所示。单击 ✔ （确定）按钮，完成草绘此截面。

6）在 ▒ （螺距值）框中设置螺距值为"68"，在"调整"面板中接受默认的"倾斜绕轴"选项为"X 轴"，倾斜角为 0°，此时如图 4-147 所示。

7）单击 ⚙ （显示 3D 对象）按钮，以显示 3D 对象，如图 4-148 所示。

8）单击 ✔ （完成）按钮，完成创建体积块螺旋扫描特征，效果如图 4-149 所示。

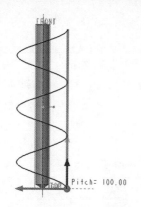

图 4-145　显示 3D 对象的螺旋和方向

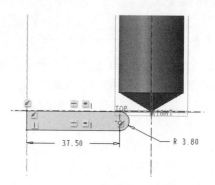

图 4-146　草绘螺旋原点处的截面

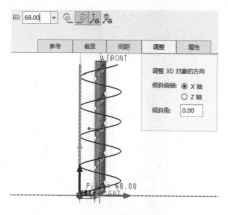

图 4-147　设置螺距和调整选项

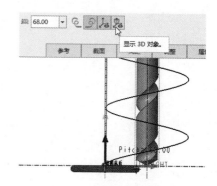

图 4-148　设置显示 3D 对象

图 4-149　完成创建体积块螺旋扫描特征

4.8　本章小结

Creo Parametric 基础特征可以说是最基本的实体或曲面形式的特征了。基础特征主要包括拉伸特征、旋转特征、扫描特征、混合特征、扫描混合特征、螺旋扫描特征和体积块螺旋扫描特征。这一类特征具有一个共性，就是需要定义所需的相关剖面，然后将剖面经过一定的基本方式处理来建构出形状。

本章重点介绍常用的拉伸特征、旋转特征、扫描特征、混合特征、扫描混合特征、螺旋扫描特征和体积块螺旋扫描特征。拉伸特征是定义三维几何的一种基本方法，它是通过将二维截面在垂直于草绘平面的某方向上以设定的距离来拉伸而生成的。旋转特征是通过绕中心线旋转草绘截面来创建的一类特征。扫描特征是沿着一个或多个选定轨迹扫描截面来创建的，其截面可以是恒定的也可以是可变化的。混合特征则是由某些截面在其边处用过渡曲面连接而形成的实体或曲面特征。扫描混合特征和螺旋扫描特征则相对复杂一些，其中扫描混合特征相当于综合了扫描和混合的特性，而螺旋扫描特征则要求其轨迹线是螺旋的。另外，体积块螺旋扫描特征会创建一个类似于车削或铣削加工工艺的 3D 几何。

4.9 思考与练习

（1）Creo Parametric 基础特征主要包括哪些特征？

（2）在创建拉伸特征的过程中，需要指定拉伸某一侧的深度选项，如 ⤒（盲孔）、⤢（对称）、⤒（穿至）、⤒（下一个）、⤒（穿透）和 ⤒（到选定项），请分析或说明这些深度选项的具体功能含义。

（3）简述旋转实体特征的典型创建步骤，可以举例进行辅助说明。

（4）创建旋转特征时需要注意的方面包括旋转轴、旋转剖面和旋转角度，请总结这些注意方面的相关事项。

（5）什么是可变截面扫描特征？请上机自行创建一个可变截面扫描特征。

（6）混合特征主要包括哪几种类型？它们分别具有什么样的特点？

（7）简述创建基本扫描混合特征的一般方法及步骤。

（8）上机练习：使用"混合"功能创建图 4-150 所示的五角星实体模型，具体尺寸可以由读者执行确定。

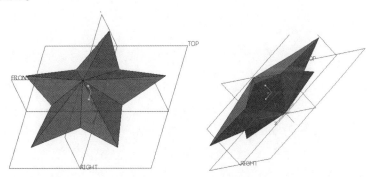

图 4-150 绘制五角星形状

（9）上机练习：创建图 4-151 所示的实体模型，具体尺寸可自行选定。

（10）上机练习：创建图 4-152 所示的实体模型，具体尺寸可自行选定。

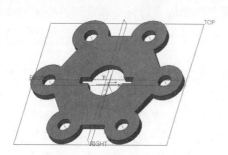

图 4-151　创建实体模型

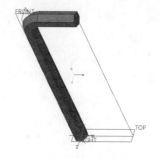

图 4-152　创建六角扳手工具

（11）上机练习：创建图 4-153 所示的具有可变螺距的螺旋扫描特征，具体尺寸自定。

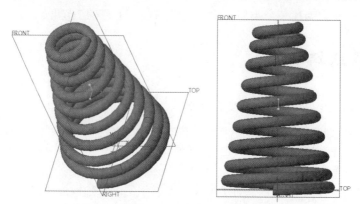

图 4-153　创建具有可变螺距值的螺旋扫描特征

（12）上机练习：自行设计一个模型，要求应用"螺旋"和"体积块螺旋扫描"工具命令。

第5章 编辑特征

本章导读：

　　特征的编辑操作包括复制和粘贴、镜像、移动、合并、修剪、阵列、投影、延伸、相交、填充、偏移、加厚、实体化和移除等。巧用编辑操作，可以给设计带来很大的灵活性和技巧性，并能够在一定程度上提高设计效率。本章重点介绍这些编辑操作，结合基础理论和典型实例引导读者如何通过编辑现有特征而获得新的几何特征。

5.1 特征复制和粘贴

　　在 Creo Parametric 中，复制和粘贴的工具命令包括"复制""粘贴""选择性粘贴"，它们位于功能区"模型"选项卡的"操作"组中，如图 5-1 所示。使用这 3 个实用命令可以在同一个模型内或跨模型复制并放置特征或特征集、几何、曲线和边链。

图 5-1　复制粘贴工具命令的出处

　　在默认情况下，特征或几何将被复制到剪贴板中，并且可连同其参考、设置和尺寸一起进行粘贴（即被粘贴到所需的放置位置）。当在多个粘贴操作期间（没有特征的间断复制）更改一个实例或所有实例的参考、设置和尺寸时，剪贴板中的特征会保留其原始参考、设置和尺寸。在不同的模型中粘贴特征也不会影响剪贴板中的复制特征的参考、设置和尺寸。

1. 粘贴工作流程

　　当选择了要复制粘贴的对象后，"复制"工具命令被激活，此时选择"复制"工具命令，则将对象复制到剪贴板中。只有当剪贴板中有可用于粘贴的特征时，"粘贴"工具命令和"选择性粘贴"工具命令才可用。下面介绍一下当剪贴板中有可用于粘贴的特征时，"粘贴"和"选择性粘贴"这两种粘贴的工作流程。

　　（1）使用 📋（粘贴）按钮

　　在功能区"模型"选项卡的"操作"组中单击 📋（粘贴）按钮，系统将打开特征创建工具，并且允许用户重定义复制的特征。例如，如果要粘贴旋转特征，则将打开"旋转"选项卡；如果要粘贴基准特征，则相应的基准创建对话框就会被打开。

　　复制多个特征时，由组中第一个特征决定所打开的用户界面。

　　（2）使用 📋（选择性粘贴）按钮

　　在功能区"模型"选项卡的"操作"组中单击 📋（选择性粘贴）按钮，将打开图 5-2

所示的"选择性粘贴"对话框，利用该对话框进行相关的设置。

- "从属副本"复选框：用于创建原始特征的从属副本。复制特征可以仅从属于原始特征的尺寸和注释元素细节（部分从属），或完全从属于原始特征要改变的选项。在默认情况下系统会勾选此复选框。如果清除"从属副本"复选框，则可以创建原始特征或特征集的独立副本。

- "对副本应用移动/旋转变换"复选框：勾选此复选框，则通过平移、旋转（或同时使用这两种操作）来移动副本。可以创建特征的完全从属移动副本。值得注意的是，跨模型粘贴特征时此复选框不可用，而此复选框对于所有阵列类型（包括曲线阵列和变换阵列，如方向、轴或填充）可用，但对于组阵列或阵列的阵列不可用。

- "高级参考配置"复选框：选中此复选框时，则使用原始参考或新参考在同一模型中或跨模型粘贴复制的特征。使用此复选框可利用弹出的图 5-3 所示的"高级参考配置"对话框进行操作。

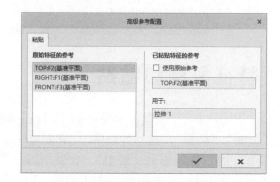

图 5-2　"选择性粘贴"对话框　　　　图 5-3　"高级参考配置"对话框

2. 复制-粘贴/复制-选择性粘贴的操作范例

下面通过典型的操作实例来介绍"复制""粘贴""选择性粘贴"命令的应用。

（1）打开零件文件

单击 （打开）按钮，弹出"文件打开"对话框。从配套素材资料包中的 CH5 文件夹中选择"bc_5_fzzt_1. prt"，单击"打开"按钮。该文件存在的模型如图 5-4 所示。

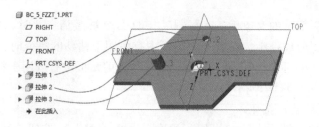

图 5-4　文件中的原始模型

（2）复制与粘贴操作

1）在模型窗口或模型树中选择"拉伸 2"特征（小圆切口）。

2）在功能区"模型"选项卡的"操作"组中单击 （复制）按钮。

3）在功能区"模型"选项卡的"操作"组中单击 （粘贴）按钮，打开创建"拉伸 2"

特征时所使用的"拉伸"选项卡，如图 5-5 所示。在消息区中将显示一条提示信息："选择一个平面或平面曲面作为草绘平面，或者选择草绘。"

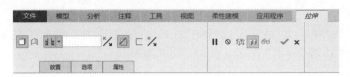

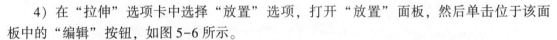

图 5-5 "拉伸"选项卡

4）在"拉伸"选项卡中选择"放置"选项，打开"放置"面板，然后单击位于该面板中的"编辑"按钮，如图 5-6 所示。

5）系统弹出"草绘"对话框。选择 TOP 基准平面作为草绘平面，以 RIGHT 基准平面为"右"方向参考，然后单击"草绘"对话框中的"草绘"按钮，进入草绘模式。

6）此时，要粘贴的特征的截面依附于鼠标光标，移动鼠标光标在图 5-7 所示的位置处单击，将其放置。

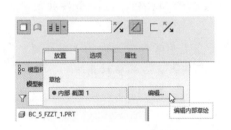

图 5-6 "草绘"对话框

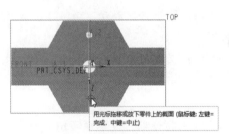

图 5-7 初步放置截面

7）修改截面的尺寸。修改尺寸后的截面如图 5-8 所示。

8）单击 ✔（确定）按钮，完成该截面的编辑定义。

9）此时，模型显示如图 5-9 所示。在"拉伸"选项卡中单击 ✔（完成）按钮，复制粘贴得到的模型效果如图 5-10 所示。

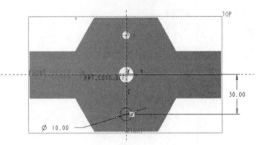

图 5-8 修改截面尺寸后的效果

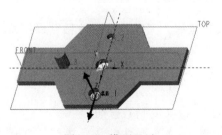

图 5-9 模型显示

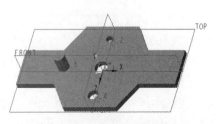

图 5-10 得到的模型效果

（3）复制与选择性粘贴（旋转变换）

1）在模型窗口中或在模型树中选择"拉伸 3"特征。

2）在功能区"模型"选项卡的"操作"组中单击 📋（复制）按钮。

3）在功能区"模型"选项卡的"操作"组中单击 📋（选择性粘贴）按钮，打开"选择性粘贴"对话框。

4）在"选择性粘贴"对话框中选择图5-11所示的选项，单击"确定"按钮。此时，在功能区出现图5-12所示的"移动（复制）"选项卡。

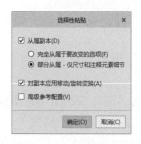

图5-11 "选择性粘贴"对话框　　　　图5-12 出现的"移动（复制）"选项卡

知识说明：在"移动（复制）"选项卡中具有 ↔ 按钮和 🔄 按钮，这两个按钮的功能含义如下。

● ↔：沿选定参考平移特征。选中此按钮时，需要指定参考和沿方向的平移距离。

● 🔄：相对选定参考旋转特征。选中此按钮时，需要指定参考和旋转角度。

5）在"移动（复制）"选项卡中单击 🔄（相对选定参考旋转特征）按钮，在模型窗口中选择 A_1 特征轴，设置旋转角度值为"60"，如图5-13所示。

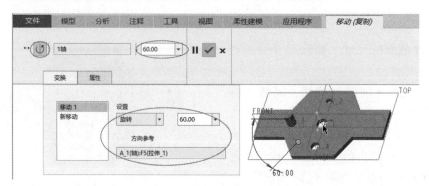

图5-13 设置旋转变换参考及参数

6）在"移动（复制）"选项卡中单击 ✔（完成）按钮，完成此选择性粘贴操作得到的模型效果如图5-14所示。

（4）复制与选择性粘贴（令副本从属于原始尺寸）

1）选择"拉伸3"特征。

2）在功能区"模型"选项卡的"操作"组中单击 📋（复制）按钮。

3）在功能区"模型"选项卡的"操作"组中单击 📋（选择性粘贴）按钮，打开"选择性粘贴"对话框。

4）在"选择性粘贴"对话框中，勾选"从属副本"复选框，并选择"部分从属-仅尺寸和注释元素细节"单选按钮，如图5-15所示，然后单击"确定"按钮。

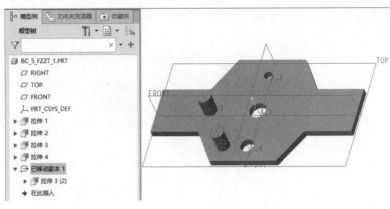

图 5-14 选择性粘贴（旋转变换）的效果

5）在功能区中出现"拉伸"选项卡。在"拉伸"选项卡中选择"放置"选项以打开"放置"面板，接着单击该面板中的"编辑"按钮，弹出图 5-16 所示的"草绘编辑"对话框。

图 5-15 "选择性粘贴"对话框

图 5-16 "草绘编辑"对话框

6）在"草绘编辑"对话框中单击"是"按钮，弹出"草绘"对话框。在"草绘"对话框中单击"使用先前的"按钮，进入草绘模式。

7）移动鼠标光标选择截面的放置位置，并添加所需的几何约束，以及修改相关的尺寸，如图 5-17 所示。单击（确定）按钮。

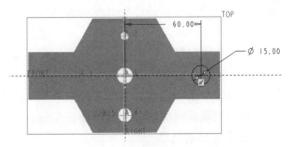

图 5-17 编辑复制特征的截面

8）接受默认的拉伸深度和拉伸方向，如图 5-18 所示。

图 5-18 接受默认的拉伸深度及拉伸方向

9）在"拉伸"选项卡中单击 ✓ （完成）按钮，得到的模型效果如图 5-19 所示。

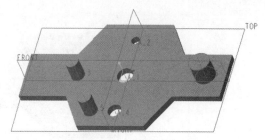

图 5-19　模型效果

5.2　镜像

使用 Creo Parametric 提供的镜像工具命令，可以根据指定的平面曲面来创建特征和几何的副本。通过镜像操作生成的特征副本通常被称为镜像特征。在很多设计场合，使用镜像特征可以快速地得到一些具有某种对称关系的模型效果，使整个设计效率显著提升。

镜像操作的典型示例如图 5-20 所示。

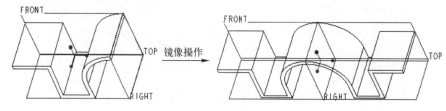

图 5-20　镜像操作的示例

镜像可以分为特征镜像和几何镜像两种。其中，特征镜像的方法有以下两种。

● 所有特征：此方法可复制特征并创建包含模型所有特征几何的合并特征。要使用此方法，必须在模型树中选择所有特征和零件节点。

● 选定特征：此方法仅复制选定的特征。

几何镜像是指镜像诸如基准、面组和曲面等几何项目。

下面介绍镜像对象的 3 种典型操作步骤。

1. 镜像选定的特征

（1）操作步骤

1）选取要镜像的一个或多个特征。

2）在功能区"模型"选项卡的"编辑"组中单击 ⫴（镜像）按钮，打开"镜像"选项卡。

3）选择一个镜像平面。

4）如果要使镜像的特征独立于原始特征，则在"镜像"选项卡中单击"选项"标签以打开"选项"面板，接着清除（取消勾选）"从属副本"复选框，如图 5-21 所示。注意在默认时，"从属副本"复选框处于被勾选的状态。如果要使镜像的副本从属于原始特征，那么应确保勾选"从属副本"复选框，接着选择"部分从属-仅尺寸和注释元素细节"单选按钮或"完全从属于要改变的选项"单选按钮。

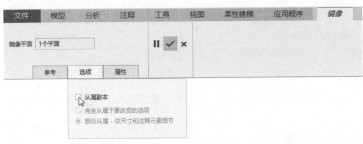

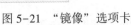

图5-21 "镜像"选项卡

5）在"镜像"选项卡中单击 ✔ （完成）按钮，完成创建镜像特征。

（2）典型操作实例

请看如下一个典型的操作实例。

1）单击 📂 （打开）按钮，弹出"文件打开"对话框。从配套素材资料包中的CH5文件夹中选择"bc_5_jx_1. prt"，单击"打开"按钮。该文件存在的模型如图5-22所示。

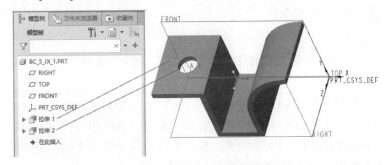

图5-22 文件中的原始模型

2）在模型树中结合〈Ctrl〉键选择"拉伸1"特征和"拉伸2"特征。

3）在功能区"模型"选项卡的"编辑"组中单击 ◫◫ （镜像）按钮，打开"镜像"选项卡。

4）选择RIGHT基准平面作为镜像平面。

5）在"镜像"选项卡中单击 ✔ （完成）按钮创建新的镜像特征。镜像结果如图5-23所示。

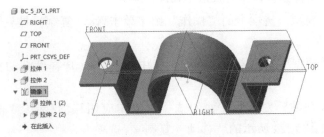

图5-23 镜像结果

2. 镜像零件中的所有特征几何

1）在模型树顶部选择零件名称。

2）在功能区"模型"选项卡的"编辑"组中单击 ◖◗（镜像）按钮，打开"镜像"选项卡。

3）选取一个镜像平面。

4）在"镜像"选项卡中单击 ✔（完成）按钮。

3. 镜像几何

1）在 Creo Parametric 窗口右下角的"选择过滤器"下拉列表框中选择"几何"或"基准"选项。

2）选择任意几何或基准。

3）单击 ◖◗（镜像）按钮，打开"镜像"选项卡。

4）选择一个镜像平面。

5）如果需要，可以打开"选项"面板，从中勾选"隐藏原始几何"复选框。当选定此复选框，则在完成镜像特征时，系统只显示新镜像几何而隐藏原始几何。

6）在"镜像"选项卡中单击 ✔（完成）按钮。

5.3 移动

移动特征或几何是较为常见的操作。在 5.1 节中介绍"复制"和"选择性粘贴"命令时，涉及"移动（复制）"选项卡（即"移动"工具）的应用。利用"移动（复制）"选项卡，可以进行下列具体的移动操作。

- 平移：沿参考指定的方向平移特征、曲面、面组、基准曲线和轴。可以沿某条线性边或曲线、轴或坐标系的其中一个轴，或沿垂直于某平面或平曲面的方向进行平移。
- 旋转：绕某个现有轴、线性边、曲线，或绕坐标系的某个轴旋转特征、曲面、面组、基准曲线和轴。
- 平移和旋转组合：在单个移动特征中应用多个平移及旋转变换。
- 其他：创建和移动现有曲面或曲线的副本，而非移动原型。亦可创建和移动现有特征阵列、组阵列、阵列化阵列的副本。

由于在 5.1 节中涉及这方面的内容，在这里总结一下使用该方法移动特征的典型步骤，以备实际设计时参考。

1）在模型树中或模型窗口中，选取要移动的项目。

2）在功能区"模型"选项卡的"操作"组中单击 ▤（复制）按钮，所选的整个特征会被复制到剪贴板中。

3）在功能区"模型"选项卡的"操作"组中单击 ▤（选择性粘贴）按钮，打开"选择性粘贴"对话框。

4）在"选择性粘贴"对话框中，勾选"对副本应用移动/旋转变换"复选框，单击"确定"按钮，打开图 5-24 所示的"移动（复制）"选项卡。

5）在"移动（复制）"选项卡中单击 ↔（沿选定参考平移特征）按钮或 ↻（相对选定参考旋转特征）按钮。

6）根据需要选取合适的方向参考。平移时，如果指定一个平面或平整曲面作为方向参

图 5-24 "移动（复制）"选项卡

考，方向参考将垂直于所要移动的方向；如果选取的是边、曲线或轴，方向参考将平行于选定的边、曲线或轴。旋转时，方向参考通常是移动项目旋转所围绕的轴或直边。

7）要移动选定项目。在图形窗口中，使用拖动控制滑块手工将移动项目平移或旋转至所需距离或角度。也可以在"移动（复制）"选项卡中，在值框中输入距离值或角度值，或从最近使用值的列表中选取一个值。

8）在"移动（复制）"选项卡中单击✓（完成）按钮，完成移动特征。

如果要移动零件中的所有特征，则在上述步骤 1）中，利用模型树，选取零件中的所有特征和零件标题。

下面介绍一个操作实例来练习使用"移动（复制）"选项卡进行旋转移动和平移移动操作，以进一步巩固这方面的实用知识。

（1）打开零件文件

单击🖿（打开）按钮，弹出"文件打开"对话框。从配套素材资料包中的 CH5 文件夹中选择"bc_5_yd_1.prt"，单击"打开"按钮。该文件存在的原始模型如图 5-25 所示。

（2）旋转移动选定的特征

1）在模型树中或在模型窗口中选择"拉伸3"特征。

2）在功能区"模型"选项卡的"操作"组中单击🖹（复制）按钮。

3）在功能区"模型"选项卡的"操作"组中单击📋（选择性粘贴）按钮，打开"选择性粘贴"对话框。

4）在"选择性粘贴"对话框中，默认勾选"从属副本"复选框，同时选择"部分从属-仅尺寸和注释元素细节"单选按钮，接着勾选"对副本应用移动/旋转变换"复选框。然后在"选择性粘贴"对话框中单击"确定"按钮，打开"移动（复制）"选项卡。

5）在"移动（复制）"选项卡中单击⚓（相对选定参考旋转特征）按钮。

6）在模型窗口中选择 A_1 轴，接着在值框中输入旋转角度值为"60"。

7）在"移动（复制）"选项卡中单击✓（完成）按钮，完成旋转移动的模型效果如图 5-26 所示。

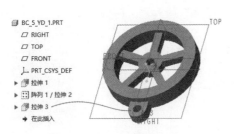

图 5-25 文件中的原始模型

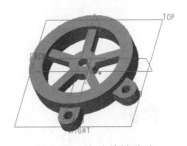

图 5-26 完成旋转移动

（3）平移复制零件中的所有特征

1）利用模型树，结合〈Ctrl〉键选取零件中的所有特征和零件标题，如图 5-27 所示。

2）在功能区"模型"选项卡的"操作"组中单击 （复制）按钮。

3）在功能区"模型"选项卡的"操作"组中单击 （选择性粘贴）按钮，打开"选择性粘贴"对话框，如图 5-28 所示。

图 5-27　选择零件中的所有特征和零件标题　　　　图 5-28　"选择性粘贴"对话框

4）在"选择性粘贴"对话框中，接受默认设置，单击"确定"按钮。

5）在功能区中出现"移动（复制）"选项卡，单击 ↔（沿选定参考平移特征）按钮。

6）选择 RIGHT 基准平面作为平移参考，在相应的值框中输入平移距离为"200"。

7）在"移动（复制）"选项卡中单击 ✔（完成）按钮，完成平移复制的模型效果如图 5-29 所示。

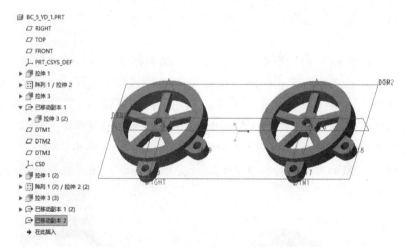

图 5-29　平移复制零件中的所有特征

5.4　合并

在功能区"模型"选项卡的"编辑"组中单击 ⬡（合并）按钮，可以通过以相交或连接方式来合并两个面组，或是通过连接两个以上面组来合并两个以上面组。面组是曲面的集合。值得注意的是，如果删除合并的特征，原始面组仍保留。

选择两个要合并的面组曲面，在功能区"模型"选项卡的"编辑"组中单击 （合并）按钮，打开图5-30所示的"合并"选项卡。之前选择的第一个面组成为默认主面组，它提供合并面组的面组ID。

图5-30 "合并"选项卡

"合并"选项卡各主要组成元素的功能含义如下。

- ：改变要保留的第一面组的侧，即对于第一个面组，改变要包括在合并中的一侧。
- ：改变要保留的第二面组的侧，即对于第二个面组，改变要包括在合并中的一侧。
- "参考"面板：如图5-31所示，在"面组"收集器中显示为合并操作选定的面组。注意 （将所选面组移动到收集器的顶部，将其设置为主面组）、 （在列表中向上移动选定面组）和 （在列表中向下移动选定面组）按钮的应用。
- "选项"面板：在"合并"选项卡中单击"选项"标签以打开图5-32所示的"选项"面板，从中可以根据实际情况选择"相交"单选按钮或"联接（连接）"单选按钮。选择"相交"单选按钮时，所创建的面组由两个相交面组的修剪部分组成，同时也可以创建单侧边重合的多个面组。如果一个面组的边位于另一个面组的曲面上，则选择"联接（连接）"单选按钮来合并面组，即"联接（连接）"单选按钮用于合并两个相邻的面组（一个面组的单侧边必须位于另一个面组上）。

图5-31 "参考"面板

图5-32 "选项"面板

- "属性"面板：在该面板的"名称"文本框中可编辑特征名称，单击 （显示此特征的信息）按钮，可在Creo Parametric浏览器中查看合并特征的详细信息。

如果要一次合并两个以上的面组，那么需要注意以下操作须知。

1）所选取的两个以上的面组，它们的单侧边应该彼此邻接。即只有在所选面组的所有边均彼此邻接且不重叠的情况下，才能合并两个以上的面组。

2）如果合并两个以上的面组，则不能选取相交面组。

下面介绍合并面组的典型操作实例，以帮助读者巩固合并面组的实用知识。

1）单击 📂（打开）按钮，弹出"文件打开"对话框。从配套素材资料包中的 CH5 文件夹中选择"bc_5_hb_1.prt"，单击"打开"按钮。该文件存在的原始模型如图 5-33 所示。

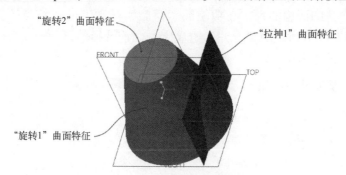

图 5-33　文件中的原始曲面模型

2）选择"旋转 1"曲面特征，按住〈Ctrl〉键的同时选择"旋转 2"曲面特征。在选择对象时，可以巧用"选择"过滤器的相关选项来进行辅助选择。

3）在功能区"模型"选项卡的"编辑"组中单击 🔗（合并）按钮，打开"合并"选项卡。

4）在"合并"选项卡中单击"选项"标签以打开"选项"面板，接着在该面板中选择"联接（连接）"单选按钮，如图 5-34 所示。

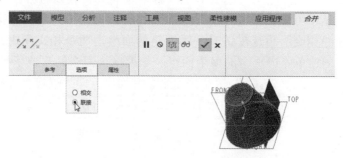

图 5-34　选择"连接"单选按钮

5）在"合并"选项卡中单击 ✔（完成）按钮。

6）按住〈Ctrl〉键的同时在模型树上选择"拉伸 1"曲面特征，接着在"编辑"组中单击 🔗（合并）按钮，打开"合并"选项卡。

7）合并面组的动态预览效果如图 5-35 所示。在"合并"选项卡中单击 ✔（完成）按钮，得到的面组合并的效果如图 5-36 所示。

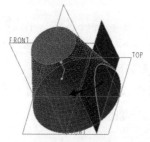
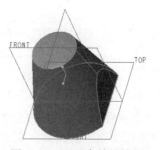

图 5-35　合并动态预览　　　　　图 5-36　面组合并的效果

5.5 修剪

可以使用 Creo Parametric 系统提供的 "修剪" 工具命令来剪切或分割面组或曲线。

5.5.1 修剪面组

要修剪面组，首先选取要修剪的面组，接着在功能区 "模型" 选项卡的 "编辑" 组中单击 🔄 （修剪）按钮，打开图 5-37 所示的 "曲面修剪" 选项卡，然后指定修剪对象。可以在创建或重定义期间指定和更改修剪对象。

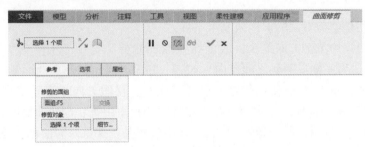

图 5-37 "曲面修剪" 选项卡

在进行修剪的过程中，用户可以根据设计需要指定被修剪曲面或曲线中要保留的部分。另外，在使用其他面组修剪面组时，可以进入 "选项" 面板，使用 "薄修剪" 进行处理，所述的 "薄修剪" 允许指定薄修剪厚度尺寸及控制曲面拟合要求（"垂直于曲面" "自动拟合" "控制拟合"），如图 5-38 所示。与薄修剪相关的设置如下。

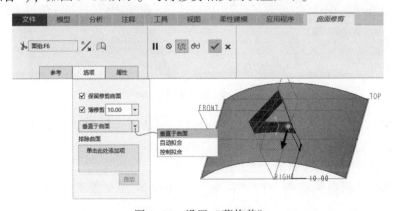

图 5-38 设置 "薄修剪"

- "薄修剪" 复选框及值框：勾选此复选框，则进行薄修剪处理，可以在其相应的值框中设置薄修剪的厚度值。注意仅当使用曲面作为修剪对象时，"薄修剪" 复选框才可用。
- "薄修剪拟合" 下拉列表框：该下拉列表框中可供选择的拟合选项包括 "垂直于曲面" "自动拟合" "控制拟合"。当选择 "垂直于曲面" 选项时，在垂直于曲面的方向上加厚曲面；当选择 "自动拟合" 选项时，自动确定缩放坐标系并沿三个轴拟合；当选择 "控制拟合" 选项时，用特定的缩放坐标系和受控制的拟合运动来加厚曲面。

● "排除曲面"收集器：在此收集器的列表框中单击，可以将其激活，然后可在模型窗口中选择要排除的原始面组曲面。该收集器将列出从"薄修剪"操作中排除的原始面组曲面。

通常，修剪面组的方式有两种，一种是在与其他面组或基准平面相交处进行修剪，另一种则是使用面组上的基准曲线修剪。下面结合示例介绍这两种修剪面组的方法。

1. 在与其他面组或基准平面相交处进行修剪

在与其他面组或基准平面相交处修剪曲面的典型步骤说明如下。

1）选取要修剪的曲面。

2）在功能区"模型"选项卡的"编辑"组中单击 🔗 （修剪）按钮，打开"曲面修剪"选项卡。

3）选取要用作修剪对象的面组或基准平面。

4）在图形窗口中单击方向箭头，或者在"曲面修剪"选项卡中单击 ✖ （在要保留的修剪曲面的一侧、另一侧或两侧之间反向）按钮，指定要保留的修剪曲面侧。

5）如果需要，单击 📖 （使用轮廓方法修剪面组，视图方向垂直于参考平面）按钮以打开"轮廓修剪"命令选项。轮廓命令允许在特定的视图中查看弯曲曲面的轮廓边。

6）如果需要，可以打开"选项"面板，从中设置是否保留修剪曲面，是否进行"薄修剪"处理。当勾选"薄修剪"复选框时，需指定修剪厚度尺寸、要从薄修剪中排除的曲面以及受控拟合对曲面的要求。

7）在"曲面修剪"选项卡单击 ✔ （完成）按钮。

操作示例如图5-39所示。该操作实例的步骤如下。

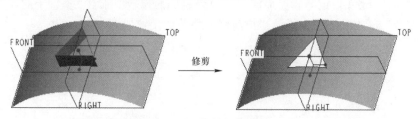

图5-39 修剪操作示例

1）单击 📂 （打开）按钮，弹出"文件打开"对话框。从配套素材资料包中的CH5文件夹中选择"bc_5_xj_1.prt"，单击"打开"按钮。

2）选择要修剪的曲面，如图5-40所示。

3）在功能区"模型"选项卡的"编辑"组中单击 🔗 （修剪）按钮，打开"曲面修剪"选项卡。

4）系统提示选择任意平面、曲线链或曲面以用作修剪对象。选择的修剪对象如图5-41所示。

图5-40 选择要修剪的曲面　　　　　　图5-41 指定修剪对象

5）在"曲面修剪"选项卡中打开"选项"面板，从中清除"保留修剪曲面"复选框。

6）在"曲面修剪"选项卡中单击✔（完成）按钮，完成该简单实例的操作。

2. 使用曲面（面组）上的基准曲线修剪

使用曲面（面组）上的基准曲线来修剪曲面的示例如图 5-42 所示。该示例的素材练习文件为 bc_5_xj_2. prt，该文件位于配套素材资料包的 CH5 文件夹中。该示例的操作步骤简述为：先选择要修剪的曲面，单击🔲（修剪）按钮，接着选择曲面上的曲线作为修剪对象，确保要保留的曲面侧，然后单击✔（完成）按钮即可。

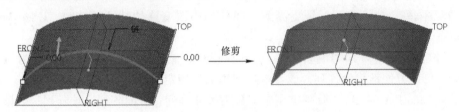

图 5-42　使用面组上的基准曲线修剪

5.5.2　修剪曲线

可以通过在曲线与曲面、其他曲线或基准平面相交处修剪或分割曲线来修剪该曲线。修剪曲线的具体操作步骤如下。

1）选取要修剪的曲线。

2）在功能区"模型"选项卡的"编辑"组中单击🔲（修剪）按钮，打开"曲线修剪"选项卡，如图 5-43 所示。

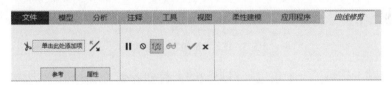

图 5-43　"曲线修剪"选项卡

3）选取要用作修剪对象的任何点、曲线、平面或面组。

4）在图形窗口中单击方向箭头，或者在"曲线修剪"选项卡中单击 ⤢（在要保留的修剪曲线的一侧、另一侧或两侧之间反向）按钮，指定要保留的曲线侧。

5）在"曲线修剪"选项卡中单击✔（完成）按钮。

修剪曲线的示例如图 5-44 所示。

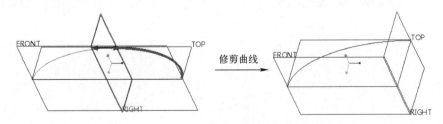

图 5-44　修剪曲线的示例

5.6 阵列

在设计中使用阵列的主要优点包括以下几点。

1）创建阵列是重新生成特征的快捷方式。

2）阵列是受参数控制的，通过改变阵列参数（例如实例数、实例之间的间距和原始特征尺寸），可以修改阵列。

3）修改阵列比分别修改特征更高效。在阵列中改变原始特征尺寸时，Creo Parametric 自动更新整个阵列。

4）对包含在一个阵列中的多个特征同时执行操作，比操作单独特征，更为方便和高效。例如，可以方便地隐含阵列，或者将阵列添加到指定层。

可以将 Creo Parametric 的阵列类型主要分为尺寸阵列、方向阵列、轴阵列、表阵列、参考阵列、填充阵列、曲线阵列和点阵列。在学习创建阵列特征之前，需要了解什么是阵列导引，什么是阵列成员。所谓的阵列导引是指选定用于阵列的特征或特征阵列，创建的各实例为阵列成员。注意在 Creo Parametric 中，如果要阵列多个特征，则需要为这些特征创建一个"局部组"，然后阵列这个"局部组"，创建此组阵列后，可以根据实际情况来分解组实例以便单独对其进行修改。

选择阵列导引后，在功能区"模型"选项卡的"编辑"组中单击▦/▦（阵列）按钮，打开图 5-45 所示的"阵列"选项卡。

图 5-45 "阵列"选项卡

"阵列"选项卡提供了一个包含阵列类型的下拉列表框，如图 5-46 所示，在该下拉列表框中提供的阵列类型选项包括"尺寸""方向""轴""填充""表""曲线""参考""点"。用户应该注意到"阵列"选项卡的其他内容取决于所选的阵列类型选项。

在创建阵列特征时，需要理解和掌握阵列再生选项（即重新生成选项）的基本知识。打开"阵列"选项卡的"选项"面板，如图 5-47 所示，系统提供了 3 种类型的再生选项，即"相同"选项、"可变"选项和"常规（一般）"选项。系统会对每个阵列类型进行某种再生假设，以更快地创建阵列。

图 5-46 选择阵列类型选项

图 5-47 阵列再生选项

- "相同"选项：Creo Parametric 假定所有的阵列成员尺寸相同，放置在相同的曲面上，且彼此之间或与零件边界不相交。在"相同""可变""常规（一般）"这三种选项中，相同阵列再生最快。对于相同阵列，系统生成第一个特征，然后完全复制包括所有交截在内的特征。
- "可变"选项：Creo Parametric 假定阵列成员的尺寸可以不同或者可放置在不同的曲面上，但彼此之间或与零件边界不能相交。变化阵列比相同阵列要复杂得多。
- "常规（一般）"选项：Creo Parametric 对阵列成员不做任何假定，即无任何阵列成员限制，所有阵列类型通用。选择此选项时，Creo Parametric 将计算每个单独实例的几何，并分别对每个特征求交。

5.6.1 尺寸阵列

尺寸阵列是通过使用驱动尺寸并指定阵列的增量变化来控制的阵列，它可以为单向的（如孔的线性阵列），也可以是双向的（如孔的矩形阵列，相当于将实例放置在行和列中）。

下面通过典型操作实例介绍创建单向、双向的尺寸阵列以及一个使用关系的尺寸阵列。

1. 创建单向的尺寸阵列

1）单击 (打开) 按钮，弹出"文件打开"对话框。从配套素材资料包中的 CH5 文件夹中选择"bc_5_cczl_1. prt"，单击"打开"按钮。

2）从位于界面右下角处的"选择"过滤器下拉列表框中选择"特征"选项，选择图 5-48 所示的五角星形状实体作为要阵列的特征。

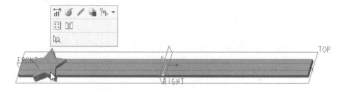

图 5-48 选择要阵列的特征

3）在功能区"模型"选项卡的"编辑"组中单击 / (阵列) 按钮，打开"阵列"选项卡。

4）从"阵列"选项卡的阵列类型列表框中选择"尺寸"选项，以改变现有尺寸的方式来创建阵列。

5）打开"尺寸"面板。在模型窗口中单击所选特征显示数值为"32"的距离尺寸，然后将其增量设置为"-16"，如图 5-49 所示。

6）在"阵列"选项卡中输入第一方向的阵列成员数为"5"，如图 5-50 所示。

7）在"阵列"选项卡中单击 (完成) 按钮，完成的单向尺寸阵列如图 5-51 所示。

2. 创建双向的尺寸阵列

1）单击 (打开) 按钮，弹出"文件打开"对话框。从配套素材资料包中的 CH5 文件夹中选择"bc_5_cczl_2. prt"，单击"打开"按钮。

2）将"选择"过滤器的选项设置"特征"，在图形窗口中选择图 5-52 所示的五角星形状实体作为要阵列的特征（即作为阵列导引）。

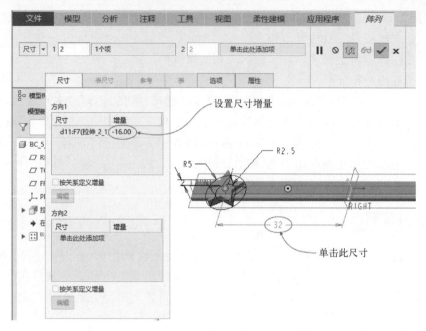

图5-49　设置方向1的尺寸变量及其增量

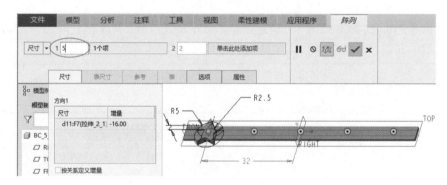

图5-50　输入第一方向的阵列成员数

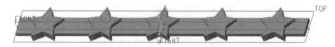

图5-51　尺寸阵列的效果

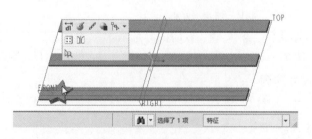

图5-52　指定阵列导引

3）在功能区"模型"选项卡的"编辑"组中单击 ▦ （阵列）按钮，打开"阵列"选项卡。

4）从"阵列"选项卡的阵列类型列表框中选择"尺寸"选项，以改变现有尺寸的方式来创建阵列。

5）打开"尺寸"面板。在模型窗口中单击所选特征显示数值为"32"的距离尺寸，然后将其增量设置为"-16"；接着在"尺寸"面板中单击"方向2"收集器，将其激活，然后在模型窗口中单击数值为"12.5"的距离尺寸，然后设置其增量为"-15"，如图5-53所示。

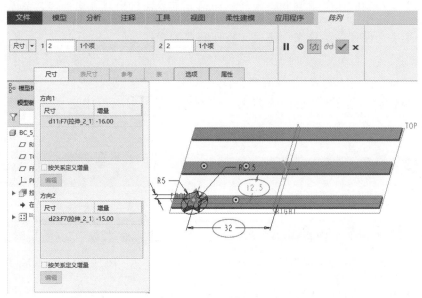

图5-53 设置双向尺寸阵列

6）在"阵列"选项卡中输入第一方向的阵列成员数为"5"，输入第二方向的阵列成员数为"3"，如图5-54所示。

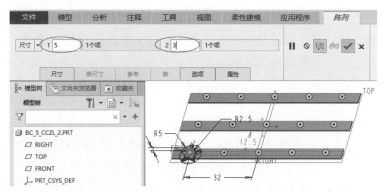

图5-54 设置方向1和方向2的阵列成员数

7）在"阵列"选项卡中单击 ✔ （完成）按钮，完成的双向尺寸阵列如图5-55所示。

3. 使用关系式来创建尺寸阵列

在创建尺寸阵列的过程中，可以使用关系式来驱动阵列增量，即可以为特定方向上的尺寸增量添加关系，以创建某些具有可循规律的复杂尺寸阵列。在阵列关系中，可以根据需要使用下列阵列参数。

- LEAD_V：导引值（方才选择用以确定方向的尺寸）的参数符号。
- MEMB_V：相对于阵列导引的参考图元定位实例的参数符号。
- MEMB_I：相对于前一实例定位实例的参数符号。
- IDX1 和 IDX2：阵列实例索引值，这些值对于每一个经过计算的阵列实例是递增的。

> **注意**
>
> MEMB_V 和 MEMB_I 是互相排斥的，即两者不能同时出现在同一阵列关系中。

下面介绍一个使用关系式来创建尺寸阵列的典型操作实例。

1）单击 📂（打开）按钮，弹出"文件打开"对话框。从配套素材资料包中的 CH5 文件夹中选择"bc_5_cczl_3. prt"，单击"打开"按钮。

2）将"选择"过滤器的选项设置为"特征"，在图形窗口中选择圆形切口特征，如图 5-56 所示。

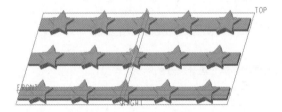

图 5-55　创建双向阵列

图 5-56　选择圆形切口

3）在功能区"模型"选项卡的"编辑"组中单击 ⊞（阵列）按钮，打开"阵列"选项卡。

4）从"阵列"选项卡的阵列类型列表框中选择"尺寸"选项，以改变现有尺寸的方式来创建阵列。

5）打开"尺寸"面板。在图形窗口中选择水平方向上的数值为"10"的尺寸（该尺寸控制切口中心轴到零件最左边线的距离），可以接受默认的尺寸增量。在"尺寸"面板中，单击"方向1"收集器中的该尺寸的增量单元格，然后单击"方向1"收集器下面的"按关系定义增量"复选框以勾选它，此时尺寸增量值变为"关系"，如图5-57所示。

6）单击"编辑"按钮，打开"关系"窗口。

7）在"关系"窗口中添加以下关系（注意 d2 和 d6 代表的尺寸关系）：

$$memb\_i = (d2 - (2 * d6))/5$$

此时"关系"窗口如图 5-58 所示。单击 ✅（执行/校验关系并按关系创建新参数）按钮，成功校验关系后，单击"关系"窗口中的"确定"按钮，退出"关系"创建，完成关系编辑。

8）按住〈Ctrl〉键在图形窗口中增加选择垂直方向上的数值为"10"的尺寸，该尺寸控制切口中心轴到零件下边（前边）的距离，此时可暂时接受默认的尺寸增量。在"尺寸"

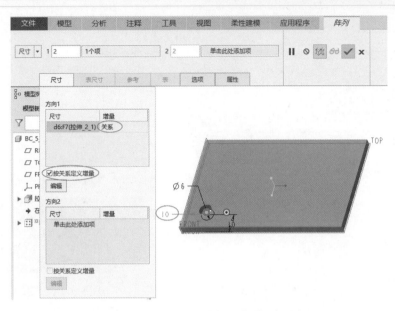

图 5-57 选中"按关系定义增量"复选框

图 5-58 在"关系"窗口中输入关系式

面板的"方向1"收集器中,单击该尺寸的增量单元格,然后单击"方向1"收集器下面的"按关系定义增量"复选框以勾选它,此时该尺寸增量值变为"关系"。单击"编辑"按钮,打开"关系"窗口。

9)在"关系"窗口中输入以下关系:

incr = 10

$memb\_v = lead\_v + 30 * \sin(3.5 * incr * idx1)$

然后,校验成功后,在"关系"窗口中单击"确定"按钮。

10)在"阵列"选项卡中输入第一方向的阵列成员数为"6",如图 5-59 所示。

11)在"阵列"选项卡中单击 ✓(完成)按钮,完成的尺寸阵列如图 5-60 所示。

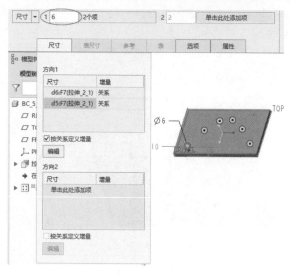

图 5-59　设置第一方向的阵列成员数　　　　图 5-60　创建的尺寸阵列

5.6.2　方向阵列

方向阵列是通过指定方向并设置阵列增长的方向和增量来创建的自由形式阵列。方向阵列可以是单向的或双向的。

创建或重定义方向阵列时，可以更改以下项目。

- 每个方向上的间距：在操控板相应的文本框中输入增量，或拖动每个放置控制滑块以调整间距。
- 各个方向中的阵列成员数：在操控板文本框中输入成员数，或通过在图形窗口中双击进行编辑。
- 跳过阵列成员：单击指示该阵列成员的点标识◉（不妨将此点标识描述成黑点），则点标识◉变成◦（不妨将此点标识描述成白点），表示跳过该阵列成员；如果要恢复该成员，则单击在图形窗口中单击◦，使◦变成◉。
- 特征尺寸：可以使用操控板中的"尺寸"面板来更改阵列特征的尺寸。
- 阵列成员的方向：要更改阵列的方向，向相反方向拖动放置控制滑块，或单击╳按钮，或在"阵列"选项卡的相应文本框中输入负增量。
- 方向阵列的3种方式：↔（平移）、↻（旋转）和⌐（坐标系）。

下面通过一个典型实例介绍创建方向阵列的一般方法、步骤及技巧等。

1）单击📂（打开）按钮，弹出"文件打开"对话框。从配套素材资料包中的CH5文件夹中选择"bc_5_fxzl_1.prt"，单击"打开"按钮。该文件中存在的原始实体模型如图5-61所示。

2）选择原始实体模型作为阵列导引。

3）在功能区"模型"选项卡的"编辑"组中单击▦（阵列）按钮，打开"阵列"选项卡。

4）从"阵列"选项卡的阵列类型列表框中选择"方向"选项，且默认选择↔（平移）。

5）选择 RIGHT 基准平面作为方向 1 参考，输入方向 1 的阵列成员数为"8"，输入方向 1 的阵列成员间的间距为"68"，如图 5-62 所示。

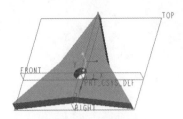

图 5-61　原始模型

图 5-62　设置方向 1 参考及参数

6）在"阵列"选项卡中单击 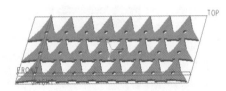 中的方向 2 参考收集器，将其激活，接着选择 FRONT 基准平面作为方向 2 参考，输入方向 2 的阵列成员间的间距为"80"，输入方向 2 的阵列成员数为"3"，单击 （反向第二方向）按钮，此时模型中显示的黑点如图 5-63 所示。

7）单击 （完成）按钮，完成该方向阵列得到的模型效果如图 5-64 所示。

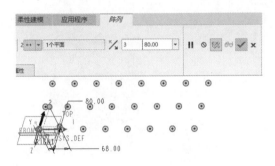

图 5-63　方向阵列的动态预览

图 5-64　完成的方向阵列

5.6.3 轴阵列

轴阵列是指通过设置阵列的角增量和径向增量来创建的自由形式径向阵列。在实际应用中，可以根据设计需要将轴阵列巧妙地设置成为螺旋形的阵列效果。

轴阵列允许在以下两个方向放置成员：

● 角度（第一方向）：阵列成员绕轴线旋转。默认轴阵列按逆时针方向等间距放置成员。

● 径向（第二方向）：阵列成员被添加在径向方向。

下面是一个创建轴阵列的典型操作实例。

1）单击 （打开）按钮，弹出"文件打开"对话框。从配套素材资料包中的 CH5 文件夹中选择"bc_5_zzl_1. prt"，单击"打开"按钮。该文件中存在的原始实体模型如图 5-65 所示。

2）从选择过滤器下拉列表框中选择"特征"选项，接着在模型窗口中选择图 5-66 所示的圆切口。

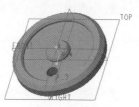

图 5-65 原始实体模型

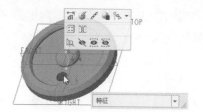

图 5-66 选择圆切口

3）单击 ⊞（阵列）按钮，打开"阵列"选项卡。

4）从"阵列"选项卡的阵列类型列表框中选择"轴"选项，接着在模型中选择中心轴线 A_1。

5）在"阵列"选项卡中单击 △（设置阵列的角度范围）按钮，接受默认的角度范围为 360°，然后输入第一方向的阵列成员数为"5"，如图 5-67 所示。

6）在"阵列"选项卡中单击 ✔（完成）按钮。创建的轴阵列效果如图 5-68 所示。

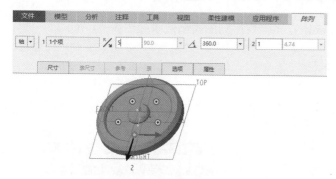

图 5-67 设置轴阵列参数

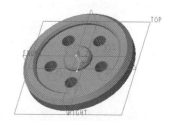

图 5-68 轴阵列效果

下面的这个操作实例将介绍如何创建螺旋形的轴阵列。要创建螺旋形的轴阵列，通常可使用轴阵列并更改每个成员的径向放置尺寸（阵列成员和中心轴线之间的距离）来完成。

1）单击 📂（打开）按钮，弹出"文件打开"对话框。从配套素材资料包中的 CH5 文件夹中选择"bc_5_zzl_2.prt"，单击"打开"按钮。该文件中存在的原始实体模型如图 5-69 所示。

2）从选择过滤器下拉列表框中选择"特征"选项，选择图 5-70 所示的小圆切口。

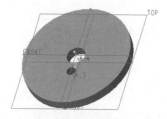

图 5-69 原始模型

图 5-70 选择阵列导引

3）在弹出的快捷工具栏中单击 ⊞（阵列）按钮，打开"阵列"选项卡。

4）从"阵列"选项卡的阵列类型列表框中选择"轴"选项，接着在模型中选择中心轴线 A_1。

5）在"阵列"选项卡中单击 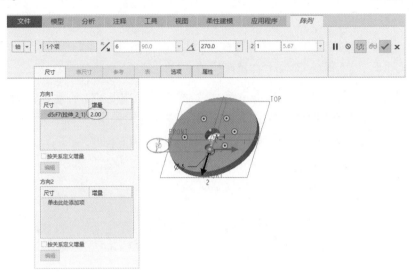（设置阵列的角度范围）按钮，设置阵列的角度范围为"270"，然后输入第一方向的阵列成员数为"6"。

6）在"阵列"选项卡中单击"尺寸"选项以打开"尺寸"面板，接着激活"方向1"的尺寸收集器，在模型窗口中单击数值为"10"的尺寸，然后设置该尺寸增量为"2"，如图5-71所示。

图5-71　设置用于增加各成员径向尺寸的增量

7）在"阵列"选项卡中单击 ✔（完成）按钮。完成的螺旋形的轴阵列如图5-72所示。

5.6.4 填充阵列

填充阵列是指通过根据选定栅格用实例填充区域来控制的阵列。

在创建填充阵列时，需要从系统提供的几个栅格模板中选取一个模板（如菱形、圆形、三角形），并指定

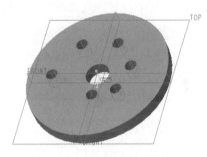

图5-72　完成螺旋形的轴阵列

栅格参数（如阵列成员中心距、圆形和螺旋形栅格的径向间距、阵列成员中心与区域边界间的最小间距以及栅格围绕其原点的旋转等），而阵列填充的区域可以由草绘或选取已草绘的曲线来定义。如果不想在整个区域填充阵列实例，也可以选取"曲线"栅格来沿该区域的边界定位阵列成员。

在创建填充阵列时，还可以通过指定替代原点来更改填充阵列的原点，以及可以使阵列成员随选定曲面的形状。为了使阵列成员跟随选定曲面的形状，阵列导引和草绘平面必须与选定曲面相切。若草绘平面和阵列导引与选定的曲面相切，那么阵列成员将根据选定的方向类型沿着选定的曲面填充。

1. 创建填充阵列的方法与步骤

根据选定栅格用阵列成员填充某个区域来阵列特征，其典型方法及步骤说明如下（仅供参考）。

1）选取要阵列的特征，接着在功能区"模型"选项卡的"编辑"组中单击 ⊞ （阵列）按钮，打开"阵列"选项卡。

2）在"阵列"选项卡的阵列类型列表框中选择"填充"选项，则"阵列"选项卡的布局选项发生相应变化，如图5-73所示。

图5-73 选择"填充"选项时的"阵列"选项卡

3）选取现有草绘曲线，或者单击"参考"标签，如图5-74所示，打开"参考"面板，从中单击"定义"按钮，然后定义草绘平面，以及草绘要用阵列进行填充的区域。

图5-74 打开"参考"面板

4）系统默认的栅格类型选项为"正方形"，用户可以在"阵列"选项卡中的栅格类型下拉列表框中设置阵列成员间隔的栅格模板，如图5-75所示。

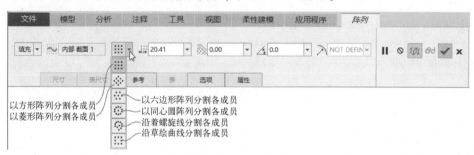

图5-75 选择栅格类型选项

5）设置阵列成员中心两两之间的间隔。在"阵列"选项卡的 ⋮⋮⋮ 旁的框中输入或选取一个值。或者，在图形窗口中拖动控制滑块，或双击与"间距"相关的值并输入新值。

6）设置阵列成员中心与草绘边界间的最小距离。在"阵列"选项卡的 ▨ 旁的框中输入或选取一个值。使用负值可以使中心位于草绘的外面。或者，在图形窗口中拖动控制滑块，或双击与控制滑块相关的值并输入新值。

7）指定栅格绕原点的旋转角度。在"阵列"选项卡的 ◢ 旁的框中输入或选取一个值。或者，在图形窗口中拖动控制滑块，或双击与控制滑块相关的值并输入值。

8）如果要更改圆形和螺旋形栅格的径向间隔，可以在"阵列"选项卡上 ⬈ 旁的框中输入或选取一个值。或者，在图形窗口中拖动控制滑块，或双击与控制滑块相关的值并输入新值。

9）如果要将阵列成员投影到曲面上并定向各个成员，则可以单击"阵列"选项卡中的

"选项"标签以打开"选项"面板,接着勾选"跟随曲面形状"复选框,如图 5-76 所示,此时曲面收集器变为活动状态。然后在模型中选取要沿其投影阵列成员的曲面,并根据设计要求从"间距"下拉列表框中选择所需的间距选项。另外,注意再生选项(即重新生成选项)及其他复选框的应用。

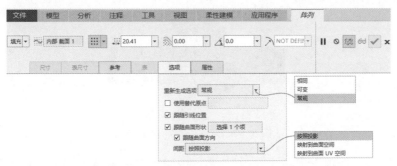

图 5-76 选中"跟随曲面形状"复选框

10)如果要排除某个位置的阵列成员,则可以在图形窗口中单击指示阵列成员的相应黑点,使黑点将变为白色,表明阵列成员已被排除。当然用户也可以在重定义阵列过程中随时再次单击此白点以便恢复相应位置的阵列成员。

11)在"阵列"选项卡中单击 ✔(完成)按钮,完成填充阵列。

2. 创建填充阵列的一个典型操作实例

1)单击 📂(打开)按钮,弹出"文件打开"对话框。从配套素材资料包中的 CH5 文件夹中选择"bc_5_tczl_1.prt",单击"打开"按钮。该文件中存在的原始实体模型如图 5-77 所示。

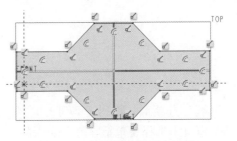

图 5-77 原始实体模型

2)从选择过滤器下拉列表框中选择"特征"选项,在模型中选择圆形切口,单击 ⊞(阵列)按钮,打开"阵列"选项卡。

3)在"阵列"选项卡的阵列类型列表框中选择"填充"选项。

4)在"阵列"选项卡中单击"参考"选项标签以打开"参考"面板。接着在"参考"面板中单击"定义"按钮,弹出"草绘"对话框。

5)在"草绘"对话框中单击"使用先前的"按钮,进入草绘模式。

6)在"草绘"组中单击 ⬜(投影)按钮,打开图 5-78 所示的"类型"对话框。在"类型"对话框中选择"单一"单选按钮,依次在绘图窗口中单击实体边以创建图 5-79 所示的闭合图形,单击"类型"对话框中的"关闭"按钮,然后单击 ✔(确定)按钮。

图 5-78 "类型"对话框

图 5-79 绘制闭合的填充区域

7）在"阵列"选项卡中设置图 5-80 所示的填充阵列参数。

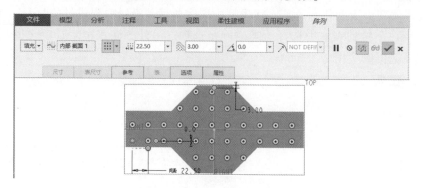

图 5-80　设置填充阵列参数

8）在"阵列"选项卡中单击 ✔（完成）按钮，完成该填充阵列，其效果如图 5-81 所示。

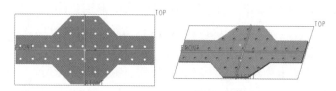

图 5-81　完成填充阵列

5.6.5 表阵列

表阵列是指通过使用阵列表并为每一阵列实例指定尺寸值来创建的阵列，这类阵列可以比较复杂或是不规则的阵列。可以为一个阵列建立多个表，这样通过变换阵列的驱动表，即可方便地改变阵列。

下面通过操作实例的形式来辅助介绍表阵列的创建方法及其典型步骤。

1）单击 📂（打开）按钮，弹出"文件打开"对话框。从配套素材资料包中的 CH5 文件夹中选择"bc_5_bzl_1.prt"，单击"打开"按钮。该文件中存在的原始实体模型如图 5-82 所示。

2）从选择过滤器下拉列表框中选择"特征"选项，在模型窗口中选择图 5-83 所示的小圆柱体，接着单击 ⊞（阵列）按钮，打开"阵列"选项卡。

图 5-82　原始实体模型

图 5-83　选择小圆柱体

3）在"阵列"选项卡的阵列类型列表框中选择"表"选项。

4）在模型窗口中选择要包括在阵列表中的尺寸 1、尺寸 2、尺寸 3 和尺寸 4，如图 5-84 所示，注意按住〈Ctrl〉键选取多个尺寸。

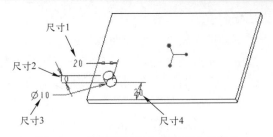

图 5-84　选择要包括在表阵列中的尺寸

5）在图 5-85 所示的"阵列"选项卡中单击"编辑"按钮，打开表编辑器窗口。

图 5-85　"阵列"选项卡

6）在表中为每个阵列成员添加一行，并指定其尺寸值。完成的阵列表如图 5-86 所示。

7）在表编辑窗口的"文件"菜单中选择"保存"命令，接着从该"文件"菜单中选择"退出（X）"命令，返回到"阵列"选项卡。

8）在"阵列"选项卡中单击 ✔（完成）按钮，创建的表阵列效果如图 5-87 所示。

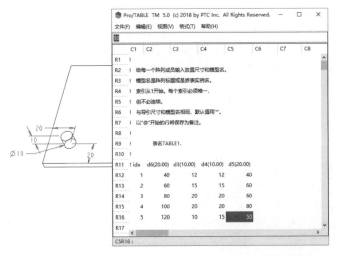

图 5-86　编辑阵列表

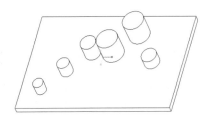

图 5-87　创建表阵列

5.6.6　曲线阵列

"曲线阵列"是指通过指定沿着曲线的阵列成员间的距离或阵列成员的数目来创建的阵列。要创建曲线阵列，需要草绘一条曲线或选择一条草绘基准曲线，而曲线阵列的起始点在默认情况下位于曲线的起点。在实际应用中，通常将阵列导引放置在曲线的开始位置处，以确保沿曲线精确对齐阵列成员。对于开放的草绘曲线，阵列的方向通常为从曲线的起点到曲线的终点；对于封闭的草绘曲线，阵列的方向可以是自选定顶点的任意一侧；对单个图元的封闭的草绘，分割草绘以选择起点。

下面结合简单的操作实例辅助介绍如何创建曲线阵列。

1）单击 （打开）按钮，弹出"文件打开"对话框。从配套素材资料包中的 CH5 文件夹中选择"bc_5_qxzl_1.prt"，单击"打开"按钮。该文件中存在的原始实体模型如图 5-88 所示。

2）在模型树上选择"孔 1"特征，接着单击 （阵列）按钮，打开"阵列"选项卡。

3）在"阵列"选项卡的阵列类型列表框中选择"曲线"选项。

4）在"阵列"选项卡中单击"参考"选项标签，打开"参考"面板，如图 5-89 所示，然后单击该面板中的"定义"按钮，弹出"草绘"对话框。

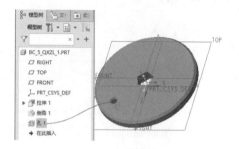

图 5-88　原始实体模型

图 5-89　打开"参考"面板

5）选择 TOP 基准平面为草绘平面，以 RIGHT 基准平面为"右"方向参考，单击"草绘"按钮，进入草绘模式。

6）草绘图 5-90 所示的基准曲线，单击 （确定）按钮。注意：在绘制基准曲线的过程中，可以在功能区打开的"草绘"选项卡中，从"设置"组中单击 （参考）按钮，利用弹出的"参考"对话框指定相关的绘图和标注参考。

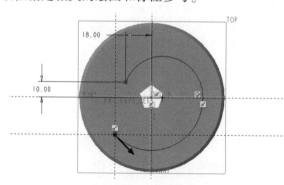

图 5-90　绘制曲线

7）在"阵列"选项卡中选中 （设置沿曲线的阵列成员数目）按钮，输入沿曲线的阵列成员的数量为"8"（包括沿曲线的阵列导引在内）。也可以选中 （设置沿曲线的阵列成员间的间距）按钮来设置相应的间距。

8）排除某个位置的阵列成员。使用鼠标光标单击相应的黑点，则黑点将变为白色，表明所单击的阵列成员已被排除。在本例中，设置要排除的阵列成员如图 5-91 所示。

9）在"阵列"选项卡中单击 （完成）按钮，完成该曲线阵列的效果如图 5-92 所示。

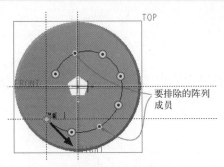

要排除的阵列
成员

图 5-91 设置要排除的阵列成员

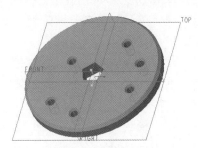

图 5-92 完成曲线阵列

5.6.7 参考阵列

参考阵列是指通过参考另一阵列来创建的阵列，即参考阵列将一个特征阵列复制在其他阵列特征的"上部"。需要注意的是，如果增加的特征不使用初始阵列的特征来获得其几何参考，那么就不能为该新特征使用参考阵列。

1. 创建参考阵列的方法及步骤

创建参考阵列的典型方法及步骤说明如下。

1）选取要阵列的特征，该选定特征必须参考另一被阵列的特征。

2）在功能区"模型"选项卡的"编辑"组中单击▦／▦（阵列）按钮，打开"阵列"选项卡。如果选定特征可以被单独阵列（如同轴孔），则其默认阵列类型被设置为"参考"。在模型窗口中，阵列导引用"◉"加以标明，阵列成员则用"●"加以标明。

3）如果要排除某个位置的阵列成员，可以单击相应的黑点，使黑点将变为白色"○"显示，以此表明该阵列成员已被排除。如果要恢复该阵列成员，则可以在重定义阵列时随时再次单击该白点。

4）在"阵列"选项卡中单击✔（完成）按钮，Creo Parametric 将阵列选定的特征。

2. 应用参考阵列的操作实例

下面是一个应用到参考阵列的操作实例。

（1）打开零件文件

单击📂（打开）按钮，弹出"文件打开"对话框。从配套素材资料包中的 CH5 文件夹中选择"bc_5_czzl_1.prt"，单击"打开"按钮。该文件中存在的原始实体模型如图 5-93 所示。

（2）创建轴阵列

1）在选择过滤器下拉列表框中选择"特征"选项，在图形窗口中选择图 5-94 所示的孔特征。

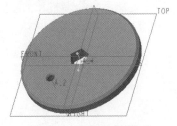

图 5-93 原始实体模型

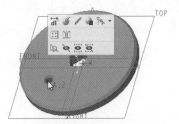

图 5-94 选择孔特征

2）单击⊞（阵列）按钮，打开"阵列"选项卡。

3）从"阵列"选项卡的阵列类型列表框中选择"轴"选项，接着在模型中选择中心轴线 A_1。

4）设置第一方向的阵列成员数为"6"，设置轴阵列的相邻成员间的角度间距为"60°"。

5）单击✔（完成）按钮，创建的轴阵列如图 5-95 所示。

（3）参考一个阵列成员创建切口

1）在"形状"组中单击🔲（拉伸）按钮，打开"拉伸"选项卡。

2）默认时，"拉伸"选项卡中的🔲（创建实体）按钮处于被选中的状态。在"拉伸"选项卡中单击🔲（去除材料）按钮。

3）打开"放置"面板，接着单击"定义"按钮，弹出"草绘"对话框。选择图 5-96 所示的实体表面作为草绘平面，以 RIGHT 基准平面为"右"方向参考，单击"草绘"按钮，进入草绘模式。

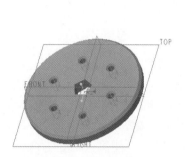

图 5-95　创建轴阵列

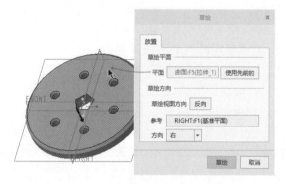

图 5-96　定义草绘平面及草绘方向

4）单击◎（同心圆）按钮，绘制两个同心圆，接着单击〰（线链）按钮绘制所需的直线段，然后对图形进行修剪，得到的拉伸切除的剖面如图 5-97 所示。单击✔（确定）按钮。

5）在"拉伸"选项卡中设置侧 1 的拉伸深度为"2"。

6）在"拉伸"选项卡中单击✔（完成）按钮，半切口效果如图 5-98 所示。

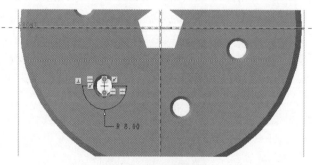

图 5-97　绘制剖面

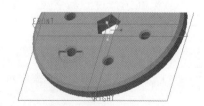

图 5-98　半切口效果

（4）创建参考阵列

1）刚创建的半切口处于被选中的状态。在功能区"模型"选项卡的"编辑"组中单击

（阵列）按钮，打开"阵列"选项卡。

2）此时，"阵列"选项卡和模型如图5-99所示。系统自动假设的阵列类型选项为"参考"。

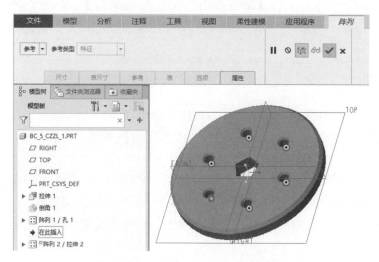

图5-99 "阵列"选项卡和模型显示

3）在"阵列"选项卡中单击 ✓（完成）按钮，创建的参考阵列如图5-100所示。

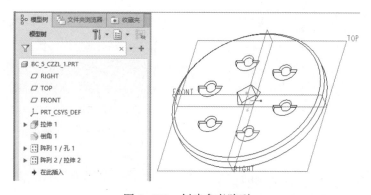

图5-100 创建参考阵列

5.6.8 点阵列

创建点阵列是指通过将阵列成员放置在点或坐标系上来创建一个阵列。请看如下的操作范例。

1）打开配套素材资料包CH5文件夹中的"bc_m5_dzl. prt"文件，文件中存在的实体如图5-101所示。

2）在模型树上选择要阵列的拉伸实体特征，在功能区"模型"选项卡的"编辑"组中单击 囲（阵列）按钮，打开"阵列"选项卡。

3）在"阵列"选项卡的阵列类型列表框中选择"点"选项，此时"阵列"选项卡中的内容如图5-102所示。其中，按钮用于使用来自内部或外部草绘的点，按钮用于使用来自基准点特征的点，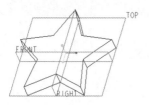收集器用于选择包含点图元的草绘以定位成员。

图 5-101　原始实体特征　　　　　图 5-102　创建点阵列的"阵列"选项卡

4）打开"参考"面板，单击"定义"按钮，弹出"草绘"对话框。选择 TOP 基准平面作为草绘平面，默认以 RIGHT 基准平面作为"右"方向参考，然后单击"草绘"对话框中的"草绘"按钮，进入草绘模式。

5）在功能区"草绘"选项卡的"基准"组中单击 ✗（几何点）按钮，依次绘制图 5-103 所示的几何点（一共 5 个几何点），然后单击 ✓（确定）按钮。

6）在"阵列"选项卡中单击 ✓（完成）按钮，阵列结果如图 5-104 所示。

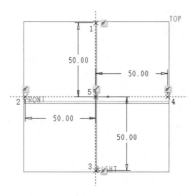

图 5-103　绘制几何点

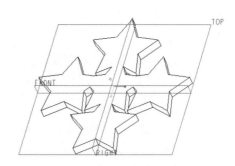

图 5-104　阵列结果

5.6.9 阵列特征的一些典型处理

在前面的一些阵列操作实例中，介绍了在创建阵列特征的过程中排除某个位置的阵列成员，其方法很简单，就是使用鼠标光标单击相应的黑点，使黑点变为白色，白点表明所单击的阵列成员已被排除。如果要恢复被排除的阵列成员，则单击其白点，使白点变成黑点即可。

在模型树中右击阵列特征节点，弹出图 5-105 所示的右键快捷菜单。利用该快捷菜单可以对选定阵列特征执行"删除""删除阵列""重命名""复制"等操作。

用户尤其要注意"删除"与"删除阵列"命令的差别之处。如果从快捷菜单中选择"删除"命令，则删除选定阵列特征及其阵列导引，即包括阵列特征和用于创建阵列特征的特征；如果从快捷菜单中选择"删除阵列"命令，则选定的阵列特征从模型中被删除，而用于创建该阵列的特征保留，例如在模型树中对于图 5-105 所示的阵列特征右击，从快捷菜单中选择"删除阵列"命令，则完成该命令操作后的模型树显示如图 5-106 所示。

图 5-105　右击阵列特征　　　　　图 5-106　执行"删除阵列"后的模型树

5.7　投影

使用"编辑"组中的 （投影）工具命令，可以在实体上和非实体曲面、面组或基准平面上投影链、草绘或修饰草绘。也就是说，对于"投影"工具命令，草绘的投影方法有 3 种，分别为投影链、投影草绘和投影修饰草绘。由于修饰草绘属于工程特征的范畴，修饰草绘以及投影修饰草绘的相关知识将在后面的"工程特征"一章中集中介绍。

5.7.1　投影草绘

"投影草绘"方法是指创建草绘或将现有草绘复制到模型中来进行投影。下面结合一个操作实例，介绍使用投影草绘的方式创建投影曲线。

1）单击 （打开）按钮，弹出"文件打开"对话框。从配套素材资料包中的 CH5 文件夹中选择"bc_5_tyqx_1. prt"，单击"打开"按钮。该文件中存在的原始曲面如图 5-107 所示。

2）在功能区"模型"选项卡的"编辑"组中单击 （投影）按钮，打开"投影"选项卡。

3）在"投影"选项卡中单击"参考"选项标签，从而打开"参考"面板。

4）在"参考"面板的第一个下拉列表框中选择"投影草绘"选项，如图 5-108 所示。接着单击"定义"按钮，弹出"草绘"对话框。

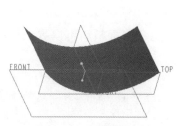

图 5-107　原始曲面

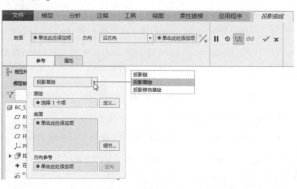

图 5-108　在"参考"面板中选择"投影草绘"选项

5）选择 FRONT 基准平面作为草绘平面，以 RIGHT 基准平面为"右"方向参考，然后单击"草绘"对话框中的"草绘"按钮，进入草绘器。

6）通过 ▱（选项板）工具的"四角星"功能绘制图 5-109 所示的图形，然后单击 ✔（确定）按钮，完成草绘并退出草绘器。

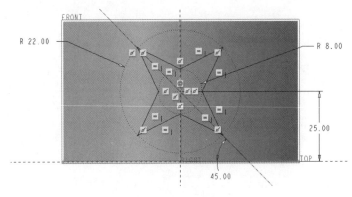

图 5-109　绘制图形

7）系统提示选择一组曲面以将曲线投影到其上。在模型窗口中单击拉伸曲面。

8）"方向"选项设置为"沿方向"，接着在图 5-110 所示的方向参考收集器中单击，从而激活该收集器，然后选择 FRONT 基准平面。

9）在"投影"选项卡中单击 ✔（完成）按钮，创建的投影曲线如图 5-111 所示。

图 5-110　激活方向参考收集器

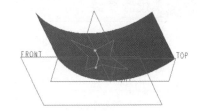

图 5-111　创建投影曲线

5.7.2 投影链

"投影链"方法是指通过选择要投影的曲线或链来在对象面上创建投影特征。

通过选择链创建投影特征的典型方法及步骤如下。

1）在图形窗口中，选择一个或多个要进行投影的曲线或链。

2）在功能区"模型"选项卡的"编辑"组中单击 ⤳（投影）按钮，打开"投影"选项卡。

3）在"投影"选项卡中单击"参考"选项标签，打开"参考"面板。可以看到第一个下拉列表框中默认的选项为"投影链"。

4）在图形窗口中，单击要将曲线或链投影到其上的曲面。

5）在"投影"选项卡中单击"方向参考"收集器，然后选择平面、轴、坐标系的轴或直图元用作投影方向参考。

6）在"方向"框中选择以下投影方向选项。

- "沿方向": 沿指定的方向投影曲线。
- "垂直于曲面": 垂直于曲线平面、指定的平面或曲面投影曲线。

7) 在"投影"选项卡中单击 ✔ (完成) 按钮，所选曲线或链被投影到选定的曲面上。

5.8 延伸

Creo Parametric 系统提供了实用的"延伸"工具。要激活"延伸"工具，必须先选择要延伸的曲面边界链，此时才能从功能区的"模型"选项卡的"编辑"组中单击 ▣ (延伸) 按钮，从而打开如图 5-112 所示的"延伸"选项卡。使用延伸操作的方法，可以将面组在指定边链处延伸到指定距离或延伸至一个平面。

图 5-112　"延伸"选项卡

1. "延伸"选项卡的主要组成元素

下面介绍一下"延伸"选项卡的主要组成元素。

- ▢ (沿原始曲面延伸曲面): 选中该图标按钮后，可以在 ⊢⊣ 文本框内指定恒定延伸的延伸距离。以此方式延伸的示例如图 5-113 所示。
- ▢ (将曲面延伸到参考平面): 选中该图标按钮后，可以使用"参考平面"收集器选择参考平面。以此方式延伸的示例如图 5-114 所示。

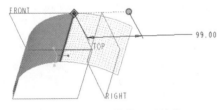
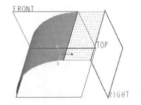

图 5-113　沿原始曲面延伸曲面　　　图 5-114　将曲面延伸到参考平面

- ▨: 反向方向以延伸或修剪曲面或面组，即反转与边界边链相关的延伸方向。此功能对可变延伸不适用。
- "参考"面板: 该面板如图 5-115 所示，允许更改边/链参考。如果要重定义选取选项，则可以单击"细节"按钮。
- "测量"面板: 在"延伸"选项卡中选中 ▢ (沿原始曲面延伸曲面) 图标按钮后，才可启用此面板。利用此面板，可以通过沿选定边链添加并调整测量点来创建可变延伸。在默认情况下，系统只添加一个测量点，并按相同的距离延伸整个链以创建恒定延伸，如图 5-116 所示。另外，在此面板中，还可以指定测量延伸的方法，即 ▨ (沿延伸曲面测量延伸距离) 或 ▨ (在选定基准平面中测量延伸距离)。

图 5-115 "参考"面板

图 5-116 "测量(量度)"面板

- "选项"面板:在"延伸"选项卡中选中 (沿原始曲面延伸曲面) 图标按钮后,可启用此面板。在"方法"下拉列表框中,可根据设计要求选择"相同""相切""逼近"选项来设定延伸方法,如图 5-117 所示。在"拉伸第一侧"或"拉伸第二侧"下,通过从其列表中进行选择来定义相应的延伸侧:当选择"沿着"选项时,沿选定侧边创建延伸侧,如果有多个侧边可用,可使用下一个收集器选择一个侧边;当选择"垂直于"选项时,则创建垂直于已连接的边界边的延伸。

- "属性"面板:该面板如图 5-118 所示,在"名称"文本框中可以重命名延伸特征,若单击 (显示此特征的信息) 按钮,则在 Creo Parametric 浏览器中查看关于当前延伸特征的详细信息。

图 5-117 "选项"面板

图 5-118 "属性"面板

2. 延伸曲面的综合操作实例

下面介绍一个延伸曲面的综合操作实例。在该实例中进行的主要操作包括:沿原始曲面延伸曲面,将曲面延伸到参考平面,创建可变距离延伸。

(1) 打开文件

单击 (打开) 按钮,弹出"文件打开"对话框。从配套素材资料包中的 CH5 文件夹中选择"bc_ys_1.prt"文件,单击"打开"按钮。该文件中存在的原始曲面如图 5-119 所示。

(2) 沿原始曲面延伸曲面

1) 选取要延伸的曲面边界边链,如图 5-120 所示。为了便于选择曲面边界边链,可以确保将选择过滤器的选项设置为"几何"。

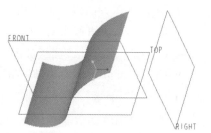

图 5-119 原始曲面

2）在功能区"模型"选项卡的"编辑"组中单击 ➡ （延伸）按钮，打开"延伸"选项卡。

3）在"延伸"选项卡中选中 ▱ （沿原始曲面延伸曲面）图标按钮，接着打开"选项"面板，从"方式"下拉列表框中选择"相切"选项，如图 5-121 所示。

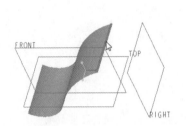

图 5-120　选择要延伸的曲面边界边链　　　　图 5-121　选择"相切"方式选项

4）在"延伸"选项卡的 ↦ 文本框内指定恒定延伸的延伸距离为"100"，此时曲面模型显示如图 5-122 所示。

5）在"延伸"选项卡中单击 ✔ （完成）按钮，得到的延伸效果如图 5-123 所示。

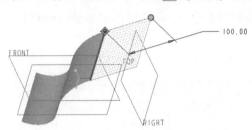

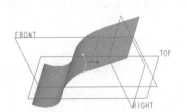

图 5-122　曲面模型显示　　　　　　　图 5-123　创建相切曲面延伸

（3）将曲面延伸到参考平面

1）选取要延伸的曲面边界边链，如图 5-124 所示。

2）在快捷工具栏中单击 ➡ （延伸）按钮，打开"延伸"选项卡。

3）在"延伸"选项卡中选中 ▱ （将曲面延伸到参考平面）图标按钮，接着选择 TOP 基准平面作为参考平面，如图 5-125 所示。

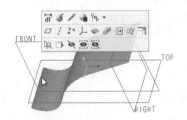

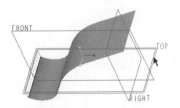

图 5-124　选取要延伸的曲面边界边链　　　　图 5-125　选择参考平面

4）在"延伸"选项卡中单击 ✔ （完成）按钮。

（4）创建可变距离延伸

1）选取要延伸的曲面边界边链，如图 5-126 所示。

2）单击 ⊡（延伸）按钮，打开"延伸"选项卡。

3）在"延伸"选项卡中选中 ◠（沿原始曲面延伸曲面）图标按钮，接着打开"选项"面板，从"方式"下拉列表框中选择"相同"选项，如图 5-127 所示。

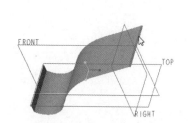

图 5-126　选取要延伸的曲面边界边链

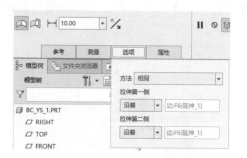

图 5-127　设置延伸选项

4）在"延伸"选项卡中单击"测量"选项标签，打开"测量"面板。注意在初始条件下，系统只添加一个测量点，并按相同的距离延伸整个链以创建恒定延伸。

5）在"测量"面板的内部框中单击鼠标右键，接着从快捷菜单中选择"添加"命令，添加一个测量点。使用同样的方法，再添加一个测量点。

6）通过在指定测量点的"位置"单元格中输入一个值以指定该测量点的精确位置。位置值为 0 表示终点 1，位置值为 1 则表示终点 2。接着分别设置测量点的距离尺寸和距离类型，如图 5-128 所示。

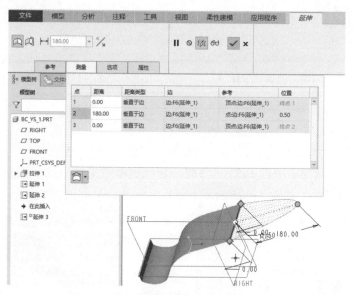

图 5-128　创建多点延伸

说明：距离类型选项包括"垂直于边""沿边""至顶点平行""至顶点相切"，如图 5-129 所示，它们的功能含义如下。

- "垂直于边"：延伸垂直于选定边的曲面。
- "沿边"：延伸沿侧边的曲面。
- "至顶点平行"：延伸在顶点处且与边界边平行的曲面。

●"至顶点相切"：延伸在顶点处并与下一单侧边相切的曲面。

7）在"延伸"选项卡中单击 ✓ （完成）按钮，完成创建可变距离延伸的曲面效果如图 5-130 所示。

图 5-129 距离类型选项

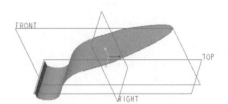

图 5-130 创建可变距离延伸

5.9 相交

使用"相交"工具命令，可以在曲面与其他曲面或基准平面相交处创建曲线，也可以在两个草绘或草绘后的基准曲线（被拉伸后成为曲面）相交位置处创建曲线，所创建的曲线通常被称为"相交曲线"或"交截曲线"。

1. 在曲面与其他曲面或基准平面相交处创建曲线

在曲面与其他曲面或基准平面相交处创建曲线的操作步骤如下。

1）选择其中一个曲面。

2）按住〈Ctrl〉键选择另一个要相交的曲面或基准平面，并使其都保留在所选项目中。

3）在功能区"模型"选项卡的"编辑"组中单击 ⑤ （相交）按钮，即可在所选的两个对象相交处创建相交曲线。

通过两相交曲面创建曲线的示例如图 5-131 所示。

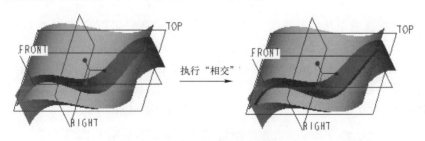

图 5-131 通过两相交曲面创建曲线

2. 通过两个草绘创建"二次投影"相交的曲线

用户还应掌握通过两个草绘创建"二次投影"相交的曲线。请看如下的操作实例。

1）单击 🗋 （新建）按钮，打开"新建"对话框，设置类型为"零件"，子类型为"实体"，输入名称为"bc_5_xianjiao"，取消勾选"使用默认模板"复选框，单击"确定"按钮；弹出"新文件选项"对话框，选择"mmns_part_solid"模板，单击"确定"按钮，进入草绘模式。

2）在"基准"组中单击 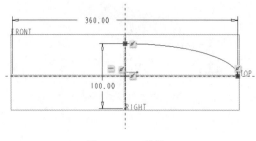（草绘）按钮，弹出"草绘"对话框。选择 FRONT 基准平面为草绘平面，以 RIGHT 基准平面为"右"方向参考，单击"草绘"按钮。

绘制图 5-132 所示的一段椭圆弧（为整个椭圆的四分之一），单击 ✔（确定）按钮。

3）在"基准"组中单击（草绘）按钮，弹出"草绘"对话框。选择 TOP 基准平面为草绘平面，以 RIGHT 基准平面为"右"方向参考，单击"草绘"按钮。

绘制图 5-133 所示的曲线，单击 ✔（确定）按钮。

图 5-132　草绘 1

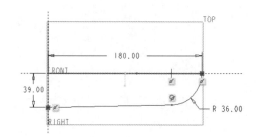

图 5-133　草绘 2（绘制曲线）

4）在模型树中选择"草绘 1"，按住〈Ctrl〉键的同时选择"草绘 2"，接着在功能区"模型"选项卡的"编辑"组中单击 （相交）按钮。创建的交截曲线如图 5-134 所示，同时系统自动隐藏"草绘 1"和"草绘 2"。

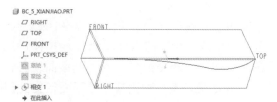

图 5-134　创建交截曲线

3. 编辑定义相交特征

在实际设计工作中，有时候需要重定义相交草绘或曲面，其方法很简单，即先选择要编辑定义的"相交"特征，右击并从弹出的快捷工具栏中单击 （编辑定义）图标，打开相交工具用户界面，接着收集新的草绘或曲面，新的草绘或曲面被用于相交及生成新的预览几何，然后单击 （完成）按钮。

可以在相交特征中断开参考草绘的链接并编辑内部草绘，其方法是执行对该相交曲线进行编辑定义时打开"曲线相交"选项卡，此时单击"参考"选项标签，打开图 5-135 所示的"参考"面板，该面板带有两个相交草绘的收集器。单击相应的"断开链接"按钮中断与指定草绘的相关性，并生成作为内部草绘的副本，系统将该"断开链接"按钮变更为"编辑"按钮；之后单击"编辑"按钮，进入草绘模式编辑内部草绘。

图 5-135　"曲线相交"选项卡的"参考"面板（适用于相交曲线）

5.10 填充

使用"填充"工具命令,可以创建一类平整曲面特征,该特征被称为填充特征,它是通过其边界定义的一种平整曲面封闭环特征,通常用于加厚曲面,或与其他曲面合并成一个整体面组。

1. 创建填充特征的方式

创建填充特征的方式主要分以下两种。

方式1:使用草绘器创建填充特征的独立截面。当填充工具处于打开状态时可以创建此截面。

方式2:选择现有的草绘特征(草绘基准曲线)。可以从当前模型或另一模型中选择草绘特征,得到的填充特征将使用从属截面作为参考。此截面与父草绘特征完全相关。

2. 典型操作实例

下面介绍一个创建填充曲面的典型操作实例。

1)单击 ☐(新建)按钮,打开"新建"对话框,设置类型为"零件",子类型为"实体",输入名称为"bc_5_tc",取消勾选"使用默认模板"复选框,单击"确定"按钮;弹出"新文件选项"对话框,选择"mmns_part_solid"模板,单击"确定"按钮,进入草绘模式。

2)在功能区"模型"选项卡的"曲面"组中单击 ▨(填充)按钮,打开图5-136所示的"填充"选项卡。

图5-136 "填充"选项卡

3)在"填充"选项卡中单击"参考"选项标签以打开"参考"面板,接着单击该面板中的"定义"按钮,弹出"草绘"对话框。选择TOP基准平面为草绘平面,以RIGHT基准平面为"右"方向参考,单击"草绘"按钮,进入草绘模式。在本例中也可以不用打开"参考"面板,而是直接选择TOP基准平面作为草绘平面,从而快速进入草绘模式。

4)绘制图5-137所示的闭合图形,单击 ✔(确定)按钮。

5)在"填充"选项卡中单击 ✔(完成)按钮,完成创建的填充曲面特征如图5-138所示。

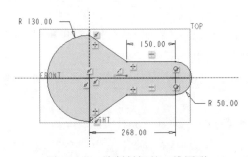

图5-137 绘制封闭的二维图形

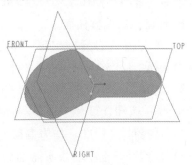

图5-138 创建填充曲面特征

5.11 偏移

Creo Parametric 系统提供了强大且实用的"偏移"工具命令。使用"偏移"工具命令，可以通过将一个曲面或一条曲线偏移恒定的距离或可变的距离来创建一个新的特征。偏移曲面通常用于构建产品造型，而偏移曲线可以构建一组可在以后用来创建曲面的曲线。

使用偏移工具可以创建这些类型的偏移特征："标准"偏移特征、"展开"偏移特征、"具有拔模"偏移特征、"替换"偏移特征和"曲线"偏移特征。这些偏移类型的简单说明如下。

- "标准"：偏移一个面组、曲面或实体面。
- "展开"：在封闭面组或实体草绘的选定面之间创建一个连续体积块，当使用"草绘区域"选项时，将在开放面组或实体曲面的选定面之间创建连续的体积块。
- "具有拔模"：偏移包括在草绘内部的面组或曲面区域，并拔模侧曲面。还可以使用此选项来创建直的或相切侧曲面轮廓。
- "替换"：用面组或基准平面替换实体面。
- "曲线"：在指定的方向偏移一条曲线或曲面的单侧边。

5.11.1 偏移曲面

选择一个曲面，接着在功能区"模型"选项卡的"编辑"组中单击 （偏移）按钮，打开"偏移"选项卡，如图 5-139 所示，在该"偏移"选项卡的下拉列表框中提供了 4 种偏移类型图标选项，即 （标准）、 （具有拔模角度）、 （展开）和 （替换）。当选择不同的偏移类型图标选项时，"偏移"选项卡出现的细节元素会不相同。

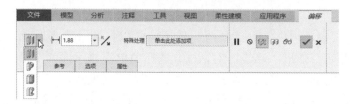

图 5-139　"偏移"选项卡（适用于偏移曲面）

下面结合典型操作实例（练习实例）介绍几种"偏移"操作。

1. 创建标准偏移曲面

1）单击 （打开）按钮，弹出"文件打开"对话框。从配套素材资料包中的 CH5 文件夹中选择"bc_5_py_1.prt"文件，单击"打开"按钮。

2）选择图 5-140 所示的拉伸曲面，在功能区的"模型"选项卡的"编辑"组中单击 （偏移）按钮，打开"偏移"选项卡。

3）选择 （标准）作为偏移类型。注意 （标准）为默认偏移类型。

4）在偏移值框中输入所需的偏移值。例如，在本例中输入偏移值为"50"。在预览几何中，偏移曲面恒定偏距于参考曲面显示出来，如图 5-141 所示。

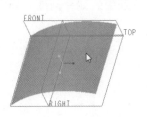
图 5-140 选择曲面

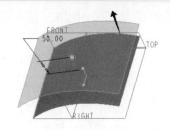
图 5-141 标准偏移曲面预览

5）在"偏移"选项卡中单击 ✕（将偏移方向变更为其他侧）按钮，可以反转偏移的方向。也可以通过在模型窗口中单击显示的箭头来更改偏移方向。

6）在"偏移"选项卡中单击"选项"标签以打开"选项"面板，如图 5-142 所示。在一个下拉列表框中提供的用来定义偏移曲面的方向选项包括"垂直于曲面""自动拟合""控制拟合"，其中，"垂直于曲面"为默认项。读者可以尝试分别选择这 3 个选项，以在模型窗口中观察生成曲面的效果。

- "垂直于曲面"：垂直于参考曲面或面组偏移曲面。在这种情形下，用户可以根据需要来激活"特殊处理"收集器，接着从选定面组中选取要从偏移操作中排除的曲面或要创建和逼近偏移的曲面。"自动"按钮用于自动排除曲面以成功地完成特征；"全部排除"按钮用于将所有特殊处理曲面设置为从偏移操作中排除；"全部逼近"按钮用于将所有特殊处理曲面设置为逼近偏移曲面。
- "自动拟合"：自动确定坐标系并沿坐标系的轴偏移曲面。
- "控制拟合"：沿坐标系的指定轴缩放和拟合面组。

7）如果在"选项"面板中勾选"创建侧曲面"复选框，则创建带有侧面组的偏移曲面，预览效果如图 5-143 所示。

图 5-142 偏移工具（曲面）操控板的"选项"面板

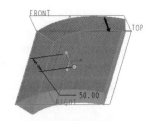
图 5-143 带有侧面组的偏移曲面

8）在"偏移"选项卡中单击 ✔（完成）按钮，完成该标准偏移曲面的创建。

2. 创建带有拔模的偏移曲面

使用 ⬜（具有拔模角度）图标选项，可以创建带拔模侧曲面的区域偏移。⬜（具有拔模角度）图标选项可以用于实体曲面和面组。

在创建"具有斜度"偏移时，需要认真考虑以下几个方面。

- 如果"具有斜度"偏移跨越多个曲面，这些曲面应相切。否则，拔模的顶部曲面将被一条边分割。

- 如果拔模带有圆角的剖面时，应考虑拔模角度关系中的偏移高度。如果角度太小，拔模曲面会在拐角处重叠，导致特征失败。
- 可以将斜角应用到拔模偏移的侧曲面。Creo Parametric 系统使用指定的角度相对所有侧曲面的默认位置拔模侧曲面，这些角度由"曲面"或"草绘"所定义。

下面是创建带有拔模的偏移曲面的一个操作实例。

1）单击 📂（打开）按钮，弹出"文件打开"对话框。从配套素材资料包中的 CH5 文件夹中选择"bc_5_py_2.prt"文件，单击"打开"按钮。该零件文件中存在的原始实体模型如图 5-144 所示。

2）选择图 5-145 所示的实体曲面。

图 5-144　原始实体模型

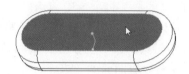

图 5-145　选择实体曲面

3）在功能区"模型"选项卡的"编辑"组中单击 🗌（偏移）按钮，打开"偏移"选项卡。

4）在"偏移"选项卡的偏移类型列表框中选择 🗐（具有拔模角度）图标选项。

5）选取现有草绘或者定义内部草绘。在本例中需要定义内部操作，即在"偏移"选项卡中打开"参考"面板，接着单击该面板中的"定义"按钮，弹出"草绘"对话框。选择 TOP 基准平面为草绘平面，以 RIGHT 基准平面为"右"方向参考，单击"草绘"按钮，进入草绘模式。

6）绘制图 5-146 所示的图形，单击 ✔（确定）按钮。

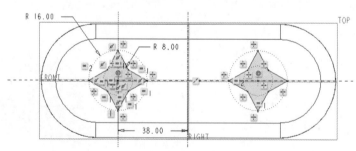

图 5-146　绘制闭合图形

7）在"偏移"选项卡的偏移值文本框中输入所需的偏移值为"2"。在预览几何体中，偏移曲面平行于参考曲面显示出来，如图 5-147 所示。

8）打开"偏移"选项卡的"选项"面板，从下拉列表框中选择"垂直于曲面"选项，接着指定侧曲面类型选项为"曲面"，侧面轮廓类型选项为"相切"，如图 5-148 所示。

该"选项"面板中的各选项的功能含义如下。

- "垂直于曲面"：（默认项）垂直于参考曲面偏移曲面。
- "平移"：偏移曲面并保留参考曲面的形状和尺寸。

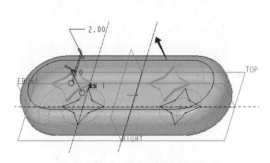

图 5-147 偏移曲面预览显示

图 5-148 在"选项"面板中设置

- "侧曲面垂直于"下的"曲面"单选按钮：垂直于曲面偏移侧曲面。
- "侧曲面垂直于"下的"草绘"单选按钮：垂直于草绘偏移侧曲面。
- "侧面轮廓"下的"直"单选按钮：创建直的侧曲面。
- "侧面轮廓"下的"相切"单选按钮：为侧曲面和相邻曲面创建相切圆角。

9）在"偏移"选项卡的 ⌀（拔模角度）框中输入拔模角度值为"10"。

10）在"偏移"选项卡中单击 ✓（完成）按钮，创建的带有拔模的偏移特征如图 5-149 所示。

说明： 如果在本例操作的某过程中，在"偏移"选项卡中单击 %（将偏移方向变更为其他侧）按钮，则最后创建的带有拔模的偏移特征如图 5-150 所示，偏移形成凹的形状结构。

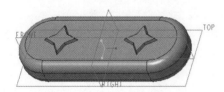

图 5-149 创建带有拔模的偏移特征

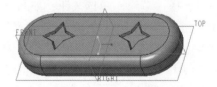

图 5-150 凹的形状结构（偏移）

3. 展开偏移

使用 ▥（展开）图标选项，可以在封闭面组（或曲面）的选定面之间创建一个连续的体积块，也可以用草绘来约束开放的面组或实体曲面的偏移区域。

请看下面的操作实例。

1）单击 📂（打开）按钮，弹出"文件打开"对话框。从配套素材资料包中的 CH5 文件夹中选择"bc_5_py_3. prt"文件，单击"打开"按钮。该零件文件中存在的原始实体模型和开放式的拉伸曲面如图 5-151 所示。

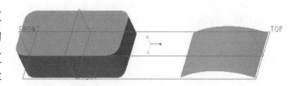

图 5-151 文件中的原始模型

2）选择图 5-152 所示的实体曲面（上面）。为了便于选择所需的实体曲面，可以巧妙地将选择过滤器的选项临时设置为"几何"。

3）在功能区"模型"选项卡的"编辑"组中单击 ⬚（偏移）按钮，打开"偏移"选项卡。

4）从"偏移"选项卡的偏移类型列表框中选择▥（展开）图标选项。

5）在"偏移"选项卡的偏移值文本框中输入偏移值为"30"。此时，可以单击"选项"标签以打开"选项"面板，从中指定偏移方法选项为"垂直于曲面""平移"。本例接受默认的"垂直于曲面"选项，展开区域默认为"整个曲面"。

6）在"偏移"选项卡中单击✔（完成）按钮，完成此偏移使模型增加了体积块，如图5-153所示。

图5-152 选择实体曲面

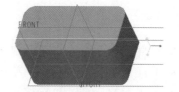
图5-153 通过扩展创建偏移曲面

7）选择开放式的拉伸曲面，单击▦（偏移）按钮，打开"偏移"选项卡。

8）从"偏移"选项卡的偏移类型列表框中选择▥（展开）图标选项。

9）打开"偏移"选项卡的"选项"面板，接受"垂直于曲面"选项，在"展开区域"选项组中选择"草绘区域"单选按钮，在"侧曲面垂直于"选项组中选择"草绘"单选按钮，如图5-154所示。

10）在"选项"面板上单击"定义"按钮，弹出"草绘"对话框。选择TOP基准平面为草绘平面，以RIGHT基准平面为"右"方向参考，单击"草绘"按钮，进入内部草绘器。

11）绘制图5-155所示的图形，单击✔（确定）按钮。

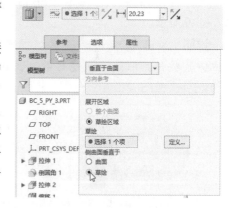
图5-154 设置展开偏移选项

12）在"偏移"选项卡的▯（偏移值）文本框中输入"16"。

13）在"偏移"选项卡中单击✔（完成）按钮，完成该偏移特征，如图5-156所示。

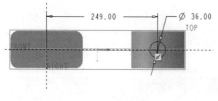
图5-155 绘制图形

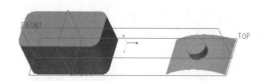
图5-156 完成"展开"偏移

4. 使用替换创建偏移

使用▨（替换）偏移类型选项，可以用基准平面或面组替换实体上指定的曲面。"曲面替换"不同于伸出项或切口，"曲面替换"能在某些位置添加材料而在其他位置去除材料。

需要注意的是：已替换了特征曲面的面组将无法被另一个面组依次替换，而必须首先删除替换曲面。

下面通过一个简单的操作实例介绍如何使用替换创建偏移。

1）单击 📂（打开）按钮，弹出"文件打开"对话框。从配套素材资料包中的 CH5 文件夹中选择 "bc_5_py_4.prt" 文件，单击"打开"按钮。

2）选择圆柱实体的上端面，如图 5-157 所示。

3）单击 🔧（偏移）按钮，打开"偏移"选项卡。

4）从"偏移"选项卡的偏移类型列表框中选择 📐（替换）图标选项。

5）激活 🔲（替换面组）收集器，在模型窗口中选择图 5-158 所示的拉伸曲面（面组）。

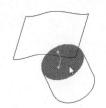 

图 5-157　选择一个实体曲面　　　　图 5-158　选择曲面

说明：如果要保留模型中的选定面组，那么可以打开"偏移"选项卡中的"选项"面板，从中勾选"保留替换面组"复选框，如图 5-159 所示。不过，需要注意的是，如果选择基准平面作为替换面组，那么"保留替换面组"复选框不可用。保留替换面组的最终效果如图 5-160 所示。

 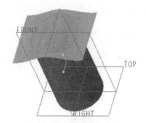

图 5-159　选中"保留替换面组"复选框　　　图 5-160　保留替换面组

6）在本例中没有勾选"保留替换面组"复选框。在"偏移"选项卡中单击 ✔（完成）按钮，使用替换创建偏移的结果如图 5-161 所示。

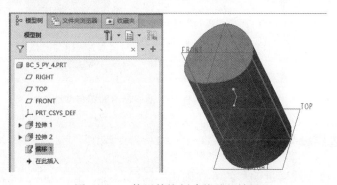

图 5-161　使用替换创建偏移的结果

5.11.2 偏移曲线

使用"偏移"工具命令，除了可以偏移曲面之外，还可以偏移曲线。

选择要偏移的曲线后，在功能区的"模型"选项卡的"编辑"组中单击 （偏移）按钮，打开图5-162所示的"偏移"选项卡，接着利用该选项卡进行相关操作来偏移曲线。

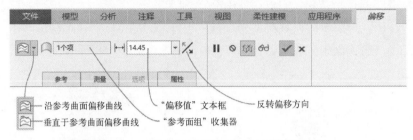

图 5-162 "偏移"选项卡（适用于偏移曲线）

偏移曲线的典型操作示例如图5-163所示，图5-163a所示为沿参考曲面偏移曲线，图5-163b所示为垂直于参考曲面偏移曲线。

当选择 （沿参考曲面偏移曲线）选项时，可以打开"偏移"选项卡的"测量"面板，右击测量点列表并从快捷菜单中选择"添加"命令来添加测量点，然后设置各测量点的位置和相应

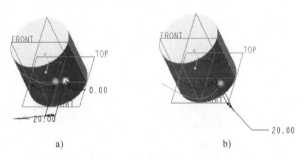

图 5-163 偏移曲线示例

a）沿参考曲面偏移曲线 b）垂直于参考曲面偏移曲线

距离，如图5-164所示。用户可以根据需要设置偏移曲线的测量类型，其中 用于在垂直于曲线方向测量偏移距离， 用于在与选定基准平面平行的方向测量偏移距离。

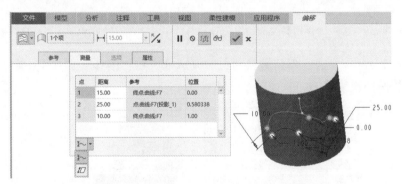

图 5-164 创建具有可变偏移距离的偏移曲线

5.11.3 偏移边界曲线

可以使用曲面边界线通过偏移的方式创建所需的曲线。偏移边界曲线的典型操作方法及步骤如下（配套练习范例为bc_5_pybjqx.prt）。

1) 选择一条单侧边，例如选择图 5-165 所示的曲面的一条边。

2) 单击 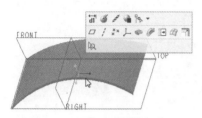（偏移）按钮，打开"偏移"选项卡，选中的边线会出现在"参考"面板的"边界边"收集器中，如图 5-166 所示。

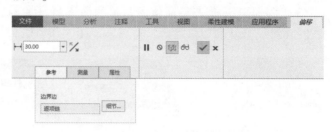

图 5-165　选择面组的一条边　　　　图 5-166　新"偏移"选项卡的"参考"面板

3) 在"偏移"选项卡的 ⊢⊣（偏移值）文本框中输入偏移值，也可以在模型窗口中拖动控制滑块更改偏移距离。

4) 单击 ⁒ 按钮可以反向偏移方向。

5) 在"偏移"选项卡中单击 ✔（完成）按钮，则完成创建一条偏移的曲线，如图 5-167 所示。

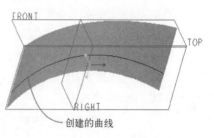

图 5-167　偏移边界边

如果要创建可变偏移曲面边界曲线，则可在创建过程中打开"测量"面板，在测量点表中单击鼠标右键，并从快捷菜单中选择"添加"命令，为新曲线添加一个测量点。使用同样的方法，可以创建多个测量点。可以在表的"位置"单元格中为测量点指定长度比率，需要了解的是：如果某一点未被捕捉到参考，长度比率的数值将显示在"位置"单元格中；如果该点位于顶点上，则相应的"位置"单元格中不显示任何值；如果该点位于边界边链的起始处，则此单元格中显示"终点 1"，如果该点位于边界边链的末端，则此单元格中显示"终点 2"。在测量点表中，还可以为各测量点设置距离以及距离类型等。创建可变偏移曲面边界曲线的示例如图 5-168 所示。

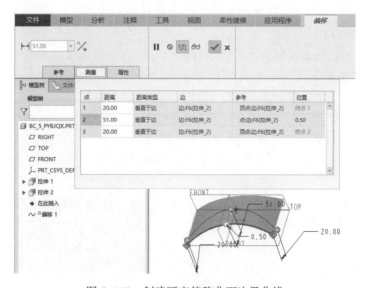

图 5-168　创建可变偏移曲面边界曲线

5.12 加厚

Creo Parametric 加厚特征使用预定的曲面特征或面组几何将薄材料部分添加到设计中（图 5-169），或从其中移除薄材料部分（图 5-170）。

图 5-169 加厚曲面生成实体　　　　图 5-170 通过曲面加厚的方式切除实体材料

创建加厚特征要求执行的操作包括：①选取一个开放的或闭合的面组作为参考；②确定使用参考几何的方法，如添加或移除薄材料部分；③定义加厚特征几何的厚度方向。

在创建加厚特征之前，应该确保在设计中有适当的曲面或面组。选择要进行加厚操作的曲面或面组几何，接着在功能区"模型"选项卡的"编辑"组中单击 （加厚）按钮，打开图 5-171 所示的"加厚"选项卡。

图 5-171 "加厚"选项卡

"加厚"选项卡中各主要组成要素的功能含义如下。

- ：用实体材料填充加厚的面组，即使用选定的曲面或面组创建实体体积块。
- ：使用选定的曲面或面组移除材料。
- ：利用此尺寸框控制厚度特征的材料厚度。尺寸框中包含最近使用的尺寸值。
- ：用于切换加厚特征的材料方向。单击该按钮，可以从一侧到另一侧，然后两侧来循环切换材料侧。
- "参考"面板：该面板包含有关加厚特征参考的信息并允许对其进行修改。该面板包含有面组收集器。
- "选项"面板：该面板如图 5-172 所示。用户可以根据要求从列表框中选择"垂直于曲面""自动拟合""控制拟合"选项来控制曲面加厚。当选择"垂直于曲面"选项时，在某些设计场合下可在"排除曲面"收集器的框中单击将其激活，然后选择单个或多个曲面，以从加厚操作中排除，而要排除的曲面会出现在"排除曲面"收集器的列表框中。
- "属性"面板：在该面板中可以重命名加厚特征，可以查看该加厚特征的详细信息。

下面介绍一个执行加厚操作的综合实例。

1）单击 （打开）按钮，弹出"文件打开"对话框。从配套素材资料包中的 CH5 文件夹中选择"bc_5_jh_1.prt"文件，单击"打开"按钮。该文件中存在着的原始曲面模型如图 5-173 所示。

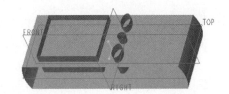

图 5-172 "加厚"选项卡的"选项"面板　　　　图 5-173 原始曲面模型

2）将选择过滤器的选项设置为"面组"，单击图 5-174 所示的曲面面组（光标所指）。

3）单击 ⊑（加厚）按钮，打开"加厚"选项卡。

4）在"加厚"选项卡中的 ⊢⊣ 尺寸框中输入厚度为"1.68"，如图 5-175 所示。

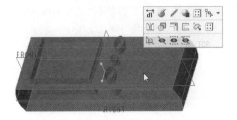

图 5-174 选择要加厚的曲面　　　　图 5-175 输入加厚厚度

5）在"加厚"选项卡中单击 ✓（完成）按钮，完成该加厚特征的模型效果如图 5-176 所示。

6）选择图 5-177 所示的曲面面组（鼠标光标所指）。

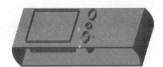

图 5-176 加厚曲面的效果　　　　图 5-177 选择所需的曲面

7）在"编辑"组中单击 ⊑（加厚）按钮，打开"加厚"选项卡。

8）在"加厚"选项卡中单击 ◿（使用选定的曲面或面组以加厚方式去除材料）按钮。

9）在"加厚"选项卡中的 ⊢⊣ 尺寸框中输入厚度值为"1"。

10）在"加厚"选项卡中单击 ％（反转结果几何的方向）按钮两次，使加厚侧方向为向两侧，如图 5-178 所示。

11）在"加厚"选项卡中单击 ✓（完成）按钮，完成的效果如图 5-179 所示。

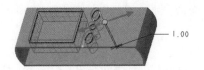

图 5-178 指定加厚方向　　　　图 5-179 完成的加厚效果

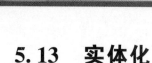

5.13 实体化

系统提供的"实体化"功能对灵活应用曲面几何来建构实体模型很重要。使用"实体化"工具，可以使用预定的曲面特征或面组几何并将其转换为实体几何。在实际设计工作中，可以使用实体化特征添加、移除或替换实体材料。

在进行实体化操作时，需要定义以下几个方面。

- 选择一个曲面特征或面组作为参考。
- 确定使用参考几何的方法：添加实体材料，移除实体材料或修补曲面。
- 定义几何的材料方向。

要使用"实体化"工具，首先需要选择一个曲面特征或面组。选择要操作的曲面特征或面组，在功能区"模型"选项卡的"编辑"组中单击 （实体化）按钮，打开图 5-180 所示的"实体化"选项卡。在该选项卡中可以看出，实体化工具提供了 3 种实体化特征类型选项，即 （"伸出项"实体化）、 （"切口"实体化）和 （"曲面片"实体化）。

图 5-180 "实体化"选项卡

下面以图文并茂的方式介绍这 3 种类型的实体化特征。

1. 实体化（伸出项）特征

使用曲面特征或面组几何作为边界来添加实体材料。创建实体化（伸出项）特征的示例如图 5-181 所示。

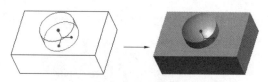

图 5-181 （"伸出项"实体化）

创建实体化（伸出项）特征的典型方法及步骤说明如下。

1）选择要用来创建实体伸出项的面组或曲面几何。

2）在功能区"模型"选项卡的"编辑"组中单击 （实体化）按钮，打开"实体化"选项卡。

3）在"实体化"选项卡中，确保选中 （"伸出项"实体化）按钮。

4）确定要创建几何的面组或曲面材料侧。要改变材料侧，可以单击预览几何上的方向箭头；也可以通过在"实体化"选项卡中单击 （更改刀具操作方向）按钮来改变材料侧方向。

5）仔细检查参考，并使用相应的滑出面板修改属性。在"实体化"选项卡中单击 （完成）按钮，完成实体化（伸出项）特征。

2. 实体化（切口）特征

使用曲面特征或面组几何作为边界来移除实体材料。创建实体化（切口）特征的示例如图 5-182 所示。

创建实体化（切口）特征的典型操作方法及步骤如下。

1）选择要用来创建切口的面组或曲面几何。

2）在功能区"模型"选项卡的"编辑"组中单击 （实体化）按钮，打开"实体化"选项卡。

3）在"实体化"选项卡中选中 （"切口"实体化）按钮。

4）确定要创建几何的面组或曲面材料侧。

5）仔细检查参考，并使用相应的滑出面板修改属性。在"实体化"选项卡中单击 （完成）按钮，完成实体化（切口）特征。

3. 实体化（曲面片）特征

使用曲面特征或面组几何替换指定的曲面部分。"实体化"选项卡中的 （"曲面片"实体化）按钮，只有当选定的曲面或面组边界位于实体几何上时才可用。创建实体化（曲面片）特征的示例如图 5-183 所示。

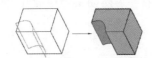
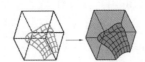

图 5-182　 （"切口"实体化）　　　　图 5-183　创建实体化（曲面片）特征

创建实体化（曲面片）特征的典型方法及步骤如下。

1）要用来创建曲面片的面组或曲面几何。

2）在功能区"模型"选项卡的"编辑"组中单击 （实体化）按钮，打开"实体化"选项卡。

3）如果该面组或曲面满足曲面片特征条件，则 （"曲面片"实体化）按钮处于默认被选中的状态。即要确保选中 （"曲面片"实体化）按钮。

4）确定要创建几何的面组或曲面材料侧。即定义要在面组或曲面上创建几何的侧。

5）仔细检查参考，并使用相应的滑出面板修改属性。在"实体化"选项卡中单击 （完成）按钮，完成实体化（曲面片）特征。

5.14　移除

使用"移除"工具命令，可以进行移除几何操作，而不需要改变特征的历史记录，也不需要重定参考或重新定义一些其他特征。在移除几何时，系统会延伸或修剪邻近的曲面，以收敛和封闭空白区域。

要创建移除特征，可以在功能区的"模型"选项卡中单击"编辑"→ （移除）按钮，打开"移除曲面"选项卡。"移除曲面"选项卡提供两种模式，一种是 （移除曲面）模式，另一种则是 （移除边链）模式。"移除曲面"选项卡用户界面会根据用户选择要移除的模式和几何显示不同的项内容。

1. 使用"移除曲面"工具移除曲面

要移除实体曲面或面组、曲面集或目的曲面，可以按照以下的方法步骤来进行。

1）在功能区的"模型"选项卡中单击"编辑"→⬛（移除）按钮，打开"移除曲面"选项卡。

2）"移除曲面"选项卡上的⬜（移除曲面）按钮处于选中状态且"要移除的曲面"收集器（"参考"面板提供此收集器）处于活动状态，选择要移除的曲面。

说明：也可以先选择要移除的曲面，再单击⬛（移除）按钮打开"移除曲面"选项卡。

3）要设置将移除曲面后生成的几何连接到模型的方式，则在"选项"面板中进行这些选项设置：当要移除的曲面属于某一个实体时，可以选择"实体"单选按钮以将连接几何创建为实体几何，或者选择"曲面"单选按钮以将连接几何创建为面组几何，如图5-184a所示；当要移除的曲面属于某一面组时，可以选择"相同面组"单选按钮以将连接几何创建为现有面组的一部分，或者选择"新面组"单选按钮以将连接几何创建为新面组，如图5-184b所示；当移除选定曲面而不延伸或修剪相邻曲面，则在"移除曲面"选项卡上勾选"保持打开状态"复选框，当勾选"保持打开状态"复选框时，"选项"面板上的连接选项将变为不可用，而操作结果将是实体转换为面组，或者封闭面组转换为开放面组。

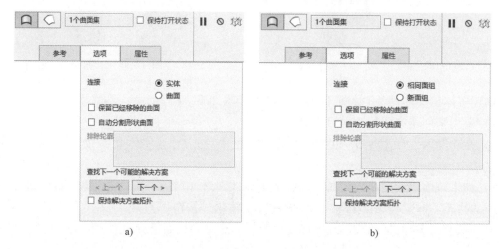

图5-184　在"选项"面板上设置连接选项

a）要移除的曲面属于某一个实体时　b）要移除的曲面属于某一面组时

4）如果要将选定曲面转换为单独的面组保留下来，而不是将其移除，那么在"选项"面板上勾选"保留已经移除的曲面"复选框。

5）如果选择要移除的曲面集定义了形状，且某些曲面由未包含在曲面集中的其他形状共享，那么可以用到"自动分割形状曲面"复选框。勾选此复选框的作用是当曲面选择定义形状后，分割选定形状及其他曲面所共享的所有曲面，以仅移除选定形状内的共享曲面部分；而清除"自动分割形状曲面"复选框时，则移除整个共享曲面（包括不属于要移除的形状的部分）。

6）如果选择要移除的曲面集包含有多轮廓曲面，那么"排除轮廓"收集器可用（此收集器在选择移除链或单轮廓曲面时不可用）。使用"排除轮廓"收集器可以从移除的多轮廓曲面中指定要排除的轮廓。

7）在"查找下一个可能的解决方案"选项组中可以通过"下一个"按钮或"上一个"按钮浏览用于移除曲面的可能几何配置方案。另外，"保持解决方案拓扑"复选框用于设置在重新生成特征时是否保留当前解决方案的拓扑，如果由于模型更改而无法重新构建相同的拓扑，则特征的重新生成将失败。

> **注 意**
>
> 单击"下一个"按钮时，Creo Parametric 在尝试寻找最佳解决方案时可能会停止响应或需要较长的时间。通常，当单击"下一个"按钮时，Creo Parametric 会因不存在解决方案而停止响应，此时，如果要中断检查并继续使用 Creo Parametric，则单击状态栏上 ●●●旁的 ⊗ 图标按钮。

8) 当"移除"特征的结果会反转曲面或曲面区域的法矢量，或者会导致与不相邻于选定几何的曲面相交时，系统会弹出一个通知窗口以帮助用户识别这些情况，以便用户有针对性地处理这些情况。

9) 单击 ✔ （完成）按钮。

2. 使用"移除曲面"工具移除边链

可以移除面组边界处边的单侧封闭环链，方法步骤如下。

1) 在功能区的"模型"选项卡中单击"编辑"→ ◣ （移除）按钮，打开"移除曲面"选项卡。

2) 在"移除曲面"选项卡上单击 ◌ （链）按钮，则"移除曲面"收集器提供"要移除的边"收集器且此收集器为活动状态，选择所需的边，此时"移除曲面"选项卡如图 5-185 所示。

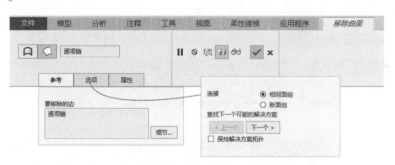

图 5-185 "移除曲面"选项卡（单击"链"按钮时）

3) 打开"选项"面板，选择"相同面组"单选按钮或"新面组"单选按钮。当选择"相同面组"单选按钮时，则将连接几何创建为现有面组的一部分；当选择"新面组"单选按钮时，则将新面组连接到现有面组。如果需要，可以查找下一个可能的解决方案，以及设置是否保持解决方案拓扑。

4) 单击 ✔ （完成）按钮。

下面通过一个典型实例介绍如何从实体或面组中移除曲面，如何封闭面组中的间隙。

1. 打开素材文件

单击 ▷ （打开）按钮，弹出"文件打开"对话框。从配套素材资料包中的 CH5 文件夹中选择"bc_5_yc_1.prt"文件，单击"打开"按钮。该文件中存在着图 5-186 所示的实体模型和曲面几何。

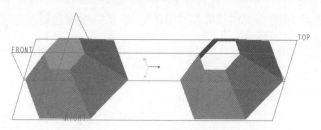

图 5-186　原始实体模型和曲面几何

2. 从实体或面组中移除曲面

1）选择要移除的实体面，如图 5-187 所示。

2）在功能区的"模型"选项卡中单击"编辑"→（移除）按钮，打开"移除曲面"选项卡。移除曲面后的零件的预览会显示出来，如图 5-188 所示。

图 5-187　选择要移除的实体面　　　　图 5-188　移除曲面后的零件预览

3）在"移除曲面"选项卡中单击"选项"标签，打开"选项"面板，从中可以选择"实体"单选按钮或"曲面"单选按钮来指定连接类型，其默认选项为"实体"，如图 5-189 所示。

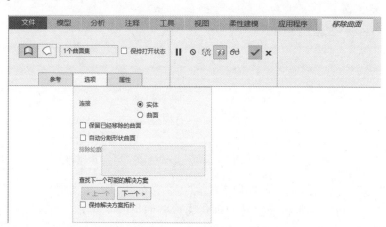

图 5-189　"移除曲面"选项卡的"选项"面板

4）在"移除曲面"选项卡中单击✔（完成）按钮。"移除 1"特征出现在模型树和图形窗口中，如图 5-190 所示。

3. 封闭面组中的间隙

1）结合〈Ctrl〉键选择面组中的间隙边，如图 5-191 所示。为了便于选择间隙边，可确保将选择过滤器的选项设置为"几何"。

2）在功能区的"模型"选项卡中单击"编辑"→（移除）按钮，打开"移除曲面"选项卡，◇（链）按钮处于被选中的状态，此时显示连接的预览效果，如图 5-192 所示。

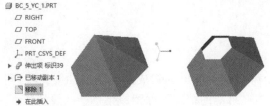

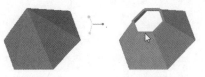

图 5-190　创建"移除 1"特征 　　　　　　　　图 5-191　选择面组中的间隙边

3）在"移除曲面"选项卡中单击"选项"标签，打开"选项"面板，从中选择"相同面组"单选按钮或"新面组"单选按钮，默认的单选按钮为"相同面组"，如图 5-193 所示。

图 5-192　显示预览　　　　图 5-193　"移除曲面"选项卡的"选项"面板

4）在"移除曲面"选项卡中单击 ✓（完成）按钮。"移除 2"特征出现在模型树和图形窗口中，如图 5-194 所示。

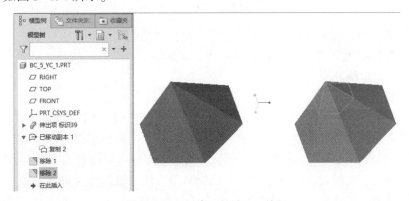

图 5-194　创建"移除 2"特征

应用说明：在实际设计工作中，某些场合下，除了常使用一次移除来获取所需的模型结果，还可以根据实际情况使用二次移除来移除悬垂、显示拉伸特征等。图 5-195 所示的示例是使用二次移除的一个典型实施例。

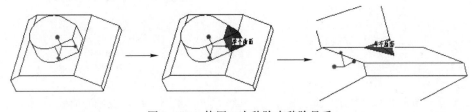

图 5-195　使用二次移除来移除悬垂

Creo 5.0 从入门到精通 第2版

5.15 包络

在零件模式下，使用"包络"工具命令可以在目标上创建成形的基准曲线，以模拟一些诸如标签或螺纹的项目。成形的基准曲线将在可能的情况下保留原始草绘曲线的长度。

使用"包络"工具命令时，要掌握包络基准曲线的原点和目标的概念。所述的"包络基准曲线的原点"是一个参考点，草绘围绕它来包络到几何上。该点必须能够被投影到目标上，否则包络特征失败。在设计中，通常指定草绘的几何中心或草绘中的任意坐标系作为原点，系统在选定原点处显示以下符号之一。

- 黄色箭头：指示只能在一个方向上创建包络特征。
- 控制柄：指示可在选定方向或其相反方向上创建包络特征。

创建包络特征时，Creo Parametric 会自动选取第一个可用目标。如果需要，可以选择另一目标。

在创建包络实例之前，先介绍一下"包络"选项卡。从功能区的"模型"选项卡中单击"编辑"→ 🗐（包络）按钮，打开图 5-196 所示的"包络"选项卡。

图 5-196 "包络"选项卡

- 🗐 收集器：指定包络的目标，并显示要围绕其包络曲线的几何。
- ⊕：设置包络的原点。从其下拉列表框中可以选择"中心"选项或"草绘器坐标系"选项来指定包络的原点。
- ✕：反转包络方向。
- "参考"面板：该面板如图 5-197 所示。利用该面板可以创建或选择要包络的草绘，指定包络的目标，中断特征和草绘之间的相关性，还可以编辑内部草绘。
- "选项"面板：该面板如图 5-198 所示。利用该面板可以设置是否忽略相交曲面，可以设置曲线过大而无法在目标对象中回绕时是否修剪该曲线（即在曲面边界是否修剪不能包络的曲线部分）。如果要将不相连的草绘包络在都轮廓曲面上，同时希望防止草绘包络在相交曲面上，则可以勾选"忽略相交曲面"复选框。如果希望在曲面边界修剪无法包络的曲线部分，则可勾选"在边界修剪"复选框。

图 5-197 "参考"面板

图 5-198 "选项"面板

- "属性"面板：在 Creo Parametric 浏览器中查看有关包络特征的信息，并可为特征输入一个用户定义名称。

下面介绍一个创建包络基准曲线的简单实例。

1）单击 📂（打开）按钮，弹出"文件打开"对话框。从配套素材资料包中的 CH5 文件夹中选择"bc_5_bl. prt"文件，单击"打开"按钮。该文件中存在着图 5-199 所示的实体模型和草绘。

2）在功能区的"模型"选项卡中单击"编辑"→ 📚（包络）按钮，打开"包络"选项卡。

3）在模型中选择要包络到另一曲面上的草绘基准曲线。预览几何将显示该工具在默认包络方向找到的第一个实体或面组上的包络基准曲线，如图 5-200 所示。

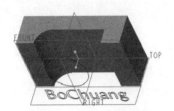

图 5-199 实体模型和草绘

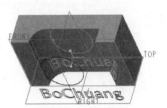

图 5-200 选择草绘

4）在"包络"选项卡中单击 ✔（完成）按钮，草绘基准曲线被包络到选定的曲面上，同时"草绘 1"被自动隐藏，如图 5-201 所示。

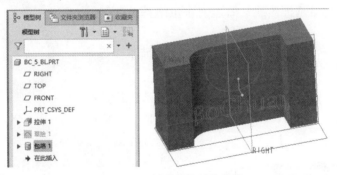

图 5-201 创建包络基准曲线

5.16 本章小结

Creo Parametric 提供的编辑功能是强大的。在零件模式下，特征的编辑操作包括复制和粘贴、镜像、移动、合并、修剪、阵列、投影、延伸、相交、填充、偏移、加厚、实体化、移除和包络等。在设计中巧用合适的编辑操作，可以给设计工作带来很大的灵活性和技巧性，并能够在一定程度上提高设计效率。

另外，在 Creo Parametric 5.0 中，还有一些编辑工具需要用户去自学，例如"分割曲面"工具命令（位于功能区"模型"选项卡的"编辑"组的溢出列表中）。使用"分割曲面"工具命令，可将曲面的某个区域从原始曲面中分离出来，以便可以独立于该曲面的剩余部分对分割的区域进行处理，分割的曲面既可以是实体几何，也可以是面组。

5.17　思考与练习

（1）"粘贴"与"选择性粘贴"命令有什么不同，它们分别可以执行哪些操作？

（2）结合典型实例介绍创建镜像特征的一般操作步骤。

（3）使用"合并"工具命令，可以通过以相交或连接方式来合并两个面组，或是通过连接两个以上面组来合并两个以上面组。请问，在什么情况下，使用"相交"方式合并两个面组？在什么情况下，使用"连接"方式合并两个面组？

（4）可以以简单的操作实例来辅助说明如何执行在与其他面组或基准平面相交处修剪面组。

（5）Creo Parametric 阵列类型包括哪些？它们分别具有哪些应用特点？

（6）投影曲线的方法有哪几种？

（7）如何通过指定曲面边界创建可变距离延伸特征？可以举例进行说明。

（8）简述在曲面与其他曲面或基准平面相交处创建曲线的操作步骤。

（9）什么是填充特征？创建填充特征的方式主要分哪两种？

（10）思考：使用偏移工具可以进行哪些具体的操作？

（11）创建加厚特征要求执行的操作主要包括哪些？

（12）实体化特征类型可以分为哪几种？分别具有什么样的应用特点？

（13）使用移除工具可以进行哪些具体的操作？

（14）什么是包络基准曲线？简述创建包络基准曲线的典型步骤。

（15）上机练习：创建图 5-202 所示的实体模型，具体尺寸自定。

图 5-202　上机练习题

（16）上机练习：首先创建图 5-203 所示的两个拉伸曲面，具体尺寸自定；接着执行修剪工具来修剪曲面，完成效果如图 5-204 所示。

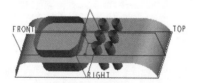

图 5-203　创建曲面

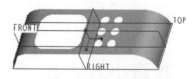

图 5-204　修剪曲面

将曲面加厚处理，效果如图 5-205 所示。然后在实体表面上创建投影特征，完成效果如图 5-206 所示。

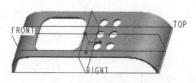

图 5-205　曲面加厚

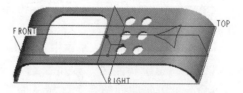

图 5-206　创建投影曲线

第6章 工程特征

本章导读：

　　狭义的工程特征是在基础特征等的基础上创建的，主要包括孔特征、壳特征、筋特征、拔模特征、圆角特征、自动圆角特征和倒角特征等。在Creo Parametric 5.0，还可以将"环形折弯""骨架折弯""修饰草绘""修饰螺纹""修饰槽""指定区域""晶格""ECAD区域"这些工具命令创建的特征也归纳到广义的工程特征范畴里面，显然，广义的工程特征范围更广了。在Creo Parametric 5.0零件模式功能区"模型"选项卡的"工程"组中提供有"孔""拔模""圆角""倒角""壳""筋""环形折弯""骨架折弯""修饰草绘""修饰螺纹""修饰槽""指定区域""晶格""ECAD区域"等这些工具命令。

　　在本章中，将结合典型操作实例主要介绍常见的工程构造特征的实用知识，要求读者掌握它们的创建方法、步骤以及技巧等。

6.1 孔

　　孔特征是一种较为常见的工程特征。在Creo Parametric中，可以使用 ⬚（孔）按钮在模型中创建简单孔、基于行业标准的标准孔或草绘孔等。创建孔特征时，一般需要定义放置参考、设置偏移参考及定义孔的具体特性。

6.1.1 孔的分类

　　孔特征可以分为两大类，即简单孔 ⬚ 和工业标准孔 ⬚（工业标准孔可简称标准孔）。

1. 简单孔

简单孔 ⬚ 主要是由带矩形剖面的旋转切口组成的，注意通常也将使用草绘孔轮廓的草绘孔（也属于自定义孔）归纳在简单孔的范畴内。简单直孔包括如下几种细分类型。

- ⬚（预定义矩形轮廓）：使用Creo Parametric预定义的矩形轮廓作为钻孔轮廓来创建直几何。在默认情况下，创建的是单侧的简单孔。如果要创建双侧的简单直孔，可以打开"孔"选项卡的"形状"面板来设置双侧简单直孔。所述的双侧简单直孔通常用于装配中，允许同时格式化孔的两侧。

- ⬚（标准孔轮廓）：使用标准孔轮廓作为钻孔轮廓来创建的孔特征。可以为创建的孔指定埋头孔、沉孔和刀尖角度等。

- ⬚（草绘孔）：此类孔特征使用草绘定义钻孔轮廓。

2. 标准孔

标准孔█是由基于工业标准紧固件表的拉伸切口组成的。系统会自动为标准孔创建螺纹注释。可以创建的标准孔类型包括标准螺纹孔、钻孔、锥形孔和间隙孔。

6.1.2 孔的放置参考和放置类型

创建孔特征，要求设置孔的放置参考和放置类型。下面介绍这两方面的知识。

1. 孔的放置参考

通过选择放置参考来放置孔，并在需要时选择偏移参考来约束孔相对于所选参考的位置。

在模型上指定放置参考后，用户可以通过在孔预览几何中拖动放置控制滑块，或将放置控制滑块捕捉到某个参考上来重新定位孔。而偏移参考则让用户可以利用附加参考来约束孔相对于选定的边、基准平面、轴、点或曲面的位置。可以通过将偏移放置控制滑块捕捉到所需的参考来定义偏移参考，如图6-1所示，也可以在"孔"选项卡的"放置"面板中先激活图6-2所示的"偏移参考"收集器，然后选择参考。

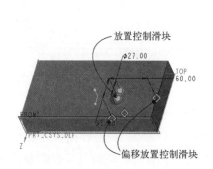

图6-1 使用偏移放置控制滑块

图6-2 激活"偏移参考"收集器

2. 孔的放置类型

为孔特征选择放置参考后，系统会根据所选的放置参考提供一个默认的孔放置类型选项，用户也可以根据需要重新指定孔的放置类型。所述的孔放置类型定义了孔放置的方式。在"孔"选项卡的"放置"面板中，从"类型"下拉列表框中可以选择其中一个放置类型选项，可能要应用到的放置类型选项包括"线性""径向""直径""同轴""点上"。

下面结合图例介绍这些放置类型选项的应用特点。

（1）"线性"

"线性"放置类型使用两个线性尺寸在曲面上放置孔，如图6-3所示。如果选择平面、圆柱体或圆锥实体曲面，或是基准平面作为主放置参考，可以使用"线性"放置类型。如果选择曲面或基准平面作为主放置参考，则Creo Parametric将此类型指定为默认放置类型。

（2）"径向"

"径向"放置类型使用一个线性尺寸和一个角度尺寸放置孔。如果选择平面、圆柱体或圆锥实体曲面，或是基准平面作为主放置参考，可使用"径向"放置类型选项。使用"径向"放置类型放置孔特征的示例如图6-4所示。

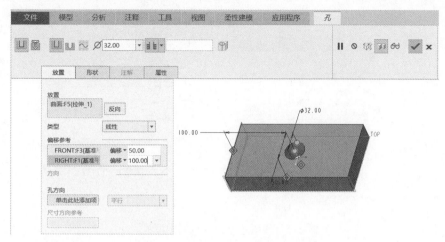

图6-3 使用"线性"放置类型示例

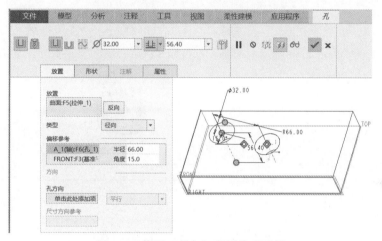

图6-4 使用"径向"放置类型示例

（3）"直径"

"直径"放置类型通过绕直径参考旋转孔来放置孔。此放置类型除了使用线性和角度尺寸之外还将使用轴。如果选择平面实体曲面或基准平面作为主放置参考，可以使用"直径"放置类型。使用"直径"放置类型放置孔特征的示例如图6-5所示。

（4）"同轴"

"同轴"放置类型将孔放置在轴与曲面的交点处，曲面必须与轴垂直。如果选择轴作为主放置参考，则"同轴"会成为唯一可用的放置类型。使用此放置类型时，无法使用次级（偏移）放置参考控制滑块和"同轴"快捷菜单命令。使用"同轴"放置类型放置孔特征的示例如图6-6所示。

（5）"点上"

"点上"放置类型将孔与位于曲面上的或偏移曲面的基准点对齐，如图6-7所示。此放置类型只有在选择基准点作为主放置参考时才可用。注意：如果主放置参考是一个基准点，则仅可用该放置类型。

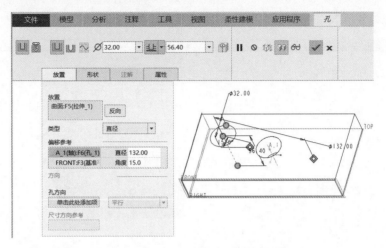

图 6-5　使用"直径"放置类型示例

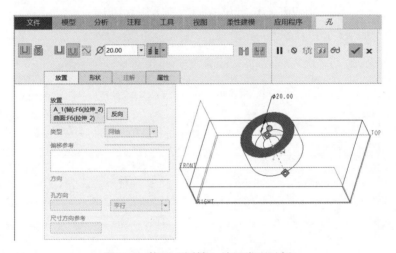

图 6-6　使用"同轴"放置类型示例

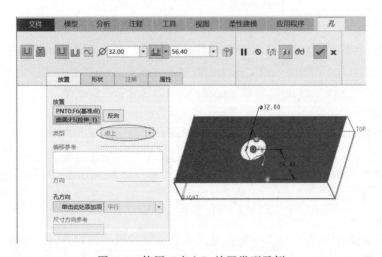

图 6-7　使用"点上"放置类型示例

6.1.3 创建简单直孔

下面通过实例操作的形式介绍如何创建各类简单直孔。

1. 打开零件文件

单击 📂（打开）按钮，弹出"文件打开"对话框。从随书资料包中的 CH6 文件夹中选择"bc_ktz_1.prt"文件，单击"打开"按钮。该文件存在的原始模型如图 6-8 所示。

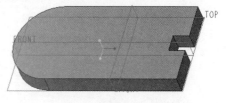

图 6-8　原始实体模型

2. 创建使用预定义矩形轮廓的简单直孔

1）在功能区"模型"选项卡的"工程"组中单击 🔘（孔）按钮，打开"孔"选项卡。

2）在"孔"选项卡中单击 🔘（创建简单孔）按钮，接着单击 🔘（预定义矩形轮廓）按钮，如图 6-9 所示。

图 6-9　在"孔"选项卡中进行操作

3）在"孔"选项卡中输入钻孔的直径值为"8"，接着从深度选项列表框中选择 ⯭⯭（穿透）选项。

4）在图 6-10 所示的实体表面上单击以指定主放置参考。此时，打开"孔"选项卡的"放置"面板，可以看到所选参考出现在"放置"收集器中，默认的放置类型选项为"线性"，如图 6-11 所示。

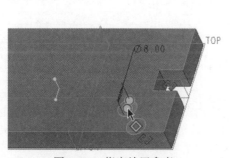

图 6-10　指定放置参考

图 6-11　"放置"面板

5）在"放置"面板的"偏移参考"收集器的框中单击，将其激活。接着，选择 FRONT 基准平面，按住〈Ctrl〉键选择 RIGHT 基准平面，然后在"偏移参考"收集器中修改相应的偏移距离尺寸，如图 6-12 所示。

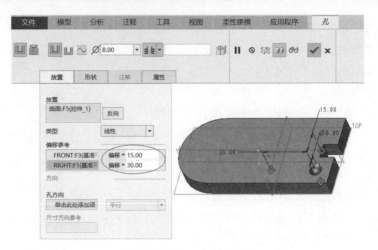

图 6-12　指定偏移参考及修改其偏移距离尺寸

6）在"孔"选项卡中单击 ✔（完成）
按钮，创建的简单直孔 1 如图 6-13 所示。

3．创建草绘孔

1）在功能区"模型"选项卡的"工
程"组中单击 ⚙（孔）按钮，打开"孔"
选项卡。

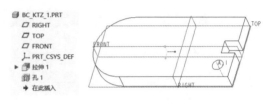

图 6-13　完成简单直孔 1

2）在"孔"选项卡中单击 ⊔（创建简单孔）按钮，接着单击 ▦（使用草绘定义钻孔
轮廓）按钮，此时"孔"选项卡如图 6-14 所示。

图 6-14　"孔"选项卡

3）在"孔"选项卡中单击 ▨（激活草绘器以创建剖面）按钮，进入草绘模式。

4）绘制图 6-15 所示的剖面，包括一根定义孔轴
线的竖直几何中心线。

5）单击 ✔（确定）按钮，完成草绘并退出草绘
模式。

6）在图 6-16 所示的实体面上单击，以指定孔特
征的放置参考。默认的放置类型选项为"线性"。

7）打开"孔"选项卡的"放置"面板，在"偏
移参考"收集器的框中单击，将其激活，接着结合
〈Ctrl〉键分别选择 FRONT 基准平面和 RIGHT 基准平
面作为偏移参考，然后在"偏移参考"收集器的框中
修改相应的尺寸值，如图 6-17 所示。

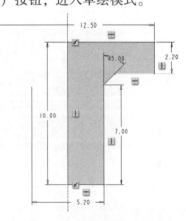

图 6-15　绘制剖面

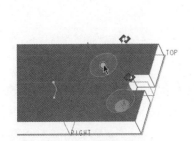

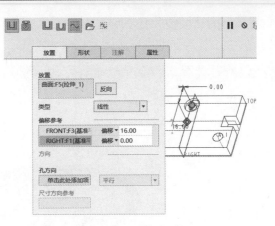

图 6-16 指定放置参考　　　　　图 6-17 定义偏移参考

8）在"孔"选项卡中单击✔（完成）按钮，创建的草绘孔如图 6-18 所示。

4. 使用标准孔轮廓作为钻孔轮廓来创建孔特征

1）在功能区"模型"选项卡的"工程"组中单击（孔）按钮，打开"孔"选项卡。

2）在"孔"选项卡中单击（创建简单孔）按钮，接着单击（使用标准孔轮廓作为钻孔轮廓）按钮，设置钻孔直径尺寸为"12"，选择单侧的深度选项为（穿透），如图 6-19 所示。

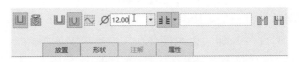

图 6-18 完成一个草绘孔　　　　图 6-19 在"孔"选项卡中进行相关设置

3）在功能区的右侧区域单击"基准"以打开"基准"工具列表，接着单击（基准轴）按钮，打开"基准轴"对话框。在模型中单击半圆柱面，如图 6-20 所示，然后在"基准轴"对话框中单击"确定"按钮，完成创建基准轴 A_3。

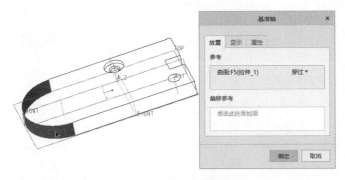

图 6-20 创建基准轴

4）在"孔"选项卡中单击出现的▶（退出暂停模式，继续使用此工具）按钮。

5）以刚创建的基准轴作为放置参考，按住〈Ctrl〉键单击实体上表面，如图 6-21 所

示，放置类型为"同轴"且不可更改。

6）在"孔"选项卡中单击 ✔ （完成）按钮，创建的"孔3"特征如图6-22所示。

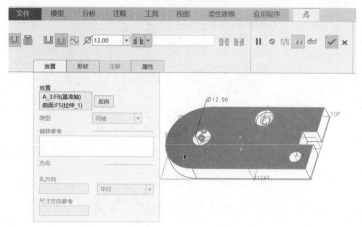

图6-21 定义放置参考　　　　　　图6-22 创建"孔3"特征

6.1.4 创建标准孔

下面通过实例的方式介绍创建标准孔的一般方法及其步骤。

1）单击 ☎ （打开）按钮，弹出"文件打开"对话框。从附赠网盘资料中的CH6文件夹中选择"bc_ktz_2.prt"文件，单击"打开"按钮。该文件存在的原始模型如图6-23所示。

2）在功能区"模型"选项卡的"工程"组中单击 ⊞ （孔）按钮，打开"孔"选项卡。

3）在"孔"选项卡中单击 ▦ （创建标准孔）按钮，确保 ⬥ （添加攻螺纹）按钮处于被选中的状态。在 ⊔ （螺纹系列）下拉列表框中选择"ISO"，在 ▽ （螺钉尺寸）框中选择"M6×1"，设置钻孔深度为"15"，如图6-24所示。

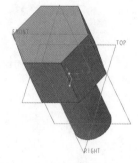

图6-23 文件中的原始模型

图6-24 操控板中的相关设置

4）在"孔"选项卡中单击 ▦ （添加埋头孔）按钮。

5）在"孔"选项卡中单击"形状"选项标签，从而打开"形状"面板，从中设置形状选项以及具体尺寸，如图6-25所示。

6）打开"孔"选项卡的"放置"面板，选择A_1轴作为放置参考1，接着按住〈Ctrl〉键单击零件六角端面，如图6-26所示。

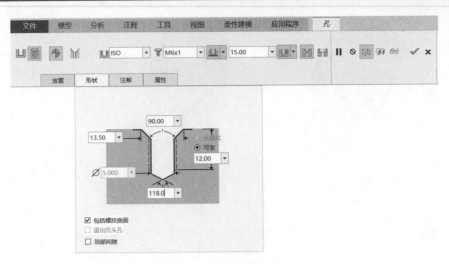

图 6-25　定义具体形状尺寸

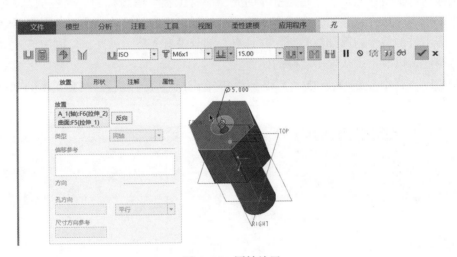

图 6-26　同轴放置

7）在"孔"选项卡中打开"注解"面板，清除"添加注解"复选框，如图 6-27 所示。

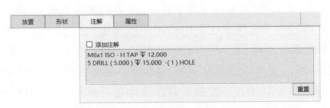

图 6-27　清除"添加注解"复选框

8）在"孔"选项卡中单击✔（完成）按钮，创建的标准螺纹孔如图 6-28 所示。

说明： 如果在创建该孔特征的过程中，在"孔"选项卡的"注解"面板上勾选"添加注解"复选框，则创建的孔特征中显示有注释信息，如图 6-29 所示。

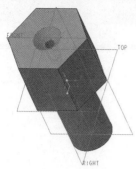

图6-28 创建标准孔

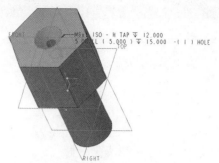

图6-29 添加注解

6.2 壳

将实体内部掏空，只留一个特定壁厚的壳，该特征被形象地称为"壳特征"。创建壳特征时，可以指定要从壳移除的一个或多个曲面；如果未指定要移除的曲面，则将创建一个封闭的壳，即零件的整个内部都被掏空，并且空心部分没有入口。另外，可以为不同曲面设置不同的壳厚度，以及指定从壳中排除的曲面。

在功能区"模型"选项卡的"工程"组中单击 （壳）按钮，打开图6-30所示的"壳"选项卡。首先来介绍一下该"壳"选项卡。

图6-30 "壳"选项卡

- "厚度"框：在该框中设置壳厚度的值。可以输入新值，或者从列表中选择一个最近使用的厚度值。
- ⅍：更改厚度方向，即反向壳特征的方向。
- "参考"面板：在该面板上包含壳特征中所使用的参考的收集器，如图6-31所示。其中，"移除的曲面"收集器用来选择要移除的曲面以指定壳特征的开口结构。"非默认厚度"收集器用于选择要在其中指定不同厚度的曲面，并可以在该收集器中设置每个选定曲面的单独厚度值。在该收集器的框中单击，可以将其激活。
- "选项"面板：该面板包含用于从壳特征中排除曲面的选项，如图6-32所示。"排除的曲面"收集器用于选择一个或多个要从壳中排除的曲面，如果未选择任何要排除的曲面，则将壳化整个零件。单击位于"排除的曲面"收集器下的"细节"按钮，将打开用来添加或移除曲面的"曲面集"对话框。
  - ➤ "延伸内部曲面"：在壳特征的内部曲面上形成一个盖。
  - ➤ "延伸排除的曲面"：延伸排除的曲面，即在壳特征的排除曲面上形成一个盖。
  - ➤ "凹拐角"：防止壳在凹角处切割实体。
  - ➤ "凸拐角"：防止壳在凸角处切割实体。

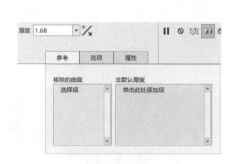

图 6-31 "参考"面板

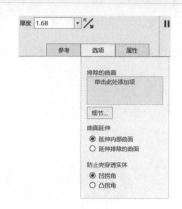

图 6-32 "选项"面板

● "属性"面板：使用该面板，可以重命名壳特征，以及访问特征信息。

创建壳特征，需要注意以下限制条件（摘自 Creo Parametric 帮助文件）。

① 如果零件在三个以上曲面间有拐角，则壳特征可能在几何上未定义。在这种情况下，Creo Parametric 将加亮故障区。将被移除的曲面必须由边包围（完全旋转的旋转曲面无效），并且与边相交的曲面必须通过实体几何形成一个小于 180°的角度。如果遇到这种情况，可以选择任何修饰曲面作为要移除的曲面。

② 在默认情况下，壳创建具有恒定壁厚的几何。如果 Creo Parametric 不能创建不变厚度，壳特征将失败。

③ 在一个收集器中选定的曲面不能在任何其他收集器中进行选择。例如，如果在"移除的曲面"收集器中选择了某个曲面，则不能在"非默认厚度"收集器或"排除的曲面"收集器中选择同一曲面。

（1）操作实例 1

下面结合操作实例介绍创建壳特征的典型方法及步骤。

1）单击 📂（打开）按钮，弹出"文件打开"对话框。从随书资料包中的 CH6 文件夹中选择"bc_k_1.prt"文件，单击"打开"按钮。该文件存在的原始模型如图 6-33 所示。

2）在功能区"模型"选项卡的"工程"组中单击 ▥（壳）按钮，打开"壳"选项卡。

3）在"壳"选项卡的"厚度"框中输入厚度为"2"。

4）在"壳"选项卡中单击"参考"选项标签，打开"参考"面板。"移除的曲面"收集器处于活动状态，选择图 6-34 所示的实体上表面作为要移除的曲面。

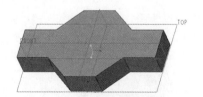

图 6-33 存在的原始模型

图 6-34 指定要移除的面

5）在"参考"面板的"非默认厚度"收集器的框中单击，将其激活，然后选择实体模型的底面，并在"非默认厚度"收集器中将其厚度值更改为"3"，如图 6-35 所示。

6）在"壳"选项卡中单击 ✅（完成）按钮，创建的壳特征如图6-36所示。

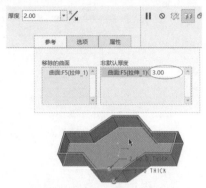

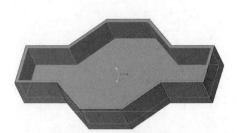

图6-35　设置非默认厚度

图6-36　创建壳特征

说明： 如果在上述实例中，要在壳化过程中指定排除的曲面，则打开"壳"选项卡的"选项"面板，在"排除的曲面"收集器的框中单击，将该收集器激活，接着在图形窗口中选择要排除的曲面，如图6-37所示。最后单击 ✅（完成）按钮，则创建的具有排除曲面的壳特征如图6-38所示。

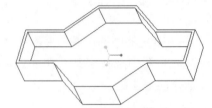

图6-37　指定要排除的曲面

图6-38　通过排除曲面来创建壳特征

（2）操作实例2

再看如下一个操作实例。在该操作实例中，介绍如何通过排除曲面来创建壳特征以及如何防止壳在凸角或凹角处穿透。

1）单击 📂（打开）按钮，弹出"文件打开"对话框。从随书资料包中的CH6文件夹中选择"bc_k_2.prt"文件，单击"打开"按钮。该文件的模型零件如图6-39所示。

2）在功能区"模型"选项卡的"工程"组中单击 🔳（壳）按钮，打开"壳"选项卡。

3）在"壳"选项卡的"厚度"框中输入厚度为"1.68"。

4）选择要移除的曲面（指定开口面），如图6-40所示。

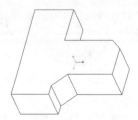

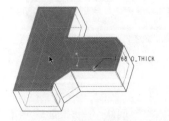

图6-39　原始模型零件

图6-40　选择要移除的曲面

5）打开"壳"选项卡的"选项"面板，激活"排除的曲面"收集器，在图形窗口中选择要排除的曲面，如图 6-41 所示。

6）在"选项"面板的"曲面延伸"选项组中选择"延伸内部曲面"单选按钮，在"防止壳穿透实体"选项组中选择"凹拐角"单选按钮，如图 6-42 所示。

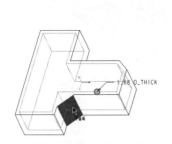

图 6-41　选择要排除的曲面　　　图 6-42　设置防止壳穿透实体的选项等

7）在"壳"选项卡中单击 ✔（完成）按钮。

说明：在该实例中，如果选择要排除的曲面如图 6-43 所示，并在"选项"面板的"防止壳穿透实体"下选择"凸拐角"单选按钮，则最后完成的壳特征效果如图 6-44 所示。

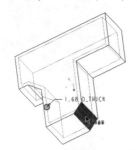

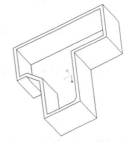

图 6-43　选择要排除的曲面　　　图 6-44　创建壳特征并防止壳在凸角处穿透

6.3　筋

在设计中创建的筋特征常用来加固零件，防止出现不需要的折弯等。所述的"筋"特征其实是设计中连接到实体曲面的薄翼或腹板伸出项。

筋特征分为轮廓筋和轨迹筋两种。

6.3.1　轮廓筋

轮廓筋特征可以分为两种类型，一是直的轮廓筋特征，二是旋转轮廓筋特征。前者的筋特征连接到直曲面，如图 6-45 所示；而后者的轮廓筋特征连接到旋转曲面，筋的角形曲面是锥状的而不是平面的，如图 6-46 所示。

创建轮廓筋特征时，可以相对于父项特征的轮廓草绘筋的剖面；然后向草绘平面的一侧、另一侧或两侧加厚草绘。在 Creo Parametric 中，有效的轮廓筋特征草绘必须满足以下标准。

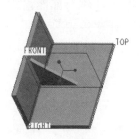

图 6-45　直的筋特征

图 6-46　旋转筋特征

- 单一的开放环。
- 连续的非相交草绘图元。
- 草绘端点必须与形成封闭区域的连接曲面对齐。

定义轮廓筋特征的厚度包括两个方面：一方面是设置筋厚度的数值，另一方面是相对于草绘平面确定筋的生成材料侧。

下面通过实例操作辅助介绍创建轮廓筋特征的典型方法及步骤。

1）单击 📂 （打开）按钮，弹出"文件打开"对话框。从本书配套资料包中的 CH6 文件夹中选择"bc_jtz. prt"文件，单击"打开"按钮。该文件存在的原始模型如图 6-47 所示。

2）在功能区"模型"选项卡的"工程"组中单击 📐（轮廓筋）按钮，打开图 6-48 所示的"轮廓筋"选项卡。

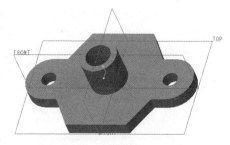

图 6-47　文件中的原始模型

图 6-48　"轮廓筋"选项卡

3）在"轮廓筋"选项卡中单击"参考"选项标签，打开"参考"面板，接着单击位于该面板中的"定义"按钮，弹出"草绘"对话框。

4）选择 FRONT 基准平面作为草绘平面，以 RIGHT 基准平面为"右"方向参考，如图 6-49 所示，接着在"草绘"对话框中单击"草绘"按钮，进入内部草绘模式。

5）单击 ⊞（草绘视图）按钮以定向草绘平面使其与屏幕平行，接着单击 ✓（线链）按钮，绘制图 6-50 所示的两段连续的线段。在"约束"组中单击 ⊸（重合）按钮，分别将图形的两个端点重合约束在相应的轮廓投影边上，如图 6-51 所示。这样，其线端点连接到曲面，从而形成一个要填充的区域。

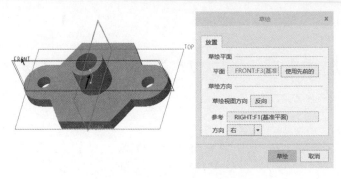

图6-49 定义草绘平面和草绘方向

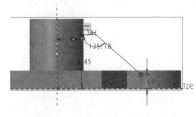

图6-50 绘制两段连续的线段

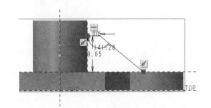

图6-51 添加约束

6）修改尺寸后的筋草绘如图6-52所示。单击 ✔（确定）按钮，完成草绘并退出草绘模式。

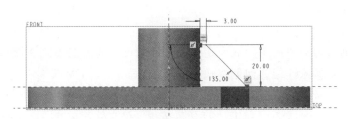

图6-52 修改尺寸后的筋草绘

7）此时，预览几何如图6-53所示，应确保方向箭头指向要填充的草绘线侧。如果方向箭头没有指示形成封闭的填充区域，那么可以打开"轮廓筋"选项卡的"参考"面板，如图6-54所示，然后单击"反向"按钮来获得所需的箭头方向。

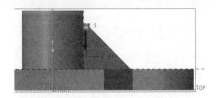

图6-53 确保筋特征充满封闭区域

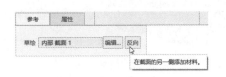

图6-54 单击"反向"按钮

8）在"轮廓筋"选项卡的 框中输入厚度值为"5"。此时，默认的材料侧为向两侧。

说明：默认的材料侧为向两侧。如果需要，用户可以在"轮廓筋"选项卡中通过单击 按钮，将材料侧在侧1、侧2和两侧之间循环切换，如图6-55所示。

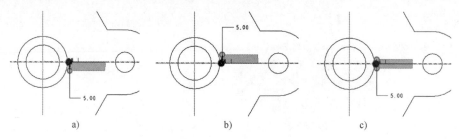

图 6-55　设置材料侧
a) 侧 1　b) 侧 2　c) 两侧

9) 在"轮廓筋"选项卡中单击 ✅ (完成) 按钮。创建的轮廓筋特征如图 6-56 所示。

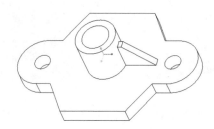

图 6-56　创建轮廓筋特征

6.3.2　轨迹筋

轨迹筋是指通过定义轨迹来生成设定参数的筋特征。轨迹筋多用在塑料制品中。

下面通过一个范例来介绍如何创建轨迹筋特征。

1) 单击 📂 (打开) 按钮，弹出"文件打开"对话框。从本书配套资料包的 CH6 文件夹中选择"bc_jtz_gj. prt"文件，单击"打开"按钮。该文件存在的原始模型如图 6-57 所示。

2) 在功能区"模型"选项卡的"工程"组中单击 🏭 (轨迹筋) 按钮，打开图 6-58 所示的"轨迹筋"选项卡。

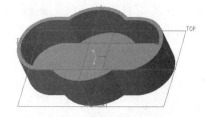

图 6-57　文件中的原始模型　　　　　图 6-58　"轨迹筋"选项卡

3) 在"轨迹筋"选项卡中打开"放置"面板，接着在该面板中单击"定义"按钮，弹出"草绘"对话框。

4) 在功能区右侧区域单击"基准"→ ▱ (基准平面) 按钮，打开"基准平面"对话框，选择 TOP 基准平面作为偏移参考，接着输入平移距离值为"15"，如图 6-59 所示，然后在"基准平面"对话框中单击"确定"按钮，从而新建了 DTM1 基准平面。

5）以刚创建的 DTM1 基准平面作为草绘平面，以 RIGHT 基准平面作为"右"方向参考，如图 6-60 所示，然后单击"草绘"按钮，进入草绘模式。

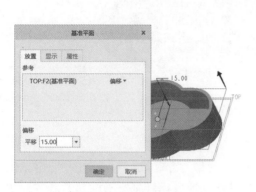

图 6-59　创建基准平面

图 6-60　定义草绘平面及草绘方向

6）绘制图 6-61 所示的 3 条直线段，每条直线段均被约束在相应的内轮廓线上。这些直线段定义了筋的轨迹，然后单击✔（确定）按钮。

7）在"轨迹筋"选项卡中，在框中输入筋的厚度值为"2.5"，并分别选中 （添加拔模）、 （在内部边上添加圆角）和 （在暴露边上添加圆角）按钮。

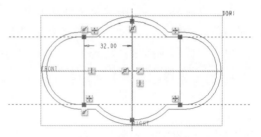

图 6-61　绘制筋轨迹线

8）在"轨迹筋"选项卡中打开"形状"滑出面板，接着在该滑出面板中选择相关的单选按钮，以及设置相关的形状尺寸，如图 6-62 所示。

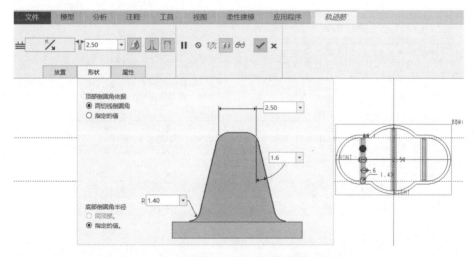

图 6-62　在"形状"面板中设置相关的选项及尺寸

9）在"轨迹筋"选项卡中单击 （完成）按钮，创建的轨迹筋效果如图 6-63 所示。

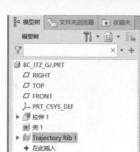

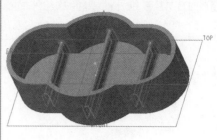

图 6-63　完成创建轨迹筋特征

6.4　拔模

在注塑件、铸造件等类型的零件中，通常需要设计拔模特征来改善零件制造工艺。在 Creo Parametric 中，拔模特征向单独曲面或一系列曲面中添加一个介于−89.9°~+89.9°的拔模角度。只有当曲面是由列表圆柱面或平面形成时，才可拔模；当要进行拔模的曲面包含有内部圆角（拔模曲面之间的圆角将被识别为内部圆角）时，可以根据设计要求设置保留这些圆角（它们将保持圆角状态），也可以设置对这些圆角进行拔模（此时，圆角面将形成圆锥形状）。而拔模曲面边缘与其他曲面之间形成的圆角被识别为连接圆角，不能拔模连接圆角。另外，需要注意的是，可以对实体曲面或面组曲面拔模，但简单地不能对两者的组合进行拔模。

用户应该理解并掌握与拔模特征相关的专业术语，这些专业术语见表 6-1。

表 6-1　Creo Parametric 系统使用的拔模专业术语

序号	术语名称	定义（说明）	备注
1	拔模曲面	要拔模的模型的曲面	
2	拔模枢轴	曲面围绕其旋转的拔模曲面上的线或曲线（也称作中立曲线）	可通过选择平面或面组（在此情况下拔模曲面围绕它们与此平面的交线旋转）或选择拔模曲面上的单个曲线链来定义拔模枢轴
3	拖动方向（也称作拔模方向）	用于测量拔模角度的方向，通常为模具开模的方向	可通过选择平面（在这种情况下拖动方向垂直于此平面）、直边、基准轴或坐标系的轴来定义它
4	拔模角度	拔模方向与生成的拔模曲面之间的角度	如果拔模曲面被分割，则可为拔模曲面的每侧定义两个独立的角度；拔模角度必须在 −89.9°~+89.9° 范围内

在功能区"模型"选项卡的"工程"组中单击 ▣（拔模）按钮，打开图 6-64 所示的"拔模"选项卡。"拔模"选项卡主要由以下内容组成。

图 6-64　"拔模"选项卡

- ▣（拔模枢轴）：在其框中单击可激活该收集器，它用来指定拔模曲面上的中性直线或曲线，即曲面绕其旋转的直线或曲线。最多可选择两个平面或曲线链。要选择第二枢轴，必须先用分割对象分割拔模曲面。

- ⬚ （拖动方向）：用来指定测量拔模角所用的方向。单击该收集器可以将其激活，接着可以选择平面、直边或基准轴，或坐标系的轴。
- ⬚ （沿相切曲面传播拔模）：将拔模自动传播到与所选拔模曲面相切的曲面。
- ⬚ （不对内部倒圆角进行拔模）：保留用作圆角的内部圆角曲面，它们将不进行拔模。
- "参考" 面板：包含拔模特征中所使用的参考收集器。
- "分割" 面板：包含分割选项。
- "角度" 面板：包含拔模角度值及其位置的列表。
- "选项" 面板：包含定义拔模几何的选项。
- "属性" 面板：包含特征名称和用于访问特征信息的图标。

6.4.1 创建基本拔模（恒定）

下面介绍创建基本拔模特征的一般步骤，而创建其他较为复杂的拔模特征的所有其他过程均基于此。

1）在功能区 "模型" 选项卡的 "工程" 组中单击⬚（拔模）按钮，打开 "拔模" 选项卡。

2）选择要拔模的曲面。如果要选择多个曲面，则按住〈Ctrl〉键的同时选择所需的各个曲面。

3）在 "拔模" 选项卡中单击⬚（拔模枢轴）收集器，将其激活，然后选择拔模曲面上的某个平面或曲线链定义拔模枢轴。如果没有可以定义拔模枢轴的平面或曲线，那么可以暂停拔模工具，异步创建一个，然后恢复拔模工具。

4）如果选择了一个平面作为拔模枢轴，则 Creo Parametric 将自动使用它来确定拖动方向。倘若要更改拖动方向或要在使用曲线作为拔模枢轴时指定拖动方向，可以在 "拔模" 选项卡中单击⬚（拖动方向）收集器将其激活，然后选择平面（在这种情况下拖动方向垂直于此平面）、直边、基准轴或坐标系的轴。

5）设置拔模角度。在拔模选项卡的拔模角度框中输入或选择一个值。也可以拖动连接到拔模角的方形控制滑块，或在图形窗口中双击拔模角度值，然后输入新值。

6）如果要反向拔模角度，则可以在 "拔模" 选项卡中单击⬚（反转角度以添加或去除材料）按钮。

7）如果要反向拖动方向，则可以在 "拔模" 选项卡中单击⬚（反转拖动方向）按钮，或者在 "参考" 面板中单击位于 "拖动方向" 收集器旁边的 "反向" 按钮，又或者在图形窗口中单击拖动方向箭头。

8）必要时可使用 "拔模" 选项卡中的其他选项创建更为复杂的拔模几何。

9）在 "拔模" 选项卡中单击⬚（完成）按钮，则完成选定特征的拔模处理。

创建基本拔模特征的实例如下。在该实例中，要求将8°的拔模角度添加到零件的所有3个侧面，如图6-65所示。

1）单击⬚（打开）按钮，弹出 "文件打开"

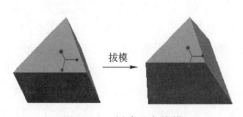

图6-65 创建基本拔模

对话框。从本书配套资料包的 CH6 文件夹中选择"bc_bm_1. prt"文件，单击"打开"按钮。

2）在"模型"选项卡的"工程"组中单击 （拔模）按钮，打开"拔模"选项卡。

3）结合〈Ctrl〉键选择要拔模的 3 个侧面，如图 6-66 所示。

4）在"拔模"选项卡中单击 （拔模枢轴）收集器，将其激活，然后选择 TOP 基准平面。

5）输入拔模角度为"8"，单击 （反转角度以添加或去除材料）按钮，此时，模型几何动态预览如图 6-67 所示。

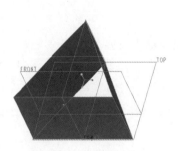

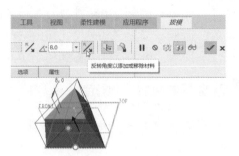

图 6-66　指定拔模曲面　　　　　　图 6-67　模型几何体预览

6）在"拔模"选项卡中单击 （完成）按钮，完成本实例操作。

6.4.2　创建可变拔模

除了可以将恒定拔模角度应用于整个拔模曲面之外，还可以沿拔模曲面将可变拔模角度应用于各个控制点，这就是本节要介绍的可变拔模。可变拔模的示例如图 6-68 所示。

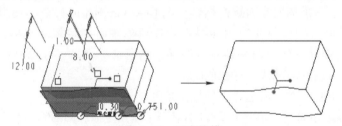

图 6-68　可变拔模

在可变拔模中，注意添加的角度控制点。如果拔模枢轴参考是曲线，则角度控制点位于拔模枢轴上；如果拔模枢轴参考是平面，则角度控制点位于拔模曲面的轮廓上。

创建可变拔模的设计思路是在执行拔模工具的过程中添加其他拔模角度控制点，接着修改各控制点的拔模角度、位置等。要添加其他拔模角度控制点，可以使用鼠标右键单击连接到拔模角度的圆形控制滑块，如图 6-69 所示，接着从弹出的快捷菜单中选择"添加角度"命令。系统将在默认位置添加一对拖动控制滑块，新控制点的默认拔模角度与当前拔模角度值相同。可以单击圆形控制滑块并在边上拖动它来指定新拔模角的位置，也可以在图形窗口中双击位置比率值，然后设置新值。继续修改各控制点的位置和拔模角度值即可形成可变拔模。

如果要从可变拔模中删除多余的一个拔模角度控制点，则右击该圆形控制滑块并从快捷菜单中选择"删除角度"命令。如果要恢复为恒定拔模，则可以在模型区域中右击，并使用快捷菜单上的"成为常数"命令，如图 6-70 所示，此命令操作将删除第一个拔模角度以外的其他所有拔模角度。

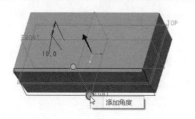

图 6-69　右击圆形控制滑块

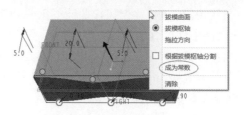

图 6-70　选择"成为常数"命令

6.4.3　创建分割拔模

分割拔模的类型包括根据拔模枢轴分割和根据分割对象分割两种。

1. 创建分割拔模的典型步骤

要创建分割拔模，则可以按照以下典型步骤进行。

1）在功能区"模型"选项卡的"工程"组中单击 ▨（拔模）按钮，打开"拔模"选项卡。接着通过选择草绘曲面、拔模枢轴和拖动方向来创建基本拔模特征。系统将以默认角度（1°）来显示恒定拔模的预览几何体。根据需要修改拔模角度值。

2）在"拔模"选项卡中单击"分割"选项标签以打开"分割"面板，如图 6-71 所示，接着从"分割选项"下拉列表框中选择"根据拔模枢轴分割"选项或"根据分割对象分割"选项。

- "根据拔模枢轴分割"：沿拔模枢轴分割拔模曲面。
- "根据分割对象分割"：根据唯一的分割对象分割曲面，可以沿不同的线或曲线分割拔模曲面。如果选择此选项，则系统会激活"分割对象"收集器。

3）当选择的分割选项为"根据分割对象分割"时，需要选择分割对象（与拔模曲面相交的草绘曲线、平面或面组）或草绘分割对象。要草绘分割对象，则单击"分割对象"收集器旁的"定义"按钮，并在一个或多个拔模曲面上草绘图元的单一连续链。

4）从"分割"面板的"侧选项"下拉列表框中选择所需的选项，如图 6-72 所示。值得注意的是，根据按拔模枢轴分割还是按不同对象分割、以及分割对象的类型不同，系统提供适合的侧选项。可能应用到的侧选项如下。

图 6-71　指定分割选项

图 6-72　指定侧选项

- "独立拔模侧面"：为拔模曲面的每一侧指定独立的拔模角度。
- "从属拔模侧面"：指定一个拔模角度，第二侧以相反方向拔模。此选项仅在拔模曲面以拔模枢轴分割或使用两个枢轴分割拔模时可用。

- "只拔模第一侧"：仅拔模曲面的第一侧面（由拔模枢轴的正拖动方向确定），第二侧面保持中性位置。
- "只拔模第二侧"：仅拔模曲面的第二侧面，第一侧面保持中性位置。

5）如果对特征几何体感到满意，则单击 ✔（完成）按钮。

2. 创建分割拔模的操作实例

下面介绍两个分割拔模的操作实例。

（1）根据拔模枢轴分割的操作实例

1）单击 📂（打开）按钮，弹出"文件打开"对话框。从本书配套资源包的 CH6 文件夹中选择"bc_bm_2. prt"文件，单击"打开"按钮。该文件中的原始零件如图 6-73 所示，它包含在 TOP 基准平面两侧对称创建的实体拉伸特征，所有竖直侧边上均有倒圆角。

2）在功能区的"模型"选项卡的"工程"组中单击 📐（拔模）按钮，打开"拔模"选项卡。

图 6-73　原始零件

3）选择任意侧曲面。因为所有侧曲面均彼此相切，所以拔模将自动延伸到零件的所有侧曲面。

4）在"拔模"选项卡中单击 📐（拔模枢轴）收集器，将其激活，然后选择 TOP 基准平面定义拔模枢轴。

5）在"拔模"选项卡中单击"分割"选项标签，从而打开"分割"面板。接着从"分割选项"下拉列表框中选择"根据拔模枢轴分割"选项。

6）从"分割"面板的"侧选项"下拉列表框中选择"从属拔模侧面"选项。

7）在"拔模"选项卡中输入角度 1 为"10"，然后单击位于角度 1 右侧的 ％（反转角度以添加或去除材料）按钮以更改其拔模侧，更新的预览几何体如图 6-74 所示。

8）在"拔模"选项卡中单击 ✔（完成）按钮，完成的拔模几何效果如图 6-75 所示。

图 6-74　预览拔模几何

图 6-75　根据拔模枢轴分割

（2）根据分割对象分割的操作实例

1）单击 📂（打开）按钮，弹出"文件打开"对话框。从本书配套资料包的 CH6 文件夹中选择"bc_bm_3. prt"文件，单击"打开"按钮。

2）在功能区"模型"选项卡的"工程"组中单击 📐（拔模）按钮，打开"拔模"选项卡。

3）选择图 6-76 所示的实体面定义拔模曲面。

4）在"拔模"选项卡中单击 📐（拔模枢轴）收集器，将其激活，接着选择顶部平面定义拔模枢轴，此时系统还使用它来自动确定拖拉方向，并显示预览几何体，如图 6-77 所示。

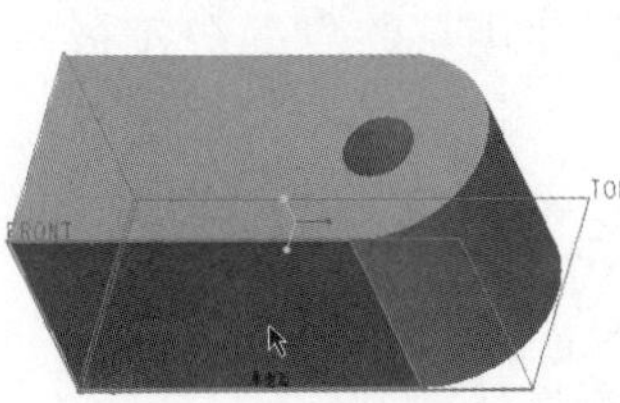

图 6-76　定义拔模曲面

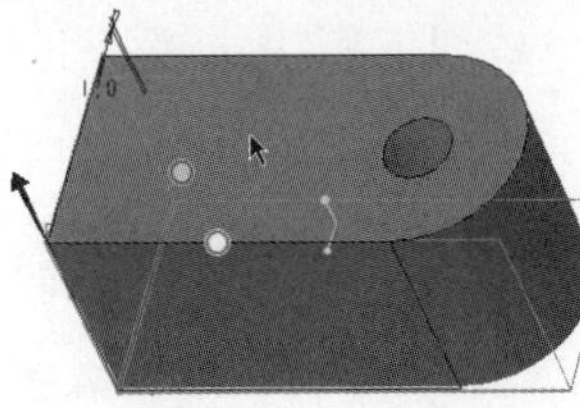

图 6-77　定义拔模枢轴

5）在“拔模”选项卡中打开“分割”面板。接着从“分割选项”下拉列表框中选择“根据分割对象分割”选项。

6）单击“分割对象”收集器旁的“定义”按钮，弹出“草绘”对话框。选择 FRONT 基准平面作为草绘平面，以 RIGHT 基准平面为“右”方向参考，单击“草绘”对话框中的“草绘”按钮，进入草绘模式。

7）绘制一条单一连续图元链，如图 6-78 所示。单击✔（确定）按钮，完成草绘并退出草绘模式。

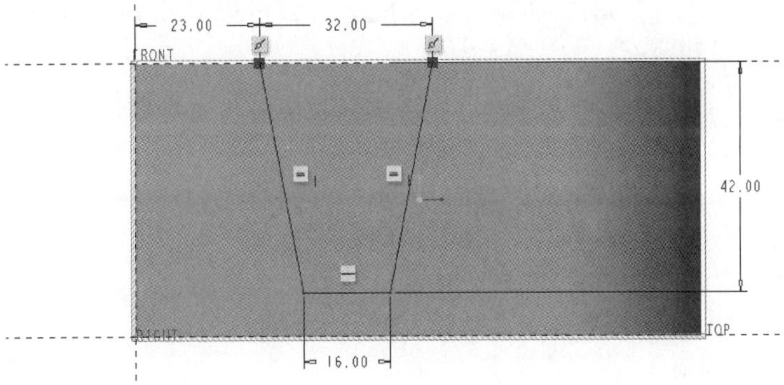

图 6-78　绘制图元链

8）在默认情况下，系统会独立拔模两个侧面。在“拔模”选项卡的角度 1 尺寸框中输入“5”，在角度 2 尺寸框中输入“10”，单击角度 1 右侧对应的 ⁄（反转角度以添加或去除材料）按钮，此时如图 6-79 所示。

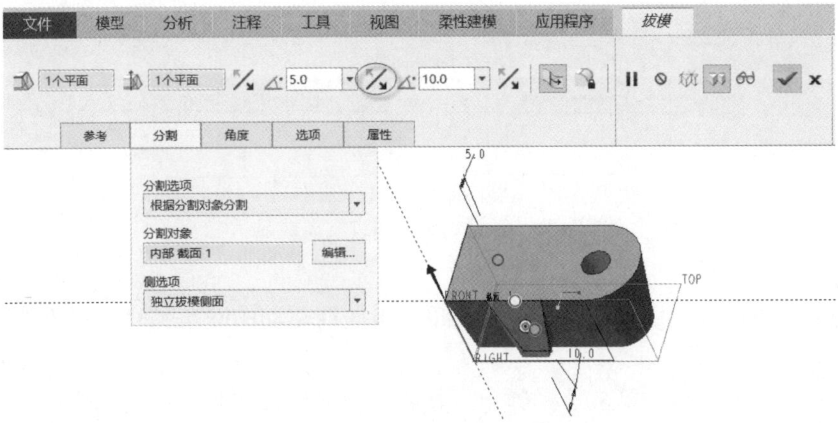

图 6-79　设置分割拔模相关参数

9）在"拔模"选项卡中单击 ✓（完成）按钮，使用草绘创建分割拔模的完成效果如图 6-80 所示。

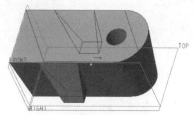

图 6-80　使用草绘创建分割拔模

6.5　圆角

圆角特征经常用在一些零件设计中，主要用来改善零件工艺等。使用圆角特征，可以使相邻的两个面之间形成光滑曲面。实际上，可以将圆角看作是一种边处理特征，通过向一条或多条边、边链或在曲面之间添加半径来形成，曲面可以是实体模型曲面或常规的 Creo Parametric 零厚度面组和曲面。

创建圆角需要定义一个或多个圆角集，所述的圆角集是一种结构单位，包含一个或多个圆角段（圆角几何段）。为圆角特征指定放置参考后，系统将使用默认属性、半径值以及最适于被参考几何对象的默认过渡创建圆角。Creo Parametric 在图形窗口中显示圆角的预览几何体，允许用户在创建特征前创建和修改圆角段和过渡。

在学习圆角特征时，用户需要了解圆角的两个组成项目概念，即集和过渡。

- 集：创建的属于放置参考的倒圆角段（几何）。圆角段由唯一属性、几何参考以及一个或多个半径组成。
- 过渡：连接圆角段的填充几何，过渡位于圆角段相交或终止处。在最初创建圆角时，Creo Parametric 使用默认过渡，并提供多种过渡类型。用户可以根据设计要求创建和修改过渡。

集模式显示和过渡模式显示的图解如图 6-81 所示。

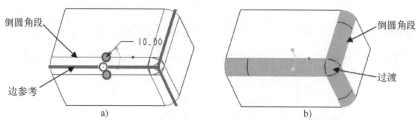

图 6-81　集模式显示和过渡模式显示
a）集模式显示　b）过渡模式显示

圆角的类型可以分为恒定圆角、可变圆角、由曲线驱动的圆角和完全圆角等这几种，如图 6-82 所示。

要创建圆角特征，需要单击 （圆角）按钮，打开图 6-83 所示的"圆角"选项卡。下面介绍一下"倒圆角"选项卡的一些主要组成元素。

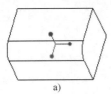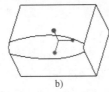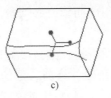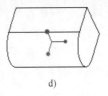

a)　　　　　　　　b)　　　　　　　　c)　　　　　　　　d)

图6-82　圆角类型

a）恒定圆角　b）可变圆角　c）由曲线驱动的圆角　d）完全圆角

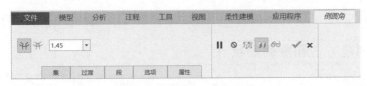

图6-83　"倒圆角"选项卡

- （切换到集模式）：选中此按钮，则激活集模式，以用来处理倒圆角集。Creo Parametric 会默认选择此按钮。
- （切换到过渡模式）：选中此按钮，则激活过渡模式，允许用户定义圆角特征的所有过渡。
- "集"面板：主要用来选择和设置圆角创建方法、截面形状以及圆角的其他相关参数，如图6-84所示。"集"面板也称"设置"面板。

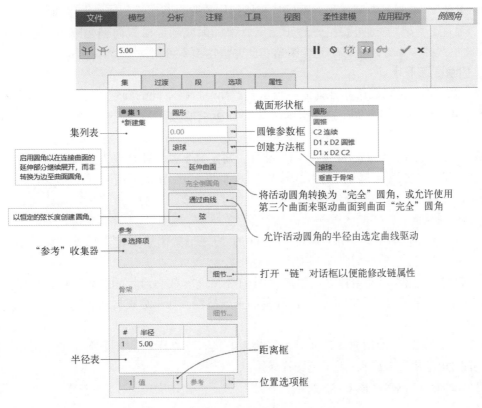

图6-84　"倒圆角"选项卡的"集"面板

- "过渡"面板：要使用此面板，必须激活过渡模式。使用此面板，可以修改过渡类型和指定相关参考等。
- "段"面板：使用此面板执行圆角段管理。可以查看圆角特征的全部圆角集，查看当前圆角集中的全部圆角段，修剪、延伸或排除这些圆角段，以及处理放置模糊问题。
- "选项"面板：该面板包括的可用选项有"实体""曲面""新面组""相同面组""创建结束曲面"等，主要用来设置圆角的连接类型等。
- "属性"面板：利用该面板的"名称"文本框，可以重命名当前圆角特征；而单击 🛈 按钮，则可以打开 Creo Parametric 浏览器来查看当前倒圆角特征的详细信息。

6.5.1 圆角创建方法和截面形状

使用 Creo Parametric 创建圆角特征时，系统将使用默认属性创建圆角几何（圆角段），这些默认属性包括"滚球"创建方法和"圆形"截面形状。用户可以在设计过程中，根据设计要求利用"倒圆角"选项卡的"集"面板，更改创建方法和截面形状属性来获得满意的倒圆角几何。

1. 圆角创建方法

使用不同的圆角创建方法将创建不同的圆角几何。在"倒圆角"选项卡的"集"面板中，从创建方法框的列表中可以选择"滚球"方法选项或"垂直于骨架"方法选项，其中系统默认的方法选项为"滚球"选项。这两种圆角创建方法的含义如下。

- "滚球"：通过沿着同球坐标系保持自然相切的曲面滚动一个球来创建圆角。
- "垂直于骨架"：通过扫描垂直于指定骨架的弧或圆锥横截面创建圆角。必须为此类圆角选择一个骨架。对于完全圆角，此方法选项不可用。

2. 圆角截面形状

圆角截面形状是定义圆角几何的一个重要方面。选择不同的圆角截面形状，将会生成不同的圆角几何。在"倒圆角"选项卡的"集"面板上的截面形状框中，提供了以下的截面形状选项。

- "圆形"：Creo Parametric 创建圆形截面，需定义半径。此选项为默认项。
- "圆锥"：使用从属边创建"圆锥"截面形状的圆角。用户可以使用圆锥参数（0.05~0.95）来控制圆锥形状的锐度，并可以修改一边的长度以使对应边会自动捕捉至相同长度。
- "C2 连续"：利用介于 0.05~0.95 之间的"C2 形状因子"定义样条形状，然后设置圆锥长度。此选项适用于"恒定"圆角集。
- "D1×D2 圆锥"：使用独立边创建"D1×D2 圆锥"截面形状的圆角。用户可以分别修改每一边的长度，以限定该圆锥圆角的形状范围。如果要反转边长度，只需使用"反向"按钮。
- "D1×D2 C2"：使用曲率延伸至相邻曲面的具有独立距离的样条剖面进行圆角，即此类圆角使用了 C2 形状因子定义样条形状。

圆角截面形状示例如图 6-85 所示。

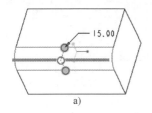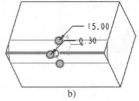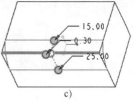

a)   b)   c)

图 6-85 圆角截面形状示例

a）圆形截面形状的圆角　b）圆锥截面形状的圆角　c）"D1×D2 圆锥"截面形状的圆角

6.5.2 圆角的放置参考

要创建圆角特征，需要掌握如何指定圆角的放置参考。所选择的放置参考类型将决定着可以创建的圆角类型。

1. 参考类型为边或边链

通常，通过选择一条或多条边来创建圆角特征，也可以通过选择一条相切边链来放置圆角，如图 6-86 所示。圆角会沿着相切的邻边进行传播，直至在切线中遇到断点。但是，需要注意的是，如果使用"依次"链，圆角则不会沿着相切的邻边进行传播。

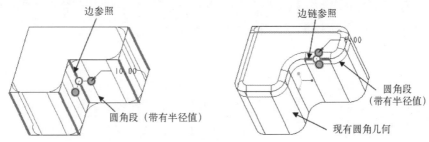

图 6-86 圆角示例

当选择放置参考类型为边或边链时，可以创建的圆角类型主要包括恒定圆角、可变圆角、完全圆角以及通过曲线驱动的圆角等。

2. 曲面到边

通过先选择曲面，然后结合〈Ctrl〉键选择边来放置圆角，如图 6-87 所示。以此方式创建的圆角与曲面保持相切，而边参考不保持相切。以"曲面到边"方式可以创建恒定、可变和完全圆角。

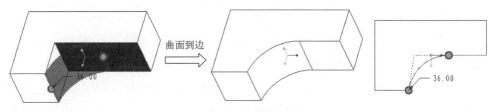

图 6-87 曲面到边

3. 曲面到曲面

通过结合〈Ctrl〉键选择两个曲面来放置圆角，圆角的边与参考曲面仍保持相切，如图 6-88 所示。

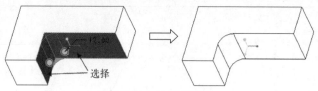

图 6-88　曲面到曲面

6.5.3 恒定圆角

下面通过实例的方式辅助介绍创建恒定圆角特征的一般创建过程。

1）单击 （打开）按钮，弹出"文件打开"对话框。从本书配套资料包的 CH6 文件夹中选择"bc_dyj_1.prt"文件，单击"打开"按钮。该文件中存在着的实体模型如图 6-89 所示。

2）在功能区"模型"选项卡的"工程"组中单击 （倒圆角）按钮，打开"倒圆角"选项卡。默认时，"倒圆角"选项卡中的 （切换到集模式）按钮处于被选中的状态。

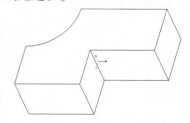

图 6-89　要在其上创建
倒圆角的实体模型

3）在图形窗口中，选择要通过其创建圆角的参考 1，如图 6-90 所示；接着按住〈Ctrl〉键的同时为活动倒圆角集依次选择其他边参考，如图 6-91 所示。

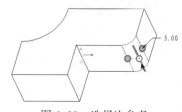

图 6-90　选择边参考

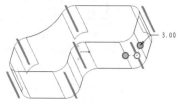

图 6-91　选择多个边参考

4）在"倒圆角"选项卡中输入当前倒圆角集的圆角半径为"3"，如图 6-92 所示。

5）在"倒圆角"选项卡中单击 （完成）按钮，创建一组恒定半径值的圆角特征，效果如图 6-93 所示。

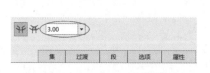

图 6-92　输入圆角半径

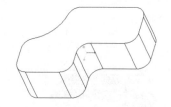

图 6-93　创建恒定半径的倒圆角特征

6.5.4 可变圆角

可变圆角的设计思路是在恒定半径圆角特征的基础上，添加其他圆角半径控制点，然后设置各控制点的位置及半径，从而形成可变圆角。

下面是一个创建可变圆角特征的典型操作实例。

1）单击 （新建）按钮，打开"新建"对话框。在"新建"对话框的"类型"选项组中选择"零件"单选按钮，在"子类型"选项组中选择"实体"单选按钮；在"名称"文本框中输入"bc_dyj_2"，清除"使用默认模板"复选框，单击"确定"按钮。系统弹出"新文件选项"对话框，从中选择"mmns_part_solid"，单击"确定"按钮，进入零件设计模式。

2）使用 （拉伸）按钮，创建图6-94所示的拉伸实体模型（长为60、宽为25，高为12）。

3）单击 （倒圆角）按钮，打开"倒圆角"选项卡。默认时，"倒圆角"选项卡中的（切换到集模式）按钮处于被选中的状态。

4）在"倒圆角"选项卡中输入当前倒圆角集的圆角半径为"2"。

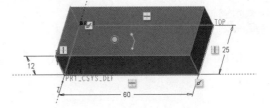

图6-94　创建拉伸实体模型

5）在模型窗口中单击图6-95所示的边参考，选定参考出现在"集"面板的"参考"收集器列表框中。

6）将光标置于半径锚点上，右键单击，接着从出现的快捷菜单中选择"添加半径"命令，则Creo Parametric会复制此半径及其值，并将各半径放置到圆角段的每一端点。也可以在"集"面板的半径表中单击鼠标右键，如图6-96所示，然后选择快捷菜单中的"添加半径"命令，即可添加一个半径控制点。

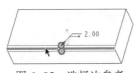

图6-95　选择边参考

图6-96　右击半径表

7）使用同样的方法，再添加一个半径控制点。

8）在"集"面板的半径表中，修改各半径控制点的半径值和相应的位置，如图6-97所示。

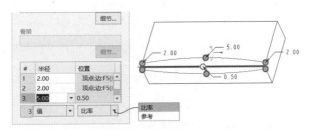

图6-97　修改各半径控制点的位置及半径值

9）在"倒圆角"选项卡中单击 （完成）按钮，创建的可变圆角特征如图6-98所示。

说明：如果要想将可变圆角更改为恒定圆角，其方法很简单，就是在编辑定义过程中打开"倒圆角"选项卡，进入"集"面板，接着将鼠标光标置于半径表中，右击，然后从出现的快捷菜单中选择"成为常数"命令，如图6-99所示，从而将现有可变圆角转换为"恒定"圆角。

图 6-98　创建可变圆角特征

图 6-99　选择"成为常数"命令

6.5.5　由曲线驱动的圆角

由曲线驱动的圆角示例如图 6-100 所示。下面以该示例介绍如何创建由曲线驱动的圆角特征。

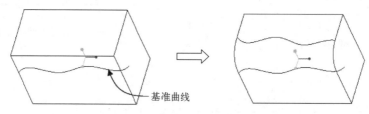

图 6-100　创建由曲线驱动的圆角特征

1）单击 （倒圆角）按钮，打开"倒圆角"选项卡。默认时，"倒圆角"选项卡中的 （切换到集模式）按钮处于被选中的状态。

2）在图形窗口中，选择要由其创建恒定或可变圆角的边参考，如图 6-101 所示。

3）在"倒圆角"选项卡中单击"集"选项标签，从而打开"集"面板，接着在该面板中单击"通过曲线"按钮，如图 6-102 所示。

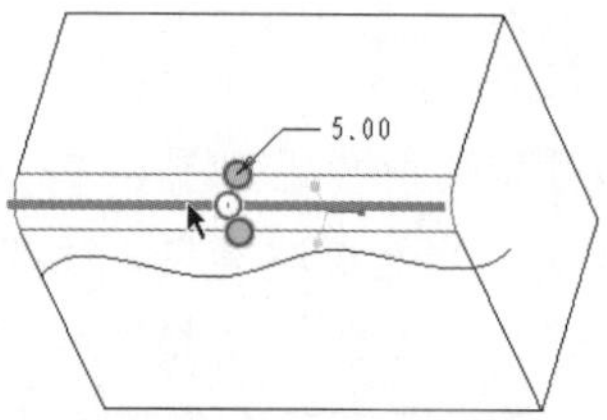

图 6-101　选择边参考

图 6-102　单击"通过曲线"按钮

4）在图形窗口中单击基准曲线，如图6-103所示。

5）在"倒圆角"选项卡中单击 ☑（完成）按钮，完成的由曲线驱动的圆角特征如图6-104所示。

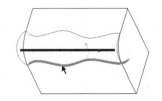

图6-103　选择曲线　　　　　　　　图6-104　创建由曲线驱动的圆角特征

6.5.6　完全圆角

使用"倒圆角"选项卡的"集"面板中的"完全倒圆角"按钮，可以在模型中创建完全圆角特征。要想创建完全圆角特征，则需要注意以下设计规则（摘自Creo Parametric官方帮助文件）：

- 如果使用边参考，则这些边参考必须要存在着公共曲面。Creo Parametric可通过转换一个圆角集内的两个圆角段来创建完全圆角。
- 如果使用两个曲面参考，必须选择第三个曲面作为"驱动曲面"，此曲面决定圆角的位置，有时还决定其大小。Creo Parametric会使用圆部分替换此公共曲面来创建曲面至曲面的完全圆角。
- 可为实体或曲面几何创建完全圆角。
- 在这些情况不能创建完全圆角：①两个以上的边参考以同一曲面为边界；②要定义的圆角具有"圆锥"截面形状；③已经使用"垂直于骨架"创建方法创建了要定义的圆角。

下面是创建完全圆角的一个典型操作实例。

1）单击 ◔（倒圆角）按钮，打开"倒圆角"选项卡。默认时，"倒圆角"选项卡中的 ⬥（切换到集模式）按钮处于被选中的状态。

2）在图形窗口中，结合〈Ctrl〉键选择要通过其创建完全倒圆角的两个边参考，如图6-105所示。所选的这两个边参考被指定为同一个倒圆角集中。

3）在"倒圆角"选项卡中打开"集"面板，接着在该面板中单击"完全倒圆角"按钮。

4）在"倒圆角"选项卡中单击 ☑（完成）按钮，从而完成完全圆角特征的创建，效果如图6-106所示。

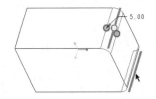

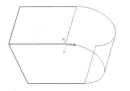

图6-105　结合〈Ctrl〉键选择两个边参考　　　图6-106　创建完全圆角特征

该实例也可以采用以下方法及步骤来完成完全圆角特征，即创建曲面至曲面完全倒圆角。

1）单击 🖱 （倒圆角）按钮，打开"倒圆角"选项卡。默认时，"倒圆角"选项卡中的 🖱 （切换到集模式）按钮处于被选中的状态。

2）结合〈Ctrl〉键选择所需要的两个曲面（上顶面和底面），如图6-107所示。

3）在"倒圆角"选项卡中打开"集"面板，接着在该面板中单击"完全倒圆角"按钮。

4）选择图6-108所示的侧面作为驱动曲面。

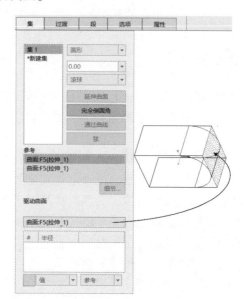

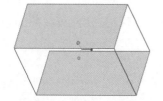

图6-107 选择两个曲面　　　　　　图6-108 指定驱动曲面

5）在"倒圆角"选项卡中单击 ✓ （完成）按钮，完成该完全倒圆角特征的创建。

6.5.7 修改圆角的过渡形式

圆角过渡允许指定 Creo Parametric 处理重叠或不连续圆角段的方法。通常，创建圆角几何时，使用系统提供的默认过渡便可以满足设计需求了。但是在某些特定情况下，用户可以根据需要修改现有过渡来获得满意的圆角几何。在"倒圆角"选项卡中单击 🖱 （切换到过渡模式）按钮，则激活过渡模式，此时允许用户定义圆角特征的选定过渡，如图6-109所示。

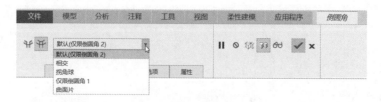

图6-109 过渡模式

在实际应用中，通常采用以下两种方式修改现有过渡。

方式1：更改过渡类型，切换到过渡模式，从过渡类型下拉列表框中选择所需要的一种过渡类型选项。注意 Creo Parametric 将根据选定过渡的几何环境确定有效过渡类型。用户应该了解熟悉以下这些过渡类型选项。

- "默认"：Creo Parametric 确定最适合几何环境的过渡类型。过渡类型括在圆括号中。
- "混合"：使用边参考在圆角段之间创建圆角曲面，注意所有相切圆角几何都终止于锐边。
- "连续"：将圆角几何延伸到两个圆角段中，注意相切圆角几何不终止于锐边。
- "相交"：以向彼此延伸的方式延伸两个或更多个重叠圆角段，直至它们会聚形成锐边界。
- "仅限倒圆角1"：使用复合圆角几何创建过渡。其中包括使用包络有最大半径的圆角段周围的扫描，对由三个重叠圆角段所形成的拐角过渡进行圆角。
- "仅限倒圆角2"：使用复合圆角几何创建过渡。
- "拐角球"：用球面拐角对由三个重叠圆角段所形成的拐角过渡进行圆角。
- "曲面片"：在三个或四个圆角段重叠的位置处创建曲面片曲面。
- "终止实例X（X为1、2或3）"：使用由 Creo Parametric 配置的几何终止圆角。
- "终止于参考"：在指定的基准点或基准平面处终止圆角几何。

方式2：删除过渡并生成新过渡。即删除一个或多个过渡来释放参考，并通过为受影响几何生成新过渡来替换这些过渡。

下面介绍一个使用上述"方式1"来修改默认过渡类型的操作实例，所用实例源文件为bc_dyj_gd. prt。

1）单击 🖱 （倒圆角）按钮，打开"倒圆角"选项卡。默认时，"倒圆角"选项卡中的 🎍 （切换到集模式）按钮处于被选中的状态。

2）结合〈Ctrl〉键选择图 6-110 所示的 3 条边参考，接着设置该圆角集的圆角半径为 5。

3）在"倒圆角"选项卡中单击 🎍 （切换到过渡模式）按钮，激活过渡模式。

4）在图形窗口中单击要修改的过渡几何，如图 6-111 所示。

5）在"倒圆角"选项卡的过渡类型下拉列表框中选择"拐角球"选项，如图 6-112 所示。

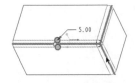
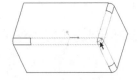

图 6-110　指定参考边　　　图 6-111　单击要修改的过渡　　　图 6-112　指定过渡类型选项

6）设置拐角球参数，如图 6-113 所示。

7）单击"倒圆角"选项卡中的 ✅ （完成）按钮，最后得到的效果如图 6-114 所示。

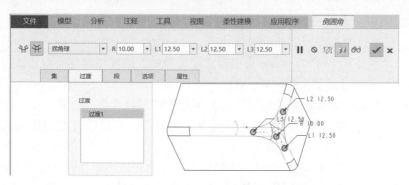

图6-113 设置"拐角球"参数

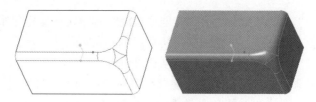

图6-114 修改过渡类型后的圆角效果

6.6 自动圆角

使用 （自动倒圆角）工具按钮，可以创建自动圆角特征，即可以在实体几何或零件或组件的面组上创建恒定半径的圆角几何。系统会为创建的每个自动圆角特征提供默认名称，其默认名称包括"Auto Round"和循序递增的序号，即"Auto Round #"。需要注意的是，自动圆角特征最多只能有两个半径尺寸，凸边与凹边各有一个，而凸半径与凹半径是自动圆角特征所拥有的属性。

执行 （自动倒圆角）工具按钮，除了可以创建具有子节点的"自动倒圆角"特征之外，还可以根据需要创建自动圆角组。

1. 自动圆角工具及其用户界面

在介绍创建自动圆角特征之前，先简单地介绍一下自动圆角工具。

在功能区的"模型"选项卡的"工程"组中单击 （自动倒圆角）按钮，打开图6-115所示的"自动倒圆角"选项卡。

图6-115 "自动倒圆角"选项卡

- ：在该框中指定应用于凸边的半径。
- ：在该框中指定应用于凹边的半径。
- "范围"面板：该面板如图6-116所示。当选择"实体几何"单选按钮时，可以在模型实体几何上创建自动圆角特征；当选择"面组"单选按钮时，可以在模型的单个面组上创建自动圆角特征；当选择"选择的边"单选按钮时，可以在选定的边或目的链上创建自动圆角特征。勾选"凸边"复选框时，可以选择模型中要让自动圆角特征在其上建立圆角的所有凸边；勾选"凹边"复选框时，可以选择模型中要让自动圆角特征在其上建立圆角的所有凹边。

- "排除"面板：该面板如图 6-117 所示。该面板包括"排除的边"收集器和"几何检查"按钮。激活"排除的边"收集器，可选择要排除在自动圆角之外的一个或多个边（或边链）。而在某些设计场合下，例如当自动圆角特征无法在某些边上建立圆角，并且要重新定义自动倒圆角特征时，可以单击"几何检查"按钮，以查看边或边链无法建立圆角的原因。

图 6-116 "范围"面板

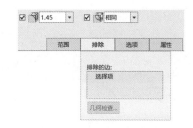

图 6-117 "排除"面板

- "选项"面板：在该面板中，如果勾选"创建常规倒圆角特征组"复选框，则可以创建一组常规圆角特征，而非自动圆角特征。
- "属性"面板：使用该面板，可以重命名自动圆角特征，以及访问特征信息。

2. 创建自动圆角特征的方法及步骤

创建自动圆角特征的典型方法及步骤如下。

1）在功能区"模型"选项卡的"工程"组中单击 （自动倒圆角）按钮，打开"自动倒圆角"选项卡。

2）在"自动倒圆角"选项卡中单击"范围"面板，接着选择"实体几何"单选按钮、"面组"单选按钮或"选择的边"单选按钮，并根据相应提示选择对象。

3）根据设计需要，在"范围"面板中决定"凸边"复选框和"凹边"复选框的状态。勾选"凸边"复选框时，可以在所有凸边上建立自动圆角特征；勾选"凹边"复选框时，则可以在模型的所有凹边上建立自动圆角特征。如果这两个复选框都被勾选，那么将同时在模型的凸边和凹边上建立自动圆角特征。

4）在 或 旁的框中输入或选择数值来指定凸边或凹边的半径（曲率半径）。

5）如果不想对某些边圆角，那么在"自动倒圆角"选项卡中单击"排除"选项标签，打开"排除"面板，然后从模型中选择要从自动圆角特征中排除的边。

6）如果要创建一组圆角特征，那么在"自动倒圆角"选项卡中单击"选项"标签，打开"选项"面板，然后勾选"创建常规倒圆角特征组"复选框，也就是将该"自动倒圆

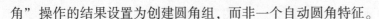

角"操作的结果设置为创建圆角组,而非一个自动圆角特征。

7)单击"自动倒圆角"选项卡中的 ✓(完成)按钮。

注意创建的自动圆角特征在模型树上的标识为 ✓。

3. 创建自动圆角特征的操作实例

下面是创建自动圆角特征的一个简单操作实例。

1)单击 📂(打开)按钮,弹出"文件打开"对话框。从本书配套资料包的 CH6 文件夹中选择"bc_zddyj.prt"文件,单击"打开"按钮。该文件中存在的原始实体模型如图 6-118 所示。

2)在功能区"模型"选项卡的"工程"组中单击 🍴(自动倒圆角)按钮,打开"自动倒圆角"选项卡。

3)打开"范围"面板,设置图 6-119 所示的选项,并在 🔲框中输入半径为"2",在 🔲框中选择"相同"选项。

4)打开"排除"面板,"排除的边"收集器处于被激活的状态,在模型窗口中指定要排除的边,如图 6-120 所示。

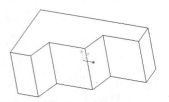

图 6-118 原始实体模型

图 6-119 设置范围选项

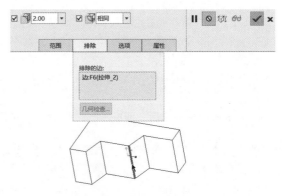

图 6-120 指定要排除的边

5)单击"自动倒圆角"选项卡中的 ✓(完成)按钮,完成自动圆角处理的结果如图 6-121 所示。

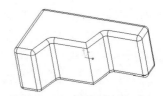

图 6-121 自动倒圆角效果

6.7 倒角

在模型中创建倒角特征,可以合理地减少零件尖锐的边。倒角特征在机械零件中较为常见,它是一类对边或拐角进行斜切削的特征。在 Creo Parametric 中,可以创建两种类型的倒角:边倒角和拐角倒角。

6.7.1 边倒角

边倒角和圆角有些类似,边倒角同样有集和过渡的组成概念。集包括倒角段,由唯一属性、几何参考、平面角及一个或多个倒角距离组成,而过渡是指连接倒角段的填充几何。通常在指定倒角放置参考后,Creo Parametric 将使用默认属性、距离值以及最适于被参考几何的默认过渡来创建倒角。在创建边倒角时，需要指定一个或多个倒角集，所谓的倒角集是一种结构化单位，包含一个或多个倒角段（倒角几何）。

边倒角的属性之一是倒角标注形式，用好该属性则能够方便地定义倒角平面角度和距离。边倒角标注形式的更改，可以在打开的"边倒角"选项卡的一个下拉列表框中进行，如图 6-122 所示。而在功能区"模型"选项卡的"工程"组中单击 📎（边倒角）按钮，则打开"边倒角"选项卡。Creo Parametric 会基于所选的放置参考和所用的倒角创建方法来提供标注形式。用户应该掌握下列标注形式。

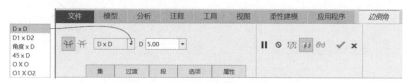

图 6-122 更改边倒角标注形式

- D×D：在各曲面上与边相距（D）处创建倒角。Creo Parametric 会默认选择此选项。
- D1×D2：在一个曲面距选定边（D1）、在另一个曲面距选定边（D2）处创建倒角。
- 角度×D：创建一个倒角，它距相邻曲面的选定边距离为 D，与该曲面的夹角为指定角度。
- 45×D：创建一个倒角，它与两个曲面都成 45°角，且与各曲面上的边的距离为 D。注意此选项仅适用于使用 90°曲面和"相切距离"创建方法的倒角。
- O×O：在沿各曲面上的边偏移（O）处创建倒角。仅当 D×D 不适用时，Creo Parametric 才会默认选择此选项。
- O1×O2：在一个曲面距选定边的偏移距离（O1）、在另一个曲面距选定边的偏移距离（O2）处创建倒角。

下面介绍一个创建边倒角特征的典型操作实例。

1）单击 📂（打开）按钮，弹出"文件打开"对话框。从配套资料包的 CH6 文件夹中选择"bc_djtz. prt"文件，单击"打开"按钮。该文件中存在的原始实体模型如图 6-123 所示。

2）在功能区"模型"选项卡的"工程"组中单击 📎（边倒角）按钮，则打开"边倒角"选项卡。

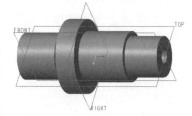

图 6-123 原始实体模型

3）在"边倒角"选项卡的下拉列表框中选择标注形式选项为"45×D"，输入 D 值为"2.5"。

4）结合〈Ctrl〉键选择要倒角的边参考，如图 6-124 所示。

5）在"边倒角"选项卡中单击 ✅（完成）按钮，得到的倒角结果如图 6-125 所示。

图 6-124 指定倒角集的边参考

图 6-125 倒角结果

6.7.2 拐角倒角

在功能区"模型"选项卡的"工程"组中单击 🗹（拐角倒角）按钮，打开图6-126所示的"拐角倒角"选项卡。使用该选项卡定义拐角倒角的边参考和距离值等，从而创建拐角倒角。创建拐角倒角的示例如图6-127所示。

图6-126 "拐角倒角"对话框

下面介绍创建拐角倒角的一个简单操作实例。

1）新建一个使用mmns_part_solid模板的实体零件文件，文件名可以指定为bc_gjdj，在该零件文件中创建图6-128所示的长方体形状的拉伸实体。

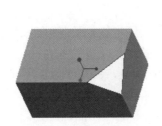

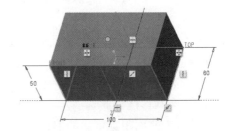

图6-127 拐角倒角的示例　　　　图6-128 创建长方体模型

2）在功能区"模型"选项卡的"工程"组中单击 🗹（拐角倒角）按钮，打开"拐角倒角"选项卡。

3）在图形窗口中选择要进行倒角的顶点，如图6-129所示。注意：顶点必须由3条实边的交点定义。

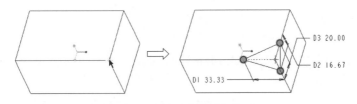

图6-129 选择要进行倒角的顶点

4）单击D1旁的框，接着在第一方向框中输入或选择一个距离值，或者在图形窗口中拖动第一方向控制滑块。本例将D1的距离值设置为"35"。

5）单击D2旁的框，设置沿第二方向边的距离值为"25"。

6）单击D3旁的框，设置沿第二方向边的距离值为"20"。此时，如图6-130所示。

7）在"拐角倒角"选项卡中单击✓（完成）按钮，完成效果如图6-131所示。

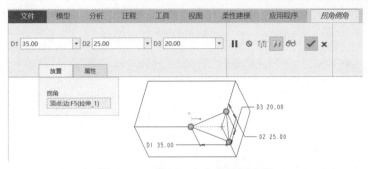

图6-130　设置3个方向的距离值

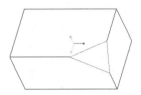 

图6-131　创建拐角倒角

6.8　环形折弯

环形折弯是指将实体、非实体曲面或基准曲线折弯成环形（旋转）形状。例如，可以将平整实体对象通过"环形折弯"的方式创建成汽车轮胎造型，如图6-132所示。

1. 定义环形折弯特征的参数

用于定义环形折弯特征的强制性参数有轮廓截面、中性平面的折弯半径以及折弯几何，可选的参数有法向曲线截面和非标准曲线折弯选项。以下几个概念术语的解释摘自Creo Parametric帮助中心。

- 轮廓截面：定义旋转几何的轮廓截面。
- 折弯半径：设置坐标系原点到折弯轴之间的距离。

图6-132　创建环形折弯特征

- 法向参考截面：定义垂直于中性平面的曲面的折弯后方向。平整状态下垂直于中性平面的所有曲面在折弯后都会垂直于轮廓曲面。这在以下情况下会成为问题，即轮廓截面具有高曲率区域，或轮廓截面不相切。平整状态下垂直于中性平面的曲面在折弯后会包含不良几何，或者无法折弯，因为折弯变换会生成重叠几何，例如载重轮胎锐边。用户可以应用"法向参考截面"将这些曲面设置为垂直于参考曲面，而不是垂直于轮廓曲面。
- 曲线折弯：设置曲线上的点到具有弯曲轮廓的折弯的轮廓截面平面的距离。

2. 创建环形折弯特征的方法及步骤
创建环形折弯特征的一般方法及步骤如下（可灵活调整）。

1）打开零件文件时，在功能区"模型"选项卡的"工程"组的溢出列表中单击 （环形折弯）按钮，打开图6-133所示的"环形折弯"选项卡。

图6-133 "环形折弯"选项卡

2）打开"参考"面板如图6-134所示，使用该面板可以指定要环形折弯的对象。如果要环形折弯实体几何体，则勾选"实体几何"复选框。而"面组"收集器用于辅助选择环形折弯所要折弯的面组，"曲线"收集器则用于辅助选择环形折弯所要折弯的曲线。

激活"轮廓截面"收集器时可选择合适的外部轮廓截面，用户也可以单击位于"轮廓截面"收集器右侧的"定义"按钮，接着指定草绘平面和草绘器参考平面，在草绘器中创建内部轮廓截面。在轮廓截面中注意要创建有一个几何坐标系，该几何坐标系的X向量可用预定义折弯对象中的中性平面，所谓的中性平面定义了沿折弯材料的截面厚度为零变形（延长或压缩）的理论平面，通常位于该平面外部的材料延长以补偿折弯变形，而折弯内部的材料压缩以适应变形。

3）打开"选项"面板如图6-135所示，在该面板中设置曲线折弯的选项，可供选择的曲线折弯选项有"标准""保留在角度方向的长度""保持平整并收缩""保持平整并展开"。默认选中"标准"单选按钮。

图6-134 "参考"面板

图6-135 "选项"面板

4）在"环形折弯"选项卡的一个下拉列表框中选择"360度折弯""折弯半径""折弯轴"等这些选项，并在相应的文本框中输入相关的参数，或选择相应参考。选择"360度折弯"选项时，设置完全折弯（360°），需要指定两个用于定义要折弯的几何的平面；选择"折弯半径"选项时，需要输入折弯半径（坐标系原点与折弯轴之间的距离）；选择"折弯轴"选项时，需要选择要绕其进行折弯的轴。

5）在"环形折弯"选项卡中单击 （完成）按钮，完成环形折弯特征创建。

3. 创建环形折弯特征的操作实例

下面是创建环形折弯特征的一个典型操作实例。

1) 单击 （打开）按钮，弹出"文件打开"对话框。从配套资料包的 CH6 文件夹中选择"bc_6_hxzw.prt"文件，单击"打开"按钮。该文件中存在着的实体模型如图 6-136 所示。

图 6-136 存在着的原始实体模型

2) 在功能区"模型"选项卡的"工程"组的溢出列表中单击 （环形折弯）按钮，打开"环形折弯"选项卡。

3) 在"环形折弯"选项卡中打开"参考"面板，勾选"实体几何"复选框。

4) 在"参考"面板中确保激活"轮廓截面"收集器，单击"轮廓截面"收集器右侧的"定义"按钮，系统弹出"草绘"对话框。选择图 6-137 所示的端面定义草绘平面，默认以 RIGHT 基准平面为"右"方向参考，然后单击"草绘"对话框中的"草绘"按钮，进入草绘模式。

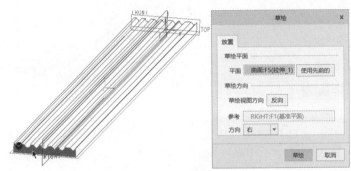

图 6-137 选择草绘平面

5) 绘制图 6-138 所示的圆弧，该圆弧的圆心点被约束在竖直中心参考线上。

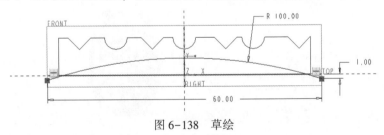

图 6-138 草绘

6) 在"基准"组中单击 （几何坐标系）按钮，在图形中绘制一个几何坐标系，如图 6-139 所示。单击 ✔（确定）按钮，完成草绘并退出草绘器。

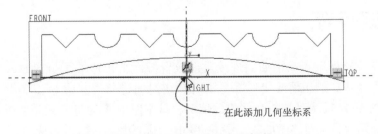

图 6-139 添加一个几何坐标系

7）在"环形折弯"选项卡中打开"选项"面板，选择"标准"单选按钮。

8）在"环形折弯"选项卡的一个下拉列表框中选择"360度折弯"，如图6-140所示。

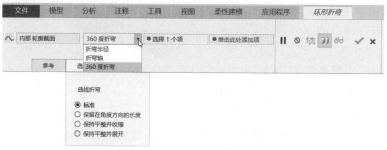

图6-140 选择"360度折弯"选项

9）灵活调整模型视角，分别选择图6-141所示的相互平行的实体端面1和端面2。

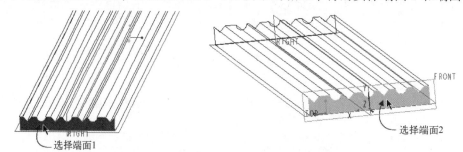

图6-141 选择两张平行面来定义折弯长度

10）在"环形折弯"选项卡中单击✓（完成）按钮，完成的环形折弯特征如图6-142所示。

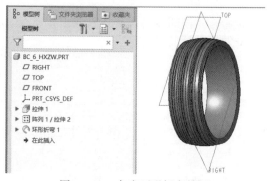

图6-142 完成环形折弯特征

6.9 骨架折弯

所谓的"骨架折弯"是指沿曲面连续重新放置截面来折弯关于折弯曲线骨架的实体或面组，骨折折弯所造成的压缩或变形都是沿着轨迹纵向进行的。图6-143给出了一个骨架折弯的示例，图6-143a为骨架折弯之前的情形，其中图中A为将要被骨架折弯的原始模型对象，B为用来作为骨架轨迹的曲线。图6-143b为进行骨架折弯后的情形。

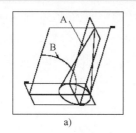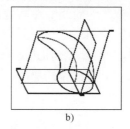

a) b)

图 6-143 骨架折弯示例

a）骨架折弯之前 b）骨架折弯后的情形

要创建骨架折弯特征，需要从功能区"模型"选项卡的"工程"组的溢出列表中单击 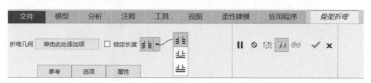（骨架折弯）按钮，打开图 6-144 所示的"骨架折弯"选项卡。

图 6-144 "骨架折弯"选项卡

- "折弯几何"收集器：用于选择并收集要折弯的实体几何或面组。
- "锁定长度"复选框：用于设置是否在折弯几何后保持其原始长度。
- ：从该下拉列表框中指定要折弯的几何范围，其中选项表示从骨架线起点折弯整个选定几何，选项表示从骨架线起点折弯至指定深度，选项表示从骨架线起点折弯至选定参考。
- "参考"面板："参考"面板如图 6-145 所示，其中的"骨架"收集器用于选择并收集边链或曲线（平面曲线或边链的副本），"细节"按钮用于审阅并编辑链属性。
- "选项"面板："选项"面板如图 6-146 所示，主要用于设置由骨架线折弯进行控制的横截面属性，以及通过"移除展平的几何"复选框来设置是否移除折弯区域以外的几何。

图 6-145 "参考"面板

图 6-146 "选项"面板

- "属性"面板：用于重命名骨架折弯特征，以及通过单击（显示此特征的信息）按钮来查阅此特征的详细信息。

下面通过一个典型的简单实例来辅助介绍创建骨架折弯特征的具体方法和步骤。

1）单击（打开）按钮，弹出"文件打开"对话框。从配套资料包的 CH6 文件夹中选择"bc_6_gjzw. prt"文件，单击"打开"按钮。该文件中存在的实体模型如图 6-147 所示。

2）绘制将用作骨架线的曲线。在功能区"模型"选项卡的"基准"组中单击 ~ （草绘）按钮，弹出"草绘"对话框，选择 RIGHT 基准平面作为草绘平面，以 TOP 基准平面为"左"方向参考，单击"草绘"按钮进入草绘器中。绘制图 6-148 所示的相切曲线，单击 ✔（确定）按钮，完成草绘并退出草绘器。

图 6-147 文件中存在的实体模型

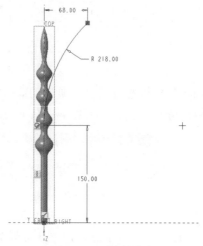

图 6-148 绘制曲线

3）从功能区"模型"选项卡的"工程"组的溢出列表中单击 ∅（骨架折弯）按钮，打开"骨架折弯"选项卡。

4）在"骨架折弯"选项卡的"折弯几何"收集器的框内单击以激活该收集器，在图形窗口中单击已有实体作为要折弯的对象。

5）在"骨架折弯"选项卡中打开"参考"面板，在"骨架"收集器的框内单击以激活"骨架"收集器，接着在图形窗口中单击先前绘制的曲线作为骨架线，如图 6-149 所示。如果骨架线的默认起点不是所希望的，则在骨架线上单击起点箭头，使起点箭头切换至骨架线的另一端，其预览效果如图 6-150 所示。

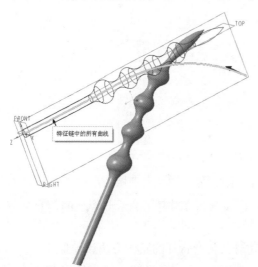

图 6-149 指定骨架线

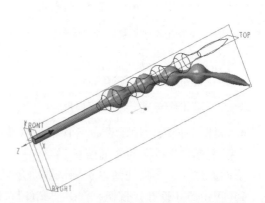

图 6-150 切换骨架线的起点箭头后的预览效果

6）在"骨架折弯"选项卡中确保取消勾选"锁定长度"复选框，并默认选择 选项以从骨架线起点折弯整个选定几何。

思考： 如果在本例中勾选"锁定长度"复选框，那么将创建的骨折折弯特征会有什么样的变化效果？

7）在"骨架折弯"选项卡中打开"选项"面板，从"横截面属性控制"下拉列表框中选择"无"选项，如图 6-151 所示。

8）在"骨架折弯"选项卡中单击 （完成）按钮，完成创建骨架折弯特征，效果如图 6-152 所示。

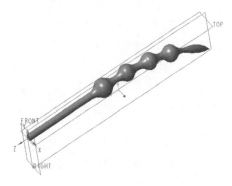

图 6-151　将横截面属性控制设置为"无"　　　　图 6-152　完成创建骨架折弯特征

课后练习： 在本例中，读者可以尝试在操作过程中选择 选项以从骨架线起点折弯至指定深度，分别自动不同的深度值来观察骨架折弯特征的变化情况，注意总结经验。

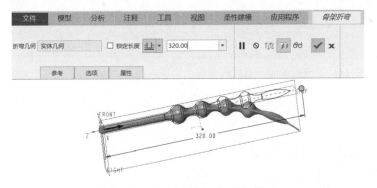

图 6-153　更改要折弯的几何范围

6.10　修饰草绘

草绘修饰特征就如同被"绘制"在零件的曲面上，主要用来表示要印制到对象上的公司徽标或序列号等内容。同时，草绘修饰特征也可以用于定义有限元局部负荷区域的边界。

草绘修饰特征可以是规则截面的修饰特征，也可以是投影截面的修饰特征（使用投影工具可以投影修饰草绘）。

6.10.1　规则截面草绘的修饰特征

规则截面草绘的修饰特征总是位于草绘面，它其实是一个平整特征。在创建规则截面草绘修饰特征时，可以为特征设置添加剖面线。

1. 创建规则截面草绘修饰特征的方法和步骤

在零件模式下创建规则截面草绘修饰特征的典型方法和步骤如下。

1）在功能区的"模型"选项卡中选择"工程"→"修饰草绘"命令，弹出图6-154所示的"修饰草绘"对话框。

2）要定义草绘平面，则在"平面"收集器处于活动状态时选择一个平面或平面曲面，如果需要，可以单击"反向"按钮来反转草绘平面的方向到平面参考的对侧。要定义视图方向，则可以激活"参考"收集器并选择一个参考（如曲面、平面或边）；要定义方向参考所表示的方向，则可以从"方向"下拉列表框中选择一个方向选项。

3）要在草绘中显示封闭几何的剖面线，则在"修饰草绘"对话框中切换到"属性"选项卡，接着勾选"添加剖面线"复选框，并分别设置剖面线的间距值和角度值，如图6-155所示。

图6-154　"修饰草绘"对话框

图6-155　"属性"选项卡

4）在"修饰草绘"对话框中单击"草绘"按钮，进入草绘器中，此时功能区将打开"草绘"选项卡。

5）草绘一个截面，单击✔（确定）按钮。

2. 创建规则截面草绘修饰特征的操作实例

下面介绍创建规则截面草绘修饰特征的一个典型操作实例。

1）单击 （打开）按钮，弹出"文件打开"对话框。从本书配套素材资料包的 CH6 文件夹中选择"bc_6_xsch.prt"文件，单击"打开"按钮。该文件中存在着如图6-156所示的实体模型。

2）在功能区的"模型"选项卡中选择"工程"→"修饰草绘"命令，弹出"修饰草绘"对话框。

3）单击图6-157所示的实体面以指定草绘平面，默认以 RIGHT 基准平面作为"右"方向参考。

4）在"修饰草绘"对话框中打开"属性"选项卡，确保取消勾选"添加剖面线"复选框。然后单击"草绘"按钮，进入草绘器。

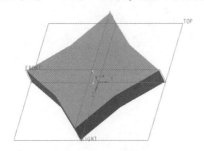
图6-156 实体模型

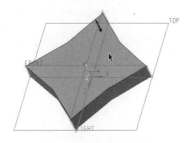
图6-157 指定草绘平面

5）单击 **A**（文本）按钮，绘制图6-158所示的文本，文本字体可自行选定。

图6-158 草绘

6）单击 ✔（确定）按钮，完成的规则截面草绘修饰特征如图6-159所示。

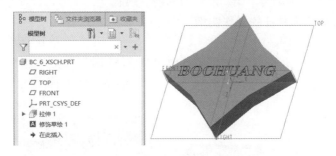
图6-159 创建规则截面草绘修饰特征

6.10.2 投影截面修饰特征

投影截面修饰特征被投影到单个零件曲面上；它们不能跨越零件曲面。值得注意的是，在创建投影截面修饰特征的过程中，不能对投影截面进行添加剖面线的操作。

1. 创建投影截面修饰特征的方法和步骤

创建投影截面修饰特征的典型方法和步骤如下。

1）在功能区"模型"选项卡的"编辑"组中单击 ▧（投影）按钮，打开"投影曲线"选项卡。

2）在"投影曲线"选项卡中打开"参考"面板，从一个下拉列表框中选择"投影修饰草绘"选项，如图6-160所示。

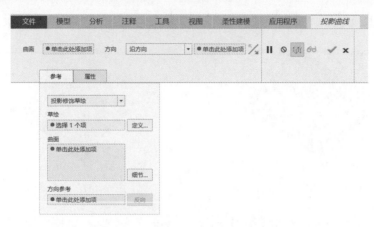

图 6-160 选择"投影修饰草绘"选项

3)"草绘"收集器处于激活状态，选择或创建一个修饰草绘。如果要创建修饰草绘，则在"参考"面板中单击"定义"按钮，弹出"草绘"对话框，定义草绘平面和视图方向等，单击对话框中的"草绘"按钮，进入草绘器。绘制一个截面，单击✔（确定）按钮。

4）返回到"投影曲线"选项卡，激活"曲面"收集器，选择要在其上投影修饰草绘的曲面集。

5）从"方向"下拉列表框中选择"沿方向"或"垂直于曲面"选项。如果选择"沿方向"选项，则在"方向参考"收集器的框内单击以激活该收集器，接着选择一个平面、轴、坐标系轴或直图元来指定投影方向。

6）在"投影曲线"选项卡中单击✔（完成）按钮。

2. 创建投影截面修饰特征的操作实例

请看下面一个操作实例。

1）单击📂（打开）按钮，弹出"文件打开"对话框。从配套资料包的 CH6 文件夹中选择"bc_6_xsch_ty. prt"文件，单击"打开"按钮。该文件中存在着的实体模型如图 6-161 所示。

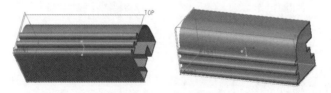

图 6-161 原始实体模型

2）在功能区"模型"选项卡的"编辑"组中单击📐（投影）按钮，打开"投影曲线"选项卡。

3）在"投影曲线"选项卡中打开"参考"面板，从一个下拉列表框中选择"投影修饰草绘"选项。

4）"参考"面板中的"草绘"收集器处于激活状态，单击"草绘"收集器右侧的"定义"按钮，弹出"草绘"对话框，选择 TOP 基准平面作为草绘平面，以 RIGHT 基准平面为"右"方向参考，单击"草绘"按钮，进入草绘器中。

绘制图 6-162 所示的一个截面，单击✔（确定）按钮。

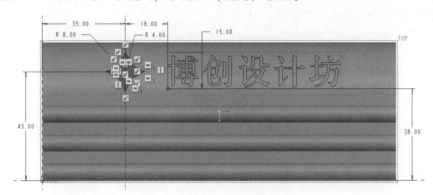

图 6-162　绘制截面

5）返回到"投影曲线"选项卡，激活"曲面"收集器，选择要在其上投影修饰草绘的曲面集，如图 6-163 所示。

6）从"方向"下拉列表框中选择"沿方向"，在"方向参考"收集器的框内单击以激活该收集器，接着选择 TOP 基准平面作为方向参考。

7）在"投影曲线"选项卡中选择✔（完成）按钮，完成的投影截面草绘修饰特征如图 6-164 所示。

图 6-163　选择要投影到的目标曲面　　　图 6-164　完成投影截面草绘修饰特征

6.11　修饰螺纹

在 Creo Parametric 系统中可以创建一类表示螺纹直径的修饰特征，这就是所谓的"修饰螺纹"特征，有时也被称为"螺纹修饰"特征。该类修饰特征与其他修饰特征不同，即修饰螺纹的线体（线造型）不能被修改。可以使用修饰螺纹表示外螺纹或内螺纹，并且螺纹可以是盲孔形式的也可以是贯通形式的。要创建修饰螺纹，通常需要指定螺纹内径或外径（分别对于外螺纹或内螺纹）、起始曲面和螺纹长度或终止边。当使用圆锥曲面为参考创建修饰螺纹时，应当考虑到此特殊曲面造成螺纹外径随参考曲面的每个点变化，因而应指定其螺纹高度而非螺纹外径或内径（本书不对该情况进行详细介绍）。

对于内部曲面，当用户选择要在上面放置螺纹的圆柱曲面或圆锥参考曲面时，Creo Parametric 会对该曲面与标准孔表进行对比，倘若所选曲面与在表中找到的孔相似，那么选定曲面的直径与标准表中的螺纹相匹配。当然，用户可以更改出现在"螺纹"选项卡中的这些匹配值，或者创建一个不基于标准表的简单螺纹。

创建修饰螺纹特征的示例如图 6-165 所示。

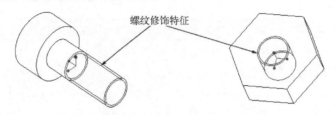

图 6-165　创建修饰螺纹特征的示例

在功能区的"模型"选项卡中选择"工程"→"修饰螺纹"命令，打开图 6-166 所示的"螺纹"选项卡。该选项卡中的 (定义简单螺纹) 按钮用于显示简单螺纹选项，包括 框用于设置圆柱曲面上简单螺纹的直径， 框用于设置简单螺纹每英寸或螺距的螺纹数。 (定义标准螺纹) 按钮用于设置要使用标准系列和直径的螺纹，并显示标准螺纹选项，如图 6-167 所示。

图 6-166　"螺纹"选项卡（定义简单螺纹时）

图 6-167　在"螺纹"选项卡中选中 (定义标准螺纹) 按钮时

下面介绍应用修饰螺纹特征的一个典型操作实例。

1) 单击 (打开) 按钮，弹出"文件打开"对话框。从本书配套资料包的 CH6 文件夹中选择"bc_6_xslw. prt"文件，单击"打开"按钮，文件中的原始模型如图 6-168 所示。

2) 在功能区的"模型"选项卡中选择"工程"→"修饰螺纹"命令，打开"螺纹"选项卡。在"螺纹"选项卡中默认选中 (定义简单螺纹) 按钮。

3) "放置"面板中的"螺纹曲面"收集器处于活动状态，选择图 6-169 所示的圆柱曲面（鼠标光标所指）定义螺纹曲面。系统根据所选曲面，在 框中给出匹配的螺纹直径值为"10.80"。

4) 在 框内单击（亦可在"深度"面板的"螺纹起始自"收集器的框内单击），接着选择图 6-170 所示的鼠标光标所指的端面定义螺纹的起始曲面（即指定螺纹的起始位置）。

5) 从"深度选项"下拉列表框中选择 (盲孔)，设置螺纹长度为"30"（即距起始参考的距离为30），如图 6-171 所示。在有些设计场合，深度选项可以选择为 (到选定项)，并选择螺纹终止时所在的曲面、平面、轴、顶点、点或面组。

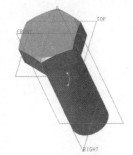

图 6-168　文件中原始模型

图 6-169　定义螺纹曲面

图 6-170　指定螺纹的起始位置

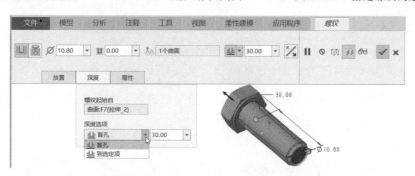

图 6-171　指定深度选项及螺纹长度

6）在"螺纹"选项卡中打开"属性"面板，可以指定修饰螺纹的名称，以及查看修饰螺纹的"参数"表，如图 6-172 所示，允许用于通过单击"参数"表中的单元格来更改相应的参数值。

7）在"螺纹"选项卡中单击 ✔（完成）按钮，完成创建修饰螺纹特征，结果如图 6-173 所示。

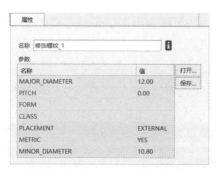

图 6-172　"螺纹"选项卡的"属性"面板

图 6-173　完成创建修饰螺纹特征

6.12　修饰槽

凹槽（即修饰槽）其实是一种投影的修饰特征。用户可以通过草绘并将其投影到曲面上来创建凹槽特征，要注意的是凹槽特征不能跨越曲面边界。在制造环节，可以使用凹槽特征指示刀具走刀轨迹。凹槽特征可以被阵列化。

创建凹槽（修饰槽）的典型操作方法及步骤如下。

1）在功能区"模型"选项卡中单击"工程"→"修饰槽"命令，打开图 6-174 所示的"特征参考"选项卡。

2）消息区出现"选择槽的一个面组或一组曲面"的提示信息，选择要在其上投影特征的曲面。在"特征参考"菜单中选择"完成参考"选项。

3）在菜单管理器中出现图 6-175 所示的菜单。利用这些菜单命令设置草绘平面和参考。

图 6-174 "特征参考"菜单　　　　图 6-175 出现的菜单

4）草绘凹槽截面。完成凹槽截面后，凹槽特征被投影到所选曲面上，但没有深度。创建凹槽（修饰槽）特征的示例如图 6-176 所示。

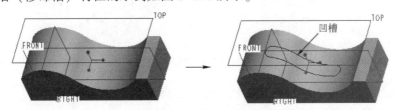

图 6-176 创建凹槽（修饰槽）示例

6.13 晶格特征

在 Creo Parametric 5.0 中，使用🔲（晶格）按钮，可以在模型中创建晶格特征，所谓的晶格是一种用于优化零件属性的内部框架，例如使用晶格来最大化强度重量比，典型示例如图 6-177 所示。用于晶格定义的元素主要有两种，一种是"单个单元"，另一种是"重复单元"。"单个单元"用于定义单个单元的尺寸、形状和内部结构，"重复单元"则指定义单个单元在体积块中的传播方式。

可以将晶格作为零件特征添加到 Creo 零件中，虽然内体积块的所有侧面均必须具有边界，但是用户可以使用基准平面作为其中一个边界。在创建晶格特征时，通常可以选择不在体积块中的相邻实体曲面来封闭体积块的开放边界，还可以将晶格设置为忽略小孔。

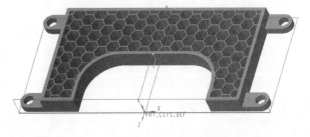

图 6-177 晶格特征

在功能区"模型"选项卡的"工程"溢出面板中单击🔲（晶格）按钮，打开"晶格"选项卡，从"晶格类型"下拉列表框中可以看出晶格类型分为两种，一种是 2.5D 晶格，另一种是 3D 晶格，这两种类型晶格的主要特点如下。

● 2.5D 晶格：指 2.5D 单元的晶格，可以将 2.5D 单元添加到所选阵列中。选择此类型晶格，可以选择单元形状，但无法选择其结构，可以控制晶格单元在内体积块中的传播方式，可以向结构中添加槽形排放口。图 6-178 为晶格类型为"2.5D"时，"晶格"选项卡提供的内容选项如图 6-178 所示。

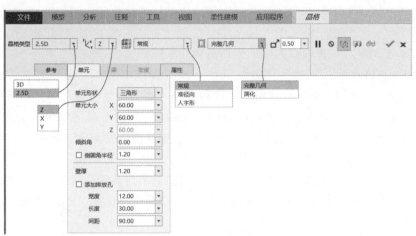

图 6-178 "晶格"选项卡（晶格类型为"2.5D"时）

● 3D 晶格：指 3D 单元的晶格，可以将 3D 单元添加到所选阵列中。选择此类型晶格，可以选择单元形状，并通过定义单元梁的数量来控制其结构，还可以控制梁的宽度和形状，控制晶格单元在内体积块中的传播方式等。当晶格类型为"3D"时，"晶格"选项卡如图 6-179 所示，除了要指定参考、晶格单元之外，还需要分别对梁和密度进行设置。

图 6-179 "晶格"选项卡（晶格类型为"3D"时）

要创建晶格特征，可以按照以下的一般方法步骤进行。有些步骤可以灵活调换。

1）在功能区"模型"选项卡的"工程"溢出面板中单击 （晶格）按钮，打开"晶格"选项卡。

2）在"晶格"选项卡的"晶格类型"下拉列表框中选择"3D"或"2.5D"。

3）定义单元的 Z 轴与哪一个方向对齐。从 ⊾ 下拉列表框中选择"Z""X""Y"选项。

4）在 ▦ 下拉列表框中定义如何在内体积块中定位单元（即选择晶格单元在内体积块中的传播方式），可供选择的选项有"常规""准径向""人字形"。要在直线和层中逐个添加晶格单元，则选择"常规"选项；要在圆形阵列中添加晶格单元，则选择"准径向"选项，并在"基础单元编号"框中输入单元编号值；如果要在人字形的复式阵列结构中添加晶格单元，则选择"人字形"选项，人字形传播需要非零倾斜角。

5）要切换晶格表示，则 ▢ （晶格表示）下拉列表框中选择"完整几何"或"简化"等。"完整几何"选项用于创建包含所有属性和准确外观的完整晶格几何，由于完整几何表示需要更多的资源，故而可能会导致系统变慢，在晶格包含大量晶格单元时尤为如此，完整几何表示可导出到 3D 打印机。"简化"选项用于创建晶格的轻量化近似模型，使用简化的表示可以提高性能，需要注意的是简化的表示不能导出到 3D 打印机。另外，在一些设计情况下，还有一个"均质"选项，它用于使用半透明曲面创建特殊面组以表示晶格体积块。

6）要相对于当前的单元大小设置单元大小，保持其当前比例，则在 ⬈ （比例）框中输入一个比例值。

7）在"晶格"选项卡中打开"参考"面板，使用此面板可启用、定义及显示晶格边界。当要添加内部晶格而不将实体零件转换为晶格，则清除"转换实体"复选框，接着借助"边界曲面"收集器来选择形成晶格传播边界的曲面（多选曲面时需按〈Ctrl〉键，必要时可单击"细节"按钮，利用打开的"曲面集"对话框来定义边界曲面），如图 6-180a 所示，另外，要忽略曲面中的间隙，则勾选"曲面片开放区域"复选框。如果要将实体零件转换为晶格，那么勾选"转换实体"复选框，接着设置是否保留壳，若要在晶格中包含零件的壳，那么勾选"保留壳"复选框，并设置壳的厚度，指定壳侧选项为"内侧""外侧"，以及在激活"排除的壳曲面"收集器的状态下选择要从晶格中排除的曲面，如图 6-180b 所示。

a)　　　　　　　　　　　　　　b)

图 6-180 "参考"面板

a）清除"转换实体"复选框时　b）选中"转换实体"复选框时

要更改第一个晶格单元的默认位置,则在"参考"面板的"第一个单元位置"收集器的框内单击,接着在图形窗口中单击所需的坐标系。

8)对于3D晶格类型和2.5D晶格类型,都需要在"单元"面板中定义其单元相应的结构。

9)对于3D晶格类型,还需要在"梁"面板中定义梁的结构,梁的横截面类型主要有"圆形""正方形""六边形"。利用"密度"面板还可定义具有可变密度的晶格,密度取决于梁的横截面尺寸。

10)单击✔(完成)按钮。

下面介绍一个创建晶格特征的典型范例。

1)单击📂(打开)按钮,弹出"文件打开"对话框。从本书配套资料包的CH6文件夹中选择"BC_JG. prt"文件,单击"打开"按钮,文件中的原始模型如图6-181所示。

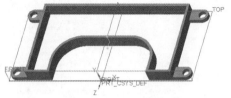

图6-181 原始模型

2)在功能区"模型"选项卡的"工程"溢出面板中单击📬(晶格)按钮,打开"晶格"选项卡。

3)从"晶格类型"下拉列表框中选择"2.5D"选项。

4)在"晶格"选项卡中打开"参考"面板,清除"转换实体"复选框,在"边界曲面"收集器处于激活状态下使用鼠标在图形窗口中分别选择实体模型的内壁所有面(需要结合〈Ctrl〉键进行曲面多选),以及在按住〈Ctrl〉键的同时选择实体模型上下两个主端面,如图6-182所示,注意下主端面与TOP基准平面贴合。在"参考"面板中还勾选"曲面片开放区域"复选框。

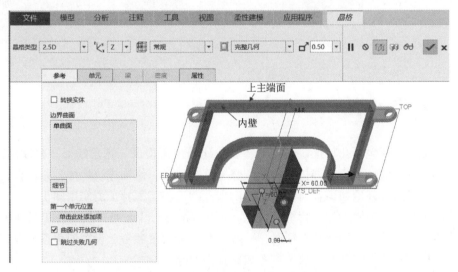

图6-182 指定晶格的相关边界曲面

说明:如果有必要,可以在"参考"面板的"第一个单元位置"收集器的框内单击,以激活此收集器,接着在图形窗口中选择PRT_CSYS_DEF坐标系。

5)在📐下拉列表框中选择"Y"选项,在📊下拉列表框中选择"常规"选项,在📦(晶格表示)下拉列表框中选择"完整几何"选项,在📏(比例)框默认比例值为"0.5"。

6）打开"单元"面板，分别设置图6-183所示的晶格单元参数。

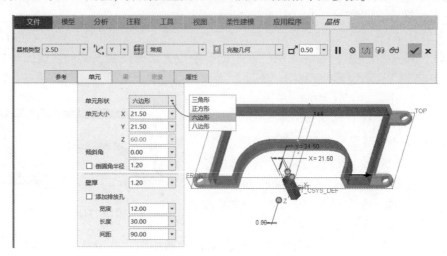

图6-183　设置晶格单元参数等

7）单击☑（完成）按钮，完成创建晶格特征，效果如图6-184所示。

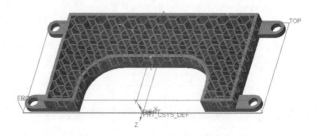

图6-184　完成晶格特征

6.14　本章小结

广义的工程特征包括孔特征、壳特征、筋特征、拔模特征、圆角特征、自动圆角特征、倒角特征、环形折弯特征、骨架折弯特征、修饰草绘特征、修饰螺纹特征、修饰槽特征和晶格特征等。本章结合理论知识和典型操作实例来介绍这些工程特征的实用知识。

孔特征是一种较为常见的工程特征。在Creo Parametric中，可以使用孔工具在模型中创建简单孔和工业标准孔。创建孔特征时，一般需要定义放置参考、设置偏移参考及定义孔的具体特性。注意孔特征的分类、放置参考和放置类型等。

壳特征的应用特点是将实体内部掏空，只留一个特定壁厚的壳。创建壳特征时，可以指定要从壳移除的一个或多个曲面；如果未指定要移除的曲面，则将创建一个封闭的壳，即零件的整个内部都被掏空，并且空心部分没有入口。另外，可以为不同曲面设置不同的壳厚度，以及指定从壳中排除的曲面。

筋特征常设计作为零件的加固结构。筋特征是设计中连接到实体曲面的薄翼或腹板伸出项。根据创建方法和特征特点，可以将筋特征分为轮廓筋和轨迹筋两大类。其中轮廓筋又可以分为两种类型（直的轮廓筋特征和旋转轮廓筋特征）。在创建筋特征时，尤其需要注意什么是有效的筋特征草绘。

拔模特征是本章的一个难点。在 Creo Parametric 中，拔模特征向单独曲面或一系列曲面中添加一个介于-89.9°和+89.9°之间的拔模角度。注意在什么情况下才能进行拔模。例如只有当曲面是由列表圆柱面或平面形成时，才可拔模；当曲面边的边界周围要求有圆角时，以前通常的解决方法是先不添加圆角，待对模型曲面进行拔模后再对边进行圆角处理，在 Creo Parametric5.0 中，不再有这些顾虑了，可以很方便地处理拔模特征中的圆角了，有连接圆角时也一样可以进行拔模操作。而拔模曲面之间的圆角将被识别为内部圆角，对于拔模曲面的内部圆角，可以通过"拔模"选项卡上的"不对内部倒圆角进行拔模"复选按钮设置是保留内部圆角（不对内部圆角进行拔模）还是对它们进行拔模以变成圆锥。拔模的专用术语需要读者认真理解和掌握。拔模特征可以分为基本拔模特征、可变拔模特征和分割拔模特征。在分割拔模中，可以分为根据拔模枢轴分割和根据分割对象分割两类。

圆角和倒角在零件设计中应用较为普遍。通常使用圆角特征使相邻的两个面之间形成光滑曲面，而使用倒角则可对边或拐角进行斜切削。重点掌握圆角创建方法和截面形状、圆角放置参考以及如何创建恒定圆角、可变圆角、由曲线驱动的圆角和完全圆角等知识。在学习倒角知识点时，要掌握边倒角和拐角倒角的创建方法及步骤。

自动圆角也是 Creo Parametric 中的一个实用功能，使用该功能可以在实体几何对象或零件或组件的面组上创建恒定半径的圆角几何。自动圆角特征最多只能有两个半径尺寸，凸边与凹边各有一个，而凸半径与凹半径是自动圆角特征所拥有的属性。

此外，用户还需要掌握环形折弯、骨架折弯、修饰草绘、修饰螺纹、修饰槽特征和晶格特征的应用知识。

通过本章的学习，读者基本上可以创建一些较为复杂的三维模型。

6.15 思考与练习

（1）孔特征可以分为哪些类型？孔的放置类型主要有哪几种？

（2）简述如何创建具有不同壳厚度的壳特征。可以举例辅助介绍。

（3）筋特征草绘有哪些规则？

（4）如何创建轮廓筋和轨迹筋？

（5）什么是拔模曲面、拔模枢轴、拔模方向和拔模角度？

（6）圆角特征主要分为哪几种类型？如何创建可变圆角特征？

（7）总结创建自动圆角特征的典型方法及步骤。

（8）倒角可以分为边倒角和拐角倒角，分别说一说这两种倒角的应用特点，以及如何创建它们。

（9）如果模型的所有侧曲面均彼此相切，那么在进行创建基本拔模特征的过程中，要指定所有的侧曲面为拔模曲面时，如何定义拔模曲面效率最高？

提示：选择任意侧曲面。因为所有侧曲面均彼此相切，所以拔模将自动延伸到零件的所有曲面。

（10）综合上机练习：要完成的模型效果如图 6-185 所示，具体尺寸由读者按照效果图自行选定。要求首先创建一个拉伸实体，然后分别在该基本实体中创建拔模特征、孔特征、圆角特征、壳特征和筋特征。在本书配套资料包的 CH6 文件夹中提供了该综合练习题的参考零件模型，其文件为"bc_6_ex10_finish.prt"。

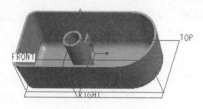

图 6-185　上机练习题

（11）如何理解环形折弯和骨架折弯？

（12）如何理解修饰草绘、修饰螺纹和修饰槽？它们的创建方法分别是怎么样的？

（13）什么是晶格特征？如何创建晶格特征？

第7章 典型的曲面设计

本章导读:

使用前面介绍的工具命令进行三维建模是远远不够的,还需要掌握一些典型的曲面设计方法等。在本章中,将重点介绍一些典型的曲面设计方法,包括边界混合、自由式曲面设计、将切面混合到曲面、顶点倒圆角、样式曲面设计和重新造型。

7.1 边界混合

使用系统提供的 (边界混合) 按钮,可以在参考对象 (它们在一个或两个方向上定义曲面) 之间创建边界混合特征,在每个方向上选定的第一个和最后一个图元定义曲面的边界。需要时,可以根据设计要求添加更多的参考图元 (如控制点和边界条件),从而更完整地定义曲面形状。

在功能区"模型"选项卡的"曲面"组中单击 (边界混合) 按钮,打开图 7-1 所示的"边界混合"选项卡。下面介绍一下该选项卡的各主要组成元素的功能含义。

图 7-1 "边界混合"选项卡

- : 第一方向链收集器。
- : 第二方向链收集器。
- "曲线"面板:该面板如图 7-2 所示。利用"第一方向"收集器和"第二方向"收集器来选择各方向的曲线,并可以控制选择顺序。"闭合混合"复选框只适用于其他收集器为空的单向曲线,如果勾选"闭合混合"复选框,则通过将最后一条曲线与第一条曲线混合来形成封闭环曲面。如果单击"细节"按钮,则可以打开"链"对话框,以便能修改链和曲面集属性。
- "约束"面板:该面板如图 7-3 所示。该面板主要用来控制边界条件,包括边对齐的相切条件。为边界设置的可能相切条件有"自由""相切""曲率""垂直"。另外要注意以下几个复选框的功能含义。
- "显示拖动控制滑块"复选框:显示控制边界拉伸系数 (拉伸因子) 的拖动控制滑块。
- "添加侧曲线影响"复选框:启用侧曲线影响。在单向混合曲面中,对于指定为"相切""曲率"的边界条件，Creo Parametric 使混合曲面的侧边相切于参考的侧边。

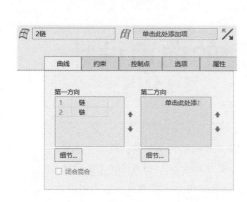

图 7-2 "曲线"面板

图 7-3 "约束"面板

- "添加内部边相切"复选框：设置混合曲面单向或双向的相切内部边条件。此条件只适用于具有多段边界的曲面。可以创建带有曲面片（通过内部边并与之相切）的混合曲面。某些情况下，如果几何复杂，内部边的二面角可能会与零有偏差。
- "优化曲面形状"复选框：在选定 4 个应用相切或曲率连接的单图元边界的情况下，优化曲面形状。
- "控制点"面板：该面板如图 7-4 所示，主要通过在输入曲线上映射位置来添加控制点并形成曲面。使用"集"列表中的"新建集"添加控制点的新集。而控制点"拟合"下拉列表框中包含这些预定义的控制选项，即"自然""弧长""点到点""段至段""可延展"。
- "选项"面板：该面板如图 7-5 所示，用来选择曲线链来影响混合曲面的形状或逼近方向。在"影响曲线"收集器的框中单击，可以将其激活，接着选择所需的曲线链。单击"细节"按钮，则打开"链"对话框来修改链组属性。平滑度因子用于控制曲面的粗糙度、不规则性或投影；在方向上的曲面片（第一和第二）则控制用于形成结果曲面的沿 u 和 v 方向的曲面片数。

图 7-4 "控制点"面板

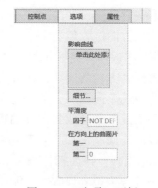

图 7-5 "选项"面板

- "属性"面板：利用该面板，可以重命名此边界混合特征，或在 Creo Parametric 浏览器中显示关于此边界混合特征的详细信息。

7.1.1 在一个方向上创建边界混合

在一个方向上创建边界混合曲面的典型示例如图 7-6 所示。注意在每个方向上，都必须按连续的顺序选择参考图元链（可对参考图元进行重新排序），选择顺序不同则会造成生成不同的边界混合曲面。该边界混合曲面的创建过程如下（原始素材文件 bc_7_bjhh1. prt 位于随书光盘的 CH7 文件夹中）。

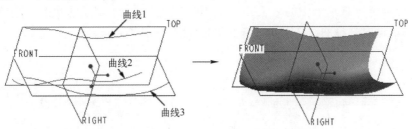

图 7-6 在一个方向上创建边界混合曲面

1) 在功能区"模型"选项卡的"曲面"组中单击 （边界混合）按钮，打开"边界混合"选项卡。

2) "边界混合"选项卡中的 （第一方向链收集器）处于被激活状态。选择曲线 1，接着按住〈Ctrl〉键的同时单击曲线 2 和曲线 3，如图 7-7 所示。

3) 在"边界混合"选项卡中单击 （完成）按钮，完成该边界混合曲面。

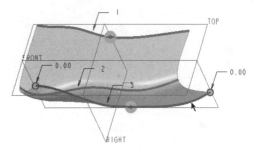

图 7-7 指定第一方向链

7.1.2 在两个方向上创建边界混合

可以在两个方向上创建边界混合曲面特征。对于在两个方向上定义的边界混合曲面而言，其外部边界必须形成一个封闭的环，即有效的外部边界必须相交。如果边界不终止于相交点，那么 Creo Parametric 系统将自动修剪这些边界，并使用有关部分。

在两个方向上创建边界混合曲面特征的方法和步骤如下。

1) 在功能区"模型"选项卡的"曲面"组中单击 （边界混合）按钮，打开"边界混合"选项卡。

2) "边界混合"选项卡中的 （第一方向链收集器）处于被激活状态。在曲面的第一个方向上选择曲线。结合按〈Ctrl〉键可以选择多条曲线。

3) 在 （第二方向链收集器）的框中单击，从而将其激活，如图 7-8 所示。然后在曲面的第二方向上选择曲线链。结合按〈Ctrl〉键可以选择多条曲线链。

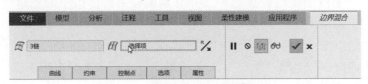

图 7-8 激活第二方向链收集器

4）在"边界混合"选项卡中单击 ✅（完成）按钮，接受边界混合条件。

下面是在两个方向上创建边界混合曲面的典型操作实例。

1）单击 📂（打开）按钮，弹出"文件打开"对话框。从附赠网盘资料中的 CH7 文件夹中选择 bc_7_bjhh2. prt 文件，单击"打开"按钮。该文件中存在着的曲线如图 7-9 所示。

2）在功能区"模型"选项卡的"曲面"组中单击 🔲（边界混合）按钮，打开"边界混合"选项卡。

3）"边界混合"选项卡中的 🔲（第一方向链收集器）处于被激活状态。选择曲线 1，按住〈Ctrl〉键的同时选择曲线 2 和曲线 3，此时如图 7-10 所示。

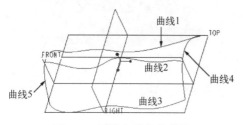

图 7-9　原始文件中的曲线

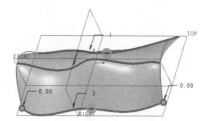

图 7-10　指定第一方向链

4）在"边界混合"选项卡的 🔲（第二方向链收集器）框中单击，将该收集器激活，然后选择曲线 4，按住〈Ctrl〉键的同时选择曲线 5，如图 7-11 所示。

5）在"边界混合"选项卡中单击 ✅（完成）按钮，完成该边界混合曲面，效果如图 7-12 所示。

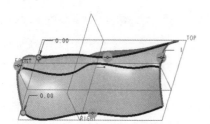

图 7-11　指定第二方向链

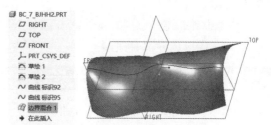

图 7-12　完成该双向边界混合曲面

7.1.3　使用影响曲线

在创建边界混合曲面的过程中，可以使用影响曲线（也称逼近曲线）来进一步控制曲面。使用影响曲线的方法很简单，就是在执行"边界混合"工具命令并选择第一方向和第二方向上的边界曲线后，在"边界混合"选项卡中选择"选项"面板，接着单击位于该面板中的"影响曲线"收集器框，从而激活该收集器，然后选择要逼近的曲线，所选曲线将显示在"影响曲线"收集器中，并分别设置平滑度因子和指定方向上的曲面片数，如图 7-13 所示的示例。

需要注意的是，在"平滑度"下的"因子"文本框中输入的值必须介于 0~1 之间；而在"在方向上的曲面片"下的"第一"文本框和"第二"文本框中输入的曲面片数应介于 1~29 之间。曲面片数量越多，曲面与选定曲线越靠近。

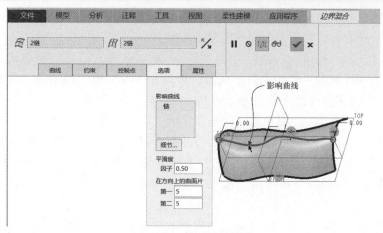

图7-13 使用影响曲线

7.1.4 设置边界约束条件

在创建边界混合曲面特征时，用户可以根据设计要求对边界混合曲面的边界定义约束条件。定义边界约束时，Creo Parametric 会试图根据指定的边界来选择默认参考，用户也可以自行选择所需的参考。

要设置边界约束条件，需要在"边界混合"选项卡中打开"约束"面板，在边界列表中选择所需的边界，从其相应的"条件"单元格列表中选择约束条件选项，需要时可以修改定义边界约束时的默认参考，如图7-14所示。

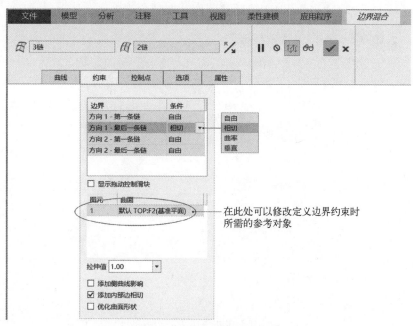

图7-14 设置边界约束条件

- "自由"：沿边界没有设置相切条件。
- "相切"：混合曲面沿边界与参考曲面相切。

● "曲率"：混合曲面沿边界具有曲率连续性。

● "垂直"：混合曲面与参考曲面或基准平面垂直。

当边界条件设为"相切""曲率"或"垂直"时，如果有必要，则勾选"显示拖动控制滑块"复选框来控制边界拉伸系数。或者，可以在"拉伸值"框中输入拉伸值。默认的拉伸因子为1，所述的拉伸因子的值会影响曲面的方向。

下面介绍的这个创建边界混合曲面的操作实例中涉及设置边界约束条件的操作。

1）单击 📂（打开）按钮，弹出"文件打开"对话框。从附赠网盘资料中的 CH7 文件夹中选择 bc_7_bjhh3. prt 文件，单击"打开"按钮。该文件中存在着的曲线如图 7-15 所示。

2）在功能区"模型"选项卡的"曲面"组中单击 📄（边界混合）按钮，打开"边界混合"选项卡。

3）"边界混合"选项卡中的 📄（第一方向链收集器）处于被激活状态。结合〈Ctrl〉键选择如图 7-16 所示的曲线作为第一方向链。

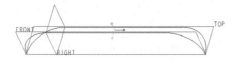

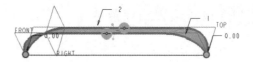

图 7-15　文件中存在着的曲线　　　　　　　图 7-16　指定第一方向链

4）在"边界混合"选项卡中单击"约束"选项标签以打开"约束"面板。

5）在边界列表中选择"方向 1-第一条链"，接着从其"条件"单元格列表中选择"垂直"选项，接受其默认的曲面参考，使用同样的方法，将"方向 1-最后一条链"的边界条件也设置为"垂直"，如图 7-17 所示。注意曲面几何动态预览的变化情况。

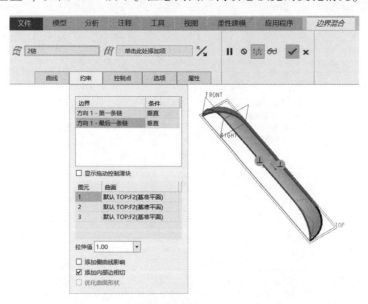

图 7-17　设置指定边界的约束条件

6）在"边界混合"选项卡中单击 ✅（完成）按钮，创建的边界混合曲面特征如图 7-18 所示。

图 7-18　创建的边界混合曲面

7.2　自由式曲面

本节介绍自由式建模环境概述、创建自由式特征的步骤和其应用范例。

7.2.1　自由式建模环境概述

在 Creo Parametric 5.0 零件建模模式下，可进入一个自由式建模环境，该建模环境为用户提供了使用多边形控制网格快速简单地创建光滑且正确定义的 B 样条曲面的命令。在自由式建模环境中，可以操控和以递归方式分解控制网格的面、边或顶点来创建新的顶点和面，在修改形状时可以获得更精细的控制和细节。新顶点在控制网格中的位置基于附近的旧顶点位置来计算。在此操作过程中系统可以生成一个比原始网格更密的控制网格。

在这里，用户需要了解知自由式曲面的以下术语。

- 自由式曲面：合成几何称为自由式曲面。自由式曲面具有 NURBS 和多边形曲面的特点。
- 网格元素：指控制网格上的面、边或顶点。
- 自由式特征：包括自由式曲面及其所有参考。

要进入自由式建模环境，则从功能区"模型"选项卡的"曲面"组中单击 (自由式)按钮，打开图 7-19 所示的"自由式"选项卡并进入自由式建模环境。

图 7-19　"自由式"选项卡

在自由式建模环境中工作的基本思路是：选择形状基元并通过操作操控网格元素来创建自由式曲面，所使用的操作为平移或旋转网格元素、缩放网格元素、对自由式曲面进行拓扑更改、创建对称的自由式曲面、将软皱褶或硬皱褶应用于选定网格元素以调整自由式曲面的形状。

用于操控控制网格的元素有拖动器和功能区中的按钮，其中拖动器是自由式建模环境中的一个图形工具（可用来操控和缩放控制网格上的网格元素），会在单击控制网格后出现，如图 7-20 所示，拖动器的初始放置和方向由所选网格元素的类型决定。拖动器的轴称为控制滑块。

要控制网格显示，则在创建或导入形状后，在控制网格上选择要显示的面（按住〈Ctrl〉键可选择多个面），接着在图形工具栏中单击 (网格显示) 按钮即可。

另外，方框模式是自由式中的一种显示模式，在此模式下会对控制网格而非 B-样条曲面进行着色。由于在方框模式下不会重新生成曲面，故在此模式下允许用户对网格执行快速而复杂的操作。图形工具栏上的 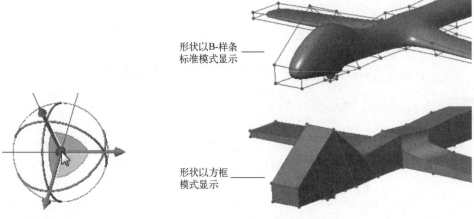（方框模式）按钮，用于打开或关闭方框模式显示，即在方框模式与标准显示模式之间进行切换。图 7-21 为标准显示模式与方框模式的对比效果。

形状以 B-样条 ——
标准模式显示

形状以方框 ——
模式显示

图 7-20　拖动器示例　　　　　　图 7-21　标准显示模式与方框模式

7.2.2　创建自由式特征的一般步骤

在介绍具体的自由式建模实例之前，先介绍创建自由式特征的一般步骤。

1）打开现有零件或新建零件文件，在功能区"模型"选项卡的"曲面"组中单击 （自由式）按钮，打开"自由式"选项卡。

2）单击"形状"旁边的箭头以打开开放基元和封闭基元的库，如图 7-22 所示。如果在"自由式"选项卡中打开"操作"溢出组列表，接着单击 （选项）工具命令，则打开一个"自由式选项"对话框，如图 7-23 所示，从中设置自由式特征的相关选项，包括坐标系参考、3D 拖动器增量参数等。

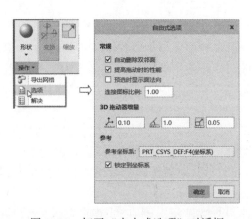

图 7-22　打开"形状（基元）"库　　　图 7-23　打开"自由式选项"对话框

3）选择开放基元或封闭基元，在图形窗口中以带控制网格形式显示它。

4）单击控制网格以显示拖动器。

5）在控制网格上选择网格元素。根据设计目的，使用拖动器或"自由式"选项卡上的下列各组中的命令来操控控制网格。

- "控制（操作)"：操控或缩放控制网格以创建自由式曲面，使用拖动器亦可执行这些操作。
- "创建"：对自由式曲面进行拓扑更改。
- "皱褶"：将硬皱褶或软皱褶应用到网格元素。
- "对称"：镜像自由式曲面。

知识点拨：在自由式建模环境中，选择网格元素可以有多种选择机制见表 7-1（描述自由式环境中的选择机制来源于 Creo Parametric 帮助文件）。

表 7-1　在自由式中选择网格元素的选择机制

序　号	选择机制	选择操作说明
1	选择过滤器	使用位于状态栏中的选择过滤器辅助选择一个或多个网格元素；执行镜像和对齐操作时，也可以使用过滤器来选择平面和平面曲面
2	完整环选择	选择边或面，按住〈Shift〉键并选择要包含到环中的其他网格元素；选择最初选择的那个边或面以完成环
3	部分环选择	选择一个或多个不同类型的网格元素，如面、边和顶点，按住〈Shift〉键并选择类型与先前的选择相同的网格元素来创建部分环
4	多个环选择	使用完整环选择或部分环选择方法选择第一个环，按住〈Ctrl〉键并选择新的网格元素，然后按住〈Ctrl+Shift〉组合键选择下一个环
5	区域选择	拖动指针创建一个矩形框，从而选择框中的所有网格元素，元素基于选择过滤器进行选择，按住〈Ctrl〉键并拖动指针创建一个新方框以添加到选择集

6）在"自由式"选项卡中单击✔（确定）按钮以保存并关闭自由式特征，或者单击✖（取消）按钮以取消所有更改并退出自由式环境。

7.2.3 自由式曲面应用范例

请看下面使用自由式命令创建瓶子的典型范例，涉及操控基元和使用"自由式"命令（拉伸、分割、删除、皱褶、缩放和对齐）。

1）在"快速访问"工具栏中单击 🖻（打开）按钮，系统弹出"文件打开"对话框，从随书配套的 CH7 中选择"bc_7_zys.prt"文件，单击"文件打开"对话框中的"打开"按钮，该原始文件存在一个拉伸曲面特征，如图 7-24 所示。

2）在功能区"模型"选项卡的"曲面"组中单击 🖸（自由式）按钮，打开"自由式"选项卡。

3）在"自由式"选项卡的"操作"组中单击"形状"下方的箭头 ▾ 以打开开放基元和封闭基元的库，接着从封闭基元的库中选择"球形初始形状" 🔘，从而设置在图形窗口中显示该球面及其控制网格。

4）围绕该球面指定两个角点拖出一个方框来选择球面所有网格元素，如图 7-25 所示。接着在功能区的"控制"组中单击 🔲（缩放）按钮以缩放网格元素，此时拖动器变为 3D 缩放控制滑块，并且在选择内容周围保留一个边界框。

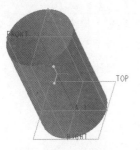

图7-24　原始模型

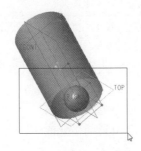

图7-25　框选所有网格元素

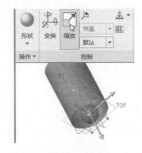

图7-26　单击"缩放"按钮

5）按住〈Ctrl〉键并拖动缩放控制滑块来对球面执行3D缩放，直到拖动该球面的大小大约为圆柱曲面大小的两倍，如图7-27所示。

6）选择背面的控制网格，在功能区"自由式"选项卡的"创建"组中单击 （拉伸）按钮以拉伸该面，此时拉伸选定网格面的参考结果如图7-28所示。

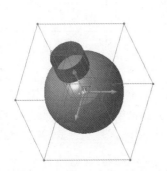

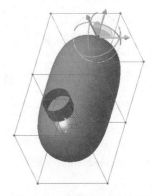

图7-27　按〈Ctrl〉键并拖动缩放控制滑块进行缩放

图7-28　拉伸选定网格面

7）先选择底部的其中一个面，再按住〈Ctrl〉键的同时选择底面的另一个面，并使用鼠标拖动拖动器的一个控制滑块来拉伸形状，参考效果如图7-29所示。

8）单击鼠标中键重复拉伸操作，此时如图7-30所示。向下拖动拖动器的控制滑块来拉伸形状，效果如图7-31所示。

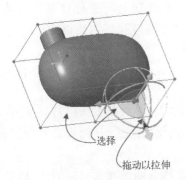

图7-29　选择要拉伸的两个面

图7-30　单击鼠标中键以重复拉伸

图7-31　拖动操作

9）单击鼠标中键再次重复拉伸操作，可以拖动拖动器朝下的滑块来拉伸调整形状，效果如图 7-32 所示。

10）选择图 7-33 所示的一条边，接着在"图形"工具栏中单击 🖻（已保存方向）按钮，并从打开的视图列表中选择"RIGHT"视图选项，接着在图形窗口中拖动拖动器的平面控制滑块以定义边，效果如图 7-34 所示。

图 7-32　重复拉伸操作

图 7-33　选择右上方边

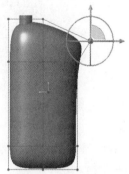

图 7-34　拖动滑块定义边

11）调整视图视角，选择图 7-35 所示的一个面，接着在功能区"自由式"选项卡的"创建"组中单击 🖻（拉伸）按钮，以拉伸该面并开始创建瓶子手柄的上部，如图 7-36 所示。

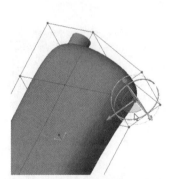

图 7-35　选择要操作的一个面

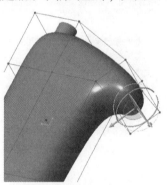

图 7-36　拉伸选定面

12）选择图 7-37 所示的一个面，接着在"自由式"选项卡的"创建"组中单击 🖻（拉伸）按钮，以拉伸该面并开始创建瓶子手柄的下部，如图 7-38 所示。

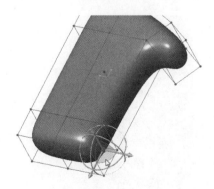

图 7-37　选择要操作的右下面

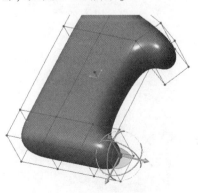

图 7-38　拉伸选定面

13) 在"图形"工具栏中单击 📷（已保存方向）按钮并从打开的视图列表中选择 "RIGHT"视图选项。接着使用旋转控制滑块（圆形）旋转仍然处于选中状态的该面，如 图7-39所示。使用拖动器的中心球在屏幕上自由拖动以定义选定面，如图7-40所示。

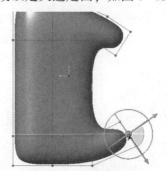

图7-39　旋转选定面　　　　　　　　　图7-40　拖动选定面

14) 确保当前面仍然处于选中状态，重新调整模型视角后，按住〈Ctrl〉键并选择 图7-41所示的一个面，接着在功能区"自由式"选项卡的"创建"组中单击 ▥（连接）按钮，从而使两个面连接以完成手柄初始形状，如图7-42所示。

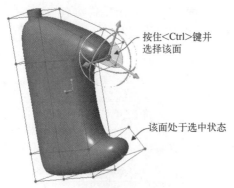

按住<Ctrl>键并选择该面

该面处于选中状态

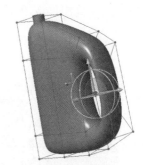

图7-41　旋转选定面　　　　　　　　　图7-42　连接选定面

15) 在"图形"工具栏中单击 📷（已保存方向）按钮并从打开的视图列表中选择 "RIGHT"视图选项。使用区域选择机制选择（如框选）如图7-43所示的顶点，接着使用 拖动器的控制滑块移动顶点以获得所需形状。使用同样的方法，拖动其他选定顶点来调整形状，获得的参考形状如图7-44所示。

图7-43　使用区域选择机制选择顶点　　　图7-44　拖动选定顶点（使用区域选择机制）调整形状

16）在选择过滤器下拉列表框中选择"面"选项，选择图7-45所示的瓶子中部拟贴标签的3个面（多选时使用〈Ctrl〉键），接着在"自由式"选项卡的"控制"组中单击🔲（缩放）按钮，此时缩放控制滑块显示在选定面边界框的中心位置，在本例中需要将其重新定位到合适位置处以便可以从该位置进行缩放操作。在"控制"组中单击🔨（重定位）按钮，接着在"图形"工具栏中单击🔲（已保存方向）按钮并从打开的视图列表中选择"RIGHT"视图选项，选定一水平轴以沿着该轴线将拖动器拖到图7-47所示的大致位置处，然后在"控制"组中单击🔨（重定位）按钮以取消选中此按钮。

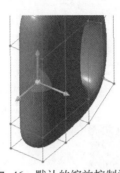

图7-45 选择面1、面2和面3　　图7-46 默认的缩放控制滑块　　图7-47 重定位拖动器

17）按〈Ctrl+D〉组合键以默认的视图方向显示模型，拖动相应的缩放控制滑块（轴）来对控制网格执行2D缩放，缩放结果如图7-48所示，可以明显看到瓶子中部形成膨胀效果。

18）在功能区"自由式"选项卡的"创建"组中单击"面分割"旁的箭头按钮▾，接着单击"🔲25%"按钮，从而以25%的偏移量将选定面分割成多个面，如图7-49所示。

图7-48 执行2D缩放　　　　图7-49 使用面分割选项分割选定的3个面

19）在功能区"自由式"选项卡的"操作"组中单击🔲（缩放）按钮，在"控制"组中单击🔨（重定位）按钮，接着在"图形"工具栏中单击🔲（已保存方向）按钮并从打开的视图列表中选择"RIGHT"视图选项，选定一水平轴以沿着该轴线将拖动器拖到图7-50所示的大致位置处，然后在"控制"组中单击🔨（重定位）按钮以取消选中此按钮。按〈Ctrl+D〉组合键以默认的视图方向显示模型，使用相应轴控制滑块向内缩放这些面，参考效果如图7-51所示。

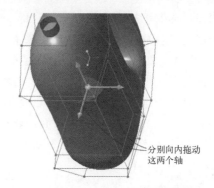

图 7-50 重定位缩放拖动器　　　　图 7-51 向内缩放操作

20）在选择过滤器下拉列表框中选择"边"选项，选择图 7-52 所示的 8 条相连边（选择其中一条边后，按住〈Ctrl〉键来选择其他边），接着从功能区"自由式"选项卡的"皱褶"组中选择"强反差"单选按钮，拖动滑块将皱褶值设置为最大值，如图 7-53 所示，从而将硬皱褶应用于选定边。

图 7-52 选择要"硬化"的边　　　图 7-53 将硬皱褶应用于选定边

21）使用和上步骤同样的方法，在相应外侧边设置"硬皱褶"效果，如图 7-54 所示。

22）将皱褶应用于手柄区域。首先选择底部的一条边，按住〈Shift〉键的同时将鼠标指针继续置于所选的该边上，单击鼠标右键检索对象直到检索到正确的一个环时单击鼠标左键（需要保持按住〈Shift〉键，完成正确选择所需环后才释放〈Shift〉键），如图 7-55 所示，接着从功能区"自由式"选项卡的"皱褶"组中选择"柔和"单选按钮，将皱褶值设置为"88"，此时预览效果如图 7-56 所示。

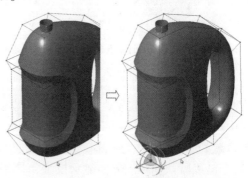

图 7-54 相应外侧边的"皱褶"效果　　　图 7-55 选择要操作的环

23）可以继续对其他网格元素进行调整以改变模型效果。例如选择手柄处的一个面，在图形窗口中右击并从弹出来的菜单中选择 🔲（缩放）按钮，拖动相应的滑块进行缩放操作，效果如图 7-57 所示。

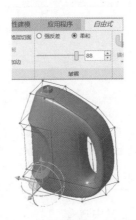 

图 7-56　将皱褶应用于手柄区域　　　图 7-57　对其他面进行调整

24）在功能区"自由式"选项卡的"关闭"组中单击 ✔（确定）按钮，完成自由式特征创建。

25）在功能区"模型"选项卡的"工程"组中单击 🍥（圆角）按钮，选择皱褶边进行圆角操作，圆角半径设置为"10"，如图 7-58 所示，单击 ✅（完成）按钮。

26）选择拉伸曲面的上边链几何，单击 ➡（延伸）按钮来将拉伸曲面延伸合适的距离。接着选择自由式曲面，按住〈Ctrl〉键的同时选择拉伸曲面，单击 🗗（合并）按钮，接着设置要保留的面组侧，单击 ✅（完成）按钮。最后再将圆角添加到相交边以进一步细化形状，完成的曲面模型参考效果如图 7-59 所示。

图 7-58　倒圆角　　　　　　　图 7-59　完成的容量瓶曲面效果

7.3　将切面混合到曲面

使用"将切面混合到曲面"工具命令，可以从边或曲线中创建与曲面（包括实体曲面）相切的拔模曲面（混合的曲面）。在使用该命令之前，可能需要创建分型面和参考曲线，如拔模线。相切拔模曲面的类型分为 3 种，即曲线驱动相切拔模曲面、拔模曲面外部的恒定角度相切拔模、在拔模曲面内部的恒定角度相切拔模，它们的介绍见表 7-2。

表 7-2 相切拔模曲面的类型

序号	类 型	说 明	备 注
1	曲线驱动相切拔模曲面	在参考曲线（诸如分型曲线或绘制曲线）和与上述曲面相切的选定参考零件曲面之间的分型面一侧或两侧创建曲面	此参考曲线必须位于参考零件之外
2	拔模曲面外部的恒定角度相切拔模	通过沿参考曲线的轨迹并与拖动方向成指定恒定角度创建曲面的方式创建曲面	使用该特征为无法利用常规"拔模"特征进行拔模的曲面添加相切拔模；还可使用该特征将相切拔模添加至具有圆角边的筋中，并保持与参考零件相切
3	在拔模曲面内部的恒定角度相切拔模	创建拔模曲面内部的、具有恒定拔模角的曲面	该曲面在参考曲线（如拔模线或轮廓曲线）一侧或两侧上以相对于参考零件曲面的指定角度进行创建，并在拔模曲面和参考零件的相邻曲面之间提供圆角过渡

在功能区"模型"选项卡的"曲面"组的溢出列表中选择"将切面混合到曲面"命令，弹出图 7-60 所示的"曲面：相切曲面"对话框，在该对话框的"结果"选项卡中提供了 3 个基本选项，即 ![icon]（曲线驱动相切拔模曲面）、![icon]（拔模曲面外部的恒定角度相切拔模）和 ![icon]（在拔模曲面内部的恒定角度相切拔模）。从该对话框可以看出，创建相切拔模时，基本需要选择拔模类型、拔模方向，并指定拖动方向或接受默认拔模方向，接着选择参考曲线，并依据相切拔模类型定义其他拔模参考，如相切曲面、拔模角及半径。

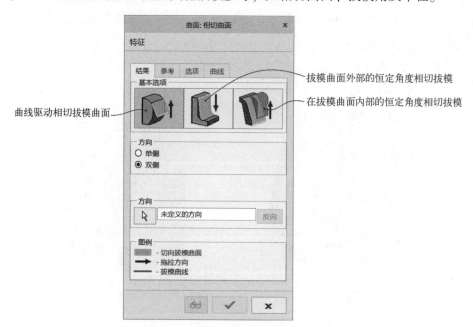

图 7-60 "曲面：相切曲面"对话框

下面以在拔模曲面内部创建恒定角度的相切拔模曲面为例进行具体操作方法介绍。在以下的操作范例中，将显示如何将参考零件壁以 5°大小进行拔模，同时保持零件底部的尺寸和顶部的 R5 的圆角。

1）在"快速访问"工具栏中单击"打开"按钮📂，系统弹出"文件打开"对话框，从本书附赠网盘资料的 CH7 文件夹中选择"bc_7_qmhh.prt"，单击"文件打开"对话框中的"打开"按钮，该文件中存在着图 7-61 所示的实体模型。

2）在功能区的"模型"选项卡中单击"曲面"→"将切面混合到曲面"命令，系统弹出"曲面：相切曲面"对话框。

3）在"曲面：相切曲面"对话框的"结果"选项卡中单击"基本选项"选项组中的📦（在拔模曲面内创建恒定角度的相切拔模曲面）按钮。

4）在"方向"选项组中选择"单侧"单选按钮。

5）定义混合拖动方向。在图形窗口中选择 TOP 基准平面，选择"确定"选项以接受默认的拖动方向，如图 7-62 所示。

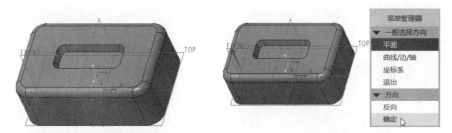

图 7-61　原始实体模型　　　　　　　　图 7-62　定义拖动方向

6）切换到"参考"选项卡，在"拔模线"选项组中单击"拔模线选择"下的 ▷（选择）按钮，在菜单管理器的"链"菜单中选择"相切链"选项，接着在图形窗口中单击参考零件的一条底边以选择整条相切链，如图 7-63 所示。然后在"链"菜单中选择"完成"选项。

7）设置拔模参数。在"角度"框中输入角度值为"6"，在"半径"框中输入半径值为"5"，如图 7-64 所示。本例中的该半径值与顶部圆角的半径相同。

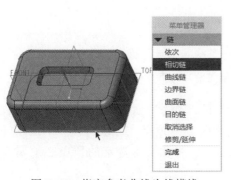

图 7-63　指定参考曲线为拔模线

图 7-64　设置拔模参数

8）单击 ✓（确定）按钮，从而完成创建该相切拔模曲面，结果如图 7-65 所示。

知识点拨：如果在完成本例操作后，选择该相切拔模曲面，在功能区"模型"选项卡的"编辑"组中单击 🗂（实体化）按钮，接着在"实体化"选项卡中接受默认的类型选项并单击 ✓（完成）按钮，那么最后得到的实体化结果如图 7-66 所示。

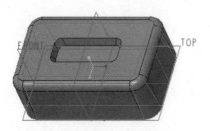 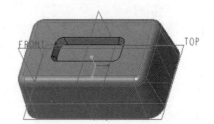

图 7-65　完成创建所需的相切拔模曲面　　　　　图 7-66　实体化结果

7.4　顶点圆角

使用"顶点倒圆角"工具命令，可以对曲面或面组中的顶点进行圆角操作，如图 7-67 所示。在进行顶点圆角操作过程中，可以选择几个顶点并将相同半径应用到所选的这些顶点，但是要求所选的这些顶点必须位于同一面组中。

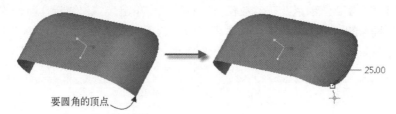

图 7-67　顶点圆角示例

使用"顶点倒圆角"工具命令修剪面组的操作步骤如下。

1）在功能区的"模型"选项卡中选择"曲面"→"顶点倒圆角"命令，打开图 7-68 所示的"顶点倒圆角"选项卡。

图 7-68　"顶点倒圆角"选项卡

2）此时，可以打开"顶点倒圆角"选项卡的"参考"面板，确保"顶点"收集器处于活动状态，在图形窗口中选择要圆角的面组拐角处的顶点。可以选择多个顶点（要选择多个顶点，需要按住〈Ctrl〉键并选择所需顶点），注意所有选定的顶点必须属于同一个面组。

3）在"顶点倒圆角"选项卡的 ↗（顶点半径）框中设置顶点圆角半径，或者在图形窗口中拖动顶点半径控制滑块来选择所需的倒圆角半径。此半径值将应用于所有选定顶点。

4）在"顶点倒圆角"选项卡中单击 ✓（完成）按钮。

7.5 样式曲面

样式曲面是在"样式"设计环境中创建的一种自由形式的曲面，样式曲面也称"造型"曲面，同样"样式"设计环境也称"造型"设计环境。"样式"设计环境是 Creo Parametric 中的一个功能齐全、直观的建模环境，在该设计环境中可以方便而迅速地创建自由形式的曲线和曲面，并能将多个元素组合成超级特征（样式特征之所以被称为超级特征，因为它们可以包含无限数量的造型曲线和造型曲面）。

本节将介绍与造型曲面相关的实用知识，包括造型特征概述、设置活动平面与创建内部基准平面、造型曲线、造型曲面、连接（曲线连接和曲面连接）、曲面修剪、重新生成、曲线和曲面分析等。

7.5.1 造型特征概述

造型特征非常灵活，可以用来做一些概念性的设计工作，并可以与其他 Creo Parametric 特征具有关系。概括起来，使用"样式"设计环境，可以完成表 7-3 所示的设计任务（参考 Creo Parametric 帮助中心相关介绍）。

表 7-3 使用"样式（造型）"可以完成的主要任务

序号	主要任务/功能说明
1	在单视图和多视图环境中工作，所谓多视图功能在 Creo Parametric 中功能非常强大，可同时显示 4 个模型视图并能在其中操作
2	在零件级和装配级创建曲线和曲面
3	创建简单特征或多元素超级特征
4	创建"曲面上的曲线"（COS），COS 是一种位于曲面上的特殊类型的曲线
5	从边界创建曲面
6	从任意数量（两个或更多）的边界创建曲面
7	编辑特征中的单个几何图元或图元组合
8	使用"曲面编辑"工具修改曲面形状
9	创建造型特征的内部父/子关系
10	创建造型特征和模型特征间的父/子关系，可与其他 Creo Parametric 特征具有参考关联

使用造型功能，可以使得一些复杂曲面的设计变得简单起来。在图 7-69 所示的产品，以网格显示的曲面为造型曲面。

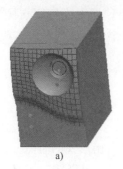 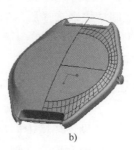

a)   b)

图 7-69　造型曲面在产品中应用

a）简易音箱　b）手表造型

要启用"样式"设计环境，那么在功能区"模型"选项卡的"曲面"组中单击"样式"按钮 ，进入到专门的"样式"设计环境，该设计环境另外提供了"样式"选项卡和样式树，如图 7-70 所示。

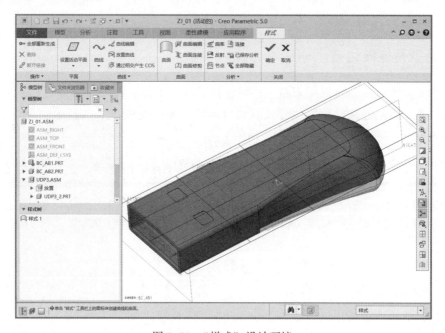

图 7-70　"样式"设计环境

"样式"设计环境中的"样式"选项卡由"操作""平面""曲线""曲面""分析""关闭"这几个组构成，它们包含的内容如下。

- "操作"组：该组包含用于在"样式"设计环境中进行操作的一些命令，包括"全部重新生成""删除""断开链接""编辑定义""重复""解决""捕捉""首选项""图元信息""特征信息""隐含""恢复""恢复全部"这些命令。
- "平面"组：该组包含用于设置活动基准平面和创建内部基准平面的命令。
- "曲线"组：该组包含用于创建和编辑曲线的命令。
- "曲面"组：该组包含用于创建、编辑和连接曲面的命令。
- "分析"组：该组包含用于执行不同类型分析的命令。

- "关闭"组：该组包含 ✔ （确定）按钮和 ✖ （取消）按钮，前者用于保存更改并退出当前造型特征，后者则用于取消所有更改并退出"样式"设计环境。

默认的"样式"设计环境是采用单视图环境，用户可以通过在图 7-71 所示的"图形"工具栏中单击 ⊞ （显示所有视图）按钮来切换到多视图环境，多视图环境将图形窗口屏幕分割成四个视图（俯视图、主视图、右视图和等轴/斜轴/用户定义的视图），如图 7-72 所示。当在一个视图中编辑几何，可以同时在其他视图中查看该几何。多视图环境是单视图建模的备选方式。再次单击 ⊞ （显示所有视图）按钮则取消选中该按钮，从而返回到单视图环境。

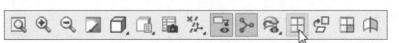

图 7-71 "图形"工具栏

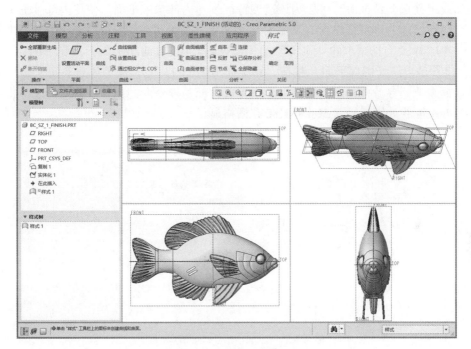

图 7-72 切换到多视图环境

在显示单视图时，如果在"图形"工具栏中单击 ⊞ （显示下一视图）按钮，则全屏显示下一个视图。此外，如果在"图形"工具栏中单击 ⊡ （活动平面方向）按钮，则使活动基准平面平行于屏幕来显示模型。

在介绍具体的造型曲线、造型曲面之前，先说一说样式树（也称造型树）。样式树是造型特征中的图元的列表，所述的样式树中列出当前造型特征内的曲线、包含修剪和曲面编辑的曲面，还列出基准平面。在默认情况下，样式树位于 Creo Parametric 主窗口的左侧区域，样式树中的图元按名称和相关性顺序列出，注意不能在样式树中重新排序图元。使用样式树可以很方便地选择图元。

7.5.2 设置活动平面与创建内部基准平面

进入"样式"设计环境时，总是有一个以网格形式表示的活动平面。无论何时构建曲线，知道此平面的当前设置都是很重要的，因为在"样式"设计环境中定义曲线时，所有不受限制的点都投影到由网格显示表示的活动基准平面上。用户可以根据设计需要随时更改活动平面。更改（设置）活动平面的方法较为简单，即在"样式"选项卡的"平面"组中单击"设置活动平面"按钮 ，接着选择一个基准平面或模型平整曲面，即可使所选面成为活动平面，系统将显示活动平面的水平和竖直方向，如图 7-73 所示（选择 RIGHT 基准平面作为活动平面）。

如果在"图形"工具栏中单击 （活动平面方向）按钮，那么可以使活动基准平面平行于屏幕来显示模型，这样在某些设计场合下有利于造型曲线等的创建工作。

创建或定义造型特征时，可以为该造型特征创建内部基准平面。使用内部基准平面的优点在于可以在当前造型特征中含有其他图元的参考。在活动造型特征中创建内部基准平面的方法是：在"样式"选项卡的"平面"组中单击 （设置活动平面）按钮下的"下三角"按钮 ，接着单击 （内部平面）按钮，系统弹出图 7-74 所示的"基准平面"对话框，使用此对话框来选择参考并指定放置约束等来完成内部基准平面的创建。默认情况下，所创建的内部基准平面将处于活动状态，并且带有栅格显示。

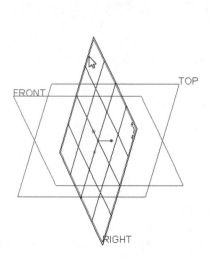

图 7-73　设置活动平面

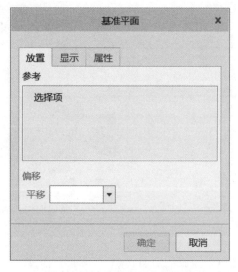

图 7-74　"基准平面"对话框

7.5.3 造型曲线

造型曲线是通过指定两个或多个定义点来绘制的，例如使用一组内部点和端点处的切线便可定义曲线。在"样式"中，创建好的曲线是创建高质量曲面的关键，因为所有曲面都可以由曲线直接定义。从这方面来说，造型曲线的作用不言而喻。

1. 曲线点

在造型曲线中，有两种类型的点：一种是自由点，另一种是"受约束"的点（可简称为"受约束点")。自由点是指不受约束的点，而受约束点则是指受到相关约束的点，受约束点又可以被分为软点和固定点。软点是被部分约束的点，它可以沿父对象滑动，可以通过将点捕捉到任何曲线、边、面组或实体曲面、扫描曲线、小平面、基准平面或基准轴来创建软点。固定点是完全受约束的软点，它不能在其父项上滑动。

曲线点在图形窗口中的显示特点见表 7-4。

表 7-4　曲线点在图形窗口中的显示特点及图例

序号	曲线点类型		显　示　特　点	图　　例
1	自由点		空间中的自由点以实心点显示	
2	受约束点	软点	当软点参考其他曲线和边时，它显示为空心圆；当软点参考曲面和基准平面时，它显示为正方形	
3		固定点	固定点以十字叉丝"✕"显示	

曲线上的每个曲线点都有各自的位置、切线和曲率，位于曲线两端的点为端点，其余为内部定义点（有时也称插值点）。切线确定曲线穿过点的方向，内部定义点的切线由"样式"创建和维护，不能人为改动，但端点切线的方向和长度可以根据设计要求来更改。每一个曲线点的曲率是曲线方向更改速度的度量，直线上的每一点的曲率均为零，圆在每一点上都有恒定的曲率（其值等于半径的倒数）。

在"样式"设计环境中，可以使用"插值点编辑""控制点编辑"两种模式之一来创建和编辑曲线。

- "插值点编辑"模式：在默认情况下，在创建或编辑曲线时，将显示曲线的插值点，单击并拖动实际位于曲线上的点，可以编辑曲线。
- "控制点编辑"模式：在创建曲线或编辑曲线的过程中，单击选中 ⬠（控制点编辑）按钮，以显示曲线的控制点，此时可通过单击和拖动这些点来编辑曲线，只有曲线上的第一个和最后一个控制点可以成为软点。

"插值点编辑"模式和"控制点编辑"模式的对比示例如图 7-75 所示。

2. 创建曲线

在"样式"设计环境中，使用 〜（曲线）按钮创建的曲线主要可以分为这三类：自由曲线（可以位于三维空间中任何位置）、平面曲线和 COS（曲面上的曲线），如图 7-76 所示。

在"样式"设计环境中，使用 〜（曲线）按钮创建新造型曲线的一般方法和步骤如下。

1）在功能区"样式"选项卡的"曲线"组中单击 〜（曲线）按钮，打开图 7-77 所

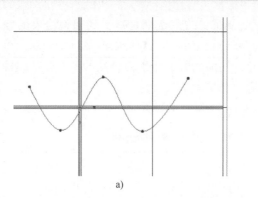
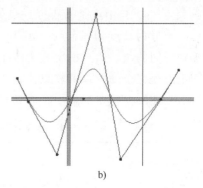

图 7-75 两种编辑模式的对比示例

a) "插值点编辑" 模式 b) "控制点编辑" 模式

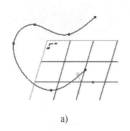
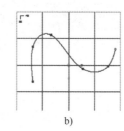
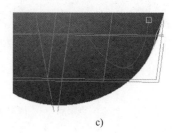

图 7-76 造型曲线的 3 种类型

a) 自由曲线 b) 平面曲线 c) COS

示的 "造型：曲线" 选项卡。

图 7-77 "造型：曲线" 选项卡

2) 在 "造型：曲线" 选项卡中指定曲线类型，即单击 ～ (自由曲线) 按钮、⌇ (平面曲线) 按钮或 ⌇ (COS) 按钮。

- ～ (自由曲线) 按钮：创建位于三维空间中的自由曲线，不受任何几何图元约束。
- ⌇ (平面曲线) 按钮：创建一条位于指定平面上的平面曲线。
- ⌇ (COS) 按钮：创建一条被约束于指定单一曲面上的 "曲面上的曲线"。

3) 定义曲线点。如果要定义平面曲线的曲线点，那么需要预先设置活动基准平面。可以使用控制点或插值点来创建造型曲线。

4) 如果要通过相对于软点按比例移动自由点来进行编辑时要保持曲线形状不变，那么就要勾选位于 "选项" 面板上的 "按比例更新" 复选框。没有按比例更新的曲线，在编辑曲线过程中只能更改软点处的形状。

5) 要设置曲线度，则在 "度" 框中输入或选择一个最近使用过的值。

知识点拨：在创建或编辑曲线时可以指定曲线度。在未设置任何曲面曲率相切时，最小曲线度为3；在为一端设置曲线曲率相切时，最小曲线度至少为4；在为两端设置曲线曲率相切时，最小曲线度至少为5。最大曲线度为15。如果为曲线度小于该级别的相切所需的最小曲线度的曲线应用曲面曲率相切，则曲线度将自动更改为所需的最小曲线度。当曲线度增加时，曲线度每增加一个，控制点数目便会加一；当曲线度减少时，曲线度每减少一个，控制点数目便会减一。

6）单击鼠标中键完成当前曲线的定义，可以继续创建另一条造型曲线。最后在"造型：曲线"选项卡中单击✔（完成）按钮，完成造型曲线的命令操作。

3. 创建造型弧

可以按照以下的方法步骤在"造型"中创建弧。

1）在功能区"样式"选项卡的"曲线"组中单击"弧"按钮↷，打开图7-78所示的"造型：弧"选项卡。

图7-78 "造型：弧"选项卡

2）在"造型：弧"选项卡中选择要创建的弧的类型。若单击∿（自由曲线）按钮，则创建可自由移动而不受任何几何图元约束的弧；若单击⌒（平面曲线）按钮，则创建位于指定平面上的弧（默认情况下，活动平面为参考平面）。对于创建位于指定平面上的弧，如果要更改参考平面，那么可以在"造型：弧"选项卡中打开"参考"面板，单击激活"参考"收集器，接着选择一个新的参考平面，并可以根据需要在"偏移"框中设置平面弧与其参考平面之间的距离，如图7-79所示。

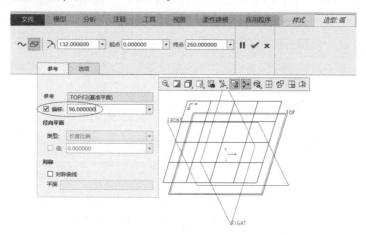

图7-79 设置平面与与其参考平面之间的距离

3）在图形窗口中单击一个位置来放置弧的中心。此时如果要移动弧，可以使用鼠标左键拖动弧的中心来进行移动操作。

4）在↗框中输入半径值，在"起点"框和"终点"框分别输入一个角度值以设置弧的起始和终止位置。

5）在"造型：弧"选项卡中打开"选项"面板，设置"按比例更新"复选框的状态，接着在"造型：弧"选项卡中单击✔（完成）按钮，从而完成创建一个造型弧。

如图7-80为一个造型弧的一个创建示例，在TOP基准平面上创建一个半径为132、起点角度为45°、终止角度为270°的平面弧。

4. 创建造型圆

在"样式"设计环境中创建造型圆的方法步骤和创建造型弧的方法步骤类似，不同的是造型圆不需要设置起点角度和终止角度值。创建造型圆的示例如图7-81所示。

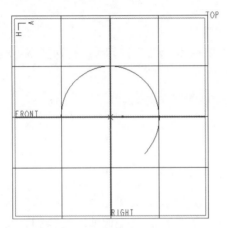
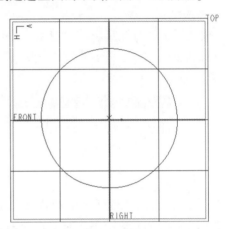

图7-80　绘制一个平面造型弧　　　　图7-81　造型圆示例

在功能区"样式"选项卡的"曲线"组中单击○（圆）按钮，打开图7-82所示的"造型：圆"选项卡，接着指定要创建的圆的类型是"自由曲线"类型还是"平面曲线"类型，在图形窗口中指定圆心放置位置，并设置圆半径，指定是否按比例更新，最后单击✔（完成）按钮即可完成创建一个造型圆。

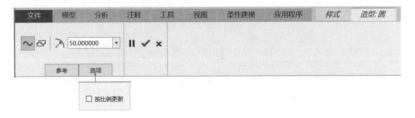

图7-82　"造型：圆"选项卡

5. 编辑曲线

创建好造型曲线后，可以通过修改其点来编辑曲线。在功能区"样式"选项卡的"曲线"组中单击✎（曲线编辑）按钮，打开"造型：曲线编辑"选项卡，利用该选项卡可以对选定的造型曲线进行编辑，比如改变曲线的类型、编辑曲线点、改变软点类型、更改平面曲线位置、编辑端点相切约束条件等，如图7-83所示。其中，"造型：曲线编辑"选项卡的"参考"面板用于定义曲线（主要用于平面曲线）的平面参考或曲面参考，设置平面曲线与其参考平面之间的距离，设置径向平面类型和值等；"点"面板用于设置选定软点的类型（可供选择的类型选项有"长度比例""长度""参数""自平面偏移""曲线相交""锁定到点""链接""断开链接"等）和相应的外部软点值，并可设置选定点的 X、Y 和 Z 坐标值，以及设置使用鼠标拖动点的约束类型和曲线的延伸类型等；"相切"面板则主要用于设置曲线端点处的相切约束条件（从"第一"下拉列表框中设置主约束的约束类型，并在某些情况下从"第二"下拉列表框中设置次约束类型）、属性和相切拖动选项；"选项"面板则用于设置"按比例更新"复选框的状态。

图 7-83　编辑曲线

在编辑曲线的过程中，需要采用向曲线添加点的方式来拟合改变曲线形状时，可以在选定的要编辑的曲线上右击，打开图 7-84 所示的快捷菜单，从中选择"添加点"命令或"添加中点"命令。当选择"添加点"命令时，在曲线上选定位置添加一个新点；当选择"添加中点"命令时，则在选定位置两侧的两个现有点的中点处添加一个新点。

如果要删除曲线点，则在编辑曲线过程中，在选定曲线中右击要删除的曲线点，如图 7-85 所示，接着从弹出的快捷菜单中选择"删除"命令即可。

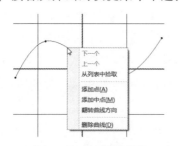

图 7-84　向曲线添加点

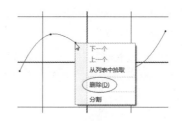

图 7-85　删除曲线点

在编辑曲线的状态下，可以分割造型曲线，也可以将两条端点到端点曲线组合成一条曲线（其中一条曲线必须在另一条曲线上具有软点，组合曲线会更改形状以保持平滑度）。分割造型曲线时，需要在曲线上选择要分割的曲线点，接着右击，并在弹出的快捷菜单中选择"分割"命令，从而在选择点处将该条曲线分成两部分，两条生成的曲线由位于其端点的软点连接在一起，生成的两条曲线与原始曲线具有相同的曲线度。组合曲线时，则需要在两条曲线的同一个端点处右击，接着从弹出的快捷菜单中选择"组合"命令即可，如果端点上具有一条以上的相邻曲线，系统将要求用户选择哪条曲线与选定曲线进行组合。

6. 放置曲线（下落曲线）

可以通过将现有曲线投影到曲面上来创建曲面上的曲线（COS），示例如图 7-86 所示。

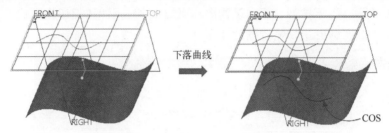

图 7-86　示例：创建曲面上的曲线（COS）

在"样式"设计环境中，通过投影创建 COS 的方法和步骤如下。

1）在功能区"样式"选项卡的"曲线"组中单击 (放置曲线)按钮，打开"造型：放置曲线"选项卡，如图 7-87 所示。

图 7-87　"造型：放置曲线"选项卡

2）确保 (曲线)收集器处于活动状态，在图形窗口中选择一条或多条要下落的曲线。注意曲线既可以在当前造型特征内部，也可以在当前造型特征外部。

3）在 (曲面)收集器的框中单击以将该收集器激活，接着选择一个或多个曲面、目的曲面或面组（多选需按〈Ctrl〉键），所选曲面可以在当前造型特征的内部或外部。要生成的曲线将被放置在选定的这些曲面上。

4）在默认情况下，系统将选择基准平面作为将曲线放到曲面上的参考，如果需要，用户可以通过单击 (方向)收集器并选择所需的平面来更改参考方向。

5）如果要将放置曲线（下落曲线）的起点和终点延伸到最近的曲面边界，那么在"造型：放置曲线"选项卡中打开"选项"面板，接着勾选"起点""终点"复选框，如图 7-88 所示。如果选择多条曲线进行放置，那么所有放置曲线（下落曲线）的起点和终点都可延伸到最接近的曲面边界，如图 7-89 所示。

图 7-88　"选项"面板

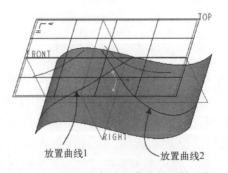

图 7-89　设置多条放置曲线的延伸示例

6）在"造型：放置曲线"选项卡中单击✔（完成）按钮，完成通过投影放置创建 COS 的操作。

7. 通过相交产生 COS

使用⚡（通过相交产生 COS）按钮，可以通过将曲面与另一个曲面或基准平面相交来创建曲面上的曲线，如图 7-90 所示，其操作方法和步骤如下。

① 在功能区"样式"选项卡的"曲线"组中单击⚡（通过相交产生 COS）按钮，打开图 7-91 所示的"造型：通过相交产生 COS"选项卡。

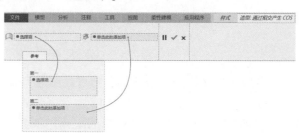

图 7-90 通过相交生成 COS　　　　图 7-91 "造型：通过相交产生 COS"选项卡

② 确保🔲（第一曲面）收集器处于当前活动状态，在图形窗口中选择一个或多个曲面，此选择将形成第一组要相交的曲面。

③ 单击⚡（第二曲面）收集器的框以激活该收集器，接着在图形窗口中选择一个或多个曲面或基准平面，此选择将形成第二组要相交的曲面或基准平面。

④ 在"造型：通过相交产生 COS"选项卡中单击✔（完成）按钮，两个选择集之间的交集显示为通过相交产生的 COS。

8. 偏移曲线

使用≈（偏移曲线）按钮，可以从不同类型的曲线创建偏移曲线，包括创建自由曲线的偏移、曲面上曲线的偏移、平面曲线偏移等。注意设定的某些偏移值可以产生尖点和自相交曲线，其中曲线会分割为多条曲线以保留尖点。

在创建曲面上曲线（COS）的偏移时，既可以沿着曲面偏移曲线（即位于相同 COS 曲面上的 COS 偏移），也可以垂直于曲面偏移曲线（与 COS 所在曲面垂直的 COS 偏移），如图 7-92 所示。要在"样式"设计环境下创建曲面上曲线（COS）的偏移，那么可以按照以下方法步骤进行。

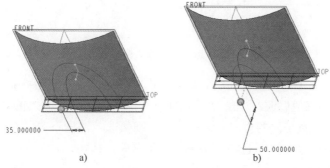

图 7-92 创建曲线上曲线（COS）的偏移

a）沿着曲面偏移曲线　b）垂直于曲面（法向）偏移曲线

1）在功能区的"样式"选项卡中单击"曲线"→≈（偏移曲线）按钮，打开图7-93所示的"造型：偏移曲线"选项卡。

图7-93 "造型：偏移曲线"选项卡

2）单击激活～（曲线）收集器，接着在图形窗口中选择一条或多条要偏移的曲面上的曲线（COS）。

3）在"偏移"框中指定偏移曲线的距离，或者在曲线上拖动控制滑块来设定偏移距离。注意如果在"偏移"框中输入一个负值，那么将反转偏移方向并按该值的绝对值来偏移。如果要导出偏移值以便在"造型"之外进行修改，则勾选"偏移"复选框。

4）如果要在垂直于参考平面上偏移曲线，那么勾选"法向"复选框。可实现与COS所在曲面垂直的COS偏移。

5）当没有勾选"法向"复选框时（即沿着曲面偏移COS），在必要时，可以在"造型：偏移曲线"选项卡中打开"选项"面板，从中确定是否勾选"起始"复选框和"终止"复选框。若勾选"起始"复选框，则将偏移曲线的起点延伸至最近的曲面边界；若勾选"终止"复选框，则将偏移曲线的终点延伸至最近的曲面边界。

6）在"造型：偏移曲线"选项卡中单击✔（完成）按钮。

如果要在"样式"设计环境中创建自由曲线的偏移，那么可以按照以下方法步骤进行。

1）在功能区的"样式"选项卡中选择"曲线"→≈（偏移曲线）按钮，打开"造型：偏移曲线"选项卡。

2）单击激活～（曲线）收集器，接着选择一条或多条要偏移的自由曲线。

3）此时，"造型：偏移曲线"选项卡如图7-94所示。要更改用于偏移曲线的默认方向，则单击▱（方向）收集器，接着选择一个平面。

图7-94 "造型：偏移曲线"选项卡

4）在"偏移"框中输入偏移曲线的距离，也可以在曲线上拖动控制滑块来调整偏移曲线的距离。要导出偏移值以便在"造型"之外进行修改，那么选中"偏移"复选框。

5）要在垂直于参考平面的方向上偏移曲线，则勾选"法向"复选框。

6）在"造型：偏移曲线"选项卡中单击✔（完成）按钮。

9. 其他类型的曲线

在功能区的"样式"选项卡中单击"曲线"溢出按钮，则会打开"曲线"溢出命令面板（或称溢出列表），其中还提供"来自基准的曲线"命令、"来自曲面的曲线"命令、"镜像"命令"复制"命令、"按比例复制"命令、"移动"命令和"转换"命令，如图7-95所示，这些命令的功能含义如下。

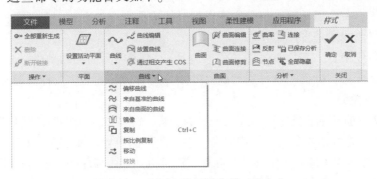

图7-95　造型中的相关曲线工具命令

- "来自基准的曲线"：将选定基准图元转换为曲线。
- "来自曲面的曲线"：在曲面上创建等参数曲线。
- "镜像"：创建镜像曲线。
- "复制"：复制选定曲线。
- "按比例复制"：复制选定的曲线并按比例缩放它们。
- "移动"：移动、旋转或缩放选定的曲线。
- "转换"：转换为自由曲线或由点定义的COS。

7.5.4 造型曲面

在"样式"设计环境中，使用 📄（曲面）按钮，可以从边界创建曲面。曲面可以是一个曲面片，也可以是复合曲面。要创建造型曲面，可以使用两条或多条链，所谓的链由在其间相切连续的曲线或边组成，而曲面的定义链必须有软点连接，或者它们必须在其相交的端点处共享顶点。在创建造型曲面的过程中，可以根据需要选择和修剪复合曲面的主要链或内部曲线，从而更好地定义曲面。如果要进一步定义曲面形状，那么可以将内部曲线添加至边界曲面，以及将相交曲线添加至混合曲面。注意当创建或重新定义参数化曲线时，可以使用它们来指定边界或放样曲面的形状。

在"样式"设计环境中，使用相关链定义曲面的类型主要分为5种（见表7-5）。

表7-5　在"造型"设计环境中可定义的5种曲面类型

序号	曲面类型	主要选择	主要选择的封闭环要求	次要选择	支持的重新参数化曲线
1	三角形边界	3边界链	是	0或多条内部曲线	是
2	4边界	4边界链	是	0或多条内部曲线	是
3	放样	两条或多条非相交链	否	无	是
4	扫描	1条或2条导向曲线	否	1条或多条相交曲线	否
5	修剪的矩形	两条或多条边界曲线	是	0或多条内部曲线	否

注：所选的链可定义多个曲面，可以修剪或延伸链以消除模糊。

复合曲面是指至少包含一个复合链作为边界或内部曲线的曲面，其复合链可以由不同类型的曲线组成，但必须在末端连接且相切或曲率连续。复合曲面是由一组曲面组成，但将它作为单个图元处理。造型中的三角曲面仅有 3 个边界，相对于矩形曲面（4 个边界）而言，三角曲面相当于有一个退化边，与退化顶点相对的边称为自然边界，在创建三角曲面时所选择的第一个边界曲线便是自然边界。

从另一个角度来看，三角曲面（三角形边界）、4 边界曲面和修剪的矩形曲面（至少包含两条边界）属于边界曲面，这样造型曲面的划分就有边界曲面、放样曲面和扫描曲面。

1. 创建边界曲面

造型中的边界曲面主要具有矩形或三角形的边界，注意如果边界曲面是修剪的矩形曲面，那么其边界链可以是两条或多条。也就是说，边界曲面的边界主要是由端点依次相连的 4 条、3 条或 2 条曲线链（或边链）来定义的，此外，还可以加入内部曲线来拟合控制曲面形状。允许通过两条边界链创建修剪的矩形曲面。

图 7-96 所示的翻盖手机的翻盖零件造型中，创建有两处边界曲面，其中，边界曲面 1 由曲线 1、2、3、4 作为其造型边界，边界曲面 2 的造型边界由曲线 5、6、7 和 8 来定义。

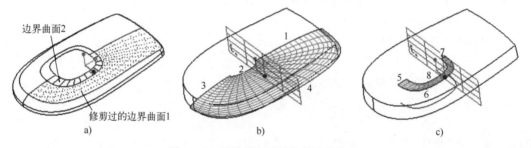

图 7-96 翻盖手机零件中的边界曲面

a) 翻盖零件 b) 边界曲面 1 c) 边界曲面 2

在"样式"设计环境下，创建边界曲面的一般步骤如下。

1) 在功能区"样式"选项卡的"曲面"组中单击 📖（曲面）按钮，打开图 7-97 所示的"造型：曲面"选项卡。

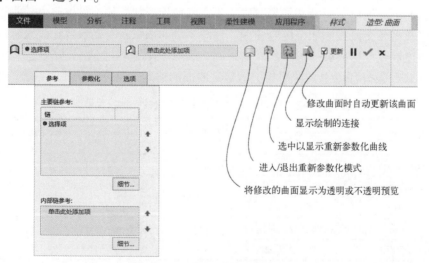

图 7-97 "造型：曲面"选项卡

2）"造型：曲面"选项卡的 （"主要链参考"）收集器默认处于活动状态，结合使用〈Ctrl〉键并选择至少两条链，这些链必须相交以构成连续边界。

3）如果要添加内部曲线，则在"造型：曲面"选项卡中单击 （"内部链参考"）收集器以将其激活，接着选择一条或多条内部曲线。

4）如果要修改边界或内部的链，那么可对其进行修剪延伸。以修改边界链为例，其方法是在图形窗口中或从"参考"面板的"主要链参考"链收集器中选择要修改的链，接着执行以下操作之一。

- 拖动链端点的控制滑块并按住〈Shift〉键将其捕捉到所需参考。
- 右键单击拖动控制滑块并从快捷菜单中选择"延伸至"命令或"修剪位置"命令，接着选择所需参考。
- 双击拖动控制滑块的偏移值，然后在屏显框中输入新值。

说明：也可以使用"参考"面板中相应链收集器旁的"细节"按钮来打开"链"对话框，利用"链"对话框来修剪或延伸链。

5）要调整曲面的参数化形式，则单击 （进入/退出重新参数化模式）按钮并添加重新参数化曲线。

说明：如果要创建3侧或4侧"修剪的矩形"曲面，那么在"造型：曲面"选项卡中打开"选项"面板，从其中的"修剪的矩形"选项组中勾选"用于3和4边界"复选框。当选择两条或多于4条的边界链时，系统将自动创建"修剪的矩形"曲面。注意修剪的矩形不支持重新参数化曲线。

6）单击 （完成）按钮，完成操作。

2. 创建放样曲面

放样曲面是由指向同一方向的一组非相交曲线创建的，如图7-98所示。

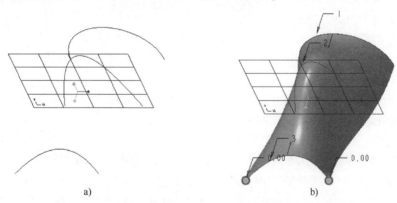

图7-98 创建放样曲面的典型示例

a）一组非相交曲线 b）生成的放样造型曲面

在"造型"设计环境下，创建放样曲面的方法步骤如下。

1）在功能区"样式"选项卡的"曲面"组中单击 （曲面）按钮，打开"造型：曲面"选项卡。

2）结合使用〈Ctrl〉键选择指向同一个方向的一组非相交链。如果需要，则可以对选定链进行修剪或延伸操作。

3）如果要调整曲面的参数化形式，那么单击 （进入/退出重新参数化模式）按钮并添加重新参数化曲线。

4）在"造型：曲线"选项卡中单击"完成"按钮✔，完成操作。

3. 创建扫描曲面

造型中的扫描曲面是由轨迹和横截面扫描轮廓这两个元素来创建的，其中，轨迹是用于指导扫描的一条或多条曲线，而横截面扫描轮廓则是沿轨迹扫描的一条或多条曲线。扫描造型曲面有两种情形。一种是横截面扫描轮廓与轨迹相交，此时可使用一个或两个轨迹，并可以使用任意类型的一个或多个横截面曲线，此类扫描造型曲面的示例如图7-99所示，其中，创建扫描造型曲面1需要选择一条主曲线和一条交叉曲线，而创建扫描曲面2需要选择两条主曲线和一条交叉曲线（交叉曲线与两条主曲线均相交）。另一种是横截面扫描轮廓不与轨迹相交，这种情形仅可用一个轨迹，并可使用一个或多个横截面曲线，但这些横截面曲线必须是平面的且曲线所在的平面必须与轨迹相交。

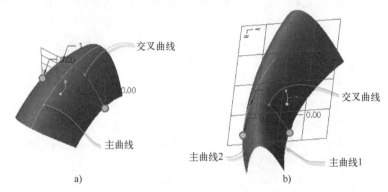

图7-99　扫描造型曲面示例

a）扫描造型曲面1　b）扫描造型曲面2

在"造型"设计环境下，创建扫描造型曲面的一般方法步骤如下。

1）在功能区"样式"选项卡的"曲面"组中单击📖（曲面）按钮，打开"造型：曲面"选项卡。

2）选择一条或两条主曲线（要选择两条主曲线时，则在选择一条主曲线后，按住〈Ctrl〉键的同时来选择另一条主曲线）。

3）在"造型：曲面"选项卡中单击🔲（"跨链参考（横切链参考）"收集器），亦可在"造型：曲面"选项卡的"参考"面板中单击激活"跨链参考（横切链参考）"链收集器，接着选择与主曲线（一条或两条）相交的一条或多条相交曲线。

4）在"造型：曲面"选项卡中打开"选项"面板，从中设置扫描类型，以及设置是否显示经过修剪的相邻项，如图7-100所示。扫描类型有两种（可以选择其中一种，也可以选择全部两种），即"径向"和"统一"。

- "径向"：勾选此复选框时，相交曲线的扫描实例将沿主曲线平滑旋转；取消勾选此复选框，则可保留原始方向。径向和非径向扫描曲面的典型示例如图7-101所示。
- "统一"：此复选框在有两条主曲线时可用。勾选此复选框时，相交曲线的扫描实例将沿主曲线进行统一缩放；取消勾选此复选框时，则可进行可变缩放并通过混合保留约束放样。统一和非统一扫描曲面的典型示例如图7-102所示。

5）在"造型：曲线"选项卡中进行其他一些设置操作后，单击✔（完成）按钮，从而完成扫描造型曲面的创建操作。

图 7-100 "选项"选项卡

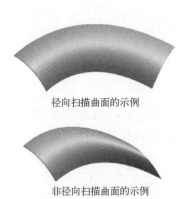

径向扫描曲面的示例

非径向扫描曲面的示例

图 7-101 径向和非径向
扫描曲面

统一扫描曲面的示例

非统一扫描曲面的示例

图 7-102 统一和非统一
扫描曲面

7.5.5 连接

在造型特征中，连接分曲线连接和曲面连接两种情形。

1. 曲线连接

在"样式"设计环境中，使用 按钮的功能可以创建曲线连接，这通常要用到由 按钮打开的"造型：曲线编辑"选项卡的"相切"面板，使用相切约束来创建曲线连接。曲线连接的定义涉及导引曲线和从动曲线，所谓的导引曲线保持其形状，而从动曲线则为满足导引曲线的要求而使形状发生变化。

可以在曲线之间创建以下这些连接。

- 对称：端点切线的平均值。
- 相切：从动曲线的切线与导引曲线的切线匹配，并具有相切连续性。
- 曲率：保持曲率连续性的"相切"连接。

可以在曲线与相邻曲面之间创建以下这些连接。

- 曲面相切：跟随父项曲面的相交边界相切。
- 曲面曲率：跟随父项曲面的相交边界曲率。
- 相切拔模：设置与设定平面或曲面成某一角度的情况下相切。

2. 曲面连接

曲面连接和曲线连接类似，同样有父项（导引）和子项（从动）的概念，曲面连接时不更改父项曲面形状，而会更改子项曲面（从动曲面）形状来满足父项曲面的要求。曲面连接箭头将从父项曲面指向子项曲面。

造型中的曲面连接主要有表 7-6 所示的几种。

表 7-6 造型中曲面连接的类型

序　　号	连 接 类 型	连接的特点及相关说明
1	位置（G0）	曲面共用一个公共边界，但是没有沿边界共用的切线或曲率
2	相切（G1）	两个曲面在公共边界的每个点彼此相切

（续）

序　号	连接类型	连接的特点及相关说明
3	曲率（G2）	曲面沿边界相切连续，并且它们沿公共边界的曲率相同
4	法向	支持连接的边界曲线是平面曲线，而所有与边界相交的曲线的切线都垂直于此边界所在平面
5	拔模	所有相交边界曲线都具有相对于共用边界同参考平面或曲面成相同角度的拔模曲线连接

在造型曲面的创建期间，Creo Parametric 会建立默认的曲面连接（如果有相邻曲面的话）。通常而言，如果相交边界曲线相切连接到现有相邻曲面，那么系统会建立"曲面相切"连接；如果相交边界曲线与相邻曲面为曲率连接，那么系统会默认建立"相切"连接；如果边界曲线是平面型的且相交边界曲线垂直于同一平面，那么系统会默认建立"法向"连接。

当创建或连接曲面时，还可以使用智能曲面连接来建立这些连接类型："曲面相切""曲面曲率""相切拔模"等。需要用户注意的是，要创建智能连接，那么所有相交边界曲线必须是同一个"造型"特征中的造型曲线，并且他们必须与相邻曲面毗邻。

在"样式"设计环境中，连接曲面的设置方法如下。

1）在功能区的"样式"选项卡中单击"曲面"组中的 ![按钮]（曲面连接）按钮，打开图 7-103 所示的"造型：曲面连接"选项卡。

图 7-103　"造型：曲面连接"选项卡

2）选择要连接的一个曲面，按住〈Ctrl〉键的同时选择要连接的其他曲面。

3）系统在沿曲面边界显示连接符号，将鼠标指针移动到连接符号上方，单击鼠标右键，然后从弹出的快捷菜单中选择连接类型。根据所选连接类型，可能还需要进行该连接类型的相关定义。

知识点拨：此外，还可以采用以下操作方式来创建或修改曲面连接。

● 单击"位置"连接符号，可在适当位置创建"相切""法向"连接。

● 单击箭头端点，则更改连接的方向。

● 单击箭头的中部，则在相切连接或曲率连接之间切换。

● 按住〈Shift〉键并单击箭头的中部，可恢复"位置"连接。

● 按住〈Alt〉键并单击箭头的中部，可创建"拔模"连接。

4）在"造型：曲面连接"选项卡中单击 ✔（完成）按钮。

用户也可以先选择两个或多个要连接的曲面，接着单击 ![按钮]（曲面连接）按钮来进行曲面连接操作。

在与三角曲面进行曲面连接时，需要注意这些附加限制：曲面的自然边界可能是具有 G1 或 G2 连接的其他曲面的引线或从线；不是自然边界的两条边只可能是 G1 引线。

7.5.6 曲面修剪

在"样式"设计环境中，使用 （曲面修剪）按钮，可以使用一组曲线（为修剪曲面而选择的曲线必须位于面组上）来修剪曲面和面组，在修剪操作过程中需要指定要删除的曲面部分。修剪曲面不会更改其参数定义，修剪操作后，任何软点或 COS 均不会发生变化。

曲面修剪示例如图 7-104 所示。下面结合该示例介绍造型曲面修剪的方法与步骤。

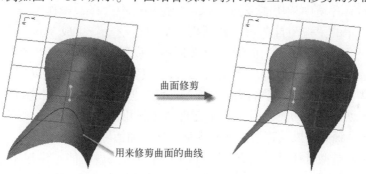

图 7-104　曲面修剪示例

1）在"造型"设计环境中，从功能区"样式"选项卡的"曲面"组中单击"曲面修剪"按钮 ，打开图 7-105 所示的"造型：曲面修剪"选项卡。

图 7-105　"造型：曲面修剪"选项卡

2）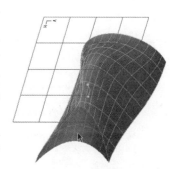（面组）收集器被激活，选择一个或多个要修剪的面组，单击鼠标中键。在本例中选择仅有的一个面组，单击鼠标中键确定。

3）～（曲线）收集器在上步骤单击鼠标中键后自动被切换到活动状态（激活），选择要用于修剪面组的曲线，所选曲线必须位于选定面组上。

4）单击 ✂（删除）收集器以将该收集器激活，用户也可以在上一个步骤选择要用于修剪面组的曲线后单击鼠标中键来自动将 ✂（删除）收集器变为活动状态。接着选择要删除的曲面部分，如图 7-106 所示。

图 7-106　选择要删除的
曲面部分

5）在"造型：曲面修剪"选项卡中单击 ✔（完成）按钮，从而完成该造型曲面的修剪操作。

7.5.7 重新生成

造型特征有一个内部重新生成机制，即仅在图元因为其父项更改而导致数据过期的情况下才重新生成图元。也就是说，任何最新的造型图元都不会重新生成，而所有过期的造型图元均会重新生成。注意在"造型"重新生成期间，只重新生成包含在造型特征中图元，而不重新生成整个 Creo Parametric 模型。要重新生成当前造型特征，则在功能区"样式"选项卡的"操作"组中单击 ⊙∞（全部重新生成）按钮，则重新生成全部过期的造型特征。模型更新时交通灯呈绿色，模型过期时呈黄色，如果重新生成失败则呈红色。

在 Creo Parametric 的"样式"设计环境中，允许设置自动重新生成曲线和曲面，其方法是在"样式"设计环境中从功能区的"样式"选项卡中选择"操作"→"首选项"命令，打开图 7-107 所示的"造型首选项"对话框，从"自动重新生成"选项组中勾选"曲线""曲面""着色曲面"复选框。"曲线"复选框用于设置在编辑期间自动生成曲线，如果造型特征非常复杂（例如包含大量的曲线），那么可以不勾选此复选框以避免影响性能；"曲面"复选框用于仅自动生成线框曲面；"着色曲面"复选框用于同时生成线框和着色曲面，注意在编辑用于创建曲面的曲线时，系统会自动更新相应的曲面。在"造型首选项"对话框中还可以设置曲面是否默认连接、连接图标比例、曲面网格选项等。

在创建和编辑造型特征时，只有在全部图元都被解决后才能正常退出"样式"设计环境。如果要退出"样式"设计环境并且有失败特征时，或者试图重新生成失败特征时，系统会自动进入"解决"模式。当然，在"样式"设计环境中，用户也可以在功能区的"样式"选项卡中选择"操作"→"解决"命令，打开图 7-108 所示的"解决"对话框，从中若单击选中"失败"按钮时，那么将重新生成失败的内部图元；若单击选择"受阻"按钮时，则失败的父项被解决之前不能重新生成失败图元的子项。有失败的图元时，在列表中选择要操作的失败的图元以在视图中突出显示它并查看"说明"框中的失败说明，并可以在对话框中选择相应的按钮来操作以解决失败。

图 7-107 "造型首选项"对话框

图 7-108 "解决"对话框

7.5.8 曲线和曲面分析

在"样式"设计环境编辑曲线和曲面时，使用曲线和曲面分析对于评估曲线和曲面的质量是非常有帮助的。可以为现有任意造型几何创建曲线或曲面分析，并将其保存，在编辑特征定义时，此分析会动态更新。而在创建造型特征或编辑其定义时，可使用在造型几何上的已保存的几何分析，继续"造型"中的创建或编辑，此分析同样会动态更新。

在"样式"设计环境"样式"选项卡的"分析"组中集中了常用的曲线和曲面分析命令工具，如图 7-109 所示。这些工具命令的功能含义见表 7-7。

表 7-7　常用的曲线和曲面分析命令工具

序　号	按　钮	命令工具名称	功　能　含　义
1		曲率	分析曲率参数
2		反射	显示曲面反射，即通过模拟将对象放置在由平行放置的照明灯点亮的隧道的效果来分析选定表面的光反射特征，常用于检查曲面平滑度
3		节点	分析节点（曲线或曲面）
4		连接	对连接执行分析，也就是分析选定图元之间的连接质量
5		已保存分析	检索已保存的分析
6		全部隐藏	隐藏所有已保存的分析
7		斜率	分析选定曲面的斜率
8		偏移分析	显示曲线或曲面的偏移
9		拔模斜度	检查拔模斜度
10		着色曲率	执行着色曲率分析，为曲面上的每个点计算最小及最大的法向曲率值
11		截面	显示横截面的曲率、半径、相切和位置选项
12		删除所有截面	删除所有已保存的截面分析
13		删除所有曲率	删除所有已保存的曲率分析
14		删除所有节点	删除所有已保存分析的节点分析

下面以最为常用的曲率参数分析为例进行介绍。用户首先要了解什么是曲率图，所谓的曲率图其实就是一种特殊图形表示，显示沿曲线的一组点的曲率。曲率图主要用于分析曲线的光滑度。曲率图通过显示与曲线垂直的直线（法向）来表现曲线的平滑度和数学曲率，这些直线越长，则曲率的值就越大。在一些设计场合，可能要求曲率图应该平滑，曲率图中的下凹和上凸表示曲线形状发生了快速变化，而曲率图中的拐角或弯折并不表示曲线中的弯折，而是仅仅表示曲率的急剧变化，曲线斜率仍然内部连续。曲率图是交互式的，它随曲线的修改而更新。曲率图的示意如图 7-110 所示。

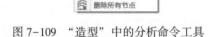
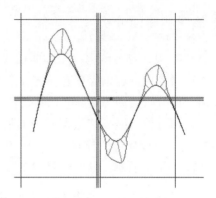

图 7-109　"造型"中的分析命令工具　　　　图 7-110　曲率图示例

7.5.9 使用"曲面编辑"工具编辑曲面

在"样式"设计环境中，用户还可以使用 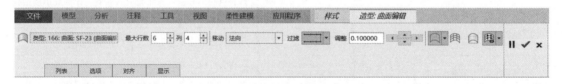（曲面编辑）按钮来通过编辑控制点和节点修改曲面形状，其所编辑的曲面不一定是当前造型特征的一部分。如果曲面是造型特征外部的，那么系统将其复制到当前造型特征，然后编辑副本。注意可以显示曲面编辑和原始曲面之间的比较。

在"样式"设计环境中，从功能区"样式"选项卡的"曲面"组中单击 （曲面编辑）按钮，系统打开图 7-111 所示的"造型：曲面编辑"选项卡，接着选择要编辑的曲面，并使用"造型：曲面编辑"选项卡上的相关工具和面板进行曲面编辑操作。其中，"列表"面板提供了一个"列表"框用于显示在选定曲面上执行的曲面编辑操作的时间先后列表，允许调整操作插入位置和删除选定操作；"选项"面板用于管理曲面节点；"对齐"面板用于对齐两个或多个曲面的边界，并匹配曲面间的节点；"显示"面板则用来增大或减小点云密度。

图 7-111　"造型：曲面编辑"选项卡

本书只要求读者了解 （曲面编辑）按钮的功能用途即可。

7.5.10 造型综合范例

本小节造型综合范例选用简易音箱，如图 7-112 所示，简易音箱上的造型特征包括造型曲线、造型边界曲面，涉及的操作主要有：设置活动平面与内部基准平面、创建造型曲线、编辑造型曲线、生成造型曲面和连接曲面等。该范例具体的操作如下。

1. 创建平面曲线 1

1）在"快速访问"工具栏中单击 （打开）按钮，弹出"文件打开"对话框，从附赠

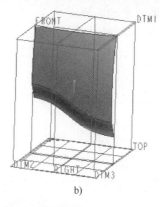

图 7-112　造型综合实例——简易音箱

a）整体效果　b）造型特征

网盘资料的 CH7 文件夹中选择"bc_7_yxzx. prt"文件，单击"文件打开"对话框中的"打开"按钮。打开的文件中已有一个填充曲面，如图 7-113 所示。

2）选择 TOP 基准平面，在功能区"模型"选项卡的"曲面"组中单击 （样式）按钮，进入"样式"设计环境，此时功能区出现"样式"选项卡。

3）在"样式"选项卡的"曲线"组中单击~（曲线）按钮，打开"造型：曲线"选项卡，接着在该选项卡中单击选中 ◠（平面曲线）按钮，以指定要创建的曲线类型为平面造型曲线（简称为"平面曲线"），并注意曲线度默认为 3。

4）在"造型：曲线"选项卡中选择"参考"标签以打开"参考"面板，在该面板中勾选"偏移"复选框，在"偏移"框中输入偏移距离值为"180"，如图 7-114 所示。

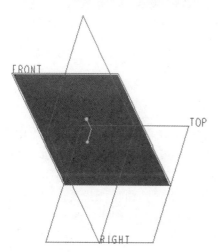

图 7-113　已有一个填充曲面　　　图 7-114　在"参考"面板中设置偏移参考

5）按住〈Shift〉键的同时并使用鼠标捕捉到填充曲面的拐角点 A，接着释放〈Shift〉键去选择第 2 点，然后再按住〈Shift〉键去捕捉到填充曲面的另一个拐角点 B，如图 7-115 所示。

6）在"造型：曲线"选项卡中单击 ✔（完成）按钮。

2. 编辑平面曲线1的曲线点

1）在功能区"样式"选项卡的"曲线"组中单击 ✍（曲线编辑）按钮，打开"造型：曲线编辑"选项卡。

2）选择平面曲线1，接着选择其内部的一个点（即第2个点）。

3）在"造型：曲线编辑"选项卡中打开"点"面板，接着在"坐标"选项组中

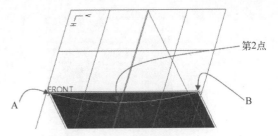

图7-115　创建平面曲线1

设置该内部点的坐标为(x,y,z)=(0,180,6)，如图7-116所示。此时，用户可以根据需要决定是否单击 ≋（在编辑时显示选定曲线的副本）按钮。

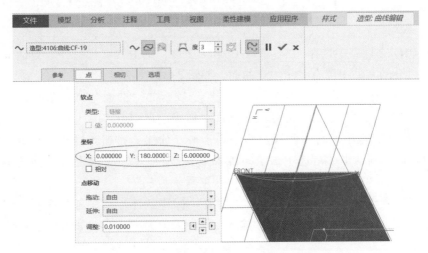

图7-116　编辑平面曲线1的内部点（第2点）

4）在"造型：曲线编辑"选项卡中单击 ✔（完成）按钮。

3. 创建平面曲线2

1）在功能区的"样式"选项卡中单击位于 ▥（设置活动平面）按钮下的 ▼（三角箭头）按钮，接着单击 ▭（内部平面）按钮，系统弹出"基准平面"对话框，选择RIGHT基准平面作为偏移参考，注意偏移方向，并设置偏移值为"60"，如图7-117所示，然后单击"确定"按钮，从而在偏距RIGHT基准平面60处创建内部基准平面DTM1。

2）在"样式"选项卡的"曲线"组中单击 ∿（曲线）按钮，打开"造型：曲线"选项卡，接着在该选项卡中单击选中 ▱（平面曲线）按钮以指定要创建的曲线类型为"平面曲线"。

3）在"造型：曲线"选项卡中打开"参考"面板，勾选"偏移"复选框，设置该偏移值为"0"。

4）按住〈Shift〉键并单击捕捉填充曲面的一个拐角点（也是平面曲线1的一个端点处），释放〈Shift〉键后在分别选择第2点和第3点，如图7-118所示。

5）在"造型：曲线"选项卡中单击 ✔（完成）按钮。

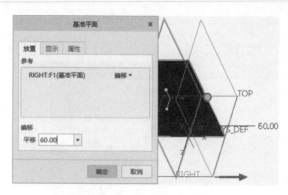

图 7-117　创建内部基准平面

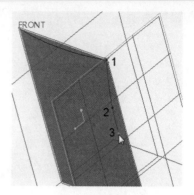

图 7-118　创建平面曲线 2

4. 编辑平面曲线 2 的曲线点

1）在功能区"样式"选项卡的"曲线"组中单击 （曲线编辑）按钮，打开"造型：曲线编辑"选项卡。

2）选择平面曲线 2，设置平面曲线 2 的第 2 点坐标为 $(x,y,z)=(60,130,10)$，第 3 点坐标为 $(x,y,z)=(60,60,8)$，如图 7-119 所示。

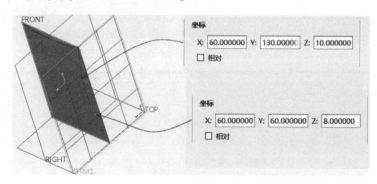

图 7-119　设置曲线点坐标

3）在"造型：曲线编辑"选项卡中单击"完成"按钮 。

5. 创建平面曲线 3

1）在功能区的"样式"选项卡中单击位于 （设置活动平面）按钮下的 （三角箭头）按钮，接着单击 （内部平面）按钮，系统弹出"基准平面"对话框，选择 RIGHT 基准平面作为偏移参考，设置偏移值为"−60"，注意确保在 RIGHT 基准平面的另一侧创建基准平面，然后单击"确定"按钮完成创建基准平面 DTM2，如图 7-120 所示。

2）单击 （曲线）按钮，打开"造型：曲线"选项卡，接受默认的曲线类型为"平面曲线"。

3）按住〈Shift〉键并单击捕捉到填充曲面的一个相应拐角点（也是平面曲线 1 的另一个端点），接着松开〈Shift〉键分别选择第 2 点和第 3 点，如图 7-121 所示。

4）在"造型：曲线"选项卡中单击 （完成）按钮。

6. 编辑平面曲线 3 的相关曲线点

1）在功能区"样式"选项卡的"曲线"组中单击 （曲线编辑）按钮，打开"造型：

曲线编辑"选项卡。

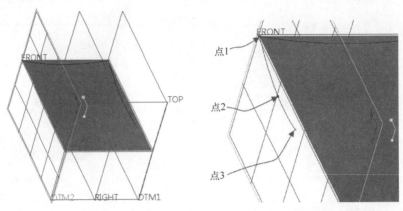

图7-120 创建基准平面DTM2   图7-121 创建平面曲线3

2）选择平面曲线3，设置平面曲线2的第2点坐标为$(x,y,z)=(-60,130,8)$，第3点坐标为$(x,y,z)=(-60,100,8)$，如图7-122所示。

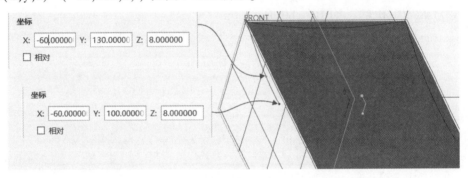

图7-122 设置曲线点坐标

3）在"造型：曲线编辑"选项卡中单击 ✔（完成）按钮。

7. 创建一条自由曲线

1）单击 ～（曲线）按钮，打开"造型：曲线"选项卡。

2）在"造型：曲线"选项卡中单击 ～（自由曲线）按钮以设置要创建的曲线的类型为"自由曲线"。

3）按住〈Shift〉键并单击选择平面曲线2的端点，接着松开〈Shift〉键分别定义两个内部点，然后按住〈Shift〉键并单击选择平面曲线3的端点，如图7-123所示。

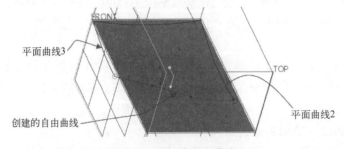

图7-123 创建自由曲线

4）单击✔（完成）按钮。

8. 编辑曲线点

1）单击✎（曲线编辑）按钮，打开"造型：曲线编辑"选项卡。

2）选择上步骤刚创建的自由曲线，接着分别设置该自由曲线的两个内部点坐标为（-30,95,10）、（30,65,10），如图7-124所示。

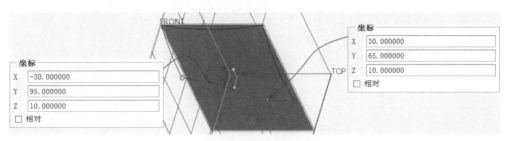

图7-124 设置自由曲线内部点坐标

3）单击✔（完成）按钮。

9. 创建平面曲线4、5、6

1）单击▱（设置活动平面）按钮，选择 DTM1 基准平面作为活动平面。

2）单击〜（曲线）按钮，打开"造型：曲线"选项卡，接着在"造型：曲线"选项卡中单击▱（平面曲线）按钮。

3）按住〈Shift〉键并捕捉到平面曲线2的下端点，释放〈Shift〉键后选择一个点作为内部点，然后再按住〈Shift〉键在填充曲面的边界上选择一点C，如图7-125所示。

4）单击鼠标中键，结束平面曲线4的曲线点定义。

5）在"造型：曲线"选项卡中打开"参考"面板，勾选"偏移"复选框，并输入偏移值为"-120"，以准备在通过填充曲面另一个边界的活动参考平面上创建平面曲线5。

6）按住〈Shift〉键并捕捉到平面曲线3的下端点，释放〈Shift〉键后选择一个点作为内部点，然后再按住〈Shift〉键在填充曲面的边界上选择一点D，如图7-132所示。

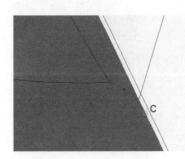 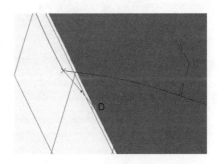

图7-125 绘制平面曲线4　　图7-126 绘制平面曲线5

7）单击鼠标中键，结束平面曲线5的曲线点定义。

8）在功能区中单击"样式"标签以切换到"样式"选项卡，从"平面"组中单击▱（设置活动平面）按钮，选择 FRONT 基准平面作为活动平面。接着在功能区中单击"造型：曲线"标签以切换到"造型：曲线"选项卡，打开"参考"面板，将偏移值设置为"0"。

9）按住〈Shift〉键并捕捉到平面曲线 4 的端点，接着松开〈Shift〉键并选择两个点作为内部点，然后再按住〈Shift〉键去捕捉到平面曲线 5 的端点，如图 7-127 所示。

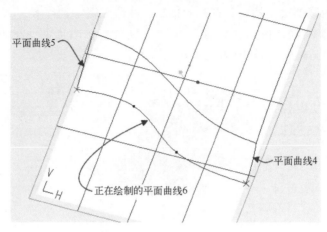

图 7-127　绘制平面曲线 6

10）单击✔（完成）按钮。

10. 创建造型曲面

1）在功能区"样式"选项卡的"曲面"组中单击▨（曲面）按钮，打开"造型：曲面"选项卡。

2）选择平面曲线 1，按住〈Ctrl〉键并选择平面曲线 2、自由曲线和平面曲线 3 作为造型边界，单击鼠标中键来确认，创建的边界曲面如图 7-128 所示。

3）单击▨（曲面）按钮，打开"造型：曲面"选项卡。

4）选择平面曲线 4，按住〈Ctrl〉键并选择自由曲线、平面曲线 5 和平面曲线 6 作为主造型边界，如图 7-129 所示。

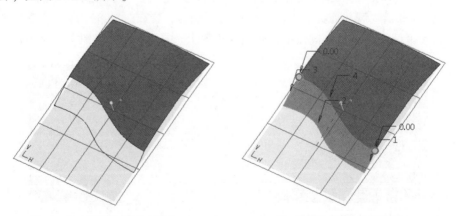

图 7-128　创建的造型边界曲面 1　　　　图 7-129　创建边界曲面 2

5）在"造型：曲面"选项卡单击✔（完成）按钮。

11. 使用"曲线编辑"工具设置曲面边界相切条件及调整软点位置

1）单击✎（曲线编辑）按钮，打开"造型：曲线编辑"选项卡。

2）选择要编辑的平面曲线 4。

3）选择平面曲线 4 的上端点（即平面曲线 4 与平面曲线 2 的交点），接着在"造型：曲线编辑"选项卡中打开"相切"面板，从"约束"选项组的"第一"下拉列表框中选择"G1-曲面相切"选项，如图 7-130 所示。

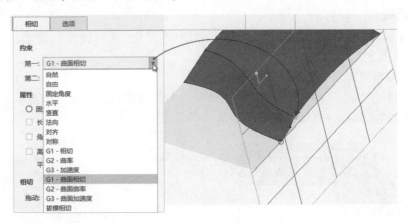

图 7-130　设置相切约束

4）选择平面曲线 4 的下端点，同样将该点处的边界约束类型（第一）设置为"G1-曲面相切"。

5）类似地选择平面曲线 5 来进行编辑，也分别选择平面曲线 5 的上端点、下端点，均将其第一约束类型设置为"G1-曲面相切"，此时音箱面板的造型曲面如图 7-131 所示。

6）可以继续对平面曲线 4、5、6 上的软点进行编辑，例如在选择要编辑的平面曲线并选择相应软点之后，可以通过拖动的方式来调整相应软点位置，注意观察曲面效果，直到满意为止，如图 7-132 所示。

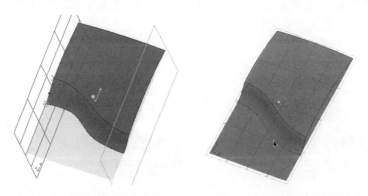

图 7-131　创建的造型边界曲面 1　　　图 7-132　创建边界曲面 2

7）在"造型：曲线编辑"选项卡中单击 ✔（完成）按钮。

12. 曲面连接

1）在功能区的"样式"选项卡中单击"曲面"组中的 ◠（曲面连接）按钮，打开"造型：曲面连接"选项卡。

2）选择造型曲面 1，按住〈Ctrl〉键并选择造型曲面 2。

3）系统在沿曲面边界显示连接符号，将鼠标指针移动到连接符号上方，单击鼠标右

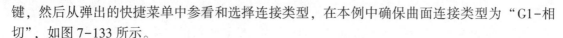

键，然后从弹出的快捷菜单中参看和选择连接类型，在本例中确保曲面连接类型为"G1-相切"，如图7-133所示。

4）在"造型：曲面连接"选项卡中单击✔（完成）按钮。

14. 曲面修剪

1）从功能区"样式"选项卡的"曲面"组中单击◻（曲面修剪）按钮，打开"造型：曲面修剪"选项卡。

2）选择要修剪的填充曲面，单击鼠标中键。

3）系统自动激活～（曲线）收集器。选择用来修剪面组的曲线，单击鼠标中键。然后再选择要删除的曲面部分（即选择要删除的一侧曲面），如图7-134所示。

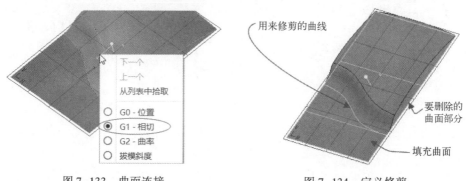

图7-133 曲面连接   图7-134 定义修剪

4）在"造型：曲面修剪"选项卡中单击✔（完成）按钮，曲面修剪后的效果如图7-135所示。

15. 完成造型特征

在功能区"样式"选项卡的"关闭"组中单击✔（确定）按钮，从而完成创建造型特征，完成创建的造型曲面效果如图7-136所示。

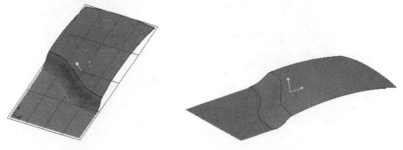

图7-135 曲面修剪后的效果   图7-136 完成创建的造型曲面效果

7.6 重新造型

Creo Parametric 5.0提供了一个可用于进行逆向工程设计的"重新造型"直接建模环境，该建模环境使用户可以专注于多面模型的特定区域，并可以使用其中不同的工具来获得期望的曲面形状和属性。鉴于篇幅和重点，本小节只对重新造型（逆向工程）进行概念性的简单说明，并在此基础上提出重新造型的工作流程。

1. 重新造型入门概述

使用"重新造型（逆向工程）"的直接建模环境，可以在多面数据或三角形化数据的顶部重建曲面 CAD 模型，可以直接导入多面数据或使用 Creo Parametric 的"小平面建模"功能通过转换点集数据进行设计。所谓的多面模型以 STL 或 stereolithography 格式保存，STL 格式是由多面数据列表组成的、扩展名为 .stl 的 ASCII 文件。而每个小平面由一个单位法向（单位法向是一条与三角形垂直且长度为 1.0 的直线）和 3 个顶点或拐角唯一标识，系统将通过 3 个坐标来指定法线和各个顶点，从而为每个小平面存储 12 个数字。

使用"重新造型（逆向工程）"建模环境提供的一整套自动、半自动和手动工具，可以进行表 7-8 所示的主要操作任务（摘录自 Creo Parametric 帮助文件并进行整理）。

表 7-8　重新造型可执行的主要任务

序　号	可操作的主要任务
1	创建和修改曲线，包括在多面数据上的曲线
2	对多面数据使用曲面分析以创建等值线和极值曲线：这些等值线曲线代表在多面数据上选定的点，这些点大致对应于等值线分析的值；这些极值曲线代表在多面数据上选定的点，这些点与极值分析的极值大致相对应
3	使用多面数据创建并编辑解析曲面、拉伸曲面和旋转曲面
4	使用多面数据和曲线创建、编辑和处理自由形状的多项式曲面，包括高次 B 样条和 Bezier 曲面
5	对多面数据拟合自由形状曲面
6	创建并管理连接约束，包括曲面和曲线之间的位置、相切和曲率约束
7	管理曲面间的连接和相切约束
8	执行基本的曲面建模操作，包括曲面外推与合并
9	在多面数据上自动创建样条曲面
10	创建允许用户构建和镜像几何单独两部分的对称平面

注意：在"重新造型"中创建的基准点、基准曲线和基准平面是"逆向工程"特征（有时也称"重新造型"特征）的一部分。

在"重新造型（逆向工程）"建模环境中创建的所有几何都成为"逆向工程"特征的一部分。"逆向工程"特征为复合特征，包含所有在"逆向工程"中创建的所有几何和参考数据，它从属于基础"小平面"特征，也从属于用来构造或约束曲面和曲线的曲面或曲线特征，如果修改这些参考特征，那么"逆向工程"特征也会随之更新。

在"逆向工程"建模环境中可以创建平面、点和坐标系等基准图元，但所生成的图元会丢失在其创建时的所有参考，且不能编辑其定义。另外，需要用户特别注意的是，在"逆向工程"特征内创建的曲线和曲面之间并无父子关系，而只会保持曲面之间的几何关系，以及保持曲面与曲线之间的几何关系。在"逆向工程"特征后创建的特征，可以将在"逆向工程"内创建的几何图元用作相关参考，相应的使用方式与其他任何几何对象是一样的。

要在零件文件中创建"逆向工程"特征，通常需要先导入多面数据文件，其一般方法是在功能区的"模型"选项卡中选择"获取数据"→"导入"命令，弹出"打开"对话框，选择要打开的多面数据文件，接着单击"打开"对话框中的"打开"按钮，系统弹出"导入选项"对话框，从中选择要用作插入几何的参考的坐标系，指定所需的单位等，然后单击"确定"按钮,从而在零件中打开该多面导入特征。接下去便是在功能区的"模型"选项卡中选择"曲面"→"重新造型"命令,打开图7-137所示的"重新造型"选项卡,也就是进入了"重新造型(逆向工程)"建模环境。

图7-137 "重新造型"选项卡

2. 重新造型工作流程

在"逆向工程"建模环境中创建模型的一般工作流如下。

1)在Creo Parametric中打开或插入所需的小平面特征。

2)在功能区的"模型"选项卡中选择"曲面"→"重新造型"命令,打开"重新造型"选项卡。

3)使用重新造型的各种工具执行所需的操作,例如:

- 利用各种曲面分析(如最大曲率分析、高斯曲率分析、三阶导数分析、斜率分析等)进行分析,使用着色视图了解所需曲面模型的结构。这些分析有助于确定解析曲面(如平面、锥面、柱面)、程序性曲面(如拉伸曲面、旋转曲面等)、重要的非解析曲面或需要创建具有定义明确的边界(例如空气动力学曲面)的复杂而精确的曲面、有机形状(其中各个曲面的边界并不十分重要)、所需曲面模型的零件(可使用诸如圆角之类的标准Creo Parametric特征创建)。

- 开始构造较简单、较大的曲面,这些曲面可用作更复杂的程序化曲面和曲面分析的方向参考。

- 使用不同的曲面创建工具创建曲面。

- 根据设计需要,在小平面表示上创建域,使用此域创建仅受该域影响的解析曲面。

- 对于自由曲面,可以使用 (将曲面拟合到点)按钮和 (投影)按钮,注意必须为曲面分配域或参考点才能对其进行拟合。

- 如果曲面必须彼此相交,那么可能需要延伸这些曲面。在某些情况下,在延伸后需要重新拟合自由形状的曲面。

- 如果有必要,可以为现有的曲面分配域以进行拟合或查看偏差诊断。

- 可对齐曲线或曲面以使曲线或曲面位置连续。如果需要对各曲面和曲线进行适当修改,可根据需要编辑或移除约束。

- 也可在小平面特征上自动创建样条曲面。然后,可使用曲线或曲面的现有工具修改曲面。

- 也可在多面模型上创建对称平面。对称平面允许读者构建和镜像几何的一半。

- 使用 (重新造型分析)工具可实现曲面和曲线特性的动态可视化。

- 使用 (重新造型树)工具显示"重新造型"特征元件的层级列表。选择所需的树元件以编辑和解决设计问题。

4)在功能区"重新造型"选项卡的"关闭"组中单击 (确定)按钮,从而完成

"逆向工程"特征，之后可使用所创建的几何来辅助创建常规的 Creo Parametric 特征。

7.7　本章小结

在本章中，专门针对了零件建模功能区"模型"选项卡的"曲面"组中的一些工具命令进行了介绍，包括"边界混合""自由式""将切面混合到曲面""顶点倒圆角""样式""重新造型"等。

边界混合曲面特征是一类较为常用的曲面特征，它是在参考对象之间创建的，在每个方向上选定的第一个和最后一个图元定义曲面的边界。在创建过程中，如果需要，可以添加更多的参照图元（如控制点和边界条件）来更完整地定义曲面形状。边界混合特征的重点在于：在一个方向上创建边界混合特征、在两个方向上创建边界混合特征、使用影响曲线和设置边界约束条件。

执行"自由式"工具命令可进入自由式建模环境，在该建模环境中选择基元并通过特定操作操控网格元素来创建自由式曲面，这些特定操控主要包括平移或旋转网格元素、缩放网格元素、对自由式曲面进行拓扑更改、创建对称的自由式曲面、将软皱褶或硬皱褶应用于选定网格元素以调整自由式曲面的形状。

"将切面混合到曲面"工具命令主要用于从边或曲线中创建与曲面（包括实体曲面）相切的拔模曲面（混合的曲面）。此类相切拔模曲面的类型分为3种，即曲线驱动相切拔模曲面、拔模曲面外部的恒定角度相切拔模、在拔模曲面内部的恒定角度相切拔模。

顶点圆角是指对曲面或面组中的顶点进行圆角操作。选择多个顶点时，所选的这些顶点必须位于同一个面组中。

"样式（造型）"工具命令是本章的重点命令之一。执行该工具命令便可进入"样式"设计环境，该设计环境是 Creo Parametric 中的一个功能齐全、直观的建模环境，在该设计环境中可以方便而迅速地创建自由形式的曲线和曲面，并能将多个元素组合成超级特征（样式特征之所以被称为超级特征，因为它们可以包含无限数量的造型曲线和造型曲面）。

重新造型（逆向工程）的相关知识只要求读者了解。有兴趣的读者可以课外去钻研。

7.8　思考与练习

1）请总结在一个方向上创建边界混合曲面特征的典型方法和步骤。如果要在两个方向上创建边界混合曲面特征，则应该如何进行操作？

2）什么是自由式曲面？并简述创建自由式特征的一般步骤。

3）使用"将切面混合到曲面"工具命令可以进行哪些设计工作？可以举例辅助说明。

4）样式曲面（造型曲面）是什么样的特征曲面？

5）上机练习：请自行设计一个边界混合曲面，并要求在该曲面上进行"顶点倒圆角"操作。

6）上机练习：请自行设计一个造型特征，要求在该造型特征内部包含有若干条造型曲线，以及由这些造型曲线生成的造型曲面，还要求在该造型曲面上练习"曲面修剪"操作。

第8章　柔性建模

本章导读：

Creo Parametric 5.0 提供了功能强大的"柔性建模"功能。通过"柔性建模"可以在无需提交更改的情况下对设计进行试验，可以对选定几何对象进行显式修改而不用考虑预先存在的各个关系（如参考关联等）。柔性建模是参数化建模的有机补充（可以说柔性建模功能是与标准参数建模技术共同工作的一个强劲工具箱），对修改外来模型非常有用。

本章重点介绍柔性建模的相关知识，包括柔性建模概述、柔性建模中的曲面选择、变换操作（包括移动、偏移、修改解析、镜像、替代、编辑圆角、编辑倒角、挠性阵列）、柔性识别和编辑操作（连接和移除）等。

8.1　柔性建模概述

柔性建模是 Creo Parametric 系列软件的创新功能，能用于非参模型的几何形状修改，它和软件固有的参数化功能有机组合，实现了在产品设计过程中的真正无缝应用。

柔性建模提供了一组基于几何（曲面）的编辑工具，也就是说柔性建模的对象是模型已有的几何（曲面）。一些老的参数模型难以修改时，使用柔性建模功能却可能很容易对其进行修改，因为它可以不受原先参数化特征定义影响。使用柔性建模不仅可以处理 Creo 模型，还可以处理从其他有效格式文件导入到 Creo Parametric 中的模型。

柔性建模主要在这些场合使用：处理外来的三维模型，继续新设计；紧急变更，快速修改设计意图；对复杂特征构成的几何曲面整体修改，不需要重建；旧的参数化模型难于使用或修改；讨论新的设计意图。其中，使用柔性建模在外来模型中进行编辑和开始新设计是很有优势的。

要进入柔性建模功能模式（或者说打开"柔性建模"工具箱），则在功能区中单击"柔性建模"选项标签以切换到"柔性建模"选项卡，如图 8-1 所示。"柔性建模"选项卡提供了以下 5 个工具组。

图 8-1　"柔性建模"选项卡

- "形状曲面选择"组：仅可用于选择指定类型的几何对象。
- "搜索"组：提供 ▦（几何规则）按钮和 ▦（几何搜索）按钮，前者用于指定曲面选择的几何规则，后者则用于按规则在模型中搜索和选择几何项（对象）。
- "变换"组：可用于对选定几何进行直接操控，如移动、偏移、修改解析、镜像、替代、挠性阵列、编辑圆角和编辑倒角等。
- "识别"组：可用于识别阵列和对称，从而在有一个成员修改时可将该修改传播给所有阵列成员或对称几何，还提供识别倒角和圆角的相关工具按钮。
- "编辑特征"组：可用于编辑选定的几何或曲面，该组包括 ▱（连接）按钮和 ◳（移除）按钮。

柔性建模的基本流程是先选择曲面，接着识别、编辑或变换操作，必要时可以通过识别来快速传播变换。选择几何曲面时，主要是通过"柔性建模"选项卡中的"形状曲面选择"相关工具或"搜索"组的"几何规则"功能智能选择，也可以直接选择所有的对象曲面（直接一一选择所有对象曲面的缺点是无法自动适应既有特征的变化，操作烦琐且容易导致选择疏漏和错误）。而使用"识别"组中的相关识别功能可以定义几组曲面具有阵列属性或对称属性，以此可将对某一组曲面的变换快速传播到其他曲面中，圆角和倒角亦可进行识别定义。柔性建模中的变换操作主要包括移动、偏移、修改解析、镜像、替代、编辑圆角和编辑倒角，而编辑操作则包括连接和移除。

8.2 柔性建模中的形状曲面选择与搜索

切换到"柔性建模"选项卡拟创建柔性建模特征时，必须选择要移动或修改的几何中的形状曲面。注意所有的柔性建模过程都是以选择曲面开始的，而选择曲面时可以使用"形状曲面选择"组中的相关工具按钮来提高效率，当然也可以使用右击图形窗口打开的快捷菜单，或者在"搜索"组中单击 ▱（几何规则）按钮等并通过设置曲面选择的几何规则来指定曲面集，还可以使用"几何搜索"工具搜索所需几何曲面。

在这里，需要了解曲面集、附加曲面、种子曲面和形状曲面集等的概念。

所谓的曲面集是多个曲面或曲面区域的集合；而附加曲面可以与首个选定的曲面相邻，或符合特定的选择规则；种子曲面则是首个被选定的曲面，它可以是一个曲面，也可以是一个曲面区域。当选择一个曲面区域作为种子曲面时，其余曲面区域可称为曲面集的一部分。注意带有多个曲面区域的曲面可通过创建带有多个环的曲面或通过在现有曲面中进行切削的方式来创建。而形状曲面集收集由种子曲面衍生而来的形状曲面。另外，由属于曲面集的形状和不属于曲面集的形状所共享的曲面被称为"渗出曲面"，这些曲面始终包括在形状曲面集中。

对于自动选定曲面集，用户切记以下几点。

- 不是必须要接受默认的主要形状，用户可以根据实际的设计要求来选择其他形状。
- 可以选择排除附属形状。
- 修改模型时，形状曲面集将重新生成

本节下面主要介绍在柔性建模中选择曲面的几种常用方法，例如：使用"形状曲面选择"组工具，使用"形状曲面"命令选择形状曲面集、定义几何规则曲面集、使用"几何搜索"工具搜索几何。

8.2.1 使用"形状曲面选择"组工具

在功能区打开"柔性建模"选项卡，并在图形窗口中选择一个曲面作为种子曲面后，可以通过"柔性建模"选项卡的"形状曲面选择"组中的相关工具来快速地选择形状曲面集，这些工具包括 ■（凸台）按钮、■（多凸台）按钮、■（切口）按钮、■（多切口）按钮、■（倒圆角/倒角）按钮和 ■（多倒圆角/倒角）按钮。

1. 选择凸台曲面

■（凸台）按钮用于选择形成凸台的曲面，而 ■（多凸台）按钮用于选择形成凸台的曲面以及与其相交的其他附属曲面，即后者用于选择带有附属形状的凸台。假设在一个实体模型中先选择一个曲面作为种子曲面，如图8-2a所示，接着在"形状曲面选择"组中单击 ■（凸台）按钮时，完成选择图8-2b所示的形状曲面集；而如果单击 ■（多凸台）按钮，则选择图8-2c所示的形状曲面选择集。

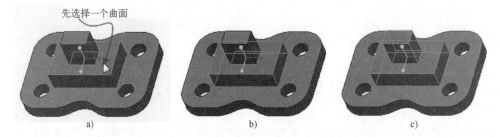

图8-2　选择凸台相关曲面的示例

a）先选择一个曲面（种子曲面）　b）选择形成凸台的曲面　c）选择形成凸台的曲面及其附属曲面

2. 选择切口类曲面（切削曲面）

选择切口类曲面（切削曲面）的按钮有 ■（切口）按钮和 ■（多切口）按钮，前者用于选择形成切口的曲面，后者则用于选择形成切口的曲面以及与其相交的附属曲面。

假设在一个模型中先选择切口的一个曲面，如图8-3a所示，接着若单击 ■（切口）按钮，则选择到图8-3b所示的切口形状曲面集；若单击 ■（多切口）按钮，则获得图8-3c的"切口和附加切口"形状曲面选择集。

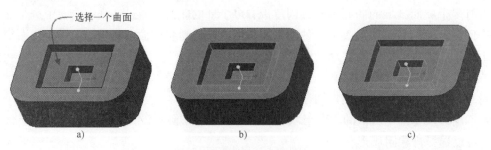

图8-3　选择切口相关曲面的示例

a）先选择一个曲面（种子曲面）　b）选择形成切口的曲面　c）选择"切口和附加切口"形状曲面集

3. 选择圆角曲面

"形状曲面选择"组中的 （倒圆角/倒角）按钮用于选择圆角曲面或倒角曲面，而 （多倒圆角/倒角）按钮用于选择大小、类型和凸度均相同的已连接圆角或倒角曲面。例如，在柔性建模用户界面下，先选择图 8-4a 所示的一个基本圆角曲面作为种子曲面，此时若单击 （倒圆角/倒角）按钮则选择结果如图 8-4b 所示，若单击 （多倒圆角/倒角）按钮则选择结果如图 8-4c 所示。

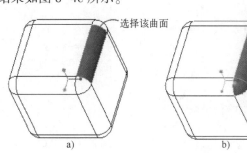
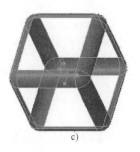

图 8-4　选择倒圆角相关曲面的示例

a）先选择一个曲面（种子曲面）　b）选择形成圆角的曲面　c）选择"倒圆角和附加倒圆角"形状曲面集

8.2.2 使用"形状曲面"命令选择形状曲面集

在功能区中切换到"柔性建模"选项卡后，可以先选择一个曲面作为种子曲面并使用"形状曲面选择"组中的相关按钮选择主要形状。当从该种子曲面可衍生出多个主要形状时，或者当前已在柔性建模工具中时，可以采用以下程序来选择所需的形状曲面集。

1）在图形窗口中选择一个种子曲面。

2）右击并从弹出的快捷菜单中选择"形状曲面"命令（ ），如图 8-5 所示。当可以选择多个形状或者可以选择附属形状时，系统弹出图 8-6 所示的"形状曲面集"对话框。

3）在"形状曲面集"对话框的"主要形状"列表中选择所需的形状，在"主要形状"列表中移动指针可以在图形窗口中突出显示相应的形状。

4）如果要从选择中移除附属形状，则取消勾选"包括附属形状"复选框。

5）在"形状曲面集"对话框中单击"确定"按钮，选定的形状曲面集将被选定。

利用种子曲面的右键快捷菜单，还可以设定选择其相切曲面和选择整个实体曲面。

8.2.3 选择几何规则曲面集

几何规则曲面集基于种子曲面和一个或多个几何规则收集曲面或曲面区域，系统将根据种子曲面和工具，自动决定适用的几何规则。用户可以选定几何规则，系统将自动收集集合中的其他曲面，另外可以根据设计情况从几何规则曲面集中排除选定曲面。

用户可以按照以下的方法步骤来选择几何规则曲面集。

1）确保在功能区中打开"柔性建模"选项卡，然后在图形窗口的模型中选择一个曲面作为种子曲面。

2）在功能区"柔性建模"选项卡的"搜索"组中单击 （几何规则）按钮，系统弹出"几何规则"对话框，如图 8-7 所示。该对话框将提供适用于所选种子曲面的规则以供用户选择。

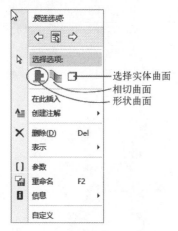

图8-5　"形状曲面集"对话框　　图8-6　"形状曲面集"对话框　　图8-7　"几何规则"对话框

3）勾选一个或多个规则的复选框。

4）要选择满足所有选定规则的曲面，那么单击选中"所有可用规则"单选按钮；如果要选择至少满足一个选定规则的曲面，那么单击选中"任何可用规则"单选按钮。

5）在"几何规则"对话框中单击"确定"按钮，则收集所有满足选定选项的曲面。

8.2.4　使用"几何搜索"工具搜索几何

在功能区"柔性建模"选项卡的"搜索"组中提供有一个 📷 （几何搜索）按钮，使用此工具可以按规则在模型中搜索和选择几何项，可以搜索的几何项包括倒角、圆角、圆锥曲面、圆柱曲面、平面曲面、形状曲面和环形曲面等。使用此工具是很实用的，例如，可以搜索具有指定半径的圆角，可以将几何搜索结果保存到文件，可以检索几何搜索结果等。

要使用"几何搜索"工具搜索几何项，可以按照以下的方法步骤进行。

1）在功能区"柔性建模"选项卡的"搜索"组中单击 📷 （几何搜索）按钮，打开图8-8所示的"几何搜索工具"对话框。

2）选择要搜索的几何类型。从"查找"下拉列表框中选择一个选项。当选择"倒圆角曲面"选项或"倒角曲面"选项时，还需要从出现的"倒圆角类型"或"倒角类型"下拉列表框中选择一个子类型选项。

3）设置搜索条件。

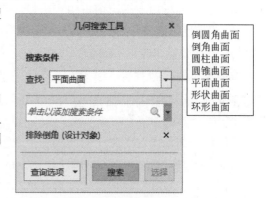

图8-8　"几何搜索工具"对话框

4）单击"搜索"按钮，满足搜索标准的几何将显示在"找到的几何"列表中，且处于选定状态。两个典型搜索示例如图8-9所示。此时，将鼠标指针指向"找到的几何"列表中的某个项时，该项会在图形窗口中突出显示。要取消选择"找到的几何"列表中的任何几何项，则按住〈Ctrl〉键并单击此项。如果按住〈Ctrl〉键并再次单击该项可再次将其选中。

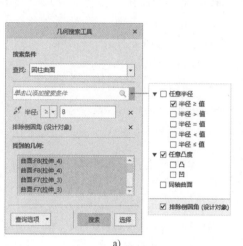
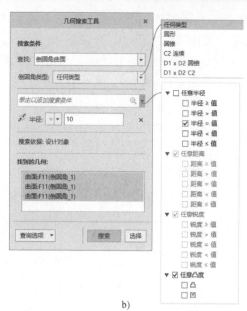

a)   b)

图 8-9 几何搜索

a) 搜索满足条件的圆柱曲面　b) 搜索满足条件的倒圆角曲面

5) 如果单击"查询选项"按钮，则可以执行"将查询保存到文件"或"从文件加载查询"按钮等。"将查询保存到文件"命令用于将搜索保存为 .gqry 文件以供再次打开。"从文件加载查询"命令用于检索先前保存的查询。

6) 当至少在"找到的几何"列表中选择一个几何项时，"选择"按钮可用。单击"选择"按钮，将"找到的几何"列表中的选定几何添加到选择集中，然后关闭对话框。

8.3　柔性建模中的变换操作

柔性建模中的变换命令主要包括"移动""偏移""修改解析""镜像""阵列""替代""编辑倒圆角""编辑倒角"。

8.3.1　移动几何

使用柔性建模中的"移动"工具可以移除选定几何并将其置于新位置，或者创建选定几何的副本并将该副本移动到新位置。需要用户注意的是，"移动"工具仅对单个几何选择起作用，如果要移动另一个几何选择，必须创建新的移动特征。可以多次移动该几何选择，并会在一个特征中堆叠多个移动步骤。

完成几何选择后，用户可以根据实际情况使用拖动器来移动几何，或者按尺寸移动几何，或者使用约束移动几何。也就是说可以使用 3 种方式之一来移动几何。

1. 使用拖动器移动

使用拖动器移动几何是指按刚性平移和旋转的排序序列移动选定几何，每次重定位拖动器都将创建一个新步骤。

使用拖动器移动几何的方法是在功能区"柔性建模"选项卡的"变换"组中单击🖼（使用拖动器移动）按钮，打开图8-10所示的"移动"选项卡，此时在选定要移动的几何处显示有拖动器，如图8-11所示，单击拖动器控制柄（控制滑块）可移动几何，单击弧可旋转几何。要重定位拖动器，则在"移动"选项卡中单击"原点"框并选择新参考；要定向拖动器，则在"移动"选项卡中单击"方向"框并选择方向参考。另外，"移动"选项卡中的🖼按钮用于创建复制-移动特征，🖼按钮用于通过创建侧曲面或延伸相邻曲面来连接移动的几何，🖼按钮用于针对与正在修改的几何直接相邻的曲面，保留其现有的相切关系。

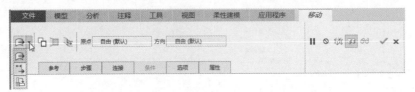

图8-10 "移动"选项卡（使用拖动器移动）

用户必须要掌握拖动器的组成。拖动器的图解示意如图8-12所示，图中的1表示中心点，2为控制柄（控制滑块），3为弧，4为平面。拖动中心点可自由移动几何，拖动控制滑块可沿着轴平移几何，拖动弧可旋转几何，拖动平面可移动平面上的几何。

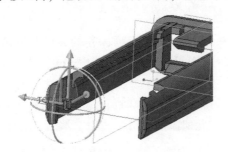

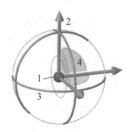

图8-11 选定几何处显示有拖动器　　图8-12 拖动器图解

2. 按尺寸移动

按尺寸移动是指通过可修改的一组尺寸（距离或角度尺寸）来移动选定几何，注意单个移动特征中可包含最多3个非平行的线性尺寸或一个角度（旋转）尺寸。

要按尺寸移动几何，那么在"变换"组中单击🖼（按尺寸移动）按钮，打开图8-13所示的"移动"选项卡，接着打开"移动"选项卡的"尺寸"面板，选择尺寸参考并为尺寸设置移动值。

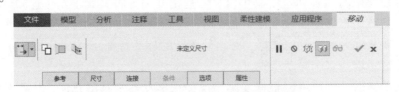

图8-13 "移动"选项卡（按尺寸移动）

3. 使用约束移动

使用约束移动几何是指使用一组完全定义了几何选择的位置和方向的约束来移动选定几何，注意部分约束是不允许的（只有完全约束的几何才能使用约束进行移动）。

要在柔性建模下使用约束移动几何，则在"变换"组中单击（使用约束移动）按钮，打开图 8-14 所示的"移动"选项卡，指定约束类型，为固定几何和移动几何选择参考，需要时为约束输入偏移值，以及可更改偏移的方向等。

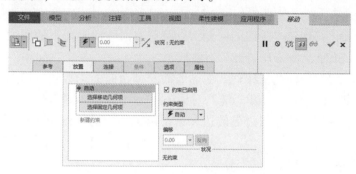

图 8-14 "移动"选项卡（使用约束移动）

不管是单击（使用拖动器移动）按钮，还是单击（按尺寸移动）按钮，或者是（使用约束移动）按钮，在所打开的"移动"选项卡中均可以更改其移动方式。"移动"选项卡上的（创建复制-移动特征）按钮用于创建一份选定几何的副本，然后将副本移动到新位置；按钮用于通过创建侧曲面或延伸相邻曲面来连接移动的几何；按钮则用于修改已移动几何旁的几何，以保持现有相切关系。

在柔性建模下移动几何的过程中，还可以使用"移动"选项卡的"连接"面板和"选项"面板来设置另外的几何连接和扩展选项。"连接"面板提供在将所移动的几何连接到原始几何时可选的选项，如图 8-15a 所示，而"选项"面板提供图 8-15b 所示的选项，这两个面板中各选项和各收集器的功能含义如下。

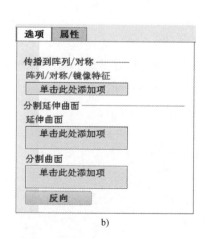

a)

b)

图 8-15 "移动"选项卡的"连接"面板和"选项"面板
a)"连接面板" b)"选项"面板

- "连接移动的几何"复选框：默认勾选此复选框，重新连接移动的几何到最初连接的同一实体或面组。
- "创建倒圆角/倒角几何"复选框：默认勾选此复选框，指定在移动和连接所选几何后创建圆角/倒角几何。关闭通过移动几何时留下的间隙并在新位置重新创建圆角/倒角。
- "创建侧曲面"：创建连接边的曲面，以覆盖曲面移动时留下的间隙。单击位于右侧的"细节"按钮，将打开"链"对话框。
- "延伸和相交"：延伸选定移动几何的曲面及剩余曲面，直到它们相交。单击位于右侧的"细节"按钮，将打开"链"对话框。
- "边界边"：收集用作几何边界的边。单击位于右侧的"细节"按钮，将打开"链"对话框。
- "下一个"按钮：查找下一个解决方案。
- "上一个"按钮：在存在多个解决方案时查找上一个解决方案。
- "保持解决方案拓扑"复选框：勾选此复选框时，当模型更改且相同的解决方案类型不能重新构建时，重新生成失败。
- "传播到阵列/对称"：显示用于将移动特征传播到所有实例以便保持阵列、镜像或对称的阵列、镜像、阵列识别或对称识别特征。
- "延伸曲面"：收集要分割的延伸曲面。
- "分割曲面"：当分割曲面时收集要延伸的曲面。
- "反向"按钮：在分割曲面间切换。当应用于分割移动时，将要移动的几何和固定几何相互切换。

另外，需要用户特别注意的是：如果要创建复制-移动特征，那么需要在"移动"选项卡中单击 □ （创建移动-复制特征）以选中它。

为了让读者更好地学习柔性建模的"移动"功能，下面介绍一个典型的操作范例。

1. 使用拖动器移动几何

1）在"快速访问"工具栏中单击"打开"按钮 📂，系统弹出"文件打开"对话框，从本书配套资料包的 CH8 文件夹中选择"bc_8_yd. prt"文件，单击"文件打开"对话框中的"打开"按钮。

2）在功能区中切换到"柔性建模"选项卡。

3）选择要移动的形状曲面集。先在模型中单击选择图 8-16a 所示的一个曲面，接着在功能区"柔性建模"选项卡的"形状曲面选择"组中单击"凸台"按钮 ▇，从而选择形成凸台的曲面，如图 8-16b 所示。

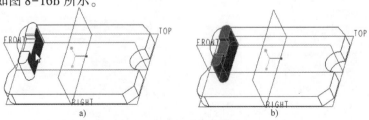

图 8-16　选择要移动的形状曲面集

a）指定种子曲面　b）选择形成凸台的曲面

4）在"变换"组中单击 (使用拖动器移动) 按钮，打开"移动"选项卡，此时在所选图形几何区域出现一个原点和方向均为"自由（默认）"的 3D 拖动器。

5）在拖动器中按住一条水平控制柄并沿着该控制柄轴线来平移选定图形几何，移动新参考位置如图 8-17 所示。

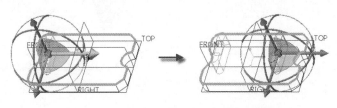

图 8-17　使用拖动器平移选定图形几何

6）将鼠标指针置于图 8-18 所示的一个控制弧处按住并拖动，拖到预定位置处释放鼠标左键，即可旋转选定图形几何。

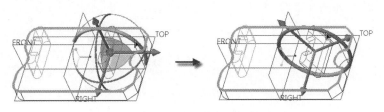

图 8-18　使用拖动器旋转选定图形几何

7）在"移动"选项卡中单击选中 (创建复制–移动特征) 按钮，如图 8-19 所示。另外，在"连接"面板中默认勾选"连接移动的几何"复选框和"创建倒圆角/圆角几何"复选框。

8）在"移动"选项卡中单击 (完成) 按钮，移动结果如图 8-20 所示。

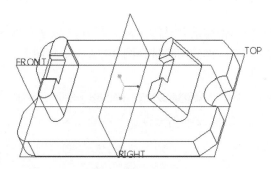

图 8-19　选中"创建复制–移动特征"按钮　　　　图 8-20　移动结果

2. 按尺寸移动（柔性移动操作）

1）选择过滤器下拉列表框的默认选为"区域和曲面"，在图形窗口中选择图 8-21 所示的曲面（即指定种子曲面），接着在"形状曲面选择"组中单击 (凸台) 按钮以选择形成凸台的曲面，如图 8-22 所示。

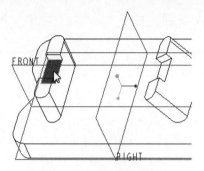

图 8-21　指定种子曲面

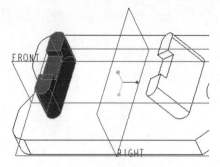

图 8-22　选择形成凸台的曲面

2）在"变换"组中单击 （按尺寸移动）按钮，打开"移动"选项卡。

3）在"移动"选项卡中打开"尺寸"面板，开始定义尺寸1：选择图 8-23 所示的一个曲面，接着按住〈Ctrl〉键的同时选择 RIGHT 基准平面，然后在"尺寸"面板中将尺寸1的值设置为"30"，如图 8-24 所示。

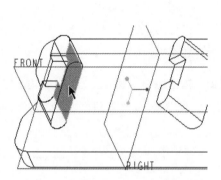

图 8-23　在原件上指定一个曲面参考

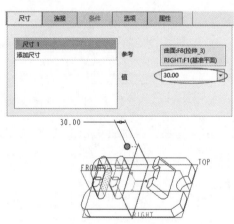

图 8-24　修改尺寸1的值

4）在"移动"选项卡的"尺寸"面板的尺寸列表框中单击"添加尺寸"标签，接着按住〈Ctrl〉键的同时选择图 8-25 所示的两个平整曲面来创建尺寸2，并将此尺寸的值设置为 72.5。

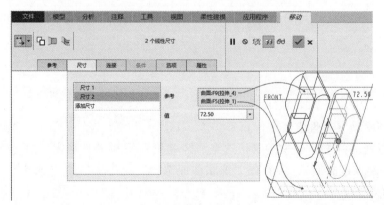

图 8-25　定义尺寸2

5）在"移动"选项卡中单击 ✓（完成）按钮，完成该"移动 2"特征的结果如图 8-26 所示。

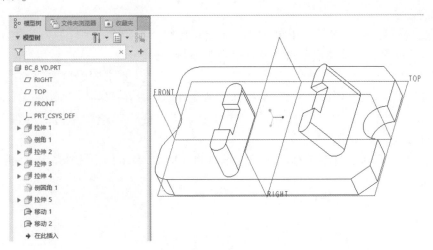

图 8-26 完成"移动 2"特征

8.3.2 偏移几何

在柔性建模下，使用"变换"组中的 ▣（偏移）按钮，可以相对于实体几何或面组偏移选定几何，并可将其连接到该实体或面组中。注意 ▣（偏移）按钮仅对单个几何选择（单个偏移曲面集）起作用，如果要偏移另一个几何选择，那么必须创建新的偏移几何特征。几何选择在单击 ▣（偏移）按钮之前或之后皆可以。创建偏移几何特征的典型示例如图 8-27 所示。

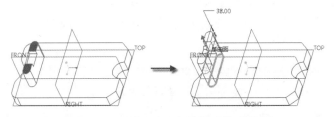

图 8-27 创建偏移几何特征的典型示例

要创建偏移几何特征，那么可以按照以下方法步骤进行。

1）切换到"柔性建模"选项卡，选择要偏移的几何，接着在"柔性建模"选项卡的"变换"组中单击 ▣（偏移）按钮，打开图 8-28 所示的"偏移几何"选项卡。

图 8-28 "偏移几何"选项卡

2）在偏移值框 ⊢⊣ 内输入偏移值，或者在图形窗口中拖动控制滑块来设置偏移尺寸。

3）要设置其他连接和传播选项，则可以使用"偏移几何"选项卡中的"连接"面板和"选项"面板。

4）在"偏移几何"选项卡中单击 ✓（完成）按钮。

下面介绍一个在柔性建模下偏移几何的典型范例。

1）在"快速访问"工具栏中单击"打开"按钮 🗁，从本书附赠网盘资料的 CH8 文件夹中选择素材文件"bc_8_pyjh.prt"来打开。该文件中已存在图 8-29 所示的实体模型。

2）在功能区中切换至"柔性建模"选项卡，从"变换"组中单击 🗊（偏移）按钮，打开"偏移几何"选项卡。

3）在图形窗口中选择要偏移的曲面（偏移曲面集）。在本例中选择图 8-30 所示的圆柱圆形顶端面。

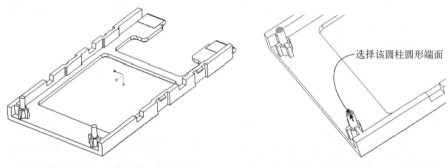

图 8-29　原始实体模型效果　　　　　图 8-30　指定偏移曲面集

4）在"偏移几何"选项卡的偏移值框 ⊢⊣ 内输入偏移值为"0.8"，单击 ⬚（更改偏移方向）按钮以将偏移方向更改为另一侧，接着打开"连接"面板设置相关的几何连接选项，如图 8-31 所示，注意确保勾选"连接偏移几何"复选框。

5）在"偏移几何"选项卡中单击 ✓（完成）按钮，完成创建"偏移几何 2"特征得到的模型效果如图 8-32 所示。

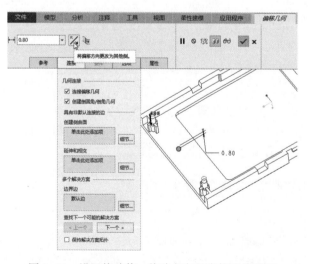

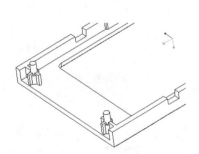

图 8-31　设置偏移值、偏移方向和附件连接选项　　　　图 8-32　完成效果

8.3.3 修改解析曲面

在柔性建模下，使用"变换"组中的🖋️（修改解析）按钮编辑驱动解析曲面的基本尺寸，可以修改圆柱、球、圆环或圆锥的下列尺寸，注意修改后的曲面可重新连接到实体或同一面组。

- 圆柱：半径尺寸，轴仍然固定。
- 球：半径尺寸。
- 圆环：圆的半径及圆的中心到旋转轴的半径，旋转轴仍然固定。
- 圆锥：角度尺寸，圆锥的轴和顶点仍然固定。

创建"修改解析曲面"特征的方法、步骤如下。

1）在柔性建模下（切换到功能区的"柔性建模"选项卡），选择要修改的曲面。

2）在"变换"组中单击🖋️（修改解析）按钮，打开"修改解析曲面"选项卡。

3）在"修改解析曲面"选项卡中输入"半径"或"角度"的新值，或者使用拖动控制滑块来更改值。对于圆环，可以修改两个半径。

4）要设置其他连接和传播选项，则使用"修改解析曲面"选项卡的"连接"面板和"选项"面板。

5）在"修改解析曲面"选项卡中单击"完成"按钮✔️，或单击鼠标中键接受此特征。

下面介绍一个典型的操作范例，在该范例中要求在柔性建模下修改范例零件的一个内孔半径。

1）在"快速访问"工具栏中单击"打开"按钮📂，选择本书配套资料包的 CH8 文件夹中的素材实体模型文件"bc_8_xgjs. prt"来打开。该文件中已存在图 8-33 所示的实体模型。

2）在功能区中选择"柔性建模"标签以打开"柔性建模"选项卡，接着选择图 8-34 所示的内圆柱曲面。

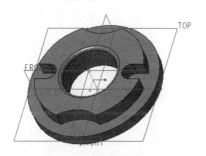

图 8-33　原始实体模型

图 8-34　选择要修改的曲面

3）在"变换"组中单击🖋️（修改解析）按钮，打开"修改解析曲面"选项卡。

4）在"修改解析曲面"选项卡的"半径"框中输入新半径值为"10"，如图 8-35 所示。

5）在"修改解析曲面"选项卡中打开"连接"面板，从中取消勾选"创建倒圆角/倒角几何"复选框，并确保勾选"连接已修改几何"复选框，如图 8-36 所示。

6）在"修改解析曲面"选项卡中单击✔️（完成）按钮，修改结果如图 8-37 所示。

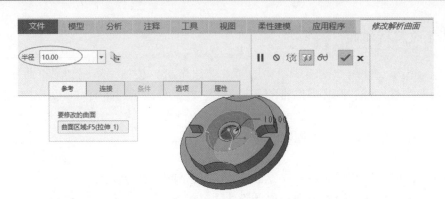

图 8-35　修改半径值

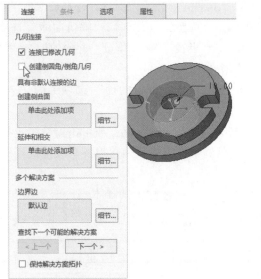

图 8-36　设置几何连接选项

图 8-37　修改解析图曲面结果

8.3.4 镜像几何

在柔性建模下，使用功能区"柔性建模"选项卡的"变换"组中的 (镜像) 按钮，可以相对于一个平面镜像选定几何，原始几何的副本被镜像到新的位置，并可以连接到实体或同一面组。在柔性建模下创建镜像几何特征时，Creo Parametric 将自动识别为对称，因此在原始几何上执行的所有后续"柔性建模"也会传播到镜像几何。

下面以一个范例来介绍创建镜像几何特征的方法步骤。

1) 在"快速访问"工具栏中单击"打开"按钮 ，选择本书配套的素材实体模型文件"bc_8_jxjh. prt"来打开。

2) 在功能区中打开"柔性建模"选项卡，在实体模型中选择图 8-38 所示的几何曲面作为种子曲面，接着在"形状曲面选择"组中单击"多凸台"按钮 以选择图 8-39 所示的整个"火箭"形状曲面集。

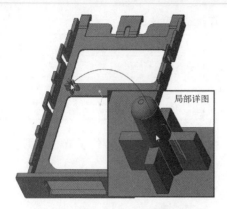

图 8-38 指定种子曲面

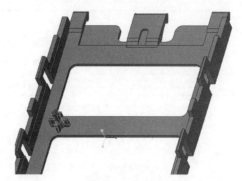

图 8-39 选中形成整个凸台的形状曲面

3）在"变换"组中单击 （镜像）按钮，打开"镜像几何"选项卡。

4）确保"镜像几何"选项卡上的"镜像平面"收集器处于选中激活状态（可在此收集器框内单击以将其激活，如图 8-40 所示），接着选择一个镜像平面。在本例中设置在图形窗口中显示基准平面后选择 RIGHT 基准平面作为镜像平面，此时可以在图形窗口中预览到镜像几何特征的默认效果，如图 8-41 所示，注意默认时在"连接"面板的"几何连接"选项组中，"连接镜像几何"复选框和"创建倒圆角/倒角几何"复选框均处于被勾选的状态。

图 8-40 激活"镜像平面"收集器

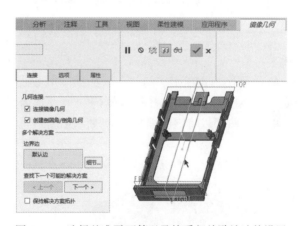

图 8-41 选择基准平面等以及接受相关默认连接设置

5）在"镜像几何"选项卡中单击 （完成）按钮，镜像几何的操作结果如图 8-42 所示。

8.3.5 替代

在柔性建模下，使用"变换"组中的 （替代）按钮，可以将几何选择替换为替换曲面，替换曲面和模型之间的圆角几何等可以在连接替换几何后重新创建。要替换的几何选择可以是任何曲面集合和目标曲面的组合（两者中的一项或两项）。

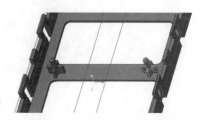

图 8-42 镜像几何的操作结果

在使用替代几何特征时要注意表 8-1 的几点事项。

表 8-1　使用替代几何特征时应注意的事项

序　号	注 意 事 项
1	几何选择中的所有替代曲面必须属于特定的实体几何或属于同一面组
2	几何选择不可与相邻几何相切或与圆角几何相连
3	替换曲面必须足够大，才能无需延伸替换曲面便可连接相邻几何

替换几何的典型示例如图 8-43 所示，在该示例中用面组曲面替代了立柱的顶曲面。该示例的操作步骤如下。

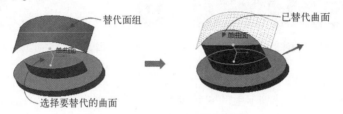

图 8-43　替代操作的典型示例

1）在"快速访问"工具栏中单击"打开"按钮 📂，选择本书配套的素材实体模型文件"bc_8_tdjh. prt"来打开。

2）在功能区中打开"柔性建模"选项卡，在实体模型中选择图 8-44 所示的几何曲面作为要替代的曲面几何。

3）在功能区"柔性建模"选项卡的"变换"组中单击 ⚙（替代）按钮，打开"替代"选项卡。

4）"替代"选项卡中的"替代曲面"收集器处于活动状态，在图形窗口中选择替代曲面或面组。在本例中将选择过滤器的选项设置为"面组"，接着在图形窗口中单击图 8-45 所示的面组曲面以将该曲面定义为替代曲面。

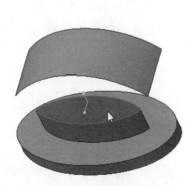

图 8-44　选择要替代的曲面几何

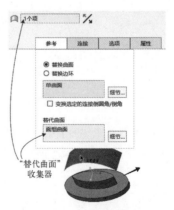

图 8-45　选择替代曲面

知识点拨：在"替换"选项卡的"参考"面板中，有两个替换图元选项，即"替换曲面"单选按钮和"替换边环"单选按钮。当选择"替换曲面"单选按钮时，提供一个曲面收集器用于收集要使用替代曲面替换的曲面；当选择"替换边环"单选按钮时，提供一个"替换边环"收集器，显示要使用在替代曲面上创建的边替换的单侧边封闭环。

5）在"替代"选项卡中单击 ✔ （完成）按钮，完成替换几何的操作。

8.3.6 编辑圆角几何

在柔性建模下，单击"变换"组中的 ✎ （编辑倒圆角）按钮，将打开图 8-46 所示的"编辑倒圆角"选项卡，利用此选项卡可以更改已识别的恒定和可变半径圆角几何的半径，或者移除圆角几何。注意可以将可变半径圆角转换为恒定半径圆角。

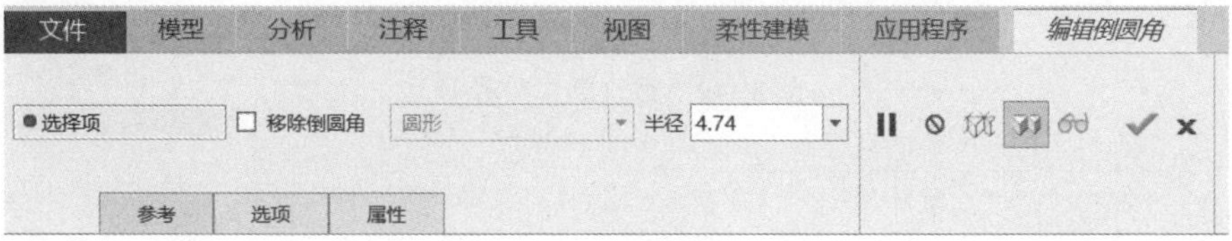

| 文件 | 模型 | 分析 | 注释 | 工具 | 视图 | 柔性建模 | 应用程序 | *编辑倒圆角* |

● 选择项　　☐ 移除倒圆角　圆形　　　　▼　半径 4.74　　　▼　‖ ◎ ⅋ ⅄ 6∇ ✔ ✕

参考　选项　属性

图 8-46 "编辑倒圆角"选项卡

既可以在单击 ✎ （编辑倒圆角）按钮之前选择要修改的倒圆角几何，也可以在单击 ✎ （编辑倒圆角）按钮之后选择要修改的圆角几何。

下面结合范例介绍如何编辑倒圆角几何。

1）在"快速访问"工具栏中单击"打开"按钮 ☝，选择本书配套的素材实体模型文件"bc_8_bjdyj. prt"来打开，该文件中存在的原始实体模型如图 8-47 所示。

2）在功能区中打开"柔性建模"选项卡，接着从"变换"组中单击 ✎ （编辑倒圆角）按钮，打开"编辑倒圆角"选项卡。

3）在图形窗口中选择要编辑的圆形曲面 1，接着按住〈Ctrl〉键的同时选择圆形曲面 2，如图 8-48 所示。

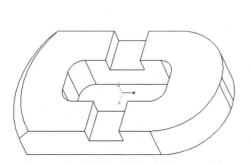

图 8-47 原始实体模型

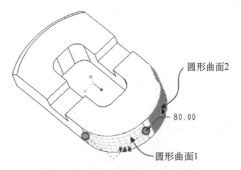

图 8-48 选择要编辑的圆角曲面

4）在"编辑倒圆角"选项卡的一个下拉列表框中选择"圆形"选项，在"半径"框中将圆角半径更改为"45"，并在"选项"面板中设置相关选项，如图 8-49 所示。

5）在"编辑倒圆角"选项卡中单击 ✔ （完成）按钮，效果如图 8-50 所示。

6）在"变换"组中单击 ✎ （编辑倒圆角）按钮，打开"编辑倒圆角"选项卡。

7）在切口结构中选择其中一个圆角曲面，接着按住〈Ctrl〉键的同时单击该切口结构中的其他 3 个圆角曲面，如图 8-51 所示。

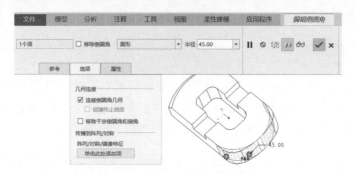

图 8-49 更改圆角半径等

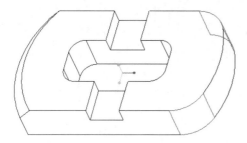

图 8-50 编辑圆角半径的效果

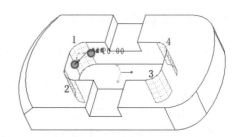

图 8-51 选择多个要编辑的倒圆角曲面

8) 在"编辑倒圆角"选项卡中勾选"移除倒圆角"复选框，如图 8-52 所示。

9) 在"编辑倒圆角"选项卡中单击 ✓（完成）按钮，完成结果如图 8-53 所示。

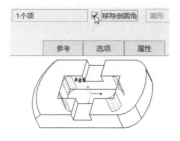

图 8-52 勾选"移除倒圆角"复选框

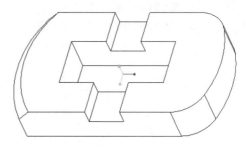

图 8-53 移除圆角的结果

8.3.7 编辑倒角几何

在柔性建模下，单击"变换"组中的 ✈（编辑倒角）按钮，将打开图 8-54 所示的"编辑倒角"选项卡，利用此选项卡修改选定倒角曲面的尺寸，或者将其从模型中移除。编辑倒角和编辑圆角的操作过程类似。

图 8-54 "编辑倒角"选项卡

下面结合范例介绍如何编辑倒角几何。

1）在"快速访问"工具栏中单击"打开"按钮 ，选择本书配套的素材实体模型文件"bc_8_bjdj. prt"来打开，该文件中存在的原始实体模型如图 8-55 所示。

2）在功能区中打开"柔性建模"选项卡，接着从"变换"组中单击 （编辑倒角）按钮，打开"编辑倒角"选项卡。

3）选择倒角形曲面以修改其尺寸。在本例中选择图 8-56 所示的一处倒角形曲面。

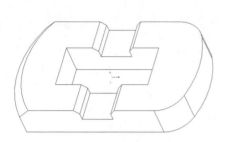

图 8-55　原始实体模型

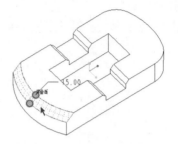

图 8-56　选择一处倒角形曲面

4）在"编辑倒角"选项卡的"倒角标注形式"下拉列表框中选择"45×D"，接着在"D"文本框中输入"25"，如图 8-57 所示。

5）在"编辑倒角"选项卡中单击 （完成）按钮，编辑该倒角的尺寸后得到的模型效果如图 8-58 所示。

图 8-57　编辑倒角尺寸

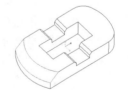

图 8-58　完成修改一处倒角尺寸

6）在"变换"组中单击 （编辑倒角）按钮，打开"编辑倒角"选项卡。

7）先选择图 8-59 所示的倒角 1，接着按住〈Ctrl〉键的同时分别选择倒角 2、3 和 4。

8）在"编辑倒角"选项卡中勾选"移除倒角"复选框，单击 （完成）按钮，结果如图 8-60 所示。

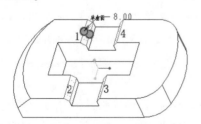

图 8-59　选择要编辑的 4 个倒角

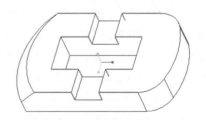

图 8-60　移除选定的圆角

8.3.8　挠性阵列

可以阵列化柔性建模特征几何，其方法是在功能区"柔性建模"选项卡的"变换"组中单击⊞（挠性阵列）按钮，打开图8-61所示的"阵列"选项卡，接着指定阵列类型（挠性阵列工具可以创建的阵列类型有"方向""轴""填充""表""曲线""点"，利用"参考"面板选择用于定义阵列导引的参考，设置是否阵列连接阵列几何和模型的选定圆角和倒角，利用"连接"面板设置相关的连接选项（对于某些阵列类型，此面板提供的连接选项有所不同），根据不同的阵列类型进行相应的参照和参数设置，大致和前面章节介绍过的"阵列"工具命令的操作类似，这里也就不一一赘述了。

图8-61 "阵列"选项卡

挠性阵列工具（⊞）中的各连接选项是很实用的，即使在阵列实例所连接曲面不同的不规则曲面上，也可以创建阵列。挠性阵列中，用户可以选择是否将所有阵列成员连接至模型几何。如果阵列导引已通过圆角和倒角连接至模型几何，那么可以选择使用同一类型和尺寸的圆角或倒角将所有的阵列成员作为阵列导引添加至几何。另外，在挠性阵列中，同样可以排除或包括个别阵列成员，以及可以在曲面上投影一个点阵列、填充阵列和曲面阵列类型的阵列。

8.4 柔性建模中的识别工具

本节主要介绍柔性建模中的识别工具。

8.4.1 阵列识别

在"柔性建模"中，用户可以选择所需的几何对象并使用⊞（阵列识别）按钮识别与所选几何相同或相似的几何对象，保存已识别几何时，系统将创建"阵列识别"特征。

要在柔性建模环境下识别与选定几何类似的几何并定义几何阵列，那么用户可以按照以下方法步骤来识别几何阵列。

1）在功能区中打开"柔性建模"选项卡，接着选择阵列导引几何并在"柔性建模"选项卡的"识别"组中单击⊞（阵列识别）按钮，打开图8-62所示的"阵列识别"选项卡，此时，系统在已识别为阵列一部分的几何上显示黑点。

2）在"阵列识别"选项卡中打开图8-63a所示的"参考"面板，可以根据情况来激活"导引曲面"收集器，以添加或更改阵列导引曲面；如果需要，可激活"导引曲线和基准"收集器，并选择曲线或基准来作为导引曲线和基准。

图8-62 "阵列识别"选项卡

3）选择与阵列导引"相同"或"相似"的几何。在"阵列类型"下拉列表框中选择"相同"或"相似"。选择"相同"时，识别成员具有相同曲面且其与周围几何之间的相交边也相同的阵列；选择"相似"时，识别成员具有相同曲面但其与周围几何的相交边可以不同的阵列。

4）如果识别了多个阵列，则选择要识别的阵列，如"1-方向""2-轴""3-空间"。

5）要将阵列识别限制在模型的某个区域内，则在"阵列识别"选项卡中打开图8-63b所示的"选项"面板，接着在"选项"面板中勾选"限制阵列识别"复选框，接着选择"曲面"单选按钮或"草绘"单选按钮。当选择"曲面"单选按钮时，选择几何必须与之相交以便识别为阵列一部分的曲面；当选择"草绘"单选按钮时，则选择或定义一个草绘，该草绘的拉伸区域定义了几何必须位于其内以便识别为阵列一部分的边界。

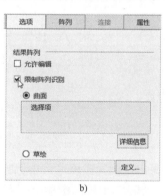

a)   b)

图8-63 "阵列识别"选项卡的"参考"面板和"选项"面板

a)"参考"面板 b)"选项"面板

6）要编辑已识别阵列成员的数量和间距（对于方向阵列和轴阵列可选），则在"选项"面板中勾选"允许编辑"复选框，然后编辑已识别几何。

7）如果要忽略将包括在"阵列识别"特征中的阵列成员，则单击图形窗口中的点，若再次单击该点可恢复被忽略的阵列成员。

8）在"阵列识别"选项卡中单击 ✔ （完成）按钮，或者单击鼠标中键，已识别几何保存为可作为单元操控的阵列特征。

8.4.2 对称识别

在"柔性建模"中，可以选择几何或几何和基准平面并使用 （对称识别）按钮识别与所选几何对称的相同或相似的几何，保存已识别几何时，系统将创建"对称识别"特征。

"对称识别"特征可以具有以下所述的两个可能的参考集。

选择一个种子曲面或种子区域和对称平面时，将识别对称平面另一侧的对称曲面或曲面区域。连接到选定种子曲面的曲面或曲面区域也将作为特征的一部分进行识别，其中，选定种子曲面相对于对称平面对称。

选择两个对称的相同或相似的种子曲面或曲面区域时，将识别对称平面。连接到选定种子曲面的曲面或曲面区域也将作为特征的一部分进行识别，其中，选定种子曲面相对于对称平面对称。

创建"对称识别"特征的方法步骤和创建"阵列识别"特征的方法步骤相类似。

在"柔性建模"下，从"识别"组中单击 ⚊ (对称识别) 按钮，打开图8-64所示的"对称识别"选项卡，接着选择"相同"或"类似"以定义具有与种子曲面相同或相似几何的"对称识别"特征，并使用"参考"面板指定相应的参考对象，然后单击 ✔ (完成) 按钮即可。

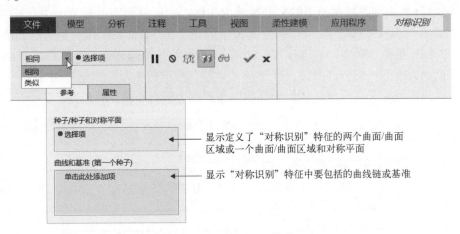

图8-64 "对称识别"选项卡

请看以下的操作范例，在该范例中选择两个种子曲面来创建"对称识别"特征。

1) 在"快速访问"工具栏中单击"打开"按钮 ⬚，选择本书配套的素材实体模型文件"bc_8_dcsb.prt"来打开，已有实体模型如图8-65所示。

2) 在功能区中打开"柔性建模"选项卡，接着在"识别"组中单击 ⚊ (对称识别) 按钮，打开"对称识别"选项卡。

3)"种子/种子和对称平面"收集器处于被激活的状态，在图形窗口中选择图8-66所示的曲面1，按住〈Ctrl〉键的同时选择曲面2，所选的这两个曲面均作为种子曲面。

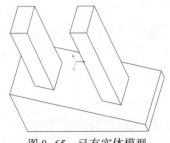

图8-65 已有实体模型

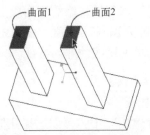

图8-66 选择两个种子曲面

4）在"对称识别"选项卡的一个下拉列表框中选择"类似"选项。

5）在"对称识别"选项卡单击 ✅（完成）按钮，从而完成创建"对称识别"特征，该"类似（相似）"的"对称识别"特征包含的几何如图 8-67 所示，即此特征包括一个对称平面、两个种子曲面以及连接到这些曲面的几何。注意"对称识别"特征在模型树中的显示（生成一个"对称识别"组）。如果在本例的步骤 4）中选择"相同"选项，那么完成的"对称识别"特征包括两个种子曲面和一个对称平面，而不包括连接到种子曲面的曲面。

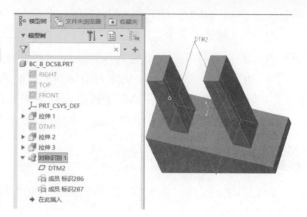

图 8-67 "类似"的"对称识别"特征

知识点拨：如果选择了一个种子曲面或曲面区域和一个对称平面，则与连接到种子曲面的曲面或曲面区域一起识别对称曲面。如果选择了两个种子曲面或曲面区域，则识别对称平面，而连接到选定种子曲面的曲面或曲面区域也将作为特征的一部分进行识别，其中，选定种子曲面相对于对称平面对称。

8.4.3 传播到阵列和对称几何

创建"移动""偏移""修改解析""编辑倒圆角""编辑倒角"等特征时，可以将此特征传播到某一阵列的部分或全部实例或两个对称几何实例，这需要使用各特征选项卡的"选项"面板中的"阵列/对称/镜像特征"收集器，通过该收集器在模型树中选择有效的"阵列识别""对称识别""阵列/挠性阵列""镜像"特征。Creo Parametric 为传播识别了在柔性建模中创建的"阵列识别"特征、"对称识别"特征、"镜像"特征和"挠性阵列"特征，此外还为传播识别了在柔性建模外创建的变换阵列（不是"尺寸""表""参考"类型的阵列）。注意将正在创建的特征传播到阵列、对称或镜像特征时，只能使用这两个连接选项："连接移动的几何""创建倒圆角/倒角几何"。

8.4.4 利用阵列识别、对称识别或镜像特征创建参考阵列

在 Creo Parametric 5.0 中，可以通过参考下列任何特征的几何来创建参考阵列。
- "对称识别"特征的任何成员。
- "阵列识别"特征的任何成员。
- 在"柔性建模"中创建的镜像特征的任何成员。
- 在"柔性建模"中创建的挠性阵列特征的任何成员。

要利用阵列识别、对称识别、镜像或挠性阵列特征创建参考阵列，则可以按照以下方法步骤进行。

1）选择参考括号（"对称识别"特征的任何成员、"阵列识别"特征的任何成员、在"柔性建模"中创建的镜像特征的任何成员、在"柔性建模"中创建的挠性阵列特征的任何

成员）中所列的其中一个特征的几何的特征。

2）在功能区的"模型"选项卡中单击"编辑"组中的 :: （阵列）按钮，打开"阵列"选项卡，此时阵列类型被默认设置为"参考"。注意阵列导引用和阵列成员的标识。

3）如果要将某阵列成员从阵列中排除，那么在图形窗口中单击它的黑点，使该点变为白点。要恢复该阵列成员，则单击该白点使之变为黑点。

4）在"阵列"选项卡中单击 ✓ （完成）按钮。

8.4.5 倒角与圆角的识别

在 Creo Parametric 5.0 中，"柔性建模"的"识别"组中还提供了用于倒角与圆角的以下识别工具。

- （识别倒角）按钮：识别由"柔性建模"功能作为倒角处理的倒角几何和标记。
- （不是倒角）按钮：识别不由"柔性建模"功能作为倒角处理的倒角几何和标记，即识别倒角几何，并将其标记为不由柔性建模特征处理为倒角。
- （识别倒圆角）按钮：识别由"柔性建模"功能作为圆角处理的圆角几何和标记。
- （不是倒圆角）按钮：识别不由"柔性建模"功能作为圆角处理的圆角几何和标记，即识别圆角几何，并将其标记为不由柔性建模特征处理为圆角。

8.5 柔性建模中的编辑特征

柔性建模中的编辑特征主要包括"连接"特征和"移除曲面"特征。

8.5.1 "连接"特征

在功能区"柔性建模"选项卡的"编辑特征"组中提供了 （连接）按钮和 （移除）按钮这两个实用工具，本小节先介绍 （连接）按钮的应用知识。

在柔性建模中，当开放面组与几何不相交时，可以使用"编辑特征"组中的 （连接）按钮将开放面组连接到实体或面组几何，开放面组会一直延伸，直至其连接到要合并到的面组或曲面。注意： （连接）按钮还可用来重新连接已经移动到新位置的已移除几何。

如果要将开放面组连接到实体几何，那么按照以下方法步骤进行。

1）在功能区中打开"柔性建模"选项卡，接着在"编辑特征"组中单击"连接"按钮 ，打开图 8-68 所示的"连接"选项卡。

2）在"连接"选项卡中单击"参考"标签以打开"参考"面板，激活相应的收集器来选择相应的参考。

- 首先确保激活"要修剪/延伸的面组"收集器，接着选择要连接的开放面组。
- 单击"要合并的面组"收集器将其激活，接着选择用于合并开放面组的面组。

3）如果要通过用实体材料填充由面组界定的体积块来添加材料，则在"连接"选项卡上选择 □ （用实体材料填充由面组界定的体积块）图标选项，接着利用 按钮可以更改将添加材料的面组的一侧；如果要从开放面组的内侧或外侧移除材料，则在"连接"选项卡

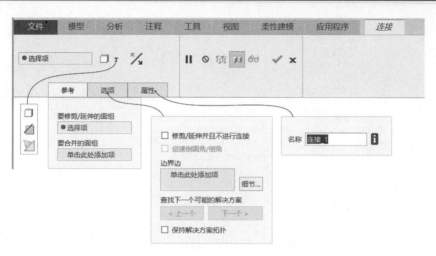

图 8-68 "连接"选项卡（1）

上选择⬚（移除面组内侧或外侧的材料）图标选项，接着利用⬚按钮可以更改将移除材料的面组的一侧。

不管是选择⬚（用实体材料填充由面组界定的体积块）图标选项，还是选择⬚（移除面组内侧或外侧的材料）图标选项，如果要修剪或延伸开放面组但不将其连接到几何，那么在"选项"面板中勾选"修剪/延伸并且不进行连接"复选框。要设置除默认值以外的几何的边界，那么需要在"选项"面板上单击激活"边界边"收集器并选择所需的边。在某些情况下，"柔性建模"提供了创建"连接"特征的不同种解决方案，使用"选项"面板中的"上一个""下一个"按钮，可以在各个可用的解决方案之间进行切换，以便选择最符合要求的解决方案。

如果要通过使用存储的连接信息以与先前相同的连接方式将面组连接到模型几何，则在"连接"选项卡上选择⬚（重新建立上一连接）图标选项，进行的将是基于存储的上一个连接属性来填充体积块或移除材料。要重新创建圆角和倒角并使其以与先前相同的连接方式将面组连接到模型几何，那么打开"选项"面板并勾选"创建倒圆角/倒角"复选框。

5）在"连接"选项卡中单击✔（完成）按钮，或者单击鼠标中键接受此特征。

如果要将开放面组连接到面组，则在选择了要修剪/延伸的面组和要合并的面组之后，"连接"选项卡不显示⬚（用实体材料填充由面组界定的体积块）图标选项和⬚（移除面组内侧或外侧的材料）图标选项等，而是显示图 8-69 所示的按钮，其他参考选择和选项设置类似。

读者可以打开本书配套资料包的 CH8 文件夹中的"bc_8_lj.prt"范例练习文件来进行练习，将一个开放面组连接到另一个面组，操作示意如图 8-70 所示。

8.5.2 在"柔性建模"中移除曲面

使用功能区"柔性建模"选项卡的"编辑特征"组中的⬚（移除）按钮，可以从实体或面组中移除指定的曲面，而无需改变特征的历史记录，也不需重定参考或重新定义一些其

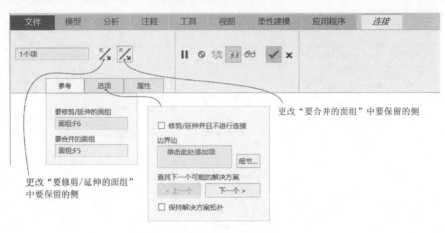

图 8-69 "连接"选项卡（2）

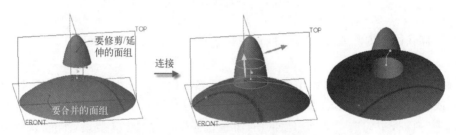

图 8-70 将开放面组连接到指定面组的练习范例图解

他特征。使用此方法移除曲面时，会延伸或修剪邻近的曲面，以收敛和封闭空白区域。

在"柔性建模"中移除曲面的典型范例如下。

1）在"快速访问"工具栏中单击"打开"按钮，选择本书配套资料包的 CH8 文件夹中的素材实体模型文件"bc_8_ycqm. prt"来打开，该文件存在的原始实体模型如图 8-71 所示。

2）在功能区中打开"柔性建模"选项卡，在图形窗口中先选择图 8-72 所示的一个曲面，接着在"形状曲面选择"组中单击 （多凸台）按钮，从而选择图 8-73 所示的形状曲面集。

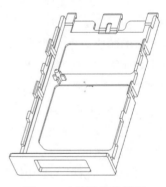

图 8-71 原始实体模型

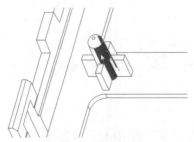

图 8-72 指定种子曲面

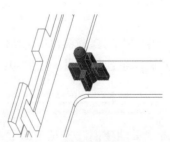

图 8-73 选择凸台形状曲面

3）在"编辑特征"组中单击 （移除）按钮，打开"移除曲面"选项卡。

4）在"移除曲面"选项卡中进行相关设置，本例可接受默认设置，如图 8-74 所示。

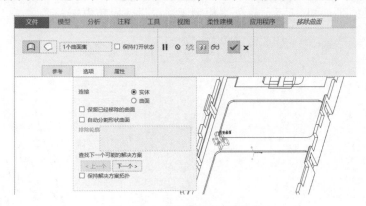

图 8-74　"移除曲面"选项卡

5）在"移除曲面"选项卡中单击 ✔（完成）按钮，移除曲面的结果如图 8-75 所示。

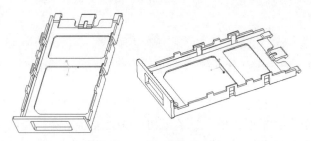

图 8-75　移除曲面的结果

8.6　利用柔性建模功能修改外来模型的综合范例

本节介绍一个利用柔性建模功能修改外来模型的综合案例，在该综合案例中主要应用到曲面选择、移动几何、偏移几何、移除曲面和编辑圆角等知识点。该案例完成的模型效果如图 8-76 所示。该案例的操作步骤如下。

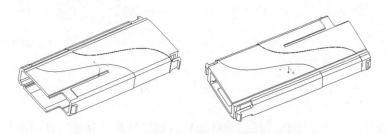

图 8-76　案例完成的模型效果

1. 打开"＊.stp"格式的文档

1）在"快速访问"工具栏中单击"打开"按钮 🖿，系统弹出"文件打开"对话框，从"类型"下拉列表框中选择"STEP（.stp,.step）"，接着从本书配套资料包的 CH8 文件夹中选择"bc_8_uplj. stp"文件，并单击"导入"按钮。

2）系统弹出"导入新模型"对话框，如图8-77所示，直接单击"确定"按钮，打开的外来模型效果如图8-78所示。该外来模型无法提供建模历史记录。

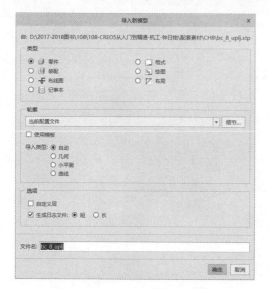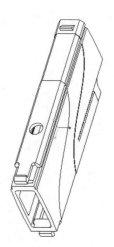

图8-77　"导入新模型"对话框　　　　　图8-78　外来模型

2. 移动几何

1）在功能区中单击"柔性建模"标签以切换到"柔性建模"选项卡。

2）在模型中选择图8-79所示的一个"扣位"的侧面作为种子曲面，接着在"形状曲面选择"组中单击 （凸台）按钮，以选择形成凸台的曲面，如图8-80所示。

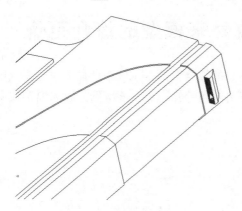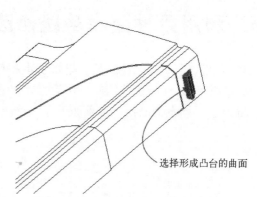

选择形成凸台的曲面

图8-79　指定种子曲面　　　　　图8-80　选择形成凸台的曲面

3）在"变换"组中单击 （按尺寸移动）按钮，打开"移动"选项卡。

4）在"移动"选项卡中打开"尺寸"面板，在图形窗口中结合〈Ctrl〉键选择图8-81所示的两个参考来建立尺寸1，并在"值"框中输入"40.45"（原值为"40"）。

5）此时，如果在"移动"选项卡中打开"连接"面板，则可以看到"连接移动的几何"复选框和"创建倒圆角/倒角几何"复选框处于被勾选的状态，如图8-82所示。然后

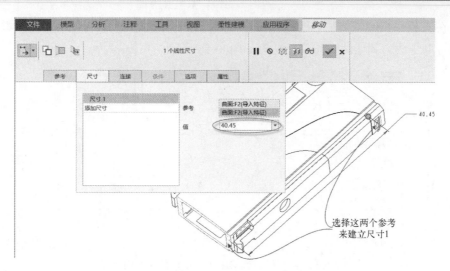

图 8-81　选择参考建立尺寸 1 并修改其值

在 "移动" 选项卡中单击 ✓ （完成）按钮，移动选定形状曲面的结果如图 8-83 所示。

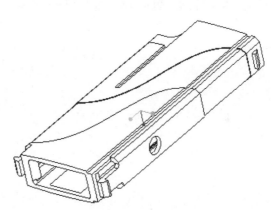

图 8-82　"连接" 面板 　　　　图 8-83　移动形状曲面的结果

3. 偏移几何

1）在 "变换" 组中单击 ▯（偏移）按钮，打开 "偏移几何" 选项卡。

2）在图形窗口中选择图 8-84 所示的实体面作为要偏移的曲面。

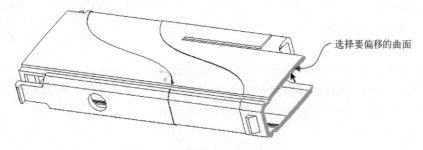

图 8-84　选择要偏移的曲面（几何）

3）在"偏移几何"选项卡的 ⊢ (偏移距离) 值框中输入偏移距离为"1"，并单击 ⚡
(将偏移方向更改为其他侧) 按钮，此时如图8-85所示。

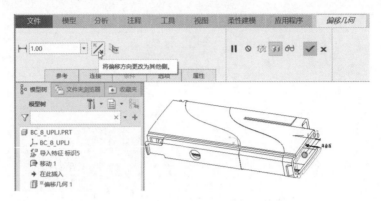

图8-85 输入偏移距离与反转偏移方向

4）在"偏移几何"选项卡中单击 ✔ (完成) 按钮。

4. 从实体中移除曲面

1）在实体中选择要移除的一个圆柱内孔曲面，如图8-86所示。

2）在"编辑特征"组中单击 ◼ (移除) 按钮，打开"移除曲面"选项卡。

3）在"移除曲面"选项卡中进行图8-87所示的设置。

图8-86 选择要移除的曲面

图8-87 移除曲面的相关设置

4）在"移除曲面"选项卡中单击 ✔ (完成) 按钮，则一个内孔被移除，结果如图8-88所示。

5. 编辑圆角半径

1）在"变换"组中单击 ⚡ (编辑倒圆角) 按钮，打开"编辑倒圆角"选项卡。

2）在图形窗口中选择圆角曲面1（也称圆形曲面1），按住〈Ctrl〉键的同时选择圆角曲面2（也称圆形曲面2），如图8-89所示，所选的这两个圆角曲面均收集在同一个圆角集中。

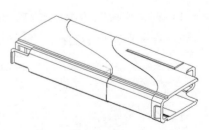

图8-88 移除曲面的结果

3）在"编辑倒圆角"选项卡中，将半径值修改为"0.5"，如图8-90所示。

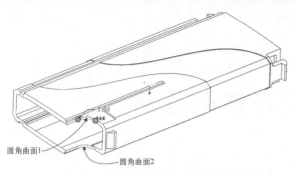

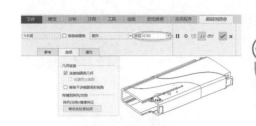

图 8-89 选择 2 个圆形曲面添加到同一个圆角集中　　　　图 8-90 修改圆角半径

4) 在 "编辑倒圆角" 选项卡中 （完成）按钮。

6. 保存文件

1) 在 "快速访问" 工具栏中单击 📷（保存）按钮，系统弹出 "保存对象" 对话框。

2) 指定要保存到的地址（路径），然后单击 "确定" 按钮。

8.7 本章小结

在 Creo Parametric 5.0 中，柔性建模与参数化建模共存，这给设计者带来了极大的设计灵活性，且柔性建模在处理外来模型上通常具有很高的效率。

本章重点地介绍了柔性建模的相关知识，具体内容包括柔性建模概述、柔性建模中的曲面选择、变换操作、阵列识别、对称识别、编辑特征等。初学者一定要认真掌握好柔性建模中的曲面选择、变换操作、编辑特征这些重点内容，而有关阵列识别和对称识别等工具命令的应用，也要深刻理解。

在学习本章内容的过程中，用户要注意 "移动" "偏移" "修改解析" 等这一些柔性建模工具均具有相应的相邻几何连接选项，用户可以在相应工具选项卡的 "连接" 面板中更改默认的连接选项。

8.8 思考与练习题

1) "柔性建模" 主要应用在哪些场合？

2) 以图例的方式阐述 "识别和选择" 各工具按钮的功能用途。

3) 在柔性建模下，移动几何有哪几种方式？

4) 如果要编辑 "插入特征" 的圆角曲面半径，该如何进行操作？

5) 如何理解柔性建模中的 "阵列识别" "对称识别"？

6) 上机练习：请自行在 Creo Parametric 5.0 中创建一个较为简单的模型，然后切换到功能区的 "柔性建模" 选项卡来进行相关的柔性建模操作，要求至少应用到本章介绍的其中 6 个不同的变换操作以及 "移除曲面" 命令。

第9章　组与修改零件

本章导读：

　　本章重点介绍的内容包括：创建局部组，操作组，编辑基础与重定义特征，插入与重新排序特征，隐含、删除与恢复特征，重定特征参考，挠性零件和解决特征失败。

9.1　创建局部组

　　局部组是指将选定的有效特征组团起来，组团的时候并不需要指定放置参考。局部组提供了在一次操作中收集若干要阵列特征的唯一方法，如同它们是单个特征一样。这给用户提供了一个基本设计思路：对于要一次阵列若干个特征，那么可以将这些要阵列的若干个特征创建成局部组，然后就如同阵列单个特征一样进行阵列操作。

　　值得注意的是，在创建局部组时，必须按再生列表（即重新生成列表）的连续顺序来选择特征。如果在再生列表中的指定特征之间存在别的特征，那么系统会提示将指定特征之间的所有特征进行分组。如果不想对连续顺序中的某些特征分组，则首先要对这些特征重新排序。例如，可以选择特征 3、4、5 和 6，但是不能选择特征 3、4、5 和 11，在此情况下的解决方法是要将特征 11 重新排序为特征 6。

　　创建局部组的典型方法以下两种。

1. 使用功能区中的"分组"命令

　　1）在模型树中，结合〈Ctrl〉键选择要加入局部组的特征。

　　2）在功能区的"模型"选项卡中选择"操作"→"分组"命令，即可创建局部组。局部组在模型树中的显示标识如图 9-1 所示。

2. 使用快捷工具栏创建局部组

　　1）在模型窗口或模型树中，选择要归组的特征。该组必须包含所选择的特征之间的所有特征。

　　2）接着从弹出的快捷工具栏中单击 （分组）按钮，如图 9-2 所示，则在模型树中显示"组 LOCAL_GROUP_#"。

　　在模型树中可以直接选择"局部组"特征，也可以选择"局部组"特征中的某个特征。而在图形窗口中要选择"局部组"特征的所有子特征，那么可以先将选择过滤器的选项设置为"特征"，接着在图形窗口中单击选择所需"局部组"特征的其中某一个子特征，在出现的快捷工具栏中单击 （从父项中选择）按钮，利用"从父项中选择"对话框提供的父项列表选择所需的"局部组"特征，然后单击"关闭"按钮即可。

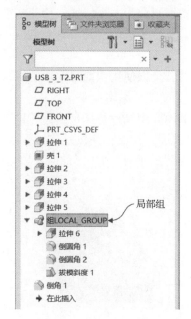

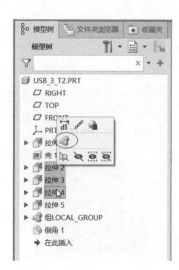

图 9-1　局部组在模型树中的显示标识　　图 9-2　使用右键快捷菜单

9.2　操作组

可以将组视为单个特征进行"编辑尺寸"（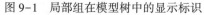）、"编辑定义"（）、"隐含"（）、"阵列"（）、"镜像"（）、"取消分组"（）、"隐藏"（）/"显示"（）、"删除"、"重命名"等操作。

例如，要阵列组，则可以在模型树中对着组右击，出现一个快捷工具栏和一个快捷菜单，接着在快捷工具栏中单击（阵列）按钮以阵列局部组。在所选组中，除了用于创建特征阵列的尺寸之外，可以选择所有尺寸作为增量尺寸。在模型树中选择某个组特征时，也会弹出一个快捷工具栏，上面提供了用于操作组的一些常用工具。

9.3　编辑基础与重定义特征

特征初步创建好了，在以后的设计过程中，可能还需要对所选特征进行编辑或重定义处理等。在 Creo Parametric 中，编辑特征时可以有 3 种工作级别或状态。其中，特征编辑是编辑的最高级别，在完成尺寸或截面编辑并退出时，仍然保持顶级特征编辑状态。

- 编辑特征：这是最高的编辑级别，可以从该级别转到其他编辑状态。
- 编辑尺寸：在选择尺寸后，过滤了编辑，因此只能选择和更改尺寸。退出尺寸编辑后，将仍处于"编辑特征"状态。
- 编辑剖面：在选择截面后，过滤了编辑，因此只能选择和更改截面子项。退出截面编辑后，将仍处于"编辑特征"状态。

编辑操作包括：更改特征及截面尺寸的属性（值）、文本和文本样式；重定义特征或截面；删除或隐含特征；编辑参考及参数；将多个特征组合为一个特征；移动基准标签；更改基准属性（仅限平面和轴）；更改曲线的类型和颜色（基准曲线和修饰曲线）；创建"设置注释"；重命名特征等。

在模型树中或模型窗口中选择零件图元对象后，可以使用快捷菜单中的编辑功能，也可以使用功能区"模型"选项卡的"编辑"组中提供的某些编辑命令。

修改特征尺寸是较为常见的编辑操作之一。下面介绍修改特征尺寸的一种快捷方法，如图9-3和图9-4所示，注意在出现的文本框中输入尺寸新值，并按〈Enter〉键后，则得到修改特征尺寸后的模型效果（在当前编辑的特征上还显示有尺寸），此时可以单击 (重新生成)按钮以重新生成模型。

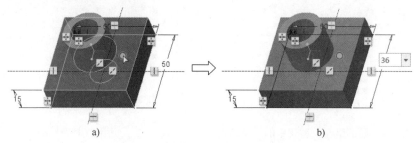

图9-3　修改特征尺寸操作1

a）双击要修改尺寸的特征　b）双击要修改的尺寸，输入新值

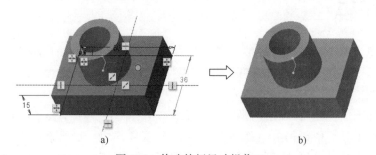

图9-4　修改特征尺寸操作2

a）在文本框输入尺寸新值，按〈Enter〉键后　b）模型再生后的效果

重定义特征是本节要重点介绍的一项内容。用户可以通过重新定义特征的方法来改变特征的创建方式，而更改类型则取决于所选的特征。假设某一个特征是用截面创建的，那么可以重定义该截面、特征参考等。

重新编辑定义特征的方法很简单。通常先在模型树中选择要编辑的特征（亦可右击，右击的话，除了弹出快捷工具栏之外，还将出现一个快捷菜单），接着在出现的快捷工具栏中单击 (编辑定义)图标，此时将根据特征类型而出现适用于当前重定义特征的选项卡（操控板），或弹出定义选定特征的对话框，或出现用于指定特征的"重定义"菜单。例如，在模型树中选择"孔1"特征，弹出图9-5所示的一个快捷工具栏，从该快捷工具栏中单击 (编辑定义)图标，打开图9-6所示的"孔"选项卡，利用该选项卡可以很方便地对该孔特征进行重新编辑定义，包括重新定制孔规格大小、放置位置等。

图 9-5 选择 "编辑定义" 按钮　　　　　　图 9-6 "孔" 选项卡

9.4 重新排序特征与插入模式

特征的排序表明了模型结构的创建方式,不同的特征排序可能会获得不同的模型效果。

9.4.1 重新排序特征

可以对特征进行重新排序,即在再生次序列表中向前或向后移动特征,以改变它们的再生次序。可以在一次操作中对多个连续顺序的特征进行重新排序。

在进行特征重新排序之前,应该考虑到以下两种情况。

1)父项不能移动,因此它们的重新生成发生在它们的子项重新生成之后。

2)子项不能移动,因此它们的重新生成发生在它们的父项重新生成之前。

对特征进行重新排序的典型方法及步骤简述如下。

1)在功能区的"模型"选项卡中单击"操作"组标签以打开该组的溢出列表,如图 9-7 所示,接着选择"重新排序"命令,弹出图 9-8 所示的"特征重新排序"对话框。

2)"要重新排序的特征"收集器处于活动状态,在模型树中或图形窗口中选择要重新排序的特征。可以选择处于一定范围内的多个特征。必要时可以激活"从属特征"收集器并指定从属特征。

3)在"新增位置"选项组中选择"之前"单选按钮或"之后"单选按钮。当选择"之前"单选按钮时,在插入点特征之前插入特征;当选择"之后"单选按钮时,在插入点特征之后特征。

4)在"目标特征"收集器的框内单击以激活该收集器,接着在模型树中或图形窗口中选择一个特征作为目标特征。

5)在"特征重新排序"对话框中单击"确定"按钮,从而将要重新排序的特征排序到目标特征之前或之后。

例如,在图 9-9 所示的示例中,选择"重新排序"命令后,选择"壳 1"特征作为要重新排序的特征,设置新增位置选项为"之后",选择"倒角 2"特征作为目标特征,则最后将"壳 1"特征重新排序到"倒角 2"特征之后。

图 9-7 打开"操作"组溢出列表

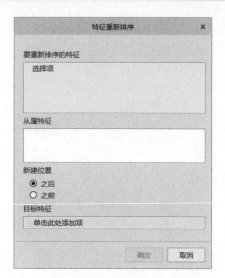

图 9-8 "特征重新排序"对话框

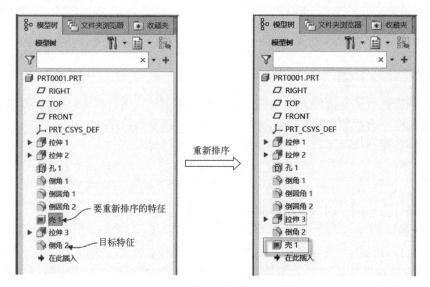

图 9-9 特征重新排序的示例

9.4.2 插入模式

通常，在 Creo Parametric 中创建新特征时，新特征是被添加到零件中上一个现有特征（也包括隐含特征）之后。用户可以根据设计要求，采用插入模式设置在特征序列的任何点处添加新特征。使用插入模式的方法很简单，直接使用鼠标在模型树中拖动"→ 在此插入"标识，将该标识拖到指定特征节点之后释放即可。

9.5 隐含、删除与恢复特征

在本节中简单地介绍隐含、删除与恢复特征这 3 个方面的相关知识。

1. 隐含特征

隐含特征类似于将其从重新生成（再生）中暂时删除，同时也可以根据设计需要而随时解除隐含已隐含的特征，即恢复已隐含的特征。在零件中隐含一些特征，可以简化零件模型，减少再生时间，并可以使用户专注于当前工作区。类似地，在处理一些复杂组件时，也可以隐含一些当前组件过程中并不需要其详图的特征和元件。

隐含特征的方法比较简单，其方法简述如下。

1）在模型树或图形区域中选择要隐含的特征。

2）在功能区的"模型"选项卡中单击"操作"组标签以打开该组的溢出列表，接着选择"隐含"命令旁的▶（展开）按钮，展开其级联菜单，如图9-10所示。该级联菜单中的3个命令功能如下。

- ●"隐含"：隐含所选的特征。
- ●"隐含直到模型的终点"：隐含所选的特征及其以后的特征。
- ●"隐含不相关的项"：隐含除了所选的特征和它们的父特征之外的所有特征。

3）在该级联菜单中选择"隐含""隐含直到模型的终点""隐含不相关的项目"命令之一。例如，选择"隐含"命令，系统会弹出图9-11所示的两个"隐含"对话框之一，单击"确定"按钮，从而确认加亮特征被隐含。对于带有子项的要隐含的特征，允许用户利用弹出的"隐含"对话框来对其子项处理方式进行设置，其方法是在"隐含"对话框中单击"选项"按钮，弹出"子项处理"对话框，在"子项"列表中为选定子项对象设置处理状况为"隐含"或"挂起"。

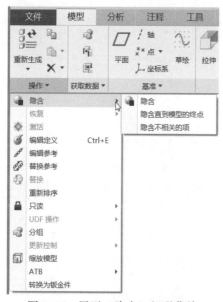

图9-10 展开"隐含"级联菜单

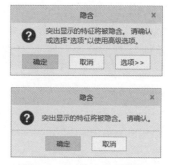

图9-11 "隐含"对话框

初始默认时，隐含特征不显示在模型树中。如果要使用模型树选择隐含特征，则需要设置将隐含对象在模型树中列出。其设置方法如下。

1）在导航区模型树的上方，单击 📊▾（设置）按钮，接着从该按钮的下拉菜单中选择"树过滤器"选项，弹出"模型树项"对话框。

2）在"模型树项"对话框中，从"显示"选项区域下，增加勾选"隐含的对象"复选框，如图 9-12 所示。

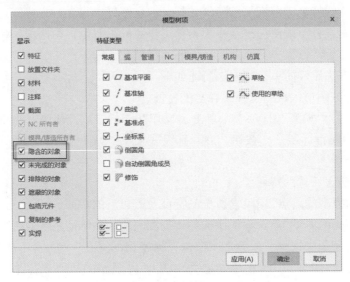

图 9-12 "模型树项"对话框

3）在"模型树项"对话框中单击"确定"按钮。这时候，每个隐含的对象都将在模型树中列出，并带有一个"黑块"项目符号。

2. 删除特征

删除一个特征将从零件中永久性移除该特征。删除特征的操作方法和隐含特征的操作方法是类似的。在模型树或图形窗口中选择所要删除的特征后，可在功能区"模型"选项卡的"操作"组中选择"删除"命令（✖）、"删除直到模型的终点"命令或"删除不相关的项目"命令。

- "删除"：删除选定特征及其所有子项。
- "删除直到模型的终点"：删除选定特征及其所有后续特征。
- "删除不相关的项目"：删除除了选定特征及其父项特征之外的所有特征。

当选择要删除的特征具有子项时，必须考虑子项。在删除具有子项的对象时，系统弹出图 9-13 所示的"删除"对话框，从中单击"选项"按钮，则打开"子项处理"对话框。在"子项处理"对话框中，可以对选定子项对象的状况进行设置，例如将其状况设置为"删除""挂起"，如图 9-14 所示。

图 9-14 "子项处理"对话框

图 9-13 "删除"对话框

- "删除": 删除选定特征。
- "挂起": 挂起对选定子项的操作。在零件被再生之前, 特征会保留。

3. 恢复特征

对于隐含对象, 可以在需要时将其恢复。在功能区"模型"选项卡的"操作"组溢出列表中, "恢复"级联菜单提供了以下 3 个用于恢复对象的实用命令。

- "恢复": 恢复选定特征。
- "恢复上一个集": 恢复隐含的最后一个特征集。集可以是一个特征。
- "恢复全部": 恢复所有隐含的特征。

9.6 重定特征参考

在某些设计场合, 需要重定特征参考, 在重定特征参考时, 系统允许改变特征参考以断开父子关系。通常可以采用以下方法来执行重定特征参考的操作。

方法 1: 选择特征, 在功能区"模型"选项卡的"操作"组溢出列表中选择"编辑参考"命令。

方法 2: 在模型树中或图形窗口中单击或右击特征, 接着从出现的快捷工具栏中单击 （编辑参考）图标。

方法 3: 在"子项处理"对话框中选择对象, 右键单击, 然后选择"编辑参考"命令。

执行上述方法之一, 系统弹出图 9-15 所示的"编辑参考"对话框。利用该对话框可以查看原始参考, 可以为原始参考重新指定新参考。

只能在创建外部参考的环境中（组件级）, 对外部参考重定参考。不能对具有用户定义过渡的圆角、成组的阵列特征和只读特征重定参考。

图 9-15 "编辑参考"对话框

9.7 挠性零件

使用挠性零件, 可以在组件中模拟零件的不同状态。例如, 在组件中装配的弹簧零件在不同的位置处可以具有不同的压缩状态。为了使零件具有挠性, 可以定义尺寸、公差和参数数值等这些可变项目。可变项目是为组件中的每个零件实例单独指定的值。将具有挠性的零件放置在组件中时, 所有或部分可变项目会收到定义零件挠性的值。

1. 定义挠性零件的方法和步骤

定义挠性零件的方法和步骤简述如下。

1）创建要使其具有挠性的零件。

2）在功能区的"文件"选项卡中选择"准备"→"模型属性"命令, 打开"模型属性"对话框, 如图 9-16 所示, 接着单击"挠性"相对应的"更改"选项。

3）系统弹出图 9-17 所示的"挠性: 准备可变项"对话框。该对话框含有以下 6 个选

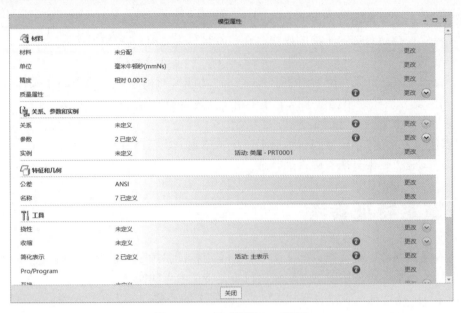

图 9-16 "模型属性"对话框

项卡。

图 9-17 "挠性：准备可变项"对话框

- "尺寸"选项卡：通过选择一个或多个尺寸可定义零件的挠性。
- "特征"选项卡：定义挠性模型设置特征，可以在零件中隐含或恢复特征以使其具有挠性。
- "几何公差"选项卡：定义几何公差（偏离结构尺寸指定值的允许值），公差可以确保挠性元件不出现断点。
- "参数"选项卡：打开"选择参数"对话框。选择现有挠性参数，并单击"插入选择的"以插入到"挠性：准备可变项"对话框参数列表。
- "表面粗糙度"选项卡：选择挠性零件的表面粗糙度；表面粗糙度和零件弯曲一起改变，需要挠性定义以保持不变。
- "材料"选项卡：为模型指定材料。

4）选择所需的选项卡，并在出现提示时选择项目。单击 ➕ 按钮可以将其添加到项目列表中。

5）继续添加或移除可变项目可定义全部所需的项目。用户可以定义多种类型的多个可变项目。

6）在"挠性：准备可变项"对话框中单击"确定"按钮，从而将零件设置具有预定义的挠性属性。最后关闭"模型属性"对话框。

2. 定义挠性的操作实例

下面介绍一个为普通弹簧定义挠性的典型操作实例。

1）单击 📂（打开）按钮，弹出"文件打开"对话框。从附赠网盘资料中的 CH9 文件

夹中选择"bc_9_nx. prt"文件，单击"打开"按钮。该文件
中存在着的模型为一个恒定螺距的弹簧模型，如图9-18所示。

2）在功能区的"文件"选项卡中选择"准备"→"模型
属性"命令，打开"模型属性"对话框。

3）在"模型属性"对话框中单击"挠性"相对应的"更
改"选项，打开"挠性：准备可变项"对话框。

4）默认切换到"尺寸"选项卡，➕按钮处于激活状态。
在模型中单击螺旋扫描实体特征，此时菜单管理器中出现如
图9-19所示的菜单。

5）在菜单管理器的"选取截面"菜单中选择"全部"选
项，此时选定的螺旋扫描特征显示所有尺寸，如图9-20所示。

图9-18　文件中的弹簧模型

也可以在菜单管理器的"指定"菜单中勾选"轮廓"复选框和"截面"复选框，然后选择
"完成"选项。

6）在图形窗口中单击数值为160的尺寸，单击鼠标中键，此时所选尺寸出现在"挠
性：准备可变项"对话框的"尺寸"选项卡中的列表框内，如图9-21所示。

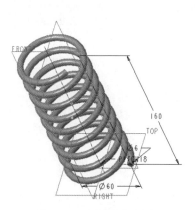

图9-19　出现的菜单　　　　图9-20　显示全部尺寸　　　　图9-21　设置可变尺寸

7）在"挠性：准备可变项"对话框中单击"确定"按钮。

8）在"模型属性"对话框中单击"关闭"按钮。

9.8　解决特征失败

Creo Parametric 具有检查几何错误的功能，从而使用户能够及时查看可能具有错误的特
征、查看特征定义并进行更改以消除潜在问题，以避免再生出现不必要的失败。在 Creo
Parametric 中进行模型再生时，系统会按特征原来的创建顺序、并根据特征之间父子关系的
层次逐个重新创建模型特征。如果遇到诸如不良几何、断开的父子关系以及参考丢失或无效
等原因都会导致再生失败。

需要用户注意的是：在 Creo Parametric 系统中，特征失败的处理模式有两种，一种是
"非解决模式"，而另一种则是"解决模式"。可以通过"PTC Creo Parametric 选项"对话框

的配置编辑器设置 regen_failure_handling 配置选项来指定一种失败模式,其中,"非解决模式"为默认模式。当设置采用"非解决模式"时,在模型再生失败时不进入解决模式,即允许先暂时不解决再生失败问题,但系统会在信息区中出现图 9-22 所示的图标和信息来警示某些特征再生失败,而再生失败的特征在模型树中用"●"符号以及用红色来标识出来。

当设置采用"解决模式"时,特征失败时,Creo Parametric 系统便进入"解决模式"(也称为"修复模型模式"),在该"解决模式"的环境下,系统试图提供关键的信息,以便确定需要采取何种步骤来解决问题或避免问题的发生。

图 9-22 系统提示某些特征再生失败

另外,也可以通过重新生成管理器来设置特征失败时的处理模式,其方法是在功能区的"模型"选项卡中单击"重新生成"→(重新生成管理器)按钮,如图 9-23 所示,系统弹出"重新生成管理器"对话框,从"首选项"菜单的"失败处理"子菜单中选择"解决模式"或"非解决模式",如图 9-24 所示。这里假设以设置失败处理的首选项是"解决模式"为例。

图 9-23 单击"重新生成管理器"按钮　　图 9-24 "重新生成管理器"对话框

Creo Parametric 进入"解决模式"时,功能区的"文件"选项卡中的相关保存命令不可用,并且失败的特征和随后的特征均不会再生,而当前模型只显示再生特征在其最后一次成功再生时的状态。

如果在创建或重编辑定义某特征时,在其特征工具创建用户界面(如相关选项卡)中进行操作,单击◑◐(特征预览)按钮,若出现几何问题,则打开图 9-25 所示的"故障排除器"对话框,以便可以先获得问题的相关信息,例如,可以查看再生过程中遇到的警告及错误,把控加亮项目在模型中的定位情况等。在特征工具创建用户界面(如相关选项卡)中显示了(进入环境来解决失败特征)按钮,如图 9-26 所示。诊断问题后单击(进入环境来解决失败特征)按钮,则打开"诊断失败"窗口,并弹出"求解特征"菜单,如图 9-27 所示。另外要注意的是的,如果当前在特征工具之外操作导致失败,显示的将是"诊断失败"窗口和"求解特征"菜单。

图 9-25 "故障排除器"

图 9-26 出现用于解决失败特征的按钮

图 9-27 "诊断失败"窗口和"求解特征"菜单

使用菜单管理器的"求解特征"菜单中的命令可以修复失败的特征。"求解特征"菜单中的主要命令功能如下。

- "撤销更改"：撤销致使再生尝试失败的改动，返回到最后成功再生的模型。选择"撤销更改"选项时，菜单管理器中显示"确认"菜单，如图 9-28 所示，此时由用户确认或取消该命令。
- "调查"：选择"调查"选项，则菜单管理器中出现"调查"菜单，如图 9-29 所示，使用该子菜单调查再生失败的原因。

图 9-28 选择"取消更改"选项

图 9-29 选择"调查"选项

"调查"菜单各命令选项的功能含义如下。

- "当前模型"：使用当前活动（失败的）模型执行操作。
- "备份模型"：使用在单独窗口（系统在活动窗口中显示当前模型）中显示的备份模型进行操作。

 365

➢ "诊断"：切换失败特征诊断窗口显示。

➢ "列出更改"：如果可用，在主窗口和预再生模型窗口（回顾窗口）显示修改后的尺寸，也显示一个列出所有修改和变化的表。

➢ "显示参考"：打开图9-30所示的"参考查看器"对话框，其中列出当前特征的父项和子项。展开该特征，右键单击某个参考，然后从快捷菜单中选择"删除参考"或"信息"→"参考信息"。选定后，项目会在图形窗口中加亮显示。

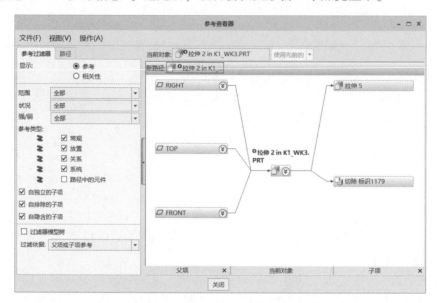

图9-30 "参考查看器"对话框

➢ "失败几何形状"：显示失败特征的无效几何。该命令可能不可用。"失败几何形状"菜单显示出一个带失败几何的特征列表和一个恢复命令。

➢ "转回模型"：将模型恢复为"模型滚动目标"子菜单所选的选项。当选择子菜单中的"失败特征"选项时，将模型恢复到失败特征（只对备份模型适用）；当选择子菜单中的"失败之前"选项时，将模型恢复到失败特征之前的特征；当选择子菜单中的"上一次成功"选项时，将模型恢复为上一次特征成功再生结束时的状态；当选择子菜单中的"指定"选项时，将模型恢复为指定特征。

● "修复模型"：将模型复位到失败前的状态，并选择命令来修复问题，如图9-31所示。

● "快速修复"：选择此选项时，出现图9-32所示的"快速修复"菜单。"快速修复"菜单中的"重新定义"选项用于重新定义失败的特征，"重定布设/参考"选项用于重定失败特征的参考，"隐含"选项用于隐含失败的特征及其子特征，"修剪隐含"选项用于隐含失败的特征及其后面所有的特征，"删除"选项用于删除失败的特征（若要管理其子项，则使用"删除全部""挂起全部"或"全部重定参考"命令）。

用户需要注意的是，在某些非操控板应用程序中，打开的是特征定义对话框而不是特征工具选项卡，在这种情况下，可以重定义特征或单击"解决"按钮以获得诊断或解决问题的方法途径。

练习将失败处理的首选项重新设置为"非解决模式"。

图 9-31　选择 "修复模型" 选项　　　图 9-32　选择 "快速修复" 选项

9.9　本章小结

本章首先介绍了如何根据设计需要创建局部组。读者应该掌握局部组的应用特点和创建局部组的典型方法等。可以对组视为单个特征进行 "删除" "分解组" "隐含" "编辑尺寸" "编辑定义" "阵列" "镜像" "隐藏" "重命名" 等操作。

本章还介绍了 "编辑基础与重定义特征" "重新排序特征与插入模式" "隐含、删除与恢复特征" "重定特征参考" "挠性零件" "解决特征失败" 等方面的实用知识。

通过本章的学习，用户基本上掌握了用户定义特征、组与修改零件的实用知识，为处理零件设计增加了应用灵活性和技巧性。

9.10　思考与练习

1）什么是局部组？

2）如何创建局部组？

3）试一试：在创建局部组特征时，如果要归组的连续特征比较多，用户也可以结合 〈Ctrl〉键在模型树中选择这些特征中的第一个特征和最后一个特征，然后执行 "组" 命令，此时系统会弹出图 9-33 所示的 "确认" 对话框，单击 "是" 按钮确认组合所有其间的特征。

4）在 Creo Parametric 中，编辑特征时可以有哪 3 种工作级别或状态？

5）请举例介绍如何进行修改特征尺寸的操作。

6）请简述执行插入模式操作的典型方法及步骤。

7）在对特征进行重新排序时，需要注意哪些事项？

图 9-33　"确认" 对话框

8）如何隐含、删除与恢复特征？

9）思考与上机操作：什么是挠性零件？请通过一个简单的弹簧模型来介绍定义挠性零件的方法和步骤。

10）请总结解决特征失败的操作方法。

第 10 章 装 配 设 计

本章导读：

　　零件设计好了，可以将其在装配模式下通过一定的方式组合在一起，从而构造成一个组件或完整产品模型。本章介绍的内容包括装配模式概述、将元件添加到装配（关于元件放置操控板、约束放置、使用预定义约束集、封装元件、不放置元件）、操作元件（以放置为目的的移动元件、拖动已放置的元件、检测元件冲突）、处理与修改组件元件（复制元件、镜像元件、替换元件和重复元件）和管理装配视图。

10.1　装配模式概述

零件装配需要在专门的装配设计模式下进行。

1. 创建装配设计文件

在 Creo Parametric 5.0 中，用户可以按照以下步骤来创建一个装配设计文件（组件设计文件）。

1）单击 □（新建）按钮，打开"新建"对话框。

2）在"类型"选项组中选择"装配"单选按钮，在"子类型"选项组中选择"设计"单选按钮，在"名称"文本框中输入组件名称，清除"使用默认模板"复选框，如图 10-1 所示。然后单击"确定"按钮。

3）弹出"新文件选项"对话框。从"模板"选项组的列表框中选择"mmns_asm_design"，如图 10-2 所示，单击"确定"按钮。

图 10-1　"新建"对话框

图 10-2　"新文件选项"对话框

从而新建了一个装配设计文件。该装配设计文件的设计界面如图 10-3 所示。该装配设计界面包括"快速访问"工具栏、标题栏、功能区、导航区、信息区、图形窗口（图形区域）和"图形"工具栏等。其中，信息区还包括状态栏和选择过滤器等。

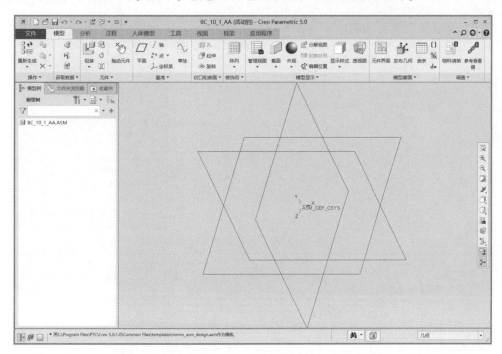

图 10-3　Creo Parametric 5.0 装配设计模式的设计界面

2. 在装配模型树中显示相关特征

用户可以设置在装配模型树中显示相关特征，以便于组件模型（又称装配模型）的细化设计。请看以下典型的设置方法及步骤。

1）在导航区的 选项卡中，单击位于模型树上方的 按钮，如图 10-4 所示，打开其下拉菜单。

2）在该"设置"下拉菜单中选择"树过滤器"选项，弹出"模型树项"对话框。从中在"显示"区域下增加勾选"特征"复选框和"放置文件夹"复选框，如图 10-5 所示。

3）在"模型树项"对话框中单击"确定"按钮。此时，在装配模型树中便显示出特征，如基准平面特征和基准坐标系特征等，如图 10-6 所示。在深入学习装配设计知识之前，首先要熟悉一下装配设计的基本常用术语，见表 10-1。

图 10-4　打开"设置"下拉菜单

在装配设计（组件设计）中，主要有两种主流设计思路，即自底向上设计和自顶向下设计。通俗一点而言，前者是将已经设计好的零部件按照一定的装配方式添加到装配体中；而后者则是从顶层的产品结构着手，由顶层的产品结构传递设计规范到所有相关子系统（次系统），从而有利于高效地对整个设计流程及子设计项目进行协作管理。

图 10-5 "模型树项"对话框

图 10-6 在装配模型树中显示特征等

表 10-1 装配设计的常用基本术语

序号	基本术语名称	术 语 解 释
1	装配（又称装配体或组件）	一组通过约束集被放置在一起以构成模型的元件；由若干零部件组成，在一个装配（组件）中又可以包含若干个子装配（子组件）
2	元件	元件是通过放置约束以相对于彼此的方式排列，为装配（组件）的基本组成单位，既可以是装配内的零件也可以是子装配
3	装配模型树（装配模型树）	以"树状"形式形象地表示装配（装配体、组件）的结构层次
4	装配爆炸图	装配（组件）的分解视图常被形象地称为"装配爆炸图"，它将模型中每个元件与其他元件分开表示
5	骨架模型	用于预先确定元件结构框架，主要由基准点、基准轴、基准坐标系、基准曲线和曲面等组成，骨架模型包括标准骨架模型和运动骨架模型，对规划组件很有帮助

10.2 组装（将元件添加到装配）

在装配设计模式下，系统允许采用多种方法将元件添加到装配，包括使用放置定义集（简称约束集）和使用元件界面自动放置等。这里需要了解参数装配的概念：当相对于元件的邻近项（元件或装配特征）放置该元件时，其位置将随其邻近项的移动或更改而更新，假设未违反装配约束，这就是参数装配。

通常，元件放置根据放置定义集而定，这些集决定了元件与组件的相关方式及位置。这些集既可以是由用户定义的，也可以是预定义的。用户定义的约束集含有 0 或多个约束（封装元件可能没有约束）；预定义约束集（也叫连接）具有预定义数目的约束。

10.2.1 关于"元件放置"用户界面

进入装配模式后，在功能区"模型"选项卡的"元件"组中单击 🗗（组装）按钮，接着通过"打开"对话框来选择并打开要添加的元件，此时功能区出现图 10-7 所示的"元件放置"选项卡（"元件放置"用户界面）。下面简单地介绍该"元件放置"选项卡上常见元素的功能含义。

图 10-7 "元件放置" 选项卡

- 　：使用界面放置元件。
- 　：手动放置元件。
- 　：将用户定义集（约束）转换为预定义集（机构连接），或反之。
- 预定义集列表：显示预定义约束集的列表，该列表提供的预定义约束集图标见表 10-2。

表 10-2　常见预定义约束集

序号	图标	名　　称	功能用途或说明
1	——	用户定义	创建一个用户定义约束集
2		刚性	在组件中不允许任何移动
3		销钉	包含旋转移动轴和平移约束
4		滑块	包含平移移动轴和旋转约束
5		圆柱	包含 360° 旋转移动轴和平移
6		平面	包含一个平面约束，允许沿着参考平面旋转和平移
7		球	包含用于 360° 移动的点对齐约束
8		焊接	包含一个坐标系和一个偏距值，以将元件"焊接"在相对于装配的一个固定位置上
9		轴承	包含点对齐约束，允许沿直线轨迹进行旋转
10		常规（一般）	创建有两个约束的用户定义集
11		6DOF	包含一个坐标系和一个偏距值，允许在各个方向上移动
12		万向节	包含零件上的坐标系和装配中的坐标系以允许绕枢轴按各个方向旋转
13		槽	包含一个点对齐约束，允许沿一条非直轨迹旋转

- 约束列表：包含适用于所选集的约束。默认约束选项为"自动"，用户可以手动更改约束选项。在该下拉列表框中，可用的约束选项见表 10-3。

表 10-3　约束列表中的可用约束选项一览表

序号	图标	名　　称	功能用途或说明
1		默认	用默认的装配坐标系对齐元件坐标系
2		固定	将被移动或封装的元件固定到当前位置
3		距离	从装配参考偏移元件参考
4		角度偏移	以某一角度将元件定位至装配参考
5		平行	将元件参考定向为与装配参考平行

（续）

序号	图标	名　　称	功能用途或说明
6		重合	将元件参考定位为与装配参考重合
7		法向	将元件参考定位为于装配参考垂直
8		共面	将元件参考定位为与装配参考共面
9		居中	居中元件参考和装配参考
10		相切	定位两种不同类型的参考，使其彼此相对，接触点为切点
11		自动	选择参考后，自动判断列表中最可能适用的可用约束

- ：使偏移方向反向。
- ：切换 CoPilot，即设置显示或隐藏 3D 拖动器。
- ：指定约束时，在其单独的窗口中显示元件。
- ：指定约束时，在装配窗口中显示元件，并在定义约束时更新元件放置。
- "放置"面板：该面板启用和显示元件放置和连接定义。该面板包含两个区域，其中一个是用来显示集和约束的区域，另一个是约束属性区域。
- "移动"面板：使用该面板可以移动正在装配的元件，使元件的取放更加方便。当打开"移动"面板时，将暂停所有其他元件的放置操作。要移动元件，必须要封装或用预定义约束集配置该元件。
- "选项"面板：此面板仅可用于具有已定义界面的元件。
- "挠性"面板：此面板仅对于具有已定义挠性的元件是可用的。在该面板中单击"可变项"选项，则打开"可变项"对话框来进行相关挠性设置。当"可变项"对话框打开时，元件放置将暂停。
- "属性"面板：在该面板的"名称"文本框中显示元件名称，单击❶（显示此特征的信息）按钮，可以在打开的 Creo Parametric 浏览器中查看详细的元件信息。

10.2.2　约束放置

约束放置是较为常用的装配方式。在 Creo Parametric 5.0 装配模式下的"元件放置"选项卡的约束列表框中，提供了多种放置约束的类型选项，包括（默认）、（固定）、（距离）、（角度偏移）、（平行）、（重合）、（法向）、（共面）、（居中）、（相切）和（自动）。

在使用约束放置选项时，需要注意约束放置的一般原则及注意事项：一次只能添加一个约束，譬如不能使用一个单一的约束选项约束一个零件上的两个不同的孔与另一个零件上的两个不同的孔，而是必须定义两个单独的约束；元件的装配需要定义放置约束集，放置约束集由若干个放置约束构成，用来完全定义放置和方向，例如，可以将一对曲面约束为平行，另一对约束为重合，还有一对约束为垂直；当为某个约束输入偏移值时，系统会显示偏移方向，要选择相反方向，可单击相应箭头，或输入一个负值，或在图形窗口中拖动控制滑块。

在"元件放置"选项卡中，打开"放置"面板，可以看到当前定义的放置约束集，如图 10-8 所示。在"放置"面板中单击"新建约束"选项，可以新建一个约束，并可在约束属性区域设置约束类型和相应的偏移类型等。

图 10-8 "元件放置"选项卡的"放置"面板

下面通过一个典型的使用约束放置的操作实例,以帮助读者掌握约束放置的一般方法、步骤及其操作技巧。

1. 新建一个装配文件

1)单击 □（新建）按钮,打开"新建"对话框。

2)在"类型"选项组中选择"装配"单选按钮,在"子类型"选项组中选择"设计"单选按钮,在"名称"文本框中输入组件名称为"bc_10_ys_m",清除"使用默认模板"复选框。然后单击"确定"按钮。

3)弹出"新文件选项"对话框。从"模板"选项组的列表框中选择"mmns_asm_design",单击"确定"按钮。

2. 增加装配模型树显示项目

1)在导航区的 ♣（模型树）选项卡中,单击位于模型树上方的 ▼·（设置）按钮,打开"设置"下拉菜单。

2)在该"设置"下拉菜单中选择"树过滤器"选项,弹出"模型树项"对话框。接着在"显示"区域下增加勾选"特征"复选框和"放置文件夹"复选框。

3)在"模型树项"对话框中单击"确定"按钮。

3. 装配第一个零件

1)在功能区"模型"选项卡的"元件"组中单击 🗊（组装）按钮,弹出"打开"对话框。

2)通过"打开"对话框查找并选择"bc_10_fzys_1. prt",该文件位于本书配套资料包的 CH10 的 FZYS 文件夹中,如图 10-9 所示,单击"打开"按钮。

3)在功能区中出现"元件放置"选项卡。在"元件放置"选项卡的约束列表框中选择"默认"选项,如图 10-10 所示。

4)选择"默认"选项后,系统提示"状况:完全约束"。在"元件放置"选项卡中单击 ✔（完成）按钮,在默认位置装配元件（用默认的装配坐标系对齐元件坐标系),效果如图 10-11 所示。

4. 装配第二个零件

1)在功能区"模型"选项卡的"元件"组中单击 🗊（组装）按钮,弹出"打开"对话框。

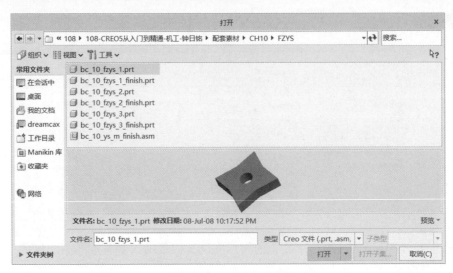

图 10-9 "打开"对话框

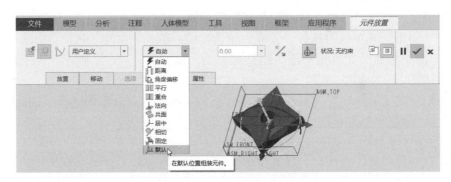

图 10-10 选择"默认"选项

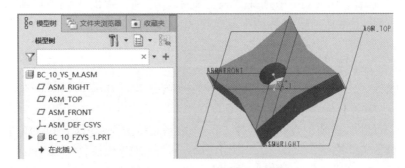

图 10-11 完成装配第一个元件

2）通过"打开"对话框查找到"bc_10_fzys_2. prt"，该文件位于本书配套资料包的 CH10 的 FZYS 文件夹中，单击"打开"按钮，此时在功能区出现"元件放置"选项卡。

3）在"元件放置"选项卡中选中▣（指定约束时，在单独的窗口中显示元件）按钮 和▣（指定约束时，在装配窗口中显示元件）按钮。

4）在"元件放置"选项卡的约束列表框中选择"重合"选项，分别选择图 10-12 所 示的两个平整实体面。

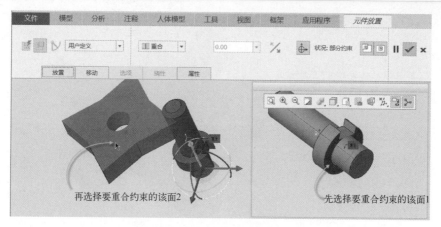

图 10-12 设置重合约束及其参考

5）在"元件放置"选项卡中打开"放置"面板，选择"新建约束"选项，然后在"约束类型"下拉列表框中选择"重合"选项，如图 10-13 所示。

图 10-13 新建一个约束

在图形窗口中分别选择要进行重合约束的元件参考和装配参考，如图 10-14 所示。

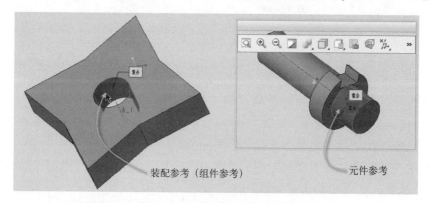

图 10-14 指定要重合约束的一对参考

6）在允许假设的条件下，系统提示"状况：完全约束"。在"元件放置"选项卡中单击 ✓（完成）按钮，完成第 2 个零件的装配，效果如图 10-15 所示。

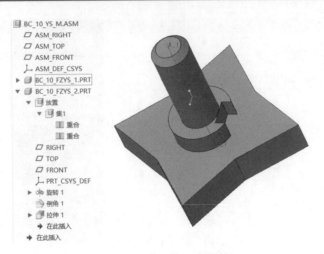

图 10-15　装配第 2 个零件

5. 装配第三个零件

1）在功能区"模型"选项卡的"元件"组中单击 （组装）按钮，弹出"打开"对话框。

2）通过"打开"对话框查找到"bc_10_fzys_3.prt"，该文件位于本书配套资料包的 CH10 的 FZYS 文件夹中，单击"打开"按钮。

3）出现"元件放置"选项卡。在约束列表框中选择"重合"选项，分别选择图 10-16 所示的一对参考面（元件参考面和装配参考面）。

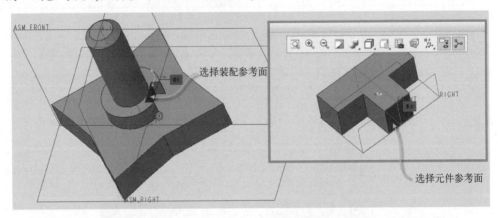

图 10-16　指定一对匹配参考面

4）在"元件放置"选项卡中打开"放置"面板，接着在"放置"面板中选择"新建约束"选项，然后在"约束类型"下拉列表框中选择"重合"选项，在 bc_10_fzys_3.prt 元件中选择 TOP 基准平面，接着在装配中单击图 10-17 所示的实体面（鼠标光标所指）。

5）在"放置"面板中单击"新建约束"选项，增加一个新约束，将该新约束设置为"重合"，在 bc_10_fzys_3.prt 元件中选择 FRONT 基准平面，在装配（组件）中选择 ASM_FRONT 基准平面。

6）系统提示"状况：完全约束"。在"元件放置"选项卡中单击 （完成）按钮，完成第 3 个零件的装配，效果如图 10-18 所示。

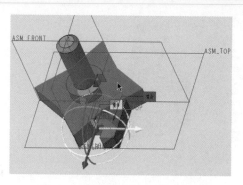 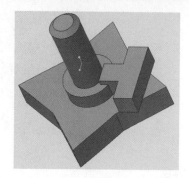

图 10-17 在装配中选择参考面 　　　　图 10-18 装配好第 3 个零件

10.2.3 使用预定义约束集（机构连接）

预定义约束集又被俗称为"机构连接"，用来定义元件在装配中的运动。预定义的约束集包含用于定义连接类型（有或无运动轴）的约束，连接定义特定类型的运动。使用预定义约束集放置的元件可有意地不进行充分约束，以保留一个或多个自由度，从而模拟机构运动情况。

在"元件放置"选项卡的预定义集列表框中，如图 10-19 所示，可以选择其中一个预定义集选项。系统提供的预定义集选项包括"刚性""销""滑块""圆柱""平面""球""焊缝""轴承""常规""6DOF""万向""槽"等。例如，从预定义集列表框中选择"滑块"选项，接着可以打开"放置"面板，从中可以看到该预定义集（机构连接）出现的相应约束，即"轴对齐"约束和"旋转"约束，如图 10-20 所示。根据需要为相应约束选择元件项目和装配项目，注意不能删除、更改或移除这些约束，也不能添加新的约束。

 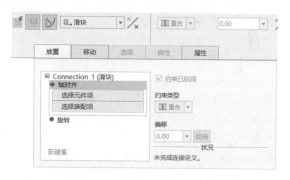

图 10-19 打开预定义集列表框 　　　　图 10-20 打开"放置"面板

下面列举几个常见预定义集的应用特点及图解示例。

1. 刚性

用于连接两个元件，使其无法相对移动。可以使用任意有效的约束集约束它们，此类连接的元件将变为单个主体。刚性连接集约束类似于用户定义的约束集。

2. 销（销钉）

将元件连接至参考轴，以使元件以一个自由度沿此轴旋转或移动。需要选择轴、边、曲线或曲面作为轴参考，以及需要选择基准点、顶点或曲面作为平移参考。销钉联接集有两种约束：轴对齐和平移（旋转）。使用销钉联接集的两个图解示例如图 10-21 所示。

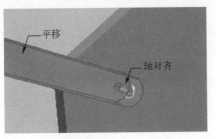

图 10-21　销钉联接集

3. 滑块

将元件连接至参考轴，以使元件以一个自由度沿此轴移动。"滑块"连接集有两种约束：轴对齐和重合以限制沿轴旋转。通常需要选择边或对齐轴作为对齐参考，选择曲面作为旋转参考。使用"滑块"连接集的图解示例如图 10-22 所示。

4. 圆柱

圆柱连接元件，以使其以两个自由度沿着指定轴移动并绕其旋转。"圆柱"连接集有轴对齐约束，需要选择轴、边或曲线作为轴对齐参考。使用"圆柱"连接集的图解示例如图 10-23所示。

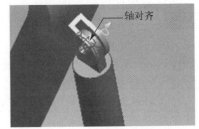

图 10-22　"滑块"连接集　　　　　图 10-23　"圆柱"连接集

5. 平面

"平面"用于连接元件，以使其在一个平面内彼此相对移动，在该平面内有两个自由度，围绕与其正交的轴有一个自由度。"平面"连接集具有单个平面配对或对齐约束（体现在为"重合"约束选择曲面参考），注意配对或对齐约束可被反转或偏移。使用"平面"连接集的图解示例如图 10-24 所示。

6. 球

"球"连接元件，使其可以以 3 个自由度在任意方向上旋转（360°旋转）。"球"连接集具有一个点对点重合对齐约束。需要选择点、顶点或曲线端点作为重合对齐参考。使用"球"连接集的图解示例如图 10-25 所示。

图 10-24　"平面"连接集　　　　图 10-25　"球"连接集

7. 焊缝

"焊缝"连接将一个元件连接到另一个元件，使它们无法相对移动。通过将元件的坐标系与装配中的坐标系对齐而将元件放置在装配中，可以在装配中用开放的自由度调整元件。"焊缝"连接有一个坐标系对齐的重合约束连接。使用"焊缝"连接集的图解示例如图 10-26 所示。

8. 轴承

"轴承"连接相当于"球"和"滑块"连接的组合，具有 4 个自由度，即具有 3 个自由度（360°旋转）和沿参考轴移动。对于第一个参考，在元件或装配上选择一点；对于第二个参考，在装配或元件上选择边、轴或曲线；点参考可以自由地绕边旋转并沿其长度移动。"轴承"连接有一个"边上的点"重合约束。使用"轴承"连接集的图解示例如图 10-27 所示。

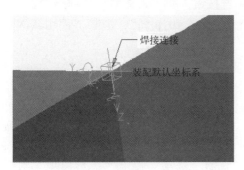

图 10-26 "焊缝"连接集　　　　　图 10-27 "轴承"连接集

9. 6DOF

6DOF 不影响元件与装配相关的运动，因为未应用任何约束。元件的坐标系与装配中的坐标系对齐，X、Y 和 Z 装配轴是允许旋转和平移的运动轴。使用"6DOF"连接集的图解示例如图 10-28 所示。

10. 槽

"槽"连接的实际思路是应用非直轨迹上的点。此连接有 4 个自由度，其中点在 3 个方向上遵循轨迹。对于第一个参考，在元件或装配上选择一点。所参考的点遵循非直参考轨迹。轨迹具有在配置连接时所设置的端点。"槽"连接具有单个"点与多条边或曲线对齐"约束。使用"槽"连接集的图解示例如图 10-29 所示。

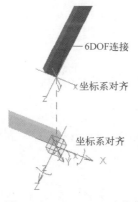
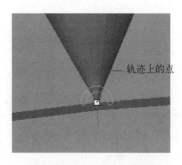

图 10-28 "6DOF"连接集　　　　　图 10-29 "槽"连接集

11. 常规（一般）

"常规"连接有一个或两个可配置约束，这些约束和用户定义集中的约束相同。注意：相切、"曲线上的点"和"非平面曲面上的点"不能用于"常规"连接。

12. 万向

"万向"具有一个中心约束的枢轴接头，坐标系中心重合对齐，但不应许轴自由转动。

下面介绍一个使用预定义约束集（机构连接集）的操作实例，以让读者通过实例举一反三地掌握这方面的应用方法和步骤等。

1. 新建一个组件文件

1）单击 □（新建）按钮，打开"新建"对话框。

2）在"类型"选项组中选择"装配"单选按钮，在"子类型"选项组中选择"设计"单选按钮，在"名称"文本框中输入组件名称为"bc_10_jl_m"，清除"使用默认模板"复选框，然后单击"确定"按钮。

3）弹出"新文件选项"对话框。从"模板"选项组的列表框中选择"mmns_asm_design"，单击"确定"按钮。

2. 增加装配模型树显示项目

1）在导航区的 品（模型树）选项卡中，单击位于模型树上方的 ⊤ ▾（设置）按钮，打开"设置"下拉菜单。

2）在该"设置"下拉菜单中选择"树过滤器"选项，弹出"模型树项"对话框。接着在"显示"区域下增加勾选"特征"复选框和"放置文件夹"复选框。

3）在"树模型树项"对话框中单击"确定"按钮。

3. 装配第1个零件

1）在功能区"模型"选项卡的"元件"组中单击 ⬢（组装）按钮，弹出"打开"对话框。

2）通过"打开"对话框查找到"bc_10_lj_1. prt"，该文件位于本书配套资料包的 CH10 的 LJ 文件夹中，单击"打开"按钮。

3）功能区出现"元件放置"选项卡。在"元件放置"选项卡的约束列表框中选择"默认"选项。

4）系统提示"状况：完全约束"。在"元件放置"选项卡中单击 ✔（完成）按钮，在默认位置装配元件，效果如图 10-30 所示，图中已经将元件内部的基准平面隐藏起来了。

4. 以"销钉"连接方式装配第2个零件

1）在功能区"模型"选项卡的"元件"组中单击 ⬢（组装）按钮，弹出"打开"对话框。

2）通过"打开"对话框查找到"bc_10_lj_2. prt"，该文件位于本书配套资料包的 CH10 的 LJ 文件夹中，单击"打开"按钮。

3）功能区出现"元件放置"选项卡，从预定义约束集列表框中选择"销"选项。

4）在"元件放置"选项卡中单击"放置"选项标签，打开"放置"面板，如图 10-31 所示，可以看到需要定义"轴对齐"约束和"平移"约束。

5）分别定义"轴对齐"约束和"平移"约束。

- "轴对齐"约束：在 bc_10_lj_2. prt 元件中选择 A_1 轴，在装配中选择"bc_10_lj_1. prt"元件的 A_1 轴。

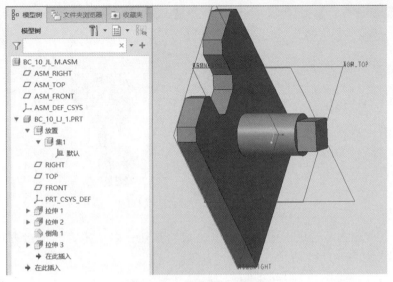

图 10-30　装配第一个零件

图 10-31　选择"销钉"选项并打开"放置"面板

- "平移"约束：在 bc_10_lj_2.prt 元件中选择图 10-32 所示的面 1，在装配组件中选择相应的面 2，接着从"放置"面板的"约束类型"下拉列表框中选择为 ▇（距离），然后输入偏距为"1"，如图 10-33 所示。

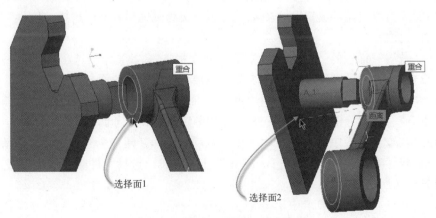

图 10-32　指定"平移"约束参考

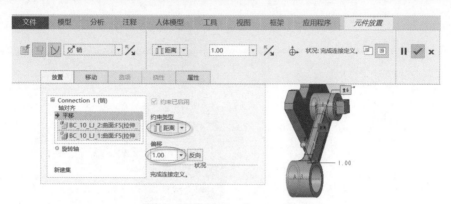

图 10-33　定义"销钉"约束集

6）在"元件放置"选项卡中单击 ✓（完成）按钮，以"销钉"连接方式装配第 2 个零件的组件效果如图 10-34 所示。

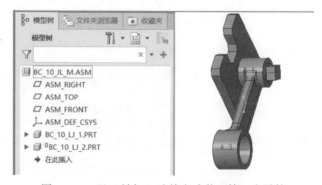

图 10-34　以"销钉"连接方式装配第 2 个零件

5. 以"刚性"连接方式装配第 3 个零件

1）在功能区"模型"选项卡的"元件"组中单击 🗎（组装）按钮，弹出"打开"对话框。

2）通过"打开"对话框查找到"bc_10_lj_3.prt"，该文件位于本书配套资料包的 CH10 的 LJ 文件夹中，单击"打开"按钮。

3）功能区出现"元件放置"选项卡，从预定义约束集列表框中选择"刚性"选项，并打开"放置"面板。

4）在"放置"面板的"约束类型"下拉列表框选择"重合"选项以将第一个约束选项设为"重合"，接着分别选择图 10-35 所示的参考面 1 和参考面 2。

5）在"放置"面板中单击"新建约束"选项，从而新建一个约束，并将该新约束类型设置为"重合"，然后分别选择图 10-36 所示的参考面 3 和参考面 4。

6）在"放置"面板中单击"新建约束"选项，从而新建一个约束，并将该新约束类型设置为"重合"，然后选择 bc_10_lj_3.prt 元件的 A_1 轴，选择组件中 bc_10_lj_2.prt 的 A_1 轴，如图 10-37 所示。

7）在"元件放置"选项卡中单击 ✓（完成）按钮，以"刚性"连接方式装配第 3 个零件的组件效果如图 10-38 所示。

 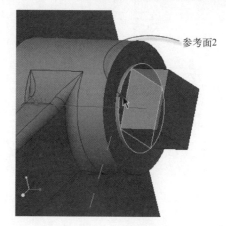

图 10-35 定义"重合"参考面

图 10-36 定义"重合"参考面

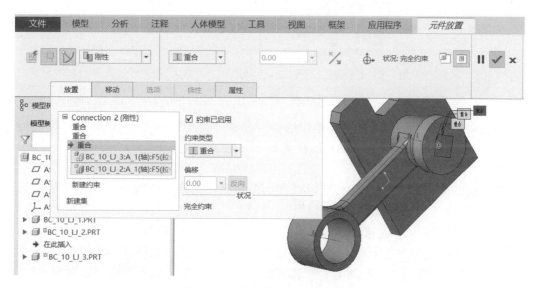

图 10-37 定义轴的"重合"约束

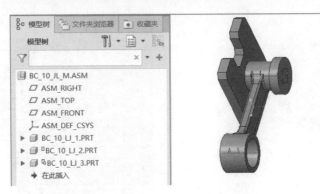

图 10-38　以"刚性"连接方式装配第 3 个零件

10.2.4　封装元件

所谓的封装元件在装配组件中并不被完全约束，使用封装可以看作是放置元件的临时措施。当向装配组件添加元件时，可能不知道将元件放置在哪里最好，或者也可能不希望相对于其他元件的几何进行定位，此时可以采用封装的形式放置元件。

如果要封装元件，则可在元件受完全约束前关闭"元件放置"选项卡。

1. 封装新元件的一般方法及步骤

在装配组件中封装新元件的一般方法及步骤如下。

1）在打开的装配组件中，从功能区的"模型"选项卡中选择"封装"命令，如图 10-39 所示，打开图 10-40 所示的"封装"菜单。

图 10-39　在功能区中选择"封装"命令

图 10-40　打开"封装"菜单

2）在菜单管理器的"封装"菜单中选择"添加"命令，出现图 10-41 所示的"获得模型"菜单。该菜单的 3 个选项的功能含义如下。

- "打开"：选择此选项，打开"文件打开"对话框，然后选择元件来打开。
- "选择模型"：选择此选项，则可以在当前活动图形窗口中选择组件中的任意元件，并将它的一个新事件添加到组件中。
- "选取最后"：选择此选项，添加装配或封装的最近一个元件。

3）选择所需选项并选择元件。系统弹出"移动"对话框，如图 10-42 所示。

在"移动"对话框的"运动类型"选项组中，可以确定运动类型为"定向模式""平移""旋转""调整"。

- "定向模式"：参考特定几何定向元件。选择封装元件，然后在图形窗口中单击右键以访问"定向模式"快捷菜单。

- "平移"：通过这些方式移动封装的元件：平行于边、轴、平面或视图平面拖动；垂直于平面拖动；或拖动元件直到上面的某个面或轴与另一个面或轴重合为止。
- "旋转"：通过这些方式旋转封装的元件：围绕边、轴或视图平面上的点旋转；或旋转元件直到上面的某个面或轴与另一个面或轴对齐为止。
- "调整"：将封装元件与组件上的某个参考图元对齐。

图 10-41 出现"获得模型"菜单　　图 10-42 弹出"移动"对话框

在"运动参考"选项组中，选择方向参考选项及其相应参考，例如选择运动参考选项为"视图平面""选取平面""图元/边""平面法向""2 点""坐标系"。

在"运动增量"选项组中，通过从"平移"或"旋转"下拉列表框中选择值或输入一个值来设置增量。如果要在没有明显增量的情况下拖动元件，则选择"平滑（光滑）"选项。

此外，注意"撤销"按钮、"重做"按钮和"首选项"按钮等的应用。

4）通过"移动"对话框来辅助调整封装元件的位置，调整好封装元件的位置后，单击"确定"按钮。

5）在菜单管理器的"封装"菜单中选择"完成/返回"选项。

值得注意的是，组件的第一个元件不能是封装的元件。但是，可以封装第一个元件的其他事件。

2. 固定封装元件的位置

随着设计的进行，由于额外自由度的存在，封装元件子项的放置可能不能按原计划保留。此时，可以使用"固定"约束，将封装元件固定或全部约束在与其父项组件相关的当前位置。

固定封装元件的位置的方法及步骤如下。

1）在打开的组件中，从功能区"模型"选项卡的"元件"组中选择"封装"命令，打开一个菜单管理器。

2）在菜单管理器的"封装"菜单中选择"固定位置"命令。

3）从模型树或图形窗口中选择要固定放置的封装元件，然后单击"选择"对话框中的"确定"按钮。系统将在封装元件的当前位置处完全约束它。

> **注意**
>
> 　用户也可从模型树或图形窗口中选择元件并右键单击，接着从出现的快捷菜单中选择"固定位置"命令。当然用户也可以将固定的封装元件取消其固定位置。

10.2.5 未放置元件

未放置元件属于没有组装或封装的装配，这些元件不会出现在图形窗口中（因为未通过几何方式将其放置在装配中），但会出现在模型树中。在内存中检索到其父项组件时，未放置元件也会同时被检索到。用户应该要认识未放置元件在模型树中的标识为🗔。在模型树中选择未放置的元件，可以对其进行编辑定义来约束或封装它们。如果一旦约束或封装了元件，便无法使该元件还原为未放置状态。

在装配组件中，创建材料清单时可以包括未放置元件，也可以排除未放置元件；在质量属性计算时不考虑它们。但是要注意不能在未放置元件上创建特征。

可以按照以下方法及步骤创建未放置元件。

1）在打开的装配文件中，在功能区"模型"选项卡的"元件"组中单击🗔（创建）按钮，打开图10-43所示的"元件创建"对话框。

2）在"类型"选项组中选择"零件"单选按钮，接受默认的子类型为"实体"，在"名称"文本框中输入名称，或保留默认名称，然后单击"确定"按钮。

3）系统弹出"创建选项"对话框，通过选择"从现有项复制"或"空"创建方法来创建元件，并在"放置"选项组中勾选"不放置元件"复选框，如图10-44所示。

图10-43　"元件创建"对话框　　　　图10-44　勾选"不放置元件"复选框

4）单击"创建选项"对话框中的"确定"按钮，创建的该元件被添加到模型树中但不出现在图形窗口中。

要放置一个未放置元件，需要重定义该元件并建立位置约束。在模型树中单击或右击未放置元件，接着从快捷工具栏中选择 "编辑定义" 图标选项。

10.3 操作元件

操作元件主要包括：以放置为目标移动元件、拖动已放置的元件和监测元件冲突。

10.3.1 以放置为目的移动元件

主要介绍使用下列方法之一来移动元件。

1. 使用键盘快捷方式移动元件

1）在功能区 "模型" 选项卡的 "元件" 组中单击 (组装) 按钮，弹出 "打开" 对话框。

2）通过 "打开" 对话框来选择要放置的元件，接着单击 "打开" 按钮，此时出现 "元件放置" 选项卡。

3）使用以下任意一种鼠标和按键组合操作来移动元件。

- 按〈Ctrl+Alt〉+鼠标左键并移动指针以绕默认坐标系旋转元件。
- 按〈Ctrl+Alt〉+鼠标中键并移动指针以旋转元件。
- 按〈Ctrl+Alt〉+鼠标右键并移动指针以平移元件。
- 按〈Ctrl+Shift〉并单击鼠标中键，或单击 按钮。

2. 使用 "移动" 面板

在 "元件放置" 选项卡中打开 "移动" 面板，如图 10-45 所示，利用该面板可以很方便地调整装配组件中放置的元件的位置。

图 10-45 "元件放置" 选项卡的 "移动" 面板

在 "移动" 面板的 "运动类型" 下拉列表框中，可以根据需要选择 "定向模式" "平移" "旋转" "调整" 选项之一。接着可以选择 "在视图平面中相对" 单选按钮，以相对于视图平面移动元件；或者选择 "运动参考" 单选按钮，以相对于元件或参考移动元件，此时激活 "运动参考" 收集器。结合鼠标操作可以实现元件的移动。

10.3.2 拖动已放置的元件

在功能区"模型"选项卡的"元件"组中单击 （拖动）按钮，打开图10-46所示的"拖动"对话框，利用此对话框可在运动的允许范围内移动装配图元，以查看装配在特定配置下的状况。"拖动"对话框提供两个实用的拖动按钮，即 （点拖动）按钮、 （主体拖动）按钮。

图 10-46 "拖动"对话框

在"拖动"对话框中单击 （点拖动）按钮，接着在当前模型中的主体上选择要拖动的点，此时出现指示器 。移动指针，选定的点跟随指针位置。可执行下列操作之一。

- 单击以接受当前主体位置并开始拖动其他主体。
- 单击鼠标中键结束当前拖动操作（主体返回初始位置）并开始新的拖动操作。
- 单击鼠标右键结束拖动操作（主体返回初始位置）。

在"拖动"对话框中单击 （主体拖动）按钮，并在当前模型上选择主体。移动指针，选定的主体跟随指针位置。要完成此拖动操作，可执行下列操作之一。

- 单击以接受当前主体位置并开始拖动其他主体。
- 单击鼠标中键退出当前的拖动操作（主体返回初始位置）并开始新的拖动操作。
- 右键单击退出拖动操作（主体返回初始位置）。

拖动主体时，其在图形窗口中的位置会改变，但其方向将保持固定。

在"拖动"对话框中展开"快照"选项区域，如图10-47所示。在该选项区域具有两个选项卡，即"快照"选项卡和"约束"选项卡。

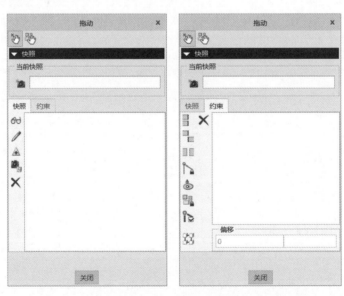

图 10-47 展开"拖动"对话框的"快照"选项区域

- 使用"快照"选项卡可以显示不同配置组件的已保存快照的列表。当将元件移至所需位置后，可以保存组件在不同位置和方向的快照。快照将捕捉现有的锁定主体、禁用的连接和几何约束。

- 使用"拖动"对话框中的"约束"选项卡应用或移除约束。应用约束后，它的名称会添加到约束列表中。通过勾选或清除约束旁的复选框，可以打开和关闭约束。使用快捷菜单可以复制、剪切、粘贴或删除约束。

10. 3. 3 检测元件冲突

在装配组件中，可以设置检测元件冲突情况，即在装配处理和拖动操作过程中动态地进行冲突检测。通常的应用情况包括如下。

- 在放置元件时，可验证其移动是否不受已装配元件的影响。
- 在拖动操作中使用冲突检测可确保没有任何元件干涉选定元件的移动。
- 检测到冲突时停止移动，或者继续移动元件并连续查看冲突。

可以在装配和机械设计中进行冲突检测设置。冲突检测设置的典型方法及步骤如下。

1）在功能区的"文件"选项卡中选择"准备"→"模型属性"命令，如图 10-48 所示，系统弹出"模型属性"对话框。

2）在"模型属性"对话框的"装配"选项区域中选择"碰撞检测"对应的"更改"选项，弹出图 10-49 所示的"碰撞检测设置"对话框。

3）在"常规"选项组中选择所需的选项。

图 10-48 选择"模型属性"命令

注意以下单选按钮的功能含义。

- "无碰撞检测"：执行无冲突检测，即使发生冲突也允许平滑拖动。
- "全局碰撞检测"：检查整个组件中的各种冲突，并根据所设定的选项将其指出。
- "部分碰撞检测"：指定零件，在这些零件之间进行冲突检测，系统将提示用户选择零件。按住〈Ctrl〉键选择多个零件。

4）当在"常规"选项组中选择"全局碰撞检测"单选按钮或"部分碰撞检测"单选按钮时，"包括面组"复选框可用。可以根据设计需要勾选"包括面组"复选框，以设置仅在全局或部分冲突检测过程中将曲面作为冲突检测的一部分。

5）当选择"全局碰撞检测"单选按钮或"部分碰撞检测"单选按钮时，可以在"可选"选项组中进行相关的设置。例如，在"可选"选项组中勾选"碰撞时铃声警告"复选框，以设置在遇到冲突时可发出警告铃声。

说明：如果将配置选项"enable_advance_collision"的值设置为"yes"，可启用高级选项，此后打开的"碰撞检测设置"对话框中，"可选"选项组包括更多的高级选项，如图 10-50所示。需要用户注意的是，在具有许多主体的大组件中，高级冲突检测选项能够导致组件运动非常缓慢。这些附加可选设置单选按钮的功能含义如下。

图 10-49　"碰撞检测设置"对话框　　　图 10-50　提供更多的可选设置

- "碰撞时即停止"：发生冲突时即停止移动。
- "突出显示干扰体积块"：加亮干扰图元。配置选项设置为"no"时，该项为默认设置。
- "碰撞时推动对象"：显示冲突的影响。

6）在"碰撞检测设置"对话框中单击"确定"按钮。

10.4　处理与修改装配元件

在 Creo Parametric 中，可以对装配组件中的元件进行处理与修改，其处理方式和它对零件中特征的处理方式是一样的。其中一些元件操作可以通过功能区"模型"选项卡中的"元件"→"元件操作"命令来进行，而通常的一些元件操作则可以通过右击模型树中的元件然后在快捷菜单中来执行，有些则在快捷工具栏中进行。元件处理操作可包括复制元件、镜像元件、删除元件、隐含元件、冻结和恢复元件、重定参考、重新排序、重定义放置约束、定义挠性、阵列和替换。

在本节中，主要介绍复制元件、镜像元件、替换元件和重复元件的方法、步骤及其操作技巧等。

10.4.1　复制元件

在装配中可以创建元件的多个独立实例，但一次只能修改、替换或删除一个复制的元件。复制元件时，元件放置将基于装配的坐标系（坐标系被用作平移或旋转复制元件的参考）。

复制元件的示例如图 10-51 所示。

1. 复制元件的一般方法及步骤

在介绍在装配中复制元件的实例之前，先概括性地介绍复制元件的一般方法及步骤。

1）在打开的装配组件文件中，在功能区的"模型"选项卡中选择"元件"→"元件操作"命令，打开一个菜单管理器，如图 10-52 所示。

2）在菜单管理器的"元件"菜单中选择"复制"选项，出现图 10-53 所示的"得到坐标系"菜单，然后在装配组件中创建或选择一个坐标系。

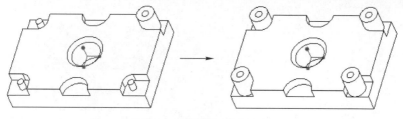

图 10-51　复制元件的示例

3）选择一个或多个要复制的元件，接着在"选择"对话框中单击"确定"按钮，此时在菜单管理器中激活"退出"菜单和"平移方向"菜单，如图 10-54 所示。

图 10-52　"元件"菜单

图 10-53　"得到坐标系"菜单

图 10-54　出现的菜单

4）在菜单管理器的"退出"菜单中使用"平移"选项或"旋转"选项来指定移动，以创建其他元件。可在阵列化形式下，沿不同的方向为移动指定任意的增量变化数。可以在每个方向上使用任意数量的指令，但最多只能定义三个方向。

● "平移"选项：沿指定轴的方向阵列化元件。

● "旋转"选项：绕指定轴阵列化元件。

5）在菜单管理器的"平移方向"菜单或"旋转方向"菜单中选择"X 轴""Y 轴""Z 轴"，根据系统提示输入平移距离或旋转角度。

6）每设置完一组移动后，从菜单管理器的"退出"菜单中选择"完成移动"选项。系统会提示用户输入希望创建的实例个数。在提示下，指定沿着当前方向的实例的个数。

7）重复步骤4）和步骤5）来定义下一个复制方向。继续该过程直到放置好所有副件。

8）从菜单管理器的"退出"菜单中选择"完成"选项来执行所有移动。

2. 复制元件的典型范例

下面以实例介绍复制元件的具体方法和步骤。

1）单击 （打开）按钮，弹出"文件打开"对话框，选择"bc_10_fz_m. asm"文件（该文件位于本书配套资料包的 CH10 下的 FZ 文件夹中），单击"打开"按钮。该文件存在的原始装配模型如图 10-55 所示。

2）在功能区的"模型"选项卡中选择"元件"→"元件操作"命令，打开一个菜单管理器。

3）在菜单管理器的"元件"菜单中选择"复制"命令，出现"得到坐标系"菜单。

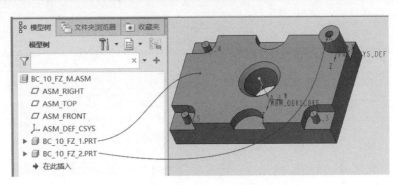

图 10-55　原始装配模型

4）在装配中选择 "ASM_DEF_CSYS" 坐标系，接着选择 "bc_10_fz_2.prt" 元件，单击 "选择" 对话框中的 "确定" 按钮。

5）在菜单管理器出现的 "退出" 菜单中选择 "平移" 选项，在 "平移方向" 菜单中选择 "X 轴" 选项。

6）输入在 X 轴方向上的平移距离为 "-64"，如图 10-56 所示，单击 ✓（接受）按钮。

图 10-56　输入在 X 轴方向上的平移距离

7）在菜单管理器的 "退出" 菜单中选择 "完成移动" 选项，接着输入沿这个复合方向的实例数目为 "2"，如图 10-57 所示，单击 ✓（接受）按钮。

图 10-57　输入沿这个复合方向的实例数目

8）在菜单管理器的 "退出" 菜单中选择 "平移" 选项，在 "平移方向" 菜单中选择 "Z 轴" 选项，接着输入该方向上的平移距离为 "40"，如图 10-58 所示，单击 ✓（接受）按钮。

图 10-58　输入平移的距离（Z 方向）

9）在菜单管理器的 "退出" 菜单中选择 "完成移动" 选项，接着输入沿这个复合方向的实例数目为 "2"，如图 10-59 所示，单击 ✓（接受）按钮。

图 10-59　指定沿着当前方向的实例的个数

10）在菜单管理器的 "退出" 菜单中选择 "完成" 选项，然后在菜单管理器的 "元件" 菜单中选择 "完成/返回" 选项。完成元件复制操作的结果如图 10-60 所示。

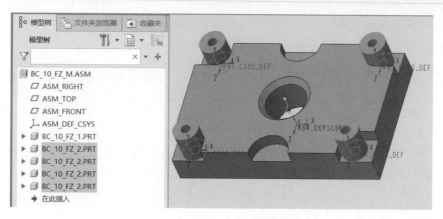

图 10-60　本例中元件复制的效果

10.4.2 镜像元件

在 Creo Parametric 5.0 装配中，可以创建元件的镜像副本，所述副本关于一个平面参考镜像。镜像元件在一定程度上节省了时间，而不用创建重复的实例。镜像元件存在两种类型的镜像副本，一种是"仅几何"，另一种是"具有特征的几何"，前者创建原始零件几何的镜像副本，后者创建原始零件的几何和特征的镜像副本。创建元件时，可以控制新元件与原始元件的相关性，例如可以控制修改原始元件几何、原始几何的放置或同时修改两者时，从属镜像元件会自动更新。

下面通过一个典型操作实例介绍如何在装配内镜像元件。

1）单击 （打开）按钮，弹出"文件打开"对话框，选择"bc_10_jx_m. asm"文件（该文件位于本书配套资料包的 CH10 下的 JX 文件夹中），单击"打开"按钮。该文件存在的原始装配模型如图 10-61 所示。可以设置将装配中两个元件自身的基准平面隐藏。

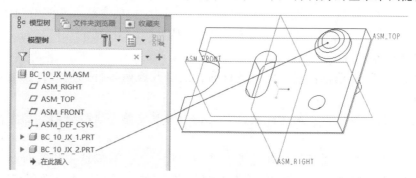

图 10-61　文件中的原始模型

2）在功能区"模型"选项卡的"元件"组中单击 （镜像元件）按钮，弹出图 10-62所示的"镜像元件"对话框。

3）选择要镜像的元件，在本例中选择"BC_10_JX_2. PRT"元件作为要镜像的元件。

4）选择一个镜像平面，在本例中选择"ASM_FRONT"基准平面作为镜像平面参考。

5）在"新建元件"选项组中选择"创建新模型"单选按钮，或者选择"重新使用选定的模型"单选按钮以重新使用选定零件来创建镜像零件。

6）如果要更改默认名称，则在"文件名"文本框中输入新零件的名称，本例输入新零件的名称为"BC_10_JX_3"，如图10-63所示。

图10-62 "镜像元件"对话框   图10-63 输入新文件名

7）在"镜像"选项组中指定镜像类型，镜像类型有两种，即"仅几何"和"具有特征的几何"。在本例中选择"仅几何"单选按钮。

8）在"相关性控制"选项组中设置以下一个或两个选项参数。本例勾选"几何从属"复选框和"放置从属"复选框。值得注意的是，使用"具有特征的几何"时，新零件的几何不会从属于源零件的几何。

● "几何从属"复选框：勾选此复选框时，当修改原始零件几何时，会更新镜像零件几何。

● "放置从属"复选框：勾选此复选框时，当修改原始零件放置时，会更新镜像零件放置。

9）在"对称分析"选项组中决定是否执行对称分析，当勾选"执行对称分析"复选框，时，则执行对称分析，系统将检查选定零件是否对称以及装配中是否存在反对称零件，此时可以展开"对称分析"下的"选项"子选项组，如图10-64所示，从中设置重新使用对称元件，以及要考虑的哪些元素。在本例中，不勾选"执行对称分析"复选框。

10）在"镜像元件"对话框中单击"确定"按钮，镜像元件的效果如图10-65所示。本例由于不执行对称分析，镜像元件的结果是创建新的镜像零件"BC_10_JX_3.PRT"；如果执行对象分析，则可以重新使用对称和反对称零件，这样无需创建新的镜像零件，镜像元件操作的结果是在镜像位置处产生一个同名原零件。读者可以练习对比一下，以加深执行对称分析的认识。

图 10-64 展开"选项"子选项组

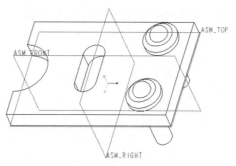

图 10-65 镜像元件

10.4.3 替换元件

在 Creo Parametric 5.0 装配模块下，功能区"模型"选项卡的"操作"组溢出列表中提供了"替换"命令，使用该命令可以用另一元件替换现有元件或 UDF（UDF 是用户自定义特征的英文简称）。从功能区"模型"选项卡的"操作"组溢出列表中选择"替换"命令，打开图 10-66 所示的"替换"对话框。在"替换为"选项组中包含以下 7 个单选按钮，即提供 7 种替换方式。

图 10-66 "替换"对话框

- "族表"：用族表实例替换元件模型。
- "互换"：用通过互换组件相关联的模型替换元件模型。
- "模块或模块变型"：用通过模块装配关联的模型替换元件模型。
- "参考模型"：用包含元件模型外部参考的模型来替换元件模型。
- "记事本（布局）"：用通过布局相关联的模型替换元件模型。

- "通过复制"：用新创建的模型副本来替换元件模型。
- "不相关的元件"：通过指定新模型的放置来替换元件模型。

在本节主要介绍以"互换"方式来在装配组件中进行元件互换。这需要理解"互换装配"（也称"互换组件"）的概念。"互换装配"用于为替换组件中其他元件的元件创建参考，其中功能互换元件可替换组件中的功能元件，而简化互换元件则可替代简化表示中的元件。下面介绍一个互换元件的操作实例。所需文件位于本书配套资料包的 CH10→HH 文件夹中。

1. 建立互换组件

1）单击 （新建）按钮，打开"新建"对话框。

2）在"类型"选项组中选择"装配"单选按钮，在"子类型"选项组中选择"互换"单选按钮，在"名称"文本框中输入互换装配的名称为"bc_10_ys_exchange"，如图 10-67 所示，然后单击"确定"按钮。

图 10-67 "新建"对话框

3）在装配中插入功能元件。在功能区"模型"选项卡的"元件"组中单击 （组装功能元件，简称"功能"）按钮，弹出"打开"对话框，选择位于本书配套资料包配套的"bc_10_hh_2.prt"，单击"打开"按钮。插入的元件如图 10-68 所示。

4）继续在组件中插入所需的功能元件。 （功能）按钮，弹出"打开"对话框，选择位于本书配套资料包配套的"bc_10_hh_4.prt"，单击"打开"按钮，在功能区出现"元件放置"选项卡，直接单击 （完成）按钮。此时插入的该元件如图 10-69 所示。

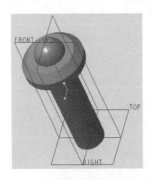

图 10-68 插入功能元件 1

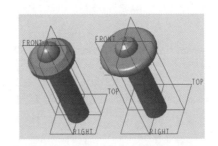

图 10-69 插入的两个功能元件

5）在功能区"模型"选项卡的"参考配对"组中单击 （参考配对表）按钮，打开图 10-70 所示的"参考配对表"对话框。

选择 bc_10_hh_2.prt 为活动元件，接着激活"要配对的元件"收集器，选择 bc_10_hh_4.prt 作为要配对的元件。

在"参考配对表"对话框中单击 按钮，添加第 1 个标签（标记），标签名称默认为 TAG_0，结合〈Ctrl〉键分别选择"bc_10_hh_2.prt"零件和"bc_10_hh_4.prt"零件的配对参考面，如图 10-71 所示。此时，该参考标签的信息也显示在"参考配对表"对话框中。

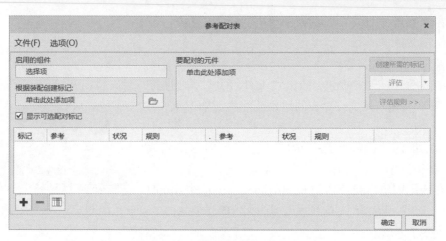

图 10-70 "参考配对表"对话框

图 10-71 定义参考配对 1

单击 + 按钮，添加第 2 个标签，标签默认名称为 TAG_1，结合〈Ctrl〉键选择"bc_10_hh_2. prt"零件和"bc_10_hh_4. prt"零件的参考配对曲面，如图 10-72 所示。

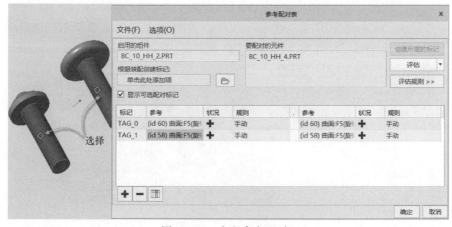

图 10-72 定义参考配对 2

6）在"参考配对表"对话框中单击"确定"按钮。

7）保存文件。

2. 以互换方式替换零件

1）单击 （打开）按钮，弹出"文件打开"对话框，选择"bc_10_hh_m.asm"文件，单击"打开"按钮。该文件存在的原始装配模型如图 10-73 所示。

2）从功能区"模型"选项卡的"操作"组溢出列表中选择"替换"命令，打开"替换"对话框。

3）在装配中单击要替换的 bc_10_hh_2.prt 元件，此时"替换为"选项组的默认选项为"互换"单选按钮，如图 10-74 所示。

图 10-73 原始装配模型

4）在"替换"对话框中单击 （打开）按钮，弹出"族树"对话框。在"族树"对话框中选择"BC_10_YS_EXCHANGE.ASM"节点下的"BC_10_HH_4.PRT"，如图 10-75 所示，然后单击"确定"按钮。

图 10-74 "替换"对话框

图 10-75 "族树"对话框

5）在"替换"对话框中单击"确定"按钮。替换元件的结果如图 10-76 所示，装配中的"BC_10_HH_2.PRT"元件被"BC_10_HH_4.PRT"元件成功替换。

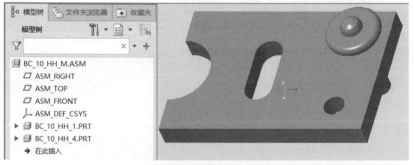

图 10-76 替换元件的结果

10.4.4 重复元件

在装配模式下，使用功能区"模型"选项卡的"元件"组中的 ↺（重复）按钮，可以很灵活地而且效率较高地装配一些相同零件，该按钮的功能是使用现有约束信息在此装配中添加选定基准元件的另一实例。首先要以合适的方式装配一个基准零部件（基准元件），然后才能使用 ↺（重复）按钮来快速地装配其他相同零部件。

下面通过一个简单的操作实例来介绍如何在组件中应用"重复"工具来放置元件。

1. 装配基准元件

1）单击 📂（打开）按钮，弹出"文件打开"对话框，选择位于本书配套资料包的 CH10→CFFZ 文件夹中的"BC_10_CFFZ_M.ASM"文件，单击"打开"按钮。该文件存在的原始组件模型如图 10-77 所示。

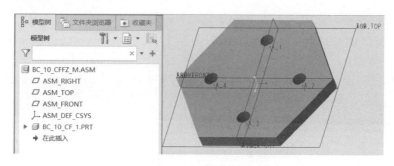

图 10-77　原始组件模型

2）在功能区"模型"选项卡的"元件"组中单击 🔧（组装）按钮，弹出"打开"对话框。

3）通过"打开"对话框查找到"bc_10_cf_2.prt"，该文件位于本书配套资料包的 CH10→CFFZ 文件夹中，单击"打开"按钮，此时功能区出现"元件放置"选项卡。

4）在"元件放置"选项卡的约束列表框中选择"距离"选项，分别选择图 10-78 所示的元件参考面和装配参考面，并设置距离值为"0"。

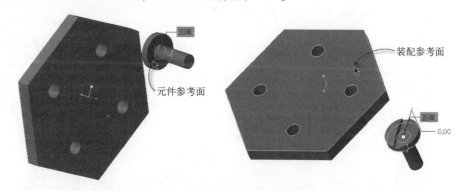

图 10-78　选择一对距离参考面

5）在"元件放置"选项卡中打开"放置"面板，单击"新建约束"选项，选择新约束类型为"重合"，然后选择装配组件中的 A_1 轴，选择该元件的 A_1，此时如图 10-79 所示。

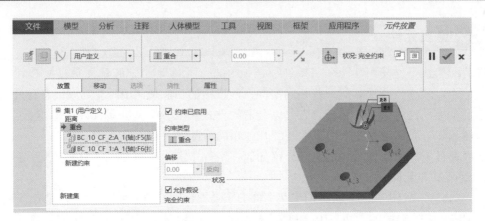

图 10-79　安装基准元件

6）在"元件放置"选项卡中单击 ✔（完成）按钮。

2. 以"重复"的方式组装其余相同元件

1）选中刚组装进来的元件。

2）在功能区"模型"选项卡的"元件"组中单击 ↻（重复）按钮，打开图 10-80 所示的"重复元件"对话框。

3）在"重复元件"对话框的"可变装配参考"选项组中选择"重合"类型项目。

4）在"放置元件"选项组中单击"添加"按钮。

5）在装配组件中依次单击 A_2、A_3 和 A_4 轴，系统自动将元件装配到组件中，如图 10-81 所示。

图 10-80　"重复元件"对话框

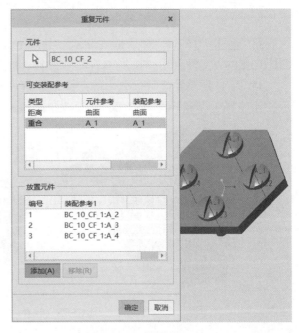

图 10-81　定义放置元件

6）在"重复元件"对话框中单击"确定"按钮，完成效果如图 10-82 所示。

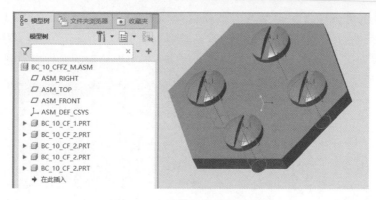

图 10-82　重复元件的装配结果

10.5　管理装配视图

本节介绍管理装配视图。管理装配视图的典型操作包括分解装配视图、显示装配剖面、设置装配区域等。

10.5.1　分解装配视图

装配的分解视图又常被称为组件爆炸视图，它将模型中每个元件与其他元件分开表示。分解视图仅影响装配组件外观，而设计意图以及装配元件之间的实际距离不会改变。可以创建默认的分解装配视图，此类视图通常要进行位置编辑处理，以获得合理定义所有元件的分解位置。可以为每个装配定义多个分解视图，然后可以根据需要随时使用任意一个已保存的视图。简单的装配分解视图示例如图 10-83 所示。

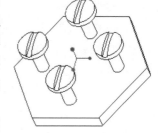

在 Creo Parametric 中，使用分解视图时要牢记下列规则（摘自 Creo Parametric 官方帮助文件）。

图 10-83　装配分解视图

- 如果在更高级装配范围内分解子装配，则子装配中的元件不会自动分解。可以为每个子装配指定要使用的分解状态。
- 关闭分解视图时，将保留与元件分解位置有关的信息。打开分解视图后，元件将返回至其上一分解位置。
- 所有装配均具有一个默认分解视图，该视图是使用元件放置规范创建的。
- 在分解视图中多次出现的同一装配在更高级装配中可以具有不同的特性。

创建分解视图的方式主要有以下两种方法。

1. 使用（分解视图）按钮和（编辑位置）按钮

（分解视图）按钮位于功能区"视图"选项卡的"模型显示"组中，如图 10-84 所示，使用该按钮，可以在装配的默认分解视图与非分解视图之间切换。首次单击选中（分解图）按钮，则创建当前装配组件默认的分解视图。

如果对系统默认的分解视图各元件的位置不满意，可以从功能区"视图"选项卡的

"模型显示"组中单击  （编辑位置）按钮，打开图 10-85 所示的"分解工具"选项卡。利用该选项卡，选择用于定位分解元件的运动类型（"平移""旋转""视图平面"等），指定要移动的元件和运动参考（使用其"参考"面板），将要分解的元件拖动到新位置等。

图 10-84　"分解视图"按钮出处　　　　图 10-85　"分解工具"选项卡

另外，"分解工具"选项卡中的 （切换状态）按钮用于切换选定元件的分解状态， （分解线）按钮则用于创建修饰偏移线以说明分解元件的运动。如果要对分解线进行更多的编辑操作，则可以使用"分解工具"选项卡的"分解线"面板。

2. 使用"视图管理器"的"分解"选项功能

使用"视图管理器"中的"分解"选项功能，也可以创建分解视图，并且可以很方便地将定制的分解视图保存起来，以备在需要时调用。

下面通过一个实例介绍如何使用"视图管理器"来创建和保存新的分解视图，并设置元件的分解位置等。

1）单击 （打开）按钮，弹出"文件打开"对话框，选择位于本书配套资料包 CH10→FJST 文件夹中的"BC_10_FJ_M.ASM"文件，单击"打开"按钮，该文件中的装配模型如图 10-86 所示。

2）在"图形"工具栏中单击 （视图管理器）按钮，或者在功能区"视图"选项卡的"模型显示"组中单击"管理视图"→ （视图管理器）按钮，打开"视图管理器"对话框，切换到"分解"选项卡，如图 10-87 所示。

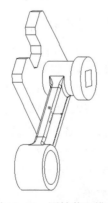　　　　

图 10-86　原始装配模型　　　　图 10-87　"视图管理器"对话框（1）

3）在"分解"选项卡中单击"新建"按钮，在出现的文本框中输入新分解视图名称，如图 10-88 所示，按〈Enter〉键。

4）选中刚新建的分解视图名，单击"属性>>"按钮，此时"视图管理器"对话框如图10-89所示。

图10-88 新建分解视图

图10-89 "视图管理器"对话框（2）

5）在视图管理器中单击 （编辑位置）按钮，打开"分解工具"选项卡。在"分解工具"选项卡中单击 （平移）按钮，接着打开"参考"面板，激活"移动参考"收集器，选定合适的移动参考，例如选择坐标系或轴线等（可以借助选择过滤器的相关选项来选择移动参考），再确保激活"参考"面板中的"要移动的元件"收集器，如图10-90所示。

6）在图形窗口中选择要移动位置的元件，在所选位置处出现一个控制移动的坐标轴系，使用鼠标左键按住该元件轴系中的所需控制轴，如图10-91所示，接着在该轴向上移动直到获得合适的放置位置时释放鼠标左键。

图10-90 "分解工具"选项卡上的一些设置

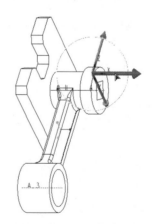

图10-91 选择所需的轴

7）使用同样的方法调整其他元件的分解放置位置，然后单击"分解工具"选项卡中的 （完成）按钮，得到的各元件的参考放置位置如图10-92所示。

8）此时，"视图管理器"对话框如图10-93所示。接着单击"<<列表"按钮，然后单击对话框中的"编辑"按钮，从其菜单中选择"保存"命令（见图10-94）。

9）系统弹出图10-95所示的"保存显示元素"对话框，单击"确定"按钮，然后在"视图管理器"对话框中单击"关闭"按钮。

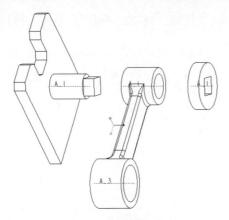

图 10-92　编辑分解位置

图 10-93　"视图管理器"对话框（3）

图 10-94　选择"保存"选项

图 10-95　"保存显示元素"对话框

10.5.2　显示装配剖面

使用装配剖面有助于检查和改进装配各元件间的配合结构等。在装配模式下，可以创建一个与整个装配或仅与一个选定零件相交的剖面，各元件的剖面线分别确定。应用装配剖面的示例如图 10-96 所示。

使用"视图管理器"对话框的"截面"选项卡可以创建以下 3 种主要类型的剖面。

- 模型的平面剖面（画有剖面线或进行了填充）。
- 模型的偏移剖面（画有剖面线，但未进行填充）。
- 来自多面模型（.stl 文件）的剖面。

图 10-96 所示的装配剖面可以按照以下简述的方法和步骤来创建。

1）单击 （视图管理器）按钮，打开"视图管理器"对话框，切换到"截面"选项卡。

2）在"截面"选项卡中单击"新建"按钮，并从打开的下拉菜单中选择"平面"选项（见图 10-97），接着在出现的文本框中输入新 X 截面的名称，按〈Enter〉键，系统打开图 10-98 所示的"截面"选项卡。

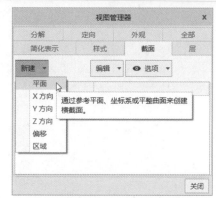

图 10-96　应用装配剖面的示例　　　　图 10-97　"视图管理器"对话框的"截面"选项卡

图 10-98　"截面"选项卡

说明：截面的创建方式有"平面""X 方向""Y 方向""Z 方向""偏移"和"区域"。

3）在"截面"选项卡中设置相关的选项，并利用"参考"面板在装配的模型窗口中或模型树中选择所需的基准平面。

4）单击 ✔（完成）按钮，即可完成该平面剖截面的创建。

10.5.3　设置装配区域

在设计中设置装配区域，有助于管理大型装配，并可辅助组织装配，例如控制视图修剪、为简化表示选择装配中的元件、创建元件显示状态和定义包络零件。

使用"视图管理器"对话框中的"截面"选项卡可以创建区域。装配组件区域可根据与坐标系、基准平面参考、封闭的装配特征曲面、2D 元素（如曲线）的偏移距离或通过指定距图元的距离来创建，其区域参考可以来自装配的任意级别。在创建区域时，可以定义坐标系、基准平面或曲面，或者也可以使用先前存在的坐标系、基准平面或曲面。

在"视图管理器"对话框的"截面"选项卡中单击"新建"按钮，从打开的"新建"下拉菜单中选择"区域"选项，接受默认的区域名称或者输入一个新名称，按〈Enter〉键，系统弹出一个以区域名称标识的对话框，如图 10-99 所示。在"类型"下拉列表框中可以选择"半空间""内侧-外侧""半径距离自""偏移坐标系"选项，如图 10-100 所示。例如在"类型"下拉列表框中选择"半空间"选项，接着从图形窗口或模型树中选择一个基准平面。基准平面名称将出现在参考列表中，而在图形窗口中将出现九个箭头，指明基准的哪一侧用来定义区域；如果单击 ↻ 按钮则可以改变方向。在该对话框中单击"预览"按钮可预览最新创建的区域，然后单击"确定"以确定完成创建操作并关闭该对话框。

图 10-99　以区域名称标识的对话框　　　　图 10-100　选择区域类型

10.6　本章小结

　　在 Creo Parametric 5.0 中包含了一个专门的用来进行装配设计的装配模式。在该模式中除了可以使用基本的装配工具之外，还可以通过使用诸如简化表示、互换组件等功能强大的工具以及自顶向下的设计程序，支持大型和复杂装配的设计和管理。

　　本章首先介绍的内容是装配模式概述，让读者掌握如何进入装配设计模式，了解装配设计界面，以及掌握如何设置装配模型树的显示项目等。

　　接着重点介绍的内容包括将元件添加到装配、操作元件、处理与修改装配元件等。在"组装（将元件添加到装配）"一节中，包含的内容有：关于元件放置操控板、约束放置、使用预定义约束集（机构连接）、封装元件和未放置元件。在"操作元件"一节中，主要介绍 3 个方面的内容，即以放置为目标移动元件，拖动已放置的元件，检测元件冲突。而"处理与修改装配元件"的核心内容为复制元件、镜像元件、替换元件和重复元件。

　　在本章的最后介绍了管理装配视图的若干实用知识，如分解装配视图、显示装配剖面和设置装配区域。注意体会本章小结和使用"思考与练习"题来检验本章所需的知识。

10.7　思考与练习

　　（1）如何新建一个装配文件？装配设计的界面主要由哪些部分组成？

　　（2）用户可以设置在装配模型树中显示相关特征，以便于装配模型的细化设计。请问如何设置在装配模型树中显示相关的特征？

　　（3）约束放置的类型主要有哪些？总结在装配中进行约束放置的一般规则。

　　（4）Creo Parametric 5.0 系统提供了哪些预定义约束集？

　　（5）什么是封装元件？请简述在装配中封装新元件的一般方法及步骤。

　　（6）在打开元件放置操控板的情况下，如何移动当前正在操作的元件？

　　（7）请总结复制元件、镜像元件、替换元件和重复元件的典型方法及其操作步骤。

　　（8）如何使用"视图管理器"来创建和保存新的分解视图，并设置元件的分解位置？

　　（9）如何在装配中创建所需的平面剖截面，可以举例辅助说明。

第11章　工程图设计

本章导读：

　　Creo Parametric 提供了专门用于工程图设计的模块，如"绘图"模块。在用于工程图设计的"绘图"模块中，可以通过建立的三维模型来建立和处理相应的工程图。工程图设计是设计师需要重点掌握的一项基本技能。

　　在本章中，首先介绍工程图（绘图）模式、设置绘图环境，接着深入浅出地介绍插入绘图视图、处理绘图视图、工程图标注、使用层控制绘图详图、从绘图生成报表等内容，最后介绍一个工程图综合实例。

11.1　了解工程图模式

　　Creo Parametric 具有在"绘图"模式下处理工程绘图的功能。其中，使用 Creo Parametric "绘图"模式可以创建所有 Creo Parametric 模型的绘图，或从其他系统输入绘图文件。绘图中的所有工程视图都是相关的，如果改变一个视图中的驱动尺寸值，则系统会相应地更新其他绘图视图，同时相应的父项模型（如三维零件、钣金件或组件等）也会相应更新，即各模式具有关联性。

　　创建新的绘图（工程图）文件，需要指定所需的三维模型。下面介绍创建绘图（工程图）文件的一般方法和步骤。

　　1）在"快速访问"工具栏中单击 📄（新建）按钮，打开"新建"对话框。

　　2）在"新建"对话框的"类型"选项组中选择"绘图"单选按钮，接着在"名称"文本框中接受默认名称或输入新名称，清除"使用默认模板"复选框，如图11-1所示，然后单击"确定"按钮。

　　3）弹出图11-2所示的"新建绘图"对话框。在"默认模型"选项组中，单击"浏览"按钮，通过"打开"对话框来选择所需的模型来打开。

　　如果在新建绘图文件之前已经打开了一个模型文件（如零件、装配），那么系统自动将该当前模型设置为"默认模型"。

　　4）在"指定模板"选项组中，选择"使用模板"单选按钮、"格式为空"单选按钮或"空"单选按钮。

　　如果选择"空"单选按钮，则可指定绘图尺寸或检索格式。例如，在"方向"选项中单击"纵向"按钮或"横向"按钮，接着从"大小"选项组的"标准大小"下拉列表框中选择标准尺寸；如果在"方向"选项组中单击"可变"按钮，则可以定义高度和宽度尺寸，注意可选择"英寸"单选按钮或"毫米"单选按钮。

图 11-1 "新建"对话框   图 11-2 "新建绘图"对话框

　　如果选择"使用模板"单选按钮，则可以在"模板"选项组中选择所需的一个 Creo Parametric 绘图模板，如图 11-3 所示。

　　如果选择"格式为空"单选按钮，如图 11-4 所示，在"格式"选项组中单击"浏览"按钮，可以指定要使用的格式而不使用模板。

图 11-3 使用模板   图 11-4 选择"格式为空"单选按钮

　　5）在"新建绘图"对话框中单击"确定"按钮，从而创建一个新的绘图文件。

11.2 设置绘图环境

　　在 Creo Parametric 中，可以使用系统配置选项、详细信息选项（也称绘图设置文件选项）、模板和格式组合来定制自己的绘图环境和绘图行为，例如预先确定某些特性，包括某些高级命令调用、尺寸、几何公差标准、注释文本高度、文本方向、字体属性、绘制标准和箭头长度等。在本节主要介绍使用系统配置选项和绘图设置文件选项来设置绘图环境的方法。

11.2.1 使用系统配置选项

同其他 Creo Parametric 配置选项一样，利用与"详细绘图"相关的配置选项可以定制绘图环境。具体的设置方法如下。

1）在功能区的"文件"选项卡中选择"选项"命令，弹出"Creo Parametric 选项"对话框。

2）在"Creo Parametric 选项"对话框中选择"配置编辑器"类别以查看并管理 Creo Parametric 选项，接着可以单击"添加"按钮，打开"添加选项"对话框，从中输入要设置的与"详细绘图"相关的配置选项名称，然后在"选项值"框中输入所需要的数值或选项值，如图 11-5 所示。允许通过"查找"按钮来查找所需的选项名称。每一个配置选项主题包括的信息有配置选项名称、描述配置选项的简单说明和注释、默认和可用的变量或值（所有默认值后均带有星号"*"）等。

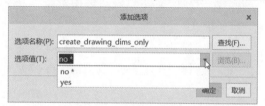

图 11-5 "添加选项"对话框

3）在"添加选项"对话框中单击"确定"按钮，接着在"Creo Parametric 选项"对话框中单击"确定"按钮。当然，利用"Creo Parametric 选项"对话框的"配置编辑器"查找并管理与绘图相关的配置选项的方法是很灵活的，有关配置选项应用基础在本书第 1 章有专门介绍，在此不必赘述。

可以设置和保存多个配置选项组合（config. pro 文件），每个文件可包含针对某些设计项目的独特设置。

11.2.2 使用详细信息选项

系统配置选项控制零件和装配等应用模块的设计环境，而 Creo Parametric 系统提供的详细信息选项会向细节设计环境添加附加控制，例如，详细信息选项确定诸如尺寸和注解文本高度、文本方向、几何公差标准、字体属性、绘制标准、箭头长度等特性。

用户可以从<加载点/text>目录中检索这些示例详细信息选项文件：iso. dtl （国际标准组织）、jis. dtl （日本标准协会）和 din. dtl （德国标准协会）等。用户需要注意的是，Creo Parametric 用每一单独的绘图文件保存这些详细信息选项设置，设置的值保存在一个名为<filename>. dtl 的绘图详细信息选项文件中。该文件的位置由 pro_dtl_setup_dir 配置文件选项确定。用户可以指定到包含绘图选项文件目录的完整路径。

下面以绘图详细信息选项"projection_type"为例，辅助介绍如何使用绘图详细信息选项。"projection_type"用于确定创建投影视图的方法，其值有"third_angle""first_angle"，前者用于第 3 象限视角投影法（适用于一些欧美国家的标准），后者则属于满足中国制图标准的第 1 象限视角投影法。其中，"projection_ type"的默认选项值为"third_angle * "。下

面介绍将 "projection_type" 的选项值设置为 "first_angle" 的方法、步骤。

1）在一个新建的或打开的绘图（工程图）文件中，从功能区的 "文件" 选项卡中选择 "准备" → "绘图属性" 命令，弹出图 11-6 所示的 "绘图属性" 对话框。

图 11-6 "绘图属性" 对话框

2）在 "绘图属性" 对话框中单击 "详细信息选项" 对应的 "更改" 选项，弹出 "选项" 对话框。

3）在 "选项" 对话框的 "选项" 文本框中输入 "projection_type"，接着在相应的 "值" 框中选择 "first_angle"，如图 11-7 所示。

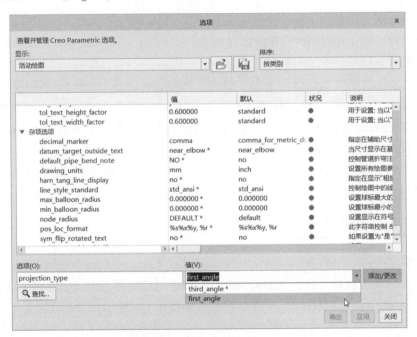

图 11-7 设置选项值

4）在 "选项" 对话框中单击 "添加/更改" 按钮，然后单击 "确定" 按钮。

5）在 "绘图属性" 对话框中单击 "关闭" 按钮。

将 "projection_type" 的选项值设置为 "first_angle" 后，接下来在该绘图文件中插入的投影视图都将满足第 1 象限视角投影法。

使用同样的方法，还可以将 "drawing_ units" 详细信息选项的值设置为 "mm"，即设置所有绘图参数的单位为 "mm"（表示公制单位）。

如果在绘图文件的功能区"文件"选项卡中选择"准备"→"绘图属性"命令，并在弹出的"绘图属性"对话框中单击"公差"对应的"更改"选项，则打开一个菜单管理器，该菜单管理器提供了图11-8所示的"公差设置"菜单。若在"公差设置"菜单中选择"标准"命令，则可以设置公差标准，如图11-9所示，可以根据设计要求选择"ANSI"标准或"ISO/DIN"标准；如果在可用的情况下从"公差设置"菜单中选择"模型等级"命令，则出现图11-10所示的菜单，以设置模型公差等级。如果在可用的情况下从"公差设置"菜单中选择"公差表"命令，则菜单管理器出现如图11-11所示菜单，以用来设置公差表。

图11-8 "公差设置"菜单　　图11-9 设置公差标准　　图11-10 设置模型等级　　图11-11 设置公差表

11.3 插入绘图视图

可将指定模型的视图放置在页面上，可以设置在视图中显示模型的多少部分，确定对视图进行缩放的方式，然后可显示从三维模型传递过来的相关尺寸，或在必要时添加参照尺寸。插入绘图视图的主要知识点包括插入一般视图、插入投影视图、插入详细视图、插入辅助视图、插入旋转视图等。

在介绍插入绘图视图的具体知识之前，先让读者熟悉一下绘图模式的功能区。绘图模式的功能区按照功能类别被划分为几个选项卡，每个选项卡均集中了若干个组（组也常被称为面板），如图11-12所示。而插入及处理绘图视图的工具命令基本上位于功能区"布局"选项卡的"模型视图"及"编辑"等组中。

图11-12 绘图模式的功能区

11. 3. 1 插入一般视图

一般视图也被称为"普通视图"或"常规视图"，它通常为放置到页面上的第一个视图，用户可以根据设计要求对该视图进行适当缩放或旋转。

在一个新建的绘图文件中，在功能区"布局"选项卡的"模型视图"组中单击 （普通视图）按钮，接着在要放置一般视图的位置处单击，此时出现默认的一般视图和弹出图11-13所示的"绘图视图"对话框。利用"绘图视图"对话框可为一般视图设置视图类型、可见区域、比例、截面、视图状态、视图显示和原点等内容。

下面结合一个典型的一般视图来介绍"绘图视图"对话框的相关设置。范例的默认模型为"bc_11_1_a. prt"，该零件文件位于本书配套资料包的 CH11 文件夹中。单击 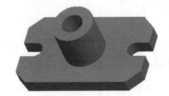（普通视图）按钮并指定放置中心点后，得到插入的该默认一般视图如图11-14所示。

图 11-13 "绘图视图"对话框　　　图 11-14 插入的默认一般视图

在"绘图视图"对话框的"视图类型"类别选项中，从"模型视图名"列表框中选择 FRONT，然后单击"应用"按钮，效果如图11-15所示。

知识点拨：如果要更改视图当前方向，则可以在"视图方向"选项组中选取下列定向方法之一。

- "查看来自模型的名称"单选按钮：使用来自模型的已保存视图进行定向。该单选按钮为默认选项。选择该单选按钮时，可从"模型视图名"列表框中选取相应的模型视图名；必要时可通过选择所需的"默认"方向定义 X 和 Y 方向，例如从"默认方向"下拉列表框中选择"斜轴测""等轴测""用户定义"选项，若选择"用户定义"选项，则必须指定定制角度值。
- "几何参考"单选按钮：使用来自绘图中预览模型的几何参照进行定向。
- "角度"单选按钮：使用选定参照的角度或定制角度定向。

切换到"视图显示"类别选项，从"显示样式"下拉列表框中选择"消隐"选项，从"相切边显示样式"下拉列表框中选择"无"选项，其他选项接受默认设置，然后单击"应用"按钮，设置视图显示选项的结果如图11-16所示。

图 11-15 在"视图类型"中定制视图方向

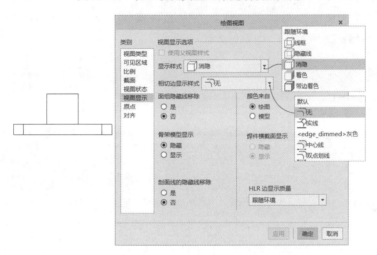

图 11-16 设置视图显示选项

切换到"比例"类别选项，选择"自定义比例"单选按钮，接着在文本框中输入新比例值为"2"，如图 11-17 所示，然后单击"应用"按钮。

切换到"截面"类别选项，选择"2D 截面"单选按钮，如图 11-18 所示。

图 11-17 设置绘图视图比例

图 11-18 选择"2D 截面"单选按钮

单击 ✚（将横截面添加到视图）按钮，以创建新的剖截面，此时出现图11-19所示的"横截面创建"菜单，从中选择"平面"→"单一"→"完成"命令，接着输入截面名为A，如图11-20所示，按〈Enter〉键确认输入。

图11-19　"横截面创建"菜单　　　　　图11-20　输入横截面名称

此时，系统提示选择平面曲面或基准平面。在模型树中选择FRONT基准平面，如图11-21所示。接着在"绘图视图"对话框中单击"应用"按钮，默认的剖切区域为"完整（完全）"，效果如图11-22所示。

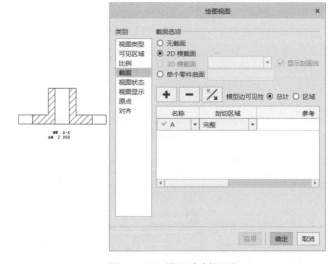

图11-21　选择FRONT基准平面　　　　　图11-22　设置全剖视图

如果要设置半剖视图，则从"剖切区域"的相应列表框中选择"半倍（一半）"选项，如图11-23a所示，接着在模型树中选择RIGHT基准平面，也可以在图面上选择RIGHT基准平面（这需要使用"图形"工具栏中的 ⏚ "平面显示"复选框来设置在图面中显示基准平面以备选择所需平面），并在要设置剖截面的一侧单击，然后在"绘图视图"对话框中单击"应用"按钮，创建的半剖视图如图11-23b所示。

在图11-24所示的"图形"工具栏中单击"平面显示" ⏚ 复选框以关闭基准平面显示，接着单击 ◪（重画）按钮重绘当前视图，重绘当前视图（刷新）后的半剖视图如图11-25所示。

在本示例中，最后还是采用全剖视图来表达。设置并应用好相关的绘图视图选项后，在"绘图视图"对话框中单击"取消"按钮。

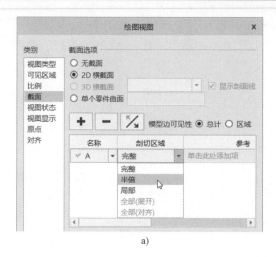

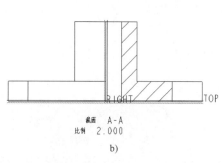

a)   b)

图 11-23　指定剖切区域等

a）选择"半倍（一半）"　　b）设置好的半剖视图

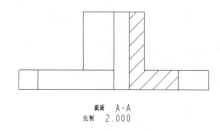

图 11-24　"图形"工具栏　　　　　　　图 11-25　半剖视图

11.3.2 插入投影视图

投影视图是另一个视图几何沿水平或垂直方向的正交投影。投影视图位于投影通道当中，可以位于父视图上方、下方或位于其右边或左边。通常以一般视图作为父视图。在图 11-26 所示的工程图中，包含了一般视图（中心处）和 3 个投影视图（此例采用第 3 象限投影法）。

下面介绍的操作实例是以第 1 象限视角投影法为投影基准的。

1）在功能区"布局"选项卡的"模型视图"组中单击 （投影）按钮。

2）如果未指定父视图则需要选取要在投影中显示的父视图。在父视图的投影通道方向上跟随鼠标显示的一个框代表投影。将此框垂直地或水平地拖到所需的位置单击，例如本例中在父视图下方的适当区域单击鼠标左键以放置该投影视图，如图 11-27 所示。

3）选择该投影视图，接着从出现的快捷工具栏中选择 （属性定义）图标，打开"绘图视图"对话框。也可以通过自己双击要编辑的视图来打开"绘图视图"对话框。

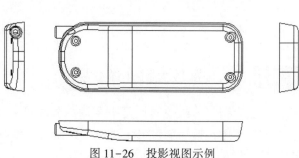

图 11-26　投影视图示例

4）切换到"视图显示"类别选项，从"显示样式"下拉列表框中选择"消隐"选项，从"相切边显示样式"下拉列表框中选择"无"选项，然后单击"应用"按钮。此时，效果如图 11-28 所示。

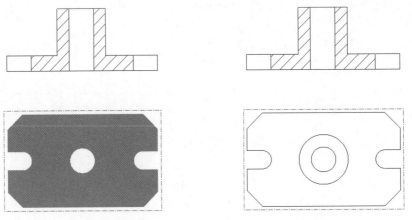

图 11-27　放置一个投影视图　　　　　　图 11-28　设置投影视图的显示效果

5）在"绘图视图"对话框中单击"确定"或"关闭/取消"按钮。

6）选中一般视图（第一个视图），在功能区"布局"选项卡的"模型视图"组中单击 ▣▫ （投影）按钮。

7）将出现的投影框水平地拖到该父视图的右侧区域单击，以放置第 2 个投影视图，如图 11-29 所示。

8）双击该投影视图，打开"绘图视图"对话框。

9）切换到"视图显示"类别选项，从"显示样式"下拉列表框中选择"消隐"选项，从"相切边显示样式"下拉列表框中选择"无"选项。

10）在"绘图视图"对话框中单击"应用"按钮，然后单击"确定"按钮。也可以直接单击"确定"按钮。插入第 2 个投影视图后的效果如图 11-30 所示。

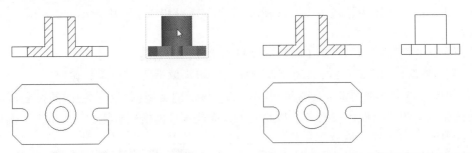

图 11-29　插入第 2 个投影视图　　　　　图 11-30　设置第 2 个投影视图的显示效果

11. 3. 3　插入局部放大图（详细视图）

局部放大图（详细视图）是指在另一个视图中放大显示的模型其中一小部分视图。其中，在父视图中包括一个参照注释和边界作为详细视图设置的一部分。局部放大图（详细视图）的示例如图 11-31 所示。

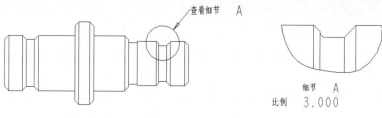

图 11-31　局部放大图（详细视图）示例

创建局部放大图（创建模型中某一部分的放大视图）的典型方法及步骤说明如下。

1）在功能区"布局"选项卡的"模型视图"组中单击 （局部放大图）按钮，此时系统提示：在一现有视图上选择要查看细节的中心点。

2）选择要在局部放大图中放大的现有绘图视图中的点。

3）通过依次指定若干点来草绘环绕要详细显示区域的样条。注意不要使用功能区"草绘"选项卡中的相关草绘工具启动样条草绘，而是直接绘图区域围绕中心点依次单击来开始草绘样条，系统会对样条进行自动更正。草绘完成后单击鼠标中键。样条通常显示为一个圆和一个局部放大图名称的注释。

4）在绘图上选择要放置详图视图的位置。Creo Parametric 显示样条范围内的父视图区域，并自动标注上局部放大图的名称和缩放比例。

可以定义局部放大图中父项边界的草绘形状。方法是单击局部放大图并从出现的快捷工具栏中选择 （属性定义）图标，打开"绘图视图"对话框。在"视图类型"类别选项的"父项视图上的边界类型"下拉列表框中选择所需的选项，如"圆""椭圆""水平/竖直椭圆""样条""ASME 94 圆"，如图 11-32 所示。还可以利用"绘图视图"对话框来修改局部放大图的绘图比例等。

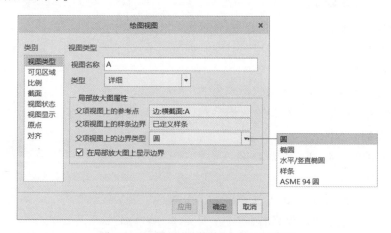

图 11-32　设置父项视图上的边界类型

- "圆"：在父视图中为详细视图绘制圆。
- "椭圆"：在父视图中为详细视图绘制椭圆与样条紧密配合，并提示在椭圆上选取一个视图注释的连接点。
- "水平/竖直椭圆"：绘制具有水平或竖直主轴的椭圆，并提示在椭圆上选取一个视图注释的连接点。

- "样条"：在父视图上显示详细视图的实际样条边界，并提示在样条上选取一个视图注释的连接点。
- "ASME 94 圆"：在父视图中将符合 ASME 标准的圆显示为带有箭头和详细视图名称的圆弧。

读者可以打开"bc_轴_局部放大图操练.drw"文件来练习如何创建局部放大图。

11.3.4　插入辅助视图

辅助视图是一种特定类型的投影视图，在恰当角度上向选定曲面或轴进行投影。在父视图中选定曲面或平面等参照的方向确定投影通道，而在父视图中所选定的参照必须垂直于屏幕平面。插入辅助视图的典型方法和步骤说明如下。

1）在功能区"布局"选项卡的"模型视图"组中单击 （辅助视图）按钮，此时系统提示：在主视图上选择穿过前侧曲面的轴或作为基准曲面的前侧曲面的基准平面。

2）选择要从中创建辅助视图的边、轴、基准平面或曲面。在投影通道上出现一个代表辅助视图的框。

3）将此框拖到所需的位置处单击，以放置辅助视图。

插入辅助视图的示例如图 11-33 所示，图中小方框表示单击（选择）处。

图 11-33　插入辅助视图的示例
1. 选择要投影的平面　2. 选择新视图的中心点

11.3.5　插入旋转视图

旋转视图是现有视图的一个剖面，它绕切割平面投影旋转 90°。可将在 3D 模型中创建的剖面用作切割平面，或者在放置视图时即时创建一个剖面。和一般剖视图不同，旋转视图包括一条标记视图旋转轴的线。

插入旋转视图的典型方法和步骤说明如下。

1）在功能区"布局"选项卡的"模型视图"组中单击 （旋转）按钮，此时系统提示选择旋转截面的父视图。

2）选取要剖切的视图，所选视图加亮显示。

3）在绘图上选取一个位置以显示旋转视图，近似地沿父视图中的切割平面投影。系统弹出"绘图视图"对话框，如果没有可用截面，还将出现"横截面创建"菜单，如图 11-34 所示。注意可以修改视图名称，但不能更改视图类型。

4）在"绘图视图"对话框的"视

图 11-34　弹出"绘图视图"对话框和相关菜单

图类型"类别选项中,通过从"旋转视图属性"选项组的"横截面"下拉列表框中选择一个现有剖面或创建一个新剖面来定义旋转视图的位置。

5) 如果选择或创建了有效剖面,则会在绘图中显示旋转视图。如果要继续定义绘图视图的其他属性,单击"应用"按钮后选择适当的类别来进行定义设置,完成并应用所有属性定义后关闭"绘图视图"对话框。

6) 必要时,可以修改旋转视图的对称中心线。

11.4 处理绘图视图

处理绘图视图的很多操作也比较灵活。比如利用"绘图视图"对话框的各类别选项便可以编辑定义绘图视图的相关方面,例如确定视图的可见区域、定义视图原点和对齐视图等。另外,常见的绘图视图处理工作还包括修改视图剖面线、移动视图和删除视图等。

11.4.1 确定视图的可见区域

在工程图设计的很多情况下,需要对模型的某些部分进行细化表达,例如定义模型视图的可见区域,以能够合理显示或隐藏某些细节结构。可利用"绘图视图"对话框来定义视图的可见区域。对于现有视图,可以通过双击现有视图,或者选择并右击现有视图然后从出现的快捷菜单中选择"属性"命令,从而打开"绘图视图"对话框。

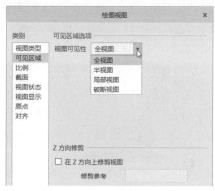

在"绘图视图"对话框中切换至"可见区域"类别选项,从"视图可见性"下拉列表框中可以选择"全视图""半视图""局部视图""破断视图"选项,如图 11-35 所示。有关"半视图""局部视图""破断视图"的简要介绍如下。

图 11-35 设置视图可见性

- 半视图:从切割平面一侧上的视图中,移除其模型的一部分。图 11-36 所示为"半视图"。
- 局部视图:显示封闭边界内的视图模型的一部分。系统显示该边界内的几何,而删除其外的几何。"局部视图"示例如图 11-37 所示。

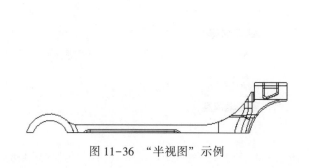

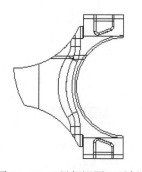

图 11-36 "半视图"示例   图 11-37 "局部视图"示例

- 破断视图：移除两选定点或多个选定点间的部分模型，并将剩余的两部分合拢在一个指定距离内。可以进行水平、竖直，或同时进行水平和竖直破断，并使用破断的各种图形边界样式。"破断视图"示例如图 11-38 所示。

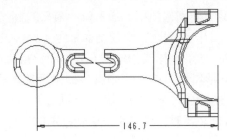

图 11-38 "破断视图"示例

11.4.2 修改视图剖面线

要修改详细视图及零件和组件剖视图中各单独成员的剖面线，可以在选定所要修改的剖面线时单击鼠标右键，并从出现的快捷菜单中选择"属性"命令，弹出图 11-39 所示的"修改剖面线"菜单。也可以通过双击要修改的剖面线来打开"修改剖面线"菜单。利用"修改剖面线"菜单进行修改视图剖面线的相关操作，如修改剖面线的间距、角度、偏距、线样式和颜色等。

例如，要将现有剖面线的间距增加一倍，则可以在菜单管理器的"修改剖面线"菜单中选择"X 分量"→"间距"命令，出现"修改模式"菜单，如图 11-40 所示，然后在"修改模式"菜单中选择"整体"→"双倍"选项，最后在"修改剖面线"菜单中选择"完成"命令。

另外，如果要更改现有剖面线的角度，可以在菜单管理器的"修改剖面线"菜单中选择"X 分量"→"角度"命令，如图 11-41 所示，出现"修改模式"菜单，从中选择所需

图 11-39 "修改剖面线"菜单　　图 11-40 修改剖面线间距　　图 11-41 修改剖面线角度

要的一个角度值即可，或者从中选择"值"选项并输入剖面线的角度来确定。设置剖面线角度后，在"修改剖面线"菜单中选择"完成"命令。

11.4.3 定义视图原点

在默认情况下，绘图视图的原点位于其轮廓的中心。定义视图原点的用途主要是在绘图中确定视图位置，并且防止模型几何更改时此视图位置发生变化。需要注意的是，不能改变全部展开的剖视图的视图原点。

定义视图原点的方法很简单，就是在选定视图并且打开"绘图视图"对话框时，选择"原点"类别，从而切换到该类别选项，如图11-42所示；在该类别选项中，可以按照以下方式之一定义视图原点的位置。

- 视图原点：使用模型定义原点。如果要使用模型中心（默认设置），则应确保选择"视图中心"单选按钮。如果要自定义视图原点，则选择"在项上"单选按钮，然后选择要用作视图原点的模型参照。
- 页面中的视图位置：使用绘图页面测量定义原点。

图11-42 "绘图视图"对话框的"原点"类别选项卡

用户需要注意的是，如果绘图中参考的几何被隐含或删除，那么系统警告缺少模型几何。对于使用了隐含或删除的参考定向的视图，该视图将会返回到其默认位置。

11.4.4 对齐视图

在进行工程图设计的过程中，有时需要将某视图设置与其他视图对齐。例如，将局部放大图（详细视图）与其父视图对齐以确保局部放大图（在移动时）跟随父视图。

对齐视图的操作方法如下。

1）选定视图并打开"绘图视图"对话框，接着切换到"对齐"类别选项。

2）在"视图对齐选项"下勾选"将此视图与其他视图对齐"复选框，如图11-43所示。系统提示选择要与之对齐的视图。

3）在绘图页面上选取相应视图，其视图名称将显示在对话框的参考收集器中。

4）选择"水平"单选按钮或"竖直"单选按钮来定义如何限制视图的运动。

- "水平"：视图和与之对齐的视图将位于同一水平线上。

- "竖直"：视图和与之对齐的视图将位于同一竖直线上。

5）在"绘图视图"对话框中单击"应用"按钮以查看视图对齐。如果对视图对齐不满意，则可以重复上述步骤。如果视图对齐正确无误，且不需要对其进行任何更改，则可选择下一个要定义的类别或单击"绘图视图"对话框中的 × （关闭）按钮。

说明：在默认情况下，"对齐参考"选项组中的"在视图原点"单选按钮处于被选中的状态，即 Creo Parametric 将根据视图的视图原点对齐视图。通过定义对齐参考可以修改视图对齐的位置。用户可以在"对齐参考"选项组

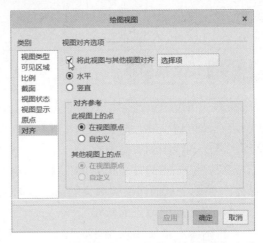

图 11-43　"绘图视图"对话框的视图对齐选项

中选择"自定义"单选按钮，并在其中一个视图上选择参考，如一条边，所选参考将显示在对话框内的收集器中，然后单击"应用"按钮以预览对齐效果。

如果根据特定设计要求取消视图对齐，那么需要清除"绘图视图"对话框中的"将此视图与其他视图对齐"复选框。

11.4.5 锁定视图与移动视图

在实际设计中为了防止意外移动视图，系统默认将视图锁定在适当位置，即默认时禁止使用鼠标移动绘图视图。要使用鼠标通过选择并拖动视图的方式移动绘图视图，则可以在功能区"布局"选项卡的"文档"组中单击 🔒 （锁定视图移动）按钮以取消该按钮的选中状态，即取消锁定视图移动状态。解锁视图后，使用鼠标选择要移动的视图，该视图方框被加亮，当将鼠标光标置于该视图方框区域时鼠标光标变为十字形，表示拖动模式处于激活状态。

用户也可使用精确的 X 和 Y 坐标移动视图（将视图移动到准确位置），其方法简述如下。

1）选择所要求的视图，所选的该视图轮廓被加亮。

2）单击鼠标右键并从弹出的快捷菜单中选择"移动特殊"命令，弹出图 11-44 所示的"移动特殊"对话框。

3）在"移动特殊"对话框中使用图标选择方法以重新定位选定的点等。注意以下 4 个按钮的作用。

- ⬚：输入 X 和 Y 坐标。
- ⬚：将对象移动到由相对于 X 和 Y 偏移所定义的位置。
- ⬚：将对象捕捉到图元的指定参考点上。
- ⬚：将对象捕捉到指定顶点。

4）在"移动特殊"对话框中单击"确定"按钮。

另外需要注意的是，如果移动其他视图自其进行投影的某一父视图，则投影视图也会随之移动以保持对齐。

图 11-44　"移动特殊"对话框

11.4.6 删除视图

对于插入到绘图页面上的某个视图不满意，可以将其删除。删除选定视图的操作方法很简单，即先选定要删除的视图，接着按〈Delete〉键。

需要用户特别注意的是，如果选择的要删除的视图具有投影子视图，那么确认删除后，投影子视图会与该视图一起被删除。

11.5 工程图标注

设计工程图（绘图）有助于模型制造。工程图设计的一个重要环节是工程图标注，例如，显示驱动尺寸和插入从动尺寸等。工程图标注的注释内容比较多，本章侧重于介绍其中较为常用的一些实用标注知识，具体内容包括：显示模型注释，手动创建尺寸，使用纵坐标尺寸，整理尺寸和细节显示，设置尺寸公差，添加基准特征符号，标注几何公差和插入注释等。

11.5.1 显示模型注释

在 Creo Parametric 5.0 绘图模式下，显示和拭除是一个要重点理解的概念。在创建 3D 模型时，实际上储存了模型所需的尺寸、参照尺寸、符号、轴和一些几何公差等项目。在将 3D 模型导入到 2D 绘图中时，3D 尺寸和存储的模型信息会与 3D 模型保持参数化相关性，但是在默认情况下，这些项目信息是不可见的。这就需要用户根据工程图设计要求而选择性地决定要在特定视图上显示哪些 3D 模型信息（在整个细化处理工程图的过程中，用户可以随时显示或拭除存储的 3D 模型信息），这便是显示和拭除的核心概念。

显示的项目是指使之可见的项目；而已拭除的项目是指使之不可见的项目。注意已拭除的 3D 详图项目仍然将保留在 3D 文件数据库中，除非将其从 3D 模型中删除。

在绘图模式下，可以显示从 3D 模型传递到绘图中的尺寸。用户需要记住的是，对于每一个绘图文件而言，仅可以显示一个驱动尺寸实例；如果需要在其他页面上重复这些尺寸，则插入（从动）尺寸。在进行绘图（工程图）设计时，有时候需要将已显示的 3D 详图项目从一个视图移动到另一个视图，例如将尺寸从普通视图移动到更为适合它的详图视图。

切换至功能区的"注释"选项卡，如图 11-45 所示，接着在该选项卡的"注释"组中单击按钮，打开图 11-46 所示的"显示模型注释"对话框。"显示模型注释"对话框具有 6 个基本选项卡，从左到右分别为、、、、和。在设置某些项目显示的过程中，可以根据实际情况设置其显示类型，例如在设置显示模型尺寸项目的过

图 11-45 功能区的"注释"选项卡

程中，可以从"类型"下拉列表框中选择"全部""驱动尺寸注释元素""所有驱动尺寸""强驱动尺寸""从动尺寸""参考尺寸""纵坐标尺寸"。

利用"显示模型注释"的相应选项卡设置好模型注释的显示项目及其具体类型后，可以使用鼠标并结合选择过滤器来在视图中选择所需对象以读取模型视图的相关注释内容，这些注释内容出现在"显示模型注释"对话框的列表中，然后由用户决定这些注释内容的某些最终在绘图视图（工程图）中显示出来，如图 11-47 所示。

图 11-46　"显示模型注释"对话框

图 11-47　设置要显示哪些尺寸

根据三维模型建立工程图，并通过"显示模型注释"方法来显示选定特征的尺寸和轴线的典型示例如图 11-48 所示。

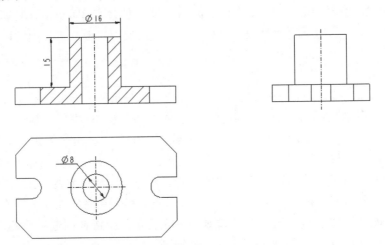

图 11-48　显示选定特征的尺寸和轴线

11.5.2　手动插入尺寸

在进行工程图设计的过程中，有时需要采用手动插入尺寸的方式来获得所需的标准从动尺寸。此类型尺寸根据创建尺寸时所选的参照来记录值。由于该从动尺寸的值是从其参照位置衍生而来的，故不能修改该从动尺寸的值。从动尺寸与驱动尺寸不同，驱动尺寸能够将值传递回模型，而从动尺寸不能。通常可以创建表 11-1 所示的多种常见类型的从动尺寸。

表 11-1 创建 3 种类型的从动尺寸

类 型	功 能 含 义	附 加 说 明	创建工具
标准（新参考）	根据 1 个或 2 个选定新参考来创建从动尺寸	依据所选参考而定，插入的尺寸结果可能是角度、线性、半径或直径尺寸	
纵坐标	从标识为基线的对象测量出的线性距离尺寸	创建纵坐标尺寸	
自动纵坐标	在零件和钣金零件中自动创建纵坐标尺寸	自动创建	

下面详细介绍使用新参考创建从动尺寸的方法，而使用纵坐标尺寸的知识将在下一小节（11.5.3）里介绍。

切换到功能区的"注释"选项卡，从"注释"组中单击 ⊢ （尺寸）按钮，打开图 11-49 所示的"选择参考"对话框，接着在该对话框中单击所需的工具并选择相应的参考来进行尺寸标注。下面介绍"选择参考"对话框中各主要工具的功能用途见表 11-2。

对于要手动标注线段的长度，那么在"选择参考"对话框中单击 ℟ （选择图元）按钮，接着使用鼠标选择该线段，然后在欲定义尺寸放置位置的地方单击鼠标中键即可完成。对于要标注圆弧或圆的半径、直径尺寸等，那么在"选择参考"对话框中单击 ℟ （选择图元）按钮，接着选择要标注的圆弧或圆，此时再按住鼠标右键可以显示附加的尺寸选项，如图 11-50 所示，从中可切换尺寸选项，例如更改尺寸选项为"直径"，然后单击鼠标中键放置尺寸。

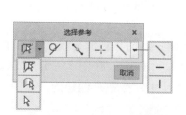

图 11-49 "选择参考"对话框

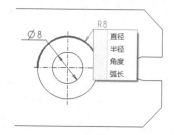

图 11-50 显示附加的尺寸选项

表 11-2 "选择参考"对话框中选择参考工具

序号	工 具	功能用途说明或备注
1	℟	选择图元
2	℟	选择曲面
3	℟	选择参考
4	℺	选择圆弧或圆的切线
5	╲	选择边或图元的中点
6	┼	选择由两个对象定义的相交点，即将尺寸附着到所选两个图元的最近交点处
7	╲	在两点之间绘制虚线
8	─	通过指定点绘制水平虚线
9	│	通过指定点绘制竖直虚线

如果要选择两个新参考来创建距离线性形式的标准从动尺寸，那么在选择第一个新参考后，需要按住〈Ctrl〉键才能选择第二个新参考，选择好所需新参考后单击鼠标中键便可放置该尺寸。

图 11-51 给出了使用新参照创建标准从动尺寸的两个典型示例，在选择参考时均使用 ⬚（选择图元）按钮。

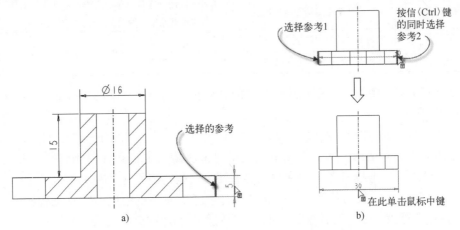

图 11-51 使用新参考创建标准从动尺寸的两个示例

a）选择一个参考创建标准尺寸的示例 b）选择两个参考创建标准尺寸的示例

在功能区"注释"选项卡的"注释"组中还有其他的尺寸创建工具，如 ⬚（参考尺寸）、⬚（纵坐标参照尺寸）、⬚（Z-半径尺寸）和 ⬚（坐标尺寸）等，如图 11-52 所示。这些尺寸创建工具的使用方法都是比较简单的，其中一些的使用方法和草绘模式中相应标注方法类似，在这里不再一一介绍。但是要强调一点的是：所有参考尺寸除了具有表示其为参考尺寸的特殊注释之外，其他方面均与标准尺寸相同。在图 11-53 所示的示例中便创建有一个参考尺寸，该参考尺寸是使用 ⬚（参考尺寸）按钮来创建的。

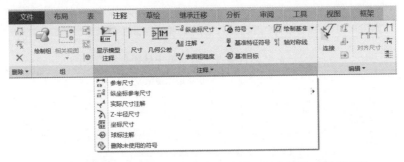

图 11-52 功能区"注释"选项卡"注释"组中的尺寸创建工具

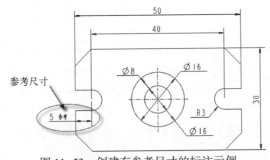

图 11-53 创建有参考尺寸的标注示例

11.5.3 使用纵坐标尺寸

Creo Parametric 5.0 中的纵坐标尺寸可使用不带引线的单一的尺寸界线，并与基线参考相关。所有参考相同基线的尺寸，必须共享一个公共平面或边。使用纵坐标尺寸的一个示例如图 11-54 所示。纵坐标尺寸的显示格式可以通过设置绘图详细信息选项的相关组合来控制。

可以使用新起始点或现有起始点在绘图中创建纵坐标尺寸。当向一个现有的纵坐标尺寸或纵坐标尺寸组中添加一个新的纵坐标尺寸时，可以选择现有的基线、基线所连接的图元、现有纵坐标尺寸界线或文本的任何部分作为参考。下面是在工程视图中创建纵坐标的一个典型练习范例。

1）打开位于本书配套资料包的 CH11 文件夹中的 "bc_11_2.drw" 文件，该文件中存在着一个还未显示或标注尺寸的一般视图，如图 11-55 所示。

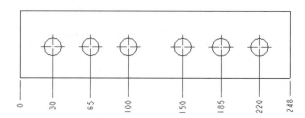

图 11-54　使用纵坐标尺寸的一个示例　　　　图 11-55　原始的一般视图

2）切换到功能区的 "注释" 选项卡，从 "注释" 组中单击 ⬚ 👄（纵坐标尺寸）按钮，弹出图 11-56 所示的 "选择参考" 对话框。

3）结合 "选择参考" 对话框中的相关工具，选择图 11-57 所示的轮廓投影线作为基线参考。

图 11-56　"选择参考" 对话框　　　　图 11-57　指定基线参考

4）按住〈Ctrl〉键的同时选择要标注的图元，如图 11-58 所示。

5）在所需位置单击鼠标中键来放置纵坐标尺寸，如图 11-59 所示。

图 11-58　选择要标注的图元　　　　图 11-59　放置纵坐标尺寸

6）"选择参考" 对话框中的 ▨（选择图元）按钮还处于被选中的状态，此时按住〈Ctrl〉键的同时选择第 2 个圆作为要标注的图元，从而为该圆创建相应的纵坐标尺寸，如图 11-60 所示。

此时系统弹出图11-61所示的提示信息，可勾选"以后不再显示此信息"复选框。

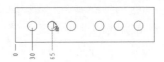

图11-60　选择要标注的图元　　　　图11-61　提示信息

7）使用和上述步骤6）同样的方法，为其他圆创建纵坐标尺寸，完成效果如图11-62所示。然后在"选择参考"对话框中单击 ✖（关闭）按钮。

8）在"注释"组中单击 ⌐⌐ᴵ（纵坐标尺寸）按钮，使用同样的方法，创建另一个方向（竖向）的纵坐标尺寸，完成效果如图11-63所示。

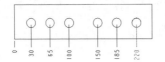

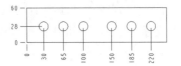

图11-62　创建纵坐标尺寸　　　　图11-63　完成第二个方向的纵坐标

11.5.4　整理尺寸和细节显示

为了使工程图尺寸的放置符合工业标准，图幅页面整洁，并便于工程人员读取模型信息，通常需要整理绘图尺寸和细节显示。其中，调整尺寸位置的方法主要包括在绘图页面上将尺寸手工移到所需位置；将选定尺寸与指定尺寸对齐；通过设置尺寸放置和修饰属性的控件（如反转箭头方向）自动安排选定尺寸的显示。还可以根据需要采用这些方式调整尺寸的显示：将尺寸移动到其他视图；切换文本引线样式；修改尺寸界线。

通常使用快捷工具栏和右键快捷菜单来处理编辑尺寸等标注项目，包括拭除注释、删除注释、修剪尺寸界线、将项目移动到另一视图、反向箭头、编辑选定项目属性和对齐尺寸等。例如要对齐某些尺寸，可以先选择要将其他尺寸与之对齐的尺寸，接着按住〈Ctrl〉键并选择要对齐的剩余尺寸，然后单击鼠标右键，弹出一个快捷菜单，如图11-64所示，从该快捷菜单中选择"对齐尺寸"命令，则尺寸与第一个选定尺寸对齐，效果如图11-65所示。选择了要操作的尺寸后，也可以在功能区"注释"选项卡的"注释"组中单击 ⊞（对齐尺寸）按钮来完成尺寸对齐操作。

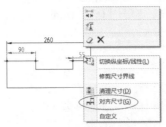

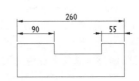

图11-64　使用右键快捷菜单　　　　图11-65　对齐尺寸的效果

功能区"注释"选项卡"注释"组中的 ☰（清理尺寸）按钮也是很实用的，它的功能用途是清理视图周围的尺寸的位置。

11.5.5 设置尺寸公差

设置尺寸公差是工程图设计的一项基本要求。对于模型的某些重要配合尺寸，通常需要考虑合适的尺寸公差。

在 Creo Parametric 5.0 中，绘图详细信息选项"tol_display"用于控制尺寸公差的显示，其默认值为"no *"，表示不显示尺寸公差。如果要显示尺寸公差，则需要将绘图详细信息选项"tol_display"的值设置为"yes"。

下面通过典型的操作实例来辅助介绍如何设置尺寸公差。

1）打开位于本书配套资料包的 CH11 文件夹中的"bc_11_ccgc.drw"文件，该绘图文件中存在着图 11-66 所示的两个视图。

2）在功能区的"文件"选项卡中选择"准备"→"绘图属性"命令，如图 11-67 所示，则系统弹出"绘图属性"对话框，接着在"绘图属性"对话框中选择"详细信息选项"右侧相应的"更改"选项，弹出"选项"对话框。

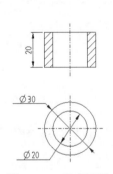

图 11-66　已有视图　　　　　图 11-67　在"文件"选项卡选择命令

3）在"选项"对话框的"选项"文本框中输入"tol_display"，在"值"框中选择"yes"，如图 11-68 所示，然后单击"添加/更改"按钮。

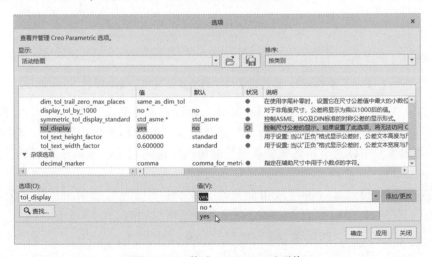

图 11-68　修改 tol_display 选项值

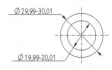

4）在"选项"对话框中单击"确定"按钮，接着在"绘图属性"对话框中单击"关闭"按钮。

此时，刷新视图后，此例中的视图尺寸均以极限尺寸的形式显示，效果如图11-69所示。

5）通过修改选定尺寸的公差模式来获得所需的尺寸公差。在本例中，使用鼠标左键单击对象的方式选择内孔的直径尺寸，此时在功能区上出现"尺寸"选项卡，如图11-70所示。

6）在"尺寸"选项卡的"精度"组的 下拉列表框中选择"0.123"，从 下拉列表框中选择"同尺寸"选项，确保清除"四舍五入尺寸"复选框；在"公差"组的"公差模式"下拉列表框中选择"正负"公差类型，设置上公差为"0.036"，下公差为"-0.010"，如图11-71所示。

图11-69　显示尺寸公差（极限尺寸）

图11-70　单击要编辑的尺寸以打开其"尺寸"选项卡

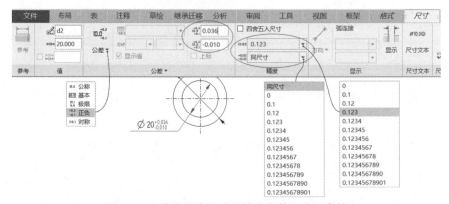

图11-71　修改选定尺寸的精度位数和公差参数

说明：在"公差模式"下拉列表框中可供选择的公差类型选项有"公称""基本""极限""正负""对称"。其中，选择"公称"选项时，只显示尺寸公称值。

7）在图形窗口中任意空余区域处单击，退出当前选定尺寸的编辑模式（功能区的"尺寸"选项卡关闭）。

8）选择大圆直径尺寸（亦可双击此尺寸），出现"尺寸"选项卡，从"公差"组的"公差模式"下拉列表框中选择"公称"公差类型选项，如图11-72所示。

9）使用同样的方法，选择模型高度的尺寸（第三个尺寸），出现"尺寸"选项卡，从"公差"组的"公差模式"下拉列表框中选择"对称"公差类型选项，在 （公差值）文本框中输入"0.50",如图 11-73 所示。

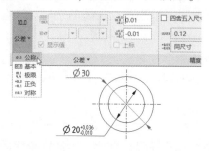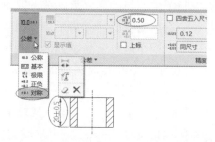

图 11-72 设置第二个尺寸的公差类型为"公称"　　图 11-73 设置第三个尺寸的公差参数

10）在图形窗口中任意空余区域处单击，退出当前选定尺寸的编辑模式（关闭功能区的"尺寸"选项卡），从而完成此图例尺寸公差的设置，完成效果如图 11-74 所示。

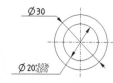

针对上述例子，可以思考一下，将"tol_display"的值设置为"yes"（即设置显示尺寸公差）后，新建尺寸的公差模式是否可以默认为"公称"，因为大多数尺寸在工程图中都将以公称值显示，只有少数尺寸才显示其尺寸公差。这便涉及一个绘图文件选项"default_tolerance_mode"的值设置，绘图文件选项"default_tolerance_mode"控制着新创建尺寸的默认公差模式，其默认值为"nominal（公称）*"，可供选择的公差模式选项有"nominal（公称）""basic（基本）""limits（极限）""plusminus（正负）""plusminussym（对称）""plusminussym_super（对称-上标)"，如图 11-75 所示。

图 11-74 完成的效果

图 11-75 设置新创建尺寸的默认公差模式

11.5.6 添加基准特征符号和几何公差

基准和几何公差在机械图样中应用较为常见。

1. 添加基准特征符号

在机械制图中，与被测要素相关的基准用一个大写字母表示，所述的字母标注在基准方格内，与一个涂黑或空白的三角形相连以表示基准。

下面以一个操作范例来演示如何在视图中添加基准符号。

1）打开位于本书配套资料包的 CH11 文件夹中的"bc_z.drw"文件，该绘图文件中存在着图 11-76 所示的视图。

2）在功能区中切换至"注释"选项卡，从"注释"组中单击 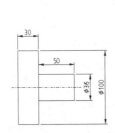 （基准特征符号）按钮，此时系统提示选择几何、一个尺寸、几何公差、尺寸界线、点或一个修饰草绘图元。

3）选择数值为 36 的直径尺寸的下尺寸界线，单击鼠标中键以放置基准符号，接着在功能区出现的"基准特征"选项卡中，在 框中设置在基准特征符号框架内显示的标签为"A"，默认选中"直"按钮 ，如图 11-77 所示。

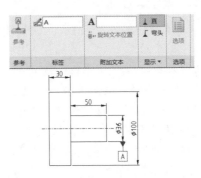

图 11-76 已有视图   图 11-77 创建基准特征

4）在图形窗口的空余区域处任意单击一下，完成在视图中添加一个基准"A"符号。

2. 将几何公差插入到视图中

几何公差是与模型设计中指定的确切尺寸和形状之间的最大允许偏差，主要用于指定模型零件上的关键曲面，记录关键曲面之间的关系，以及提供有关如何正确检查零件以及何种程度的偏差可以接受等信息。在绘图中，既可以从实体模型中显示几何公差，也可以创建几何公差。

可以显示在模型的"零件"模式和"装配"模式下所创建的几何公差，其方法是在功能区"注释"选项卡的"注释"组中单击 （显示模型注释）按钮，打开"显示模型注释"对话框，切换至 （显示模型几何公差）选项卡，接着在列表中选择几何公差并单击"确定"按钮，则选定的几何公差即会显示在绘图中，单击"关闭"按钮关闭"显示模型注释"对话框。可以拭除或删除绘图中显示的几何公差，倘若删除显示的几何公差，则会同时在绘图中和模型中将该几何公差一并删除。

要将几何公差插入到工程视图中，则可以按照以下方法步骤进行。

1）在功能区"注释"选项卡的"注释"组中单击 （几何公差）按钮，此时，置于图形窗口中的鼠标指针将显示有未连接的几何公差框的动态预览，默认情况下，预览几何公差框以当前绘图中上一个放置的几何公差的数据填充，然而，对于绘图中的第一个几何公差，几何公差框预览的是值为 0.01 的"位置"几何公差。

2）定义几何公差的所有者，即设置几何公差目标。右击预览几何公差框，可以为几何公差设置"目标",在默认情况下,系统会将绘图(*.DRW)设置为目标,如图 11-78 所示。如果想要建立与模型所拥有的基准的关联性,那么可以将几何公差目标更改为模型(*.PRT)。

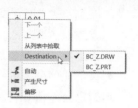

说明: 在 Creo Parametric 3.0 或先前版本中,插入绘图的几何公差的默认所有者为相应的模型,这是因为基准与几何公差归模型所有,使得建立的几何公差与模型基准之间具有完整的关联性,故对模型环境中的基准所做的任何更改均会反映在绘图环境中的几何

图 11-78 设置几何
公差目标

公差中。在如今的版本中,用户也可以选择当前绘图作为在绘图中插入的几何公差所有者,但是在这种情况下,几何公差不会识别绘图或模型所拥有的基准。

3)利用上述右键快捷菜单(右击预览的几何公差框时打开的快捷菜单)定义参考选择和几何公差放置的模式,可供选择的模式如下。注意:在放置几何公差之前,用户可以按〈Esc〉键终止几何公差创建进程。

- **"自动":** 此为默认模式,可以采用"自动"模式创建这些几何公差连接:自由(未连接)几何公差,即可以在图形区域中的某一位置单击以放置几何公差;几何公差的引线连接到模型几何,例如边、坐标系、轴心、轴线、尺寸界线、曲线、曲面点、顶点、截面图元或绘制图元;几何公差连接到尺寸或尺寸弯头(可从右键快捷菜单中选择出现的"尺寸弯头"命令将几何公差和尺寸弯头连接在一起);几何公差连接到注释弯头;几何公差连接到另一几何公差;几何公差连接到另一基准标记。
- **"产生尺寸":** 选择此模式选项,可用于创建尺寸线并放置与之相连的几何公差框。
- **"偏移":** 选择此模式选项,可将几何公差框放置在距离尺寸、尺寸箭头、几何公差、注解和符号这些绘图对象一定的偏移处。

4)单击鼠标中键放置几何公差值,而功能区随即打开"几何公差"选项卡,如图 11-79 所示。此时,可以拖动几何公差框的相关要素来重新放置几何公差。

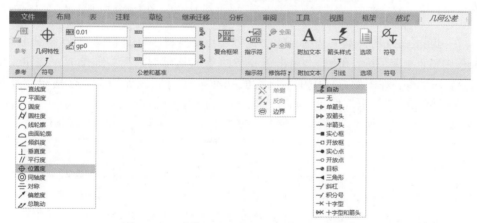

图 11-79 功能区出现的"几何公差"选项卡

5)在功能区"几何公差"选项卡上为已放置的几何公差定义所需的属性,包括以下内容。

- 将几何公差的几何特性指定为 ▱(平面度)、━(直线度)、○(圆度)、ⵁ(圆柱度)、⌒(线轮廓度)、⌓(曲面轮廓度)、∠(倾斜度)、⊥(垂直度)、∥(平行度）、⊕（位置度）、◎（同轴度）、═（对称度）、↗（偏差跳动，也称圆跳动）或↗↗（总跳动）。

- 指定要在其中添加几何公差的模型和参考图元，以及在绘图中放置几何公差。
- 指定几何公差的参考基准和材料状态，以及复合公差的值和参考基准。
- 指定公差值和材料状态。
- 指定几何公差符号和修改者以及突出公差带。
- 指定创建或编辑几何公差时要与其关联的附加文本。

6）单击图形区域的空白区域处可完成在指定位置插入几何公差。

请继续操作上一个例子。

1）在功能区"注释"选项卡的"注释"组中单击 ▶|M（几何公差）按钮，默认提供显示值为 0.01 的"位置"几何特性的几何公差框预览。

2）接受默认的几何公差目标为绘图，以及采用自动模式，在图 11-80 所示的模型轮廓边上单击以将几何公差的引线连接到此模型几何。

3）单击鼠标中键放置几何公差框，如图 11-81 所示，而功能区随即打开"几何公差"选项卡。

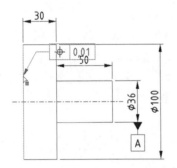

图 11-80　将几何公差的引线连接到模型边

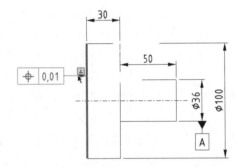

图 11-81　单击鼠标中键放置几何公差框

4）在功能区"几何公差"选项卡的"符号"组中选择 ⊥（垂直度），在"公差和基准"组的 ⊞0.1 框中输入公差值为"0.08"，单击第一行的 🔩（从模型选择基准参考）按钮，弹出一个"选择"对话框，在图形窗口中单击已有的基准符号"A"，如图 11-82 所示，接着单击"选择"对话框中的"确定"按钮，此时几何公差框内出现基准字母"A"，如图 11-83 所示。

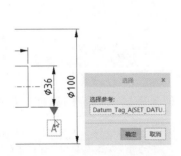

图 11-82　从模型中选择基准参考

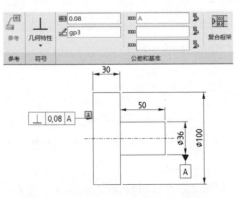

图 11-83　创建几何公差（获取基准）

5）在图形窗口的空余区域任意单击一下，完成此垂直几何公差标注，如图 11-84 所示。

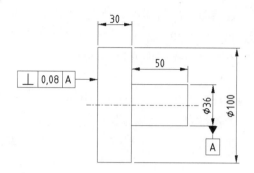

图 11-84　完成垂直几何公差标注

11.5.7 插入注释

注释包括工程图中的绘图标签、说明文字、技术要求、尺寸注释和表格文本等。注释可以带有引线，也可以不带有引线。

切换到功能区的"注释"选项卡，在"注释"组的"注解"下拉列表中提供了以下 6 个注解工具，如图 11-85 所示。

1. 独立注解

![独立注解按钮]（独立注解）按钮用于创建未附加到任何参考的新注解，通常可用来在工程页面上创建技术要求等文本注释。

单击![独立注解按钮]（独立注解）按钮，弹出图 11-86 所示的"选择点"对话框，利用该对话框中的相

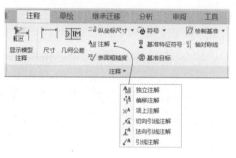

图 11-85　"注解"下拉列表

关工具来选择一个点作为新注解的放置位置，接着在输入框中输入注解内容，并可以利用功能区出现的"格式"选项卡来编辑注解内容的样式、文本和格式等，可以完成图 11-87 所示的技术要求文本。

图 11-86　"选择点"对话框

技术要求

1. 零件去除氧化皮。
2. 零件加工表面上不应有划痕、擦伤等损伤零件表面的缺陷。
3. 去除毛刺飞边。
4. 经调质处理28HRC～32HRC。

图 11-87　技术要求文本

2. 偏移注解

用于创建一个相对选定参考偏移放置的新注解，其方法和步骤是：单击![偏移注解按钮]（偏移注解）按钮，接着在提示下指定一个有效参考，在欲定义偏移位置的地方单击鼠标中键，此时出现一个文本输入框和"格式"选项卡，在文本输入框中输入所需的注解内容，完成输入后在

图形窗口的其他位置处单击即可。

3. 项上注解

用于创建一个放置在选定参考上的新注解。单击 ⚡A（项上注解）按钮，接着在提示下选择一个有效参考（几何、点、一个坐标系或一个线或缆符号），在所选参考处出现的文本输入框中输入所需的注解内容，然后在图形窗口的其他区域单击便可完成该操作。

4. 切向引线注解

用于创建带切向引线的新注解。单击 ⚡A（切向引线注解）按钮，接着选择一条边、一个图元、一条尺寸界线、一个基准点、一根轴线、一条曲线、一个顶点或截面图元，在选择位置处出现一条与所选参考相切的引线，移动鼠标并单击鼠标中键以放置注解，接着输入注解内容等。

5. 法向引线注解

用于创建带法向引线的新注解。单击 ⚡A（法向引线注解）按钮，接着选择一条边、一个图元、一条尺寸界线、一个基准点、一根轴线、一条曲线、一个顶点或截面图元，移动鼠标在欲定义放置注解的位置处单击鼠标中键，接着输入注解内容，最后在图形窗口的其他区域单击即可完成该法向引线注解，如图 11-88 所示。

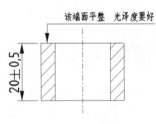

图 11-88　法向引线注解

6. 引线注解

用于创建带引线的新注解。单击 ⚡A（引线注解）按钮，弹出图 11-89 所示的"选择参考"对话框，结合该对话框的选择工具选择可以用于生成引线注解的参考对象，可以按住〈Ctrl〉键的同时选择多个有效参考对象，接着移动鼠标在欲定义放置注解的位置处单击鼠标中键，然后输入注解内容，最后在图形窗口的其他区域单击即可完成该引线注解对象，引线注解的效果如图 11-90 所示。

图 11-89　"选择参考"对话框

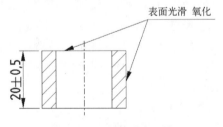

图 11-90　引线注解对象

11.5.8　插入表面粗糙度符号

可以在绘图中显示来自模型已经创建好的表面粗糙度符号，其方法是在功能区"注释"选项卡的"注释"组中单击 📋（显示模型注释）按钮，打开"显示模型注释"对话框，切换至 ³²✓（显示模型表面粗糙度）选项卡，从列表中选择所需的表面粗糙度符号，然后单击"确定"按钮，则所选表面粗糙度符号随即显示在绘图中。

要在绘图中插入表面粗糙度符号（首次创建），则可以按照如下方法和步骤进行。

1) 在功能区打开"注释"选项卡，单击"注解"组中的 ³²✓（表面粗糙度）按钮，弹出图 11-91 所示的"表面粗糙度"对话框。

图 11-91 "表面粗糙度"对话框

2）在"常规"选项卡上，利用"模型"下拉列表框或"选择模型"按钮可选择模型名称或绘图。

3）在"定义"选项组中，"符号名"下拉列表框显示了当前出现在绘图中的所有符号的列表，从中选择所需要的一种表面粗糙度符号。如果列表中没有所需符号，则可以单击"浏览"按钮，弹出"打开"对话框，系统自动指向位于安装目录下的"PTC\具体版本（如 Creo 5. 0. 1. 0）\Common Files\sybols\surffins"文件夹内，在该文件夹内默认提供了 3 大类的表面粗糙度符号，即"generic""machined""unmachined"，如图 11-92 所示。

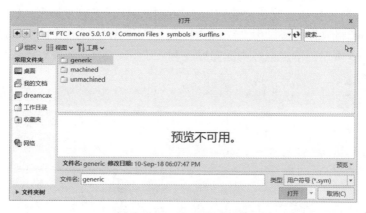

图 11-92 "打开"对话框

在这里，以通过"打开"对话框展开"machined"类别为例，从中选择"standard1. sym"子符号，可以对它进行预览，如图 11-93 所示，然后单击对话框中的"打开"按钮。

图 11-93　选择所需的表面粗糙度符号

4）返回到"表面粗糙度"对话框的"常规"选项卡，在"放置"选项组的"类型"下拉列表框中选择符号放置类型选项之一，可供选择的放置类型选项主要有如下几种。

- "自由"：将符号自由放置在屏幕上的任意位置。
- "带引线"：符号带引线且与选定图元连接。选择此选项时，用于设置下一条引线的放置方式有"图元上""曲面上""中点""相交"，而通过提供的"箭头"下拉列表框可以指定箭头类型。
- "图元上"：将符号置于选定图元上。
- "垂直于图元"：将符号垂直于选定图元放置。

5）在"属性"选项组中设置符号的高度、角度和颜色等；在"原点"选项组中，"默认"单选按钮使用符号定义中所定义的符号原点用于符号放置，如果要为符号实例指定自定义原点，则可以单击"自定义"单选按钮。

6）切换至"分组"选项卡，指定在实例中将显示的组；切换至"可变文本"选项卡，指定以符号出现的注解的内容，例如，为表面粗糙度参数输入所需的值，如图 11-94 所示。

7）在绘图页面上方移动指针时，可以看到符号附着在该指针上。此时，可以返回到"常规"选项卡，将操作焦点放在"放置"选项组里，在指定放置类型后，在所需位置单击以放置符号。例如将放置类型设为"图元上"后，在绘图视图中选择一条边来放置表面粗糙度，如图 11-95 所示，单击鼠标中键完成放置。

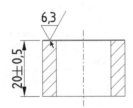

图 11-94　"表面粗糙度"对话框的"可变文本"选项卡　图 11-95　放置表面粗糙度符号

8）可以在其他位置继续放置该符号的实例，也可以选择其他符号并将其放置在所需位置处。

9）单击“确定”按钮，关闭“表面粗糙度”对话框。

如果再次单击“注解”组中的（表面粗糙度）按钮来打开“表面粗糙度”对话框，符号名默认为上次所用的表面粗糙度符号名。如果需要，用户可以在“表面粗糙度”对话框的“常规”选项卡中，从“定义”选项组中单击“浏览”按钮，弹出“打开”对话框，重新指定表面粗糙度符号类别及子类别。

11.6 工程图综合实例

本节介绍一个工程图综合实例，该综合实例的目的是让读者掌握工程图的基本设计思路以及相关的操作方法及其技巧等。

该工程图综合实例的设计思路包含以下两个设计环节。

1）在零件模式下建造该零件的三维模型，如图 11-96 所示。

图 11-96　建立的三维模型

2）在工程图（绘图）模式下建立工程图，最后完成的工程图如图 11-97 所示。

图 11-97　完成的工程图

11.6.1 设计三维模型

1. 新建一个零件文件

1）单击 □（新建）按钮，弹出"新建"对话框。

2）在"类型"选项组中选择"零件"单选按钮，在"子类型"选项组中选择"实体"单选按钮，在"名称"文本框中输入"bc_11_zhfl"，清除"使用默认模板"复选框，单击"确定"按钮。

3）系统弹出"新文件选项"对话框，选择"mmns_part_solid"模板，然后单击"确定"按钮，进入零件设计模式。

2. 创建拉伸实体特征

1）在功能区"模型"选项卡的"形状"组中单击 ✖（拉伸）按钮，功能区出现"拉伸"选项卡。

2）默认时，"拉伸"选项卡中的 ³²✔（创建实体）按钮处于被选中的状态，打开"放置"面板。

3）在"放置"面板中单击"定义"按钮，弹出"草绘"对话框，选择 RIGHT 基准平面作为草绘平面，以 TOP 基准平面为"左"方向参考，单击"草绘"按钮，进入草绘模式。

4）绘制图 11-98 所示的剖面，单击 ✔（确定）按钮。

5）在"拉伸"选项卡的侧1深度选项列表框中选择 ╬（对称），然后设置拉伸深度（长度）为"256"。

6）在"拉伸"选项卡中单击 ✔（完成）按钮，创建的第一个拉伸实体特征如图 11-99 所示。

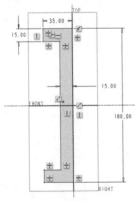

图 11-98　绘制剖面

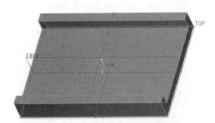

图 11-99　创建的拉伸实体特征

3. 以拉伸的方式切除材料

1）在功能区"模型"选项卡的"形状"组中单击 ▦（拉伸）按钮，功能区出现"拉伸"选项卡。

2）默认时，"拉伸"选项卡中的 □（创建实体）按钮处于被选中的状态，在"拉伸"选项卡中单击 ◢（去除材料）按钮。

3）选择 TOP 基准平面作为草绘平面，快速进入草绘模式。此时可以在功能区出现的"草

绘"选项卡中单击"设置"组中的 （草绘设置）按钮，弹出"草绘"对话框，从中可以看
到默认端点草绘方向参考为 RIGHT 基准
平面，其方向选项为"右"，然后单击
"草绘"按钮。此外，用户可以在"设
置"组中单击 （参考）按钮，弹出
"参考"对话框，接着增加指定参考以
便于剖面绘制，单击"关闭"按钮。

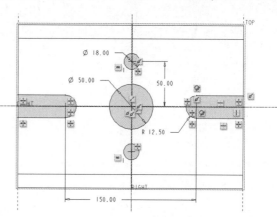

4）绘制图 11-100 所示的剖面，
单击 ✔（确定）按钮。

5）单击 （将拉伸的深度方向更
改为草绘的另一侧，简称深度方向）按
钮，并从深度选项列表框中选择 （穿
透），此时按〈Ctrl+D〉组合键以默认
的标准方向视角显示模型，效果如图 11-101 所示。

图 11-100 绘制剖面

6）在"拉伸"选项卡中单击 ✔（完成）按钮，以拉伸方式切除出的模型效果如图 11-102
所示。

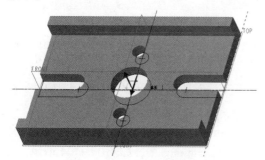

图 11-101 动态几何预览

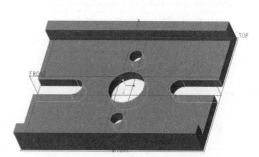

图 11-102 完成的三维模型效果

4. 保存文件

1）在"快速访问"工具栏中单击 （保存）按钮，弹出"保存对象"对话框。

2）通过"保存对象"对话框指定存储地址，单击"确定"按钮。Creo Parametric 系统
提示：BC_11_ZHFL 已保存。

11.6.2 设计工程图

1. 新建一个绘图文件

1）在"快速访问"工具栏中单击 （新建）按钮，打开"新建"对话框。

2）在"新建"对话框的"类型"选项组中选择"绘图"单选按钮，在"名称"文本
框中输入新名称为"bc_11_zhfl_d"，清除"使用默认模板"复选框，然后单击"确定"按
钮，系统弹出"新建绘图"对话框。

3）"默认模型"为 bc_11_zhfl. prt，在"指定模板"选项组中选择"格式为空"单选按
钮，在"格式"选项组中单击"浏览"按钮，弹出"打开"对话框，选择位于本书配套资

料包的 CH11 文件夹中的 "tsm_a3.frm" 格式文件，单击 "打开" 按钮。

4）在 "新建绘图" 对话框中单击 "确定" 按钮，进入绘图模式。在绘图窗口中出现图 11-103 所示的具有图框、标题栏等的制图页面。

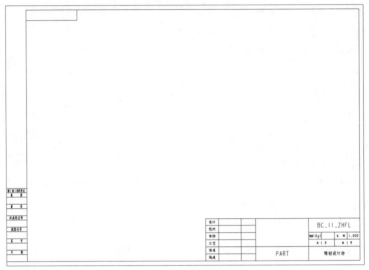

图 11-103　图框页面

2. 工程图环境设置

1）在功能区的 "文件" 选项卡中选择 "准备" → "绘图属性" 命令，系统打开 "绘图属性" 对话框。

2）在 "绘图属性" 对话框中选择 "详细信息选项" 对应的 "更改" 选项，弹出 "选项" 对话框。

3）在 "选项" 对话框的列表中查找到绘图选项 "projection_type"，或者在 "选项" 文本框中输入 "projection_type"，然后在 "值" 框中选择 "first_angle"，如图 11-104 所示。

图 11-104　设置绘图选项

4）在"选项"对话框中单击"添加/更改"按钮，然后单击"确定"按钮。

5）在"绘图属性"对话框中单击"关闭"按钮。

接下去制作的工程图都符合第一象限角投影法。

另外，可以设置其他一些绘图详细信息选项以更好地控制绘图视图和注释等，自由发挥。

3. 插入一般视图

1）在功能区的"布局"选项卡的"模型视图"组中单击 （普通视图）按钮。

2）在图框内的合适位置处单击以指定视图的放置位置，并弹出"绘图视图"对话框，如图 11-105 所示。

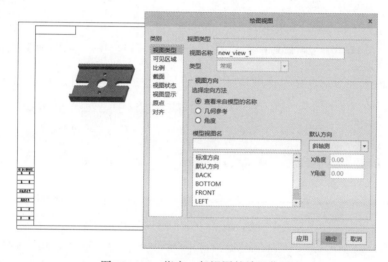

图 11-105　指定一般视图的放置位置

3）在"绘图视图"对话框的"视图类型"类别选项中，从"模型视图名"列表中选择"FRONT"，其他选项为默认值，单击"应用"按钮。

4）切换到"视图显示"类别选项，从"显示样式"下拉列表框中选择"消隐"选项，从"相切边显示样式"下拉列表框中选择"无"选项，如图 11-106 所示，然后单击"应用"按钮。

5）切换到"截面"类别选项，选择"2D截面"单选按钮，接着单击 ✚（将横截面添加到视图）按钮，默认要新建一个横截面，此时系统弹出图 11-107 所示的"横截面创建"菜

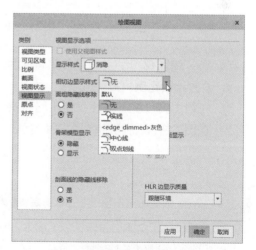

图 11-106　设置视图显示选项

单，从该菜单中选择"平面"→"单一"→"完成"命令，输入截面名为"A"，按〈Enter〉键确认输入。

在模型树中选择图 11-108 所示的 FRONT 基准平面来定义平面剖切面。

图 11-107 "横截面创建"菜单

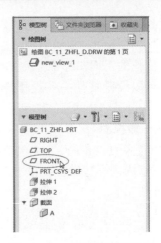

图 11-108 定义平面横截面

在"绘图视图"对话框中单击"应用"按钮。创建的全剖视图如图 11-109 所示。

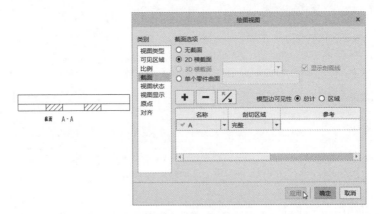

图 11-109 创建全剖视图

6）在"绘图视图"对话框中单击"确定"按钮。

4. 设置绘图比例

1）在绘图窗口左下角处双击比例标签，如图 11-110 所示。

2）在图 11-111 所示的文本框中输入"0.5"或"1/2"，单击✔（接受）按钮。

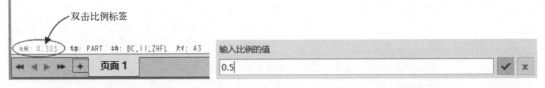

图 11-110 双击比例标签　　　　　　　图 11-111 输入比例的值

5. 插入投影视图 1

1）选中一般视图，在功能区"布局"选项卡的"模型视图"组中单击 （投影视图）按钮。

2）移动鼠标光标在父视图下方投影通道的适当位置处单击，以放置该投影视图，如图 11-112 所示。

3）双击该投影视图，打开"绘图视图"对话框。

4）切换到"绘图视图"对话框的"视图显示"类别选项，从"显示样式"下拉列表框中选择"消隐"选项，从"相切边显示样式"下拉列表框中选择"无"选项，然后单击"确定"按钮。此时，插入的投影视图 1 如图 11-113 所示。

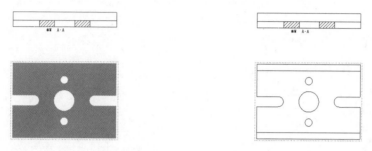

图 11-112　放置第一个投影视图　　　图 11-113　完成插入投影视图 1

6. 插入投影视图 2

1）选中第一个视图（一般视图），接着在功能区"布局"选项卡的"模型视图"组中单击 🖳（投影视图）按钮。

2）移动鼠标光标在父视图右方投影通道的适当位置处单击，以放置该投影视图，如图 11-114 所示。

3）双击该投影视图，打开"绘图视图"对话框。

4）切换到"绘图视图"对话框的"视图显示"类别选项，从"显示样式"下拉列表框中选择"消隐"选项，从"相切边显示样式"下拉列表框中选择"无"选项，然后单击"确定"按钮。

此时，投影视图 2 如图 11-115 中右图所示。

图 11-114　指定投影视图 2 的放置位置　　　图 11-115　插入投影视图 2

7. 微调各视图位置

1）在功能区"布局"选项卡的"文档"组中单击 🔒（锁定视图移动）按钮以取消该工具按钮的选中状态。

2）使用鼠标拖动的方式对各视图在图框内的放置位置进行微调，从而使整个图幅页面显得较为协调与美观，参考效果如图 11-116 所示。

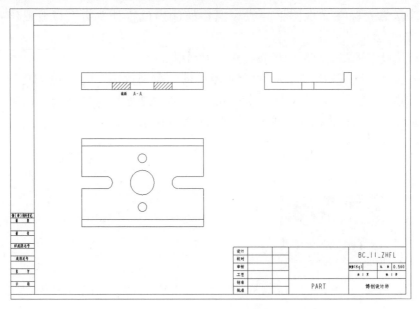

图 11-116 移动视图微调

3）调整好位置后，在功能区"布局"选项卡的"文档"组中单击 （锁定视图移动）按钮以选中该工具按钮，从而将视图位置锁定。

8. 显示尺寸和轴线，并将一些尺寸移动到表达效果更好的视图

1）切换至功能区的"注释"选项卡，接着在该选项卡的"注释"组中单击 （显示模型注释）按钮，打开"显示模型注释"对话框。

2）在"显示模型注释"对话框中，切换到 （模型尺寸）选项卡，设置"类型"选项为"全部"，接着在模型树中单击零件名称，然后在对话框中单击 （全选）按钮以设置全部显示所有尺寸，如图 11-117 所示。

3）切换到 （模型基准）选项卡，单击 （全选）按钮以确定全部显示所有基准轴，如图 11-118 所示。

图 11-117 设置显示模型尺寸

图 11-118 设置显示轴线

4）在"显示模型注释"对话框中单击"确定"按钮。显示模型指定注释（尺寸和轴线）的参考效果如图 11-119 所示。

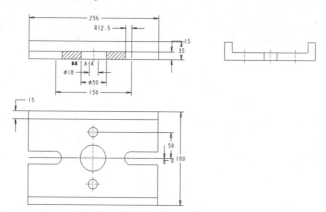

图 11-119　设置显示注释的参考效果

5）将一些尺寸移动到更适合的视图，其方法是先选择要移动的尺寸，接着在弹出的快捷工具栏中单击 ![icon]（移动到视图）按钮，然后根据提示选择合适的模型视图即可。也可以在选择要移动的尺寸后，在"注释"选项卡的"编辑"组中单击 ![icon]（移动到视图）按钮，然后选择合适的模型视图。完成将部分尺寸项目从一个视图移动到另一个更适合视图的效果如图 11-120 所示。

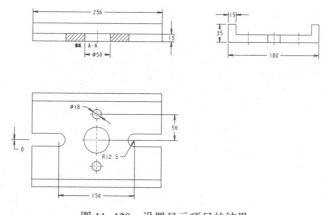

图 11-120　设置显示项目的结果

9. 拭除不需要显示的注释信息和尺寸

1）在第一个视图（一般视图）下方单击选择"截面 A-A"的注释文本。

2）从出现的图 11-121 所示的快捷工具栏中单击 ![icon]（拭除）按钮。

3）使用同样的方法将下方俯视图中的一个数值为"0"的尺寸拭除。

10. 调整各尺寸的放置位置，并对指定箭头进行反向处理

使用鼠标拖动的方式调整相关尺寸的放置位置，然后需要对视图中 1 个尺寸进行"反向箭头"操作。下面如何对选定尺寸进行"反向箭头"操作。

选中要编辑的 R12.5 半径尺寸，如图 11-122 所示，接着从快捷工具栏中单击 ![icon]（反向箭头）按钮。对此半径尺寸执行多次"反向箭头"处理，直到该尺寸显示效果如图 11-123 所示。

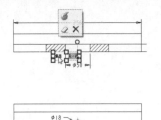

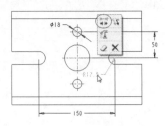

图 11-121 使用快捷工具栏   图 11-122 "反向箭头"处理

可适当调整个别尺寸的放置位置，经过本步骤相关调整而得到的参考效果如图 11-124 所示。

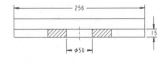

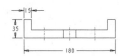

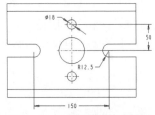

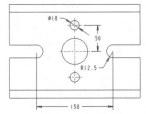

图 11-123 反向箭头的效果   图 11-124 参考效果

11. 为指定尺寸添加前缀

1）选择数值为 $\phi18$ 的直径尺寸，如图 11-125 所示，此时功能区打开用于选定尺寸属性定义的"尺寸"选项卡。

2）在功能区"尺寸"选项卡的"尺寸文本"组中单击 ⊘10.0① （尺寸文本）按钮，在 ⊘100 （前缀）文本框中的现有字符"ϕ"前输入"2×"，如图 11-126 所示。

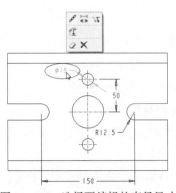

图 11-125 选择要编辑的直径尺寸   图 11-126 为尺寸添加前缀

3）在绘图页面上的任意空余区域单击一下，退出该尺寸编辑状态，为该选定的尺寸添加前缀的标注效果如图 11-127 所示。

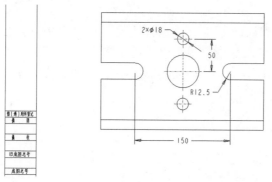

图 11-127　为尺寸添加前缀

12. 插入轴测图

1）在功能区中切换至"布局"选项卡，接着在"布局"选项卡的"模型视图"组中单击 （普通视图）按钮。

2）在图框内的标题栏上方的合适区域单击，以确定视图的放置位置，此时系统弹出"绘图视图"对话框。

3）在"绘图视图"对话框的"视图类型"类别选项中，在"模型视图名"列表框中选择"标准方向"，单击"应用"按钮。

4）切换到"绘图视图"对话框的"视图显示"类别选项，从"显示样式"下拉列表框中选择"消隐"选项。

5）单击"绘图视图"对话框中的"确定"按钮。完成插入的轴测图如图 11-128 所示。

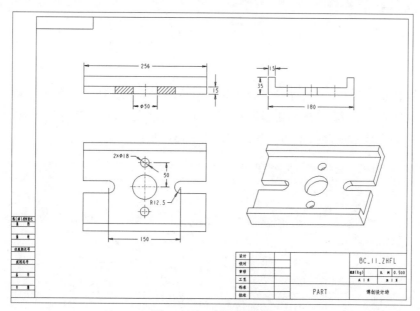

图 11-128　插入轴测图

13. 标注技术要求

1）切换到功能区的"注释"选项卡，接着在"注释"组中单击 ▲▤ （独立注解）按钮，打开"选择点"对话框。

2）在"选择点"对话框中默认选中 ×▸（在绘图上选择一个自由点）按钮，在图框内的适当位置处（如标题栏的左侧空白区域）单击以指定注解的位置。

3）输入注释文本，并可以对注释文本里的选定文本进行样式和格式等差异化编辑。

4）在绘图区域其他空余位置处单击。

插入的技术要求文本如图11-129所示。

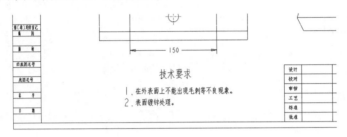

图 11-129　插入技术要求文本

14. 补充填写标题栏

1）通过双击单元格的方式，填写标题栏。例如在一个单元格内填写该零件的名称为"夹具零件"，如图11-130所示。

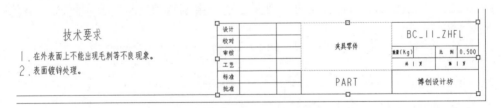

图 11-130　补充填写标题栏

2）显然"夹具零件"这几个字高显得较小，需要将它们编辑修改得大一些。双击标题栏中的"夹具零件"注释，进入其编辑状态，此时功能区显示"格式"选项卡，在"格式"组中将字高值适当地修改得高一些，如图11-131所示。

图 11-131　编辑修改字高

3）根据设计需要继续填写一些所需的标题栏单元格。最后完成的工程图如图 11-132 所示。

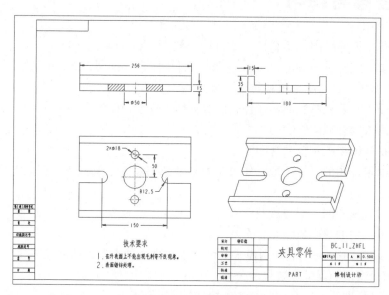

图 11-132　完成的工程图

15. 保存文件

1）在"快速访问"工具栏中单击 🖫（保存）按钮，打开"保存对象"对话框。

2）指定存储地址，单击"保存对象"对话框中的"确定"按钮。

11.7　本章小结

在 Creo Parametric 5.0 中包含有专门用于工程图设计的功能模块，允许通过建立的三维模型来创建和处理相应的工程图。绘图中的所有工程视图都是相关的，如果改变一个视图中的驱动尺寸值，则系统会相应地更新其他绘图视图，同时相应的父项模型（如三维零件、钣金件或组件等）也会相应更新，即各模式具有关联性。如果对其父项模型进行修改，则其工程图也会相应地更改，从而保证了设计的一致性，便于设计更改和获得高的设计效率。

本章首先让读者初步了解工程图（绘图）模式，接着介绍设置绘图环境。设置绘图环境的两种主要方法为使用系统配置选项和使用绘图设置文件选项。

然后重点介绍了插入绘图视图（一般视图、投影视图、详细视图、辅助视图和旋转视图）、处理绘图视图（包括确定视图的可见区域，修改视图剖面线，定义视图原点，对齐视图，锁定视图与移动视图，删除视图）、工程图标注（包括显示与拭除，手动插入尺寸，使用纵坐标尺寸，整理尺寸和细节显示，设置尺寸公差，插入标准与几何公差，插入注释等）、使用层控制绘图详图和从绘图生成报表。其中从绘图生成报表只要求读者了解。

最后介绍了一个工程图综合实例，目的是让读者掌握工程图的基本设计思路以及相关的操作方法及其技巧等。通过实例操作，学以致用。

11.8　思考与练习

1）思考总结创建绘图（工程图）文件的一般方法和步骤。

2）绘图设置文件选项 projection_type 的作用是什么？如何设置才使以后在该绘图文件中插入的投影视图符合第 1 象限视角投影法？

3）如何插入一般视图？通常在什么情况下插入一般视图？

4）如何插入投影视图？

5）什么是详细视图和辅助视图？

6）如何确定视图的可见区域？如果要为某个视图设置全剖视图，应该怎样操作？可以举例辅助说明。

7）简述对齐视图的一般方法及步骤。

8）显示和拭除的核心概念是什么？

9）在 Creo Parametric 5.0 绘图模式下可以创建哪几种类型的从动尺寸。

10）如何给指定的尺寸设置尺寸公差？

11）什么是标准符号和几何公差？并简述插入几何公差的一般步骤。

12）总结为零件模型创建工程图的设计思路。

13）如何对指定尺寸进行"反向箭头"操作？

14）可以创建哪几种类型的注解对象？

15）上机练习：创建图 11-133 所示的实体零件，具体尺寸由读者参考模型效果自行确定，然后为该实体零件建立相应的工程图。

图 11-133　实体零件

第12章 综合设计范例

本章导读:

　　本章介绍若干个综合设计范例,这些设计范例包括旋钮零件和桌面音箱外形(产品造型)。通过学习这些综合设计范例,读者的 Creo 设计的实战水平将得到一定程度的提升。

12.1　设计范例1——旋钮零件

　　本设计范例要完成的旋钮零件如图 12-1 所示。在该设计范例中主要应用到拉伸工具、旋转工具、壳工具、拔模工具、圆角工具和倒角工具等。

图 12-1　旋钮零件

　　具体的操作步骤如下。

1. 新建实体零件文件

　　1)单击 ☐ (新建)按钮,弹出"新建"对话框。

　　2)在"类型"选项组中选择"零件"单选按钮,在"子类型"选项组中选择"实体"单选按钮,在"名称"文本框中输入"bc_12_1x",清除"使用默认模板"复选框,单击"确定"按钮。

　　3)系统弹出"新文件选项"对话框,选择"mmns_part_solid"模板,然后单击"确定"按钮,进入零件设计模式。

2. 创建旋转特征

　　1)在功能区"模型"选项卡的"形状"组中单击 ♣ (旋转)按钮,打开"旋转"选项卡。默认时,"旋转"选项卡中的 ☐ (创建实体)按钮处于被选中的状态。

　　2)打开"放置"面板,接着单击"定义"按钮,弹出"草绘"对话框。

　　3)选择 FRONT 基准平面作为草绘平面,以 RIGHT 基准平面为"右"方向参考,单击"草绘"对话框中的"草绘"按钮,进入草绘模式。

　　4)绘制图 12-2 所示的旋转剖面和旋转轴,单击 ✔ (确定)按钮。

　　5)接受默认的旋转角度为 360°,单击"旋转"选项卡中的 ✔ (完成)按钮,创建的旋转实体特征如图 12-3 所示。

3. 创建拉伸实体特征

　　1)在功能区"模型"选项卡的"形状"组中单击 ▱ (拉伸)按钮,打开"拉伸"选项卡。

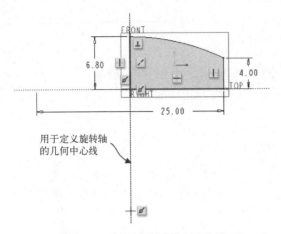

用于定义旋转轴的几何中心线

图 12-2　绘制旋转剖面和旋转轴

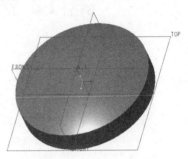

图 12-3　创建旋转实体特征

2）默认时，"拉伸"选项卡中的□（创建实体）按钮处于被选中的状态，打开"放置"面板。

3）在"放置"面板中单击"定义"按钮，弹出"草绘"对话框。

4）选择 TOP 基准平面作为草绘平面，以 RIGHT 基准平面为"右"方向参考，单击"草绘"按钮，进入草绘模式。

5）绘制图 12-4 所示的封闭的拉伸剖面，单击✔（确定）按钮。

6）在"拉伸"选项卡中确保取消选中◢（移除材料）按钮，输入指定方向的拉伸深度为"16"。

7）单击"拉伸"选项卡中的✔（完成）按钮，创建的拉伸实体特征如图 12-5 所示。

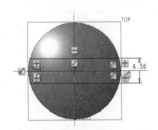

图 12-4　绘制拉伸剖面

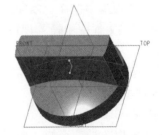

图 12-5　创建拉伸实体特征

4. 以拉伸的方式切除材料

1）在"形状"组中单击▚（拉伸）按钮，打开"拉伸"选项卡。

2）默认时，"拉伸"选项卡中的□（创建实体）按钮处于被选中的状态。在"拉伸"选项卡中单击◢（移除材料）按钮。

3）按〈Ctrl+D〉组合键快速调整模型视角，选择 FRONT 基准平面作为草绘平面，快捷地进入草绘模式。

4）绘制图 12-6 所示的剖面，单击✔（确定）按钮。

5）在"拉伸"选项卡中打开"选项"面板，将第 1 侧（侧 1）和第 2 侧（侧 2）的深

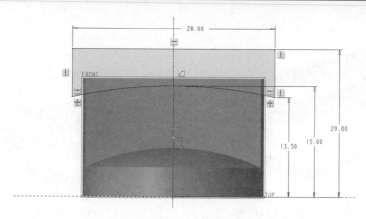

图 12-6 绘制剖面

度选项均设置为 $\text{\textbf{⫶}}$（穿透），如图 12-7 所示。

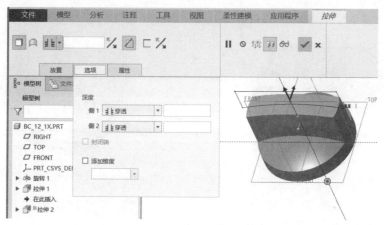

图 12-7 设置两侧的深度选项

6）单击"拉伸"选项卡中的 ✓（完成）按钮，完成的拉伸切除效果如图 12-8 所示。

5. 创建拔模特征

1）在功能区"模型"选项卡的"工程"组中单击 （拔模）按钮，打开"拔模"选项卡。

2）定义拔模曲面：选择图 12-9 所示的实体面 1，接着按住 〈Ctrl〉键的同时去选择实体面 2 和实体面 3。

图 12-8 完成的拉伸切除效果

3）在"拔模"选项卡中单击 （拔模枢轴）收集器，将其激活，然后选择 TOP 基准平面。

4）在 （角度 1）框中输入拔模角度为"-2"。此时特征动态预览如图 12-10 所示。

5）在"拔模"选项卡中单击 ✓（完成）按钮。

6. 圆角 1

1）在"工程"组中单击 （倒圆角）按钮，打开"倒圆角"选项卡。默认时，"倒圆角"选项卡中的 （切换到集模式）按钮处于被选中的状态。

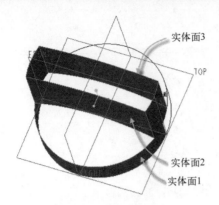

图 12-9　指定拔模曲面

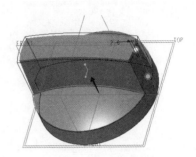

图 12-10　设置拔模角度

2）在"倒圆角"选项卡中输入当前圆角集的圆角半径为"3"。

3）结合〈Ctrl〉键选择图 12-11 所示的两条边线。

4）在"倒圆角"选项卡中单击 ✔（完成）按钮，得到的效果如图 12-12 所示。

图 12-11　选择要圆角的边参考

图 12-12　圆角 1 操作的效果

7. 圆角 2

1）在"工程"组中单击 🔧（倒圆角）按钮，打开"倒圆角"选项卡。默认时，"倒圆角"选项卡中的 🔧（切换到集模式）按钮处于被选中的状态。

2）在"倒圆角"选项卡中输入当前圆角集的圆角半径为"1"。

3）结合〈Ctrl〉键选择图 12-13 所示的边线。

4）在"倒圆角"选项卡中单击 ✔（完成）按钮，得到的圆角效果如图 12-14 所示。

图 12-13　选择圆角 2 的边参考

图 12-14　圆角 2 操作的效果

8. 创建壳特征

1）在"工程"组中单击 🔳（壳）按钮，打开"壳"选项卡。

2）在"壳"选项卡的"厚度"框中输入厚度为"1.9"。

3）在"壳"选项卡中打开"参考"面板，"移除的曲面"收集器处于活动状态，选择

图 12-15 所示的实体下端表面作为要移除的曲面。

4）在"壳"选项卡中单击 ✔（完成）按钮，抽壳效果如图 12-16 所示。

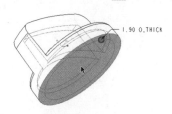 

图 12-15　指定要移除的曲面（开口面）　　　　图 12-16　抽壳效果

知识点拨：如果设计要求壳体内部表面的拔模角度与壳体壁外部表面的拔模角度不一样，那么可以在对外部表面进行拔模处理之前先对实体模型进行抽壳处理，然后再在抽壳后分别对壳体内部表面和外部表面进行差异化的拔模处理。在这种思路下，可以巧妙地应用特征的插入模式。例如，此时可以在模型树中将"➡ 在此插入"拖到拔模特征之前，如图 12-17 所示，接着执行 ▦（壳）按钮对实体模型进行抽壳操作，完成

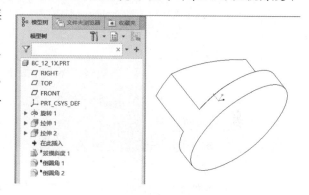

图 12-17　使用特征的"插入"模式

抽壳操作后再将"➡ 在此插入"拖到所有特征的最后（末端），然后可以对壳体内部表面进行相应的拔模操作。

9. 创建加厚拉伸的实体特征

1）在功能区"模型"选项卡的"形状"组中单击 ▦（拉伸）按钮，打开"拉伸"选项卡。

2）默认时，"拉伸"选项卡中的 □（创建实体）按钮处于被选中的状态，单击 □（加厚草绘）按钮。

3）打开"放置"面板，在"放置"面板中单击"定义"按钮，弹出"草绘"对话框。

4）选择 TOP 基准平面作为草绘平面，以 RIGHT 基准平面为"右"方向参考，单击"草绘"按钮，进入草绘模式。

5）绘制图 12-18 所示的拉伸剖面，单击 ✔（确定）按钮。

6）在"拉伸"选项卡中输入加厚的厚度为"2"，如图 12-19 所示。

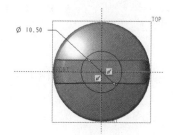 

图 12-18　绘制拉伸剖面　　　　图 12-19　输入加厚的厚度值

7）打开"拉伸"选项卡的"选项"面板，从"侧 1"深度选项列表框中选择🟰（到下一个），从"侧 2"深度选项列表框中选择🟰（盲孔），并输入其深度为"13.2"，如图 12-20 所示。

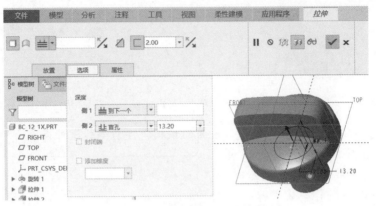

图 12-20　设置深度选项及参数

8）在"拉伸"选项卡中单击✔（完成）按钮。

10. 创建拔模特征

1）在"工程"组中单击📐（拔模）按钮，打开"拔模"选项卡。

2）定义拔模曲面：选择图 12-21a 所示的实体圆柱曲面 1，接着按住〈Ctrl〉键的同时去选择实体圆柱曲面 2。

3）在"拔模"选项卡中单击📐（拔模枢轴）收集器，将其激活，然后选择图 12-21b 所示的端面定义拔模枢轴。

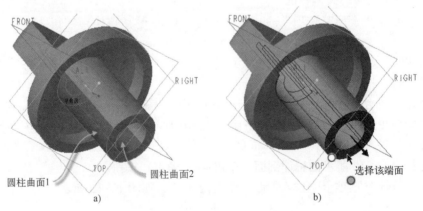

图 12-21　定义拔模曲面与拔模枢轴

a）指定拔模曲面　b）选择参考面定义拔模枢轴

4）在"拔模"工具栏中单击✗（反转拖拉方向）按钮，接着在📐（角度 1）框中输入拔模角度为"1.5"。此时特征动态预览如图 12-22 所示。

5）在"拔模"选项卡中单击✔（完成）按钮。

11. 创建倒角特征

1）在"工程"组中单击◇（边倒角）按钮，打开"边倒角"选项卡。

2）在"边倒角"选项卡的列表框中选择标注形式选项为"D×D"，输入 D 值为"1"。

3）选择要倒角的边参考，如图 12-23 所示。

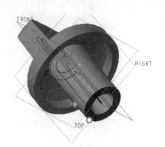

图 12-22 创建拔模特征的动态预览   图 12-23 选择要倒角的边参考

4）在"边倒角"选项卡中单击 ✓（完成）按钮。

12. 以拉伸的方式切除材料

1）在功能区"模型"选项卡的"形状"组中单击 ⬚（拉伸）按钮，打开"拉伸"选项卡。

2）默认时，"拉伸"选项卡中的 ⬚（创建实体）按钮处于被选中的状态，在"拉伸"选项卡中单击 ⬚（去除材料）按钮。

3）打开"放置"面板，接着单击"定义"按钮，弹出"草绘"对话框。

4）选择图 12-24 所示的圆环面作为草绘平面，以 RIGHT 基准平面为"上（顶）"方向参考，单击"草绘"按钮，进入草绘模式。

5）绘制图 12-25 所示的剖面，单击 ✓（确定）按钮。

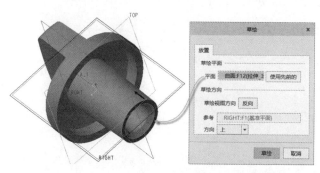
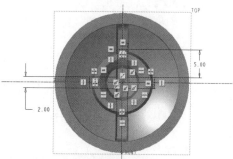

图 12-24 指定草绘平面   图 12-25 绘制剖面

6）深度方向指向实体，输入深度值为"8.5"，接着在"拉伸"选项卡中打开"选项"面板，勾选"添加锥度"复选框，在"锥度"值框中输入"-1"并按〈Enter〉键确认，此时特征几何预览如图 12-26 所示。

7）单击"拉伸"选项卡中的 ✓（完成）按钮，得到的模型效果如图 12-27 所示。

13. 圆角 3

1）在"工程"组中单击 ◥（倒圆角）按钮，打开"倒圆角"选项卡。默认时，"倒圆角"选项卡中的 ✖（切换到集模式）按钮处于被选中的状态。

2）在"倒圆角"选项卡中输入当前圆角集的圆角半径为"1"。

图 12-26　特征几何预览　　　　　　　图 12-27　拉伸切除的效果

3）结合〈Ctrl〉键选择图 12-28 所示的边线。

4）在"倒圆角"选项卡中单击 ✓（完成）按钮，得到的圆角效果如图 12-29 所示。

图 12-28　指定边参考　　　　　　　图 12-29　圆角后的效果

14. 创建旋转特征

1）在功能区"模型"选项卡的"形状"组中单击 ∞（旋转）按钮，系统打开"旋转"选项卡。默认时，"旋转"选项卡中的 □（创建实体）按钮处于被选中的状态。

2）将鼠标置于图形窗口中并按〈Ctrl+D〉组合键调整模型视角，选择 FRONT 基准平面作为草绘平面，从而快速进入草绘器中。

3）绘制图 12-30 所示的旋转剖面和几何中心线（用于定义旋转轴），单击 ✓（确定）按钮。

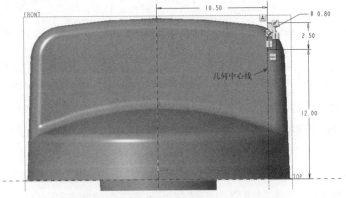

图 12-30　绘制旋转剖面及旋转中心线

4）接受默认的旋转角度为360°，单击"旋转"选项卡中的✔（完成）按钮，创建好该旋转实体特征后的模型效果如图12-31所示。

15. 保存文件

1）在"快速访问"工具栏中单击 💾（保存）按钮，打开"保存对象"对话框。

2）指定存储地址，单击"保存对象"对话框中的"确定"按钮。Creo Parametric 5.0 系统提示：BC_12_1X 已保存。

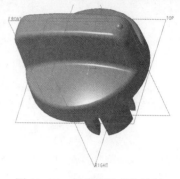

图 12-31　创建旋转实体特征

12.2　设计范例 2——桌面音箱外形

本设计范例要完成的桌面音箱外形如图 12-32 所示。在该设计范例中，主要学习如何创建所需的基准曲线和曲面，掌握曲面在产品外观设计中的应用技巧等。

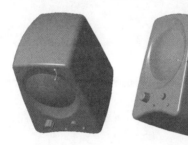

图 12-32　完成的桌面音箱外形

具体的操作步骤如下。

1. 新建实体零件文件

1）单击 🗋（新建）按钮，弹出"新建"对话框。

2）在"类型"选项组中选择"零件"单选按钮，在"子类型"选项组中选择"实体"单选按钮，在"名称"文本框中输入"bc_12_3"，清除"使用默认模板"复选框，单击"确定"按钮。

3）系统弹出"新文件选项"对话框，选择"mmns_part_solid"模板，然后单击"确定"按钮，进入零件设计模式。

2. 创建拉伸特征

1）在功能区"模型"选项卡的"形状"组中单击 🔩（拉伸）按钮，打开"拉伸"选项卡。默认时，"拉伸"选项卡中的 🗖（创建实体）按钮处于被选中的状态。

2）选择 FRONT 基准平面作为草绘平面，快速地进入草绘器。

3）绘制图 12-33 所示的拉伸剖面，单击✔（确定）按钮。

4）输入默认深度方向的拉伸深度值为"120"。

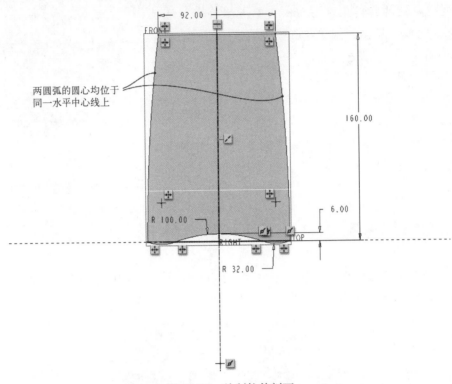

两圆弧的圆心均位于
同一水平中心线上

图 12-33　绘制拉伸剖面

5）单击"拉伸"选项卡中的 ✔（完成）按钮，创建的拉伸基本实体如图 12-34 所示。

3. 创建扫描曲面 1

1）在功能区"模型"选项卡的"基准"组中单击 （草绘）按钮，弹出"草绘"对话框。选择 RIGHT 基准平面作为草绘平面，默认以 TOP 基准平面为"左"方向参考，单击"草绘"按钮，进入草绘器。绘制图 12-35 所示的一段圆弧，单击✔（确定）按钮。

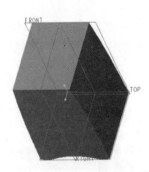

图 12-34　创建拉伸基本实体

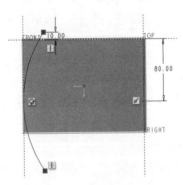

图 12-35　绘制一段圆弧

2）在功能区"模型"选项卡的"形状"组中单击 （扫描）按钮，打开"扫描"选项卡。

3）在"扫描"选项卡中单击 （曲面）按钮，并单击 （恒定截面扫描）按钮。

4）刚绘制的圆弧用作原点轨迹，注意其起点箭头位置和截平面控制设置等，如图 12-36

所示。

5）在"扫描"选项卡中单击 ⬚ （创建或编辑扫描截面）按钮，进入草绘器。

6）绘制图 12-37 所示的截面，单击 ✓ （确定）按钮。

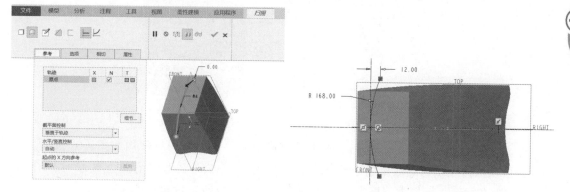

图 12-36　原点轨迹及其相应设置　　　　　图 12-37　绘制截面

7）此时扫描曲面预览如图 12-38 所示，单击 ✓ （完成）按钮，从而完成创建一个扫描曲面，如图 12-39 所示（按〈Ctrl+D〉组合键以默认的标准视图显示模型）。

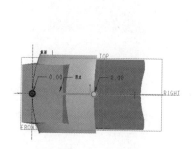

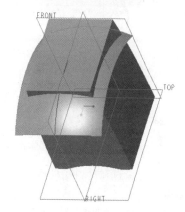

图 12-38　扫描曲面预览　　　　　图 12-39　完成创建一个扫描曲面

4. 创建扫描曲面 2

1）在功能区"模型"选项卡的"形状"组中单击 ▱ （扫描）按钮，打开"扫描"选项卡。

2）在"扫描"选项卡中单击 ▭ （曲面）按钮，并单击 ⊢ （恒定截面扫描）按钮。

3）在"扫描"选项卡的右侧区域选择"基准"命令以打开"基准"工具列表，如图 12-40 所示。接着从该"基准"工具列表中单击 ⫴ （草绘）按钮，弹出"草绘"对话框，选择 TOP 基准平面作为草绘平面，默认以 RIGHT 基准平面为"右"方向参考，单击"草绘"按钮，进入草绘器中。绘制图 12-41 所示的圆弧（该圆弧将作为扫描特征的轨迹线），单击 ✓ （确定）按钮。

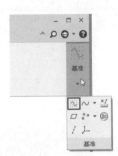

图 12-40 打开"基准"工具列表

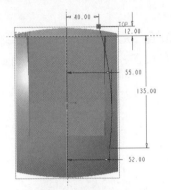

图 12-41 绘制一条圆弧

4）在"扫描"选项卡中单击出现的 ▶（退出暂停模式，继续使用此工具）按钮。此时，系统默认将刚绘制的圆弧用作扫描的原点轨迹，原点轨迹的起点箭头如图 12-42 所示。

5）在"扫描"选项卡中单击 ☑（创建或编辑扫描截面）按钮，进入草绘器。

6）绘制图 12-43 所示的截面（由两段相切连接的圆弧组成），单击 ✔（确定）按钮。

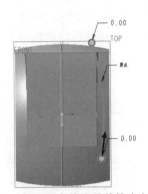

图 12-42 原点轨迹及其箭头方向

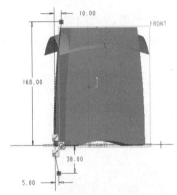

图 12-43 绘制相切的两段连接圆弧

7）在"扫描"选项卡中单击 ✔（完成）按钮，创建图 12-44 所示的扫描曲面 2。

5. 镜像曲面

1）刚创建的"扫描 2"曲面特征处于被选中的状态，在"编辑"组中单击 ◖◗（镜像）按钮，打开"镜像"选项卡。

2）选择 RIGHT 基准平面为镜像平面参考。

3）单击"镜像"选项卡中的 ✔（完成）按钮，镜像结果如图 12-45 所示。

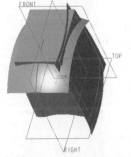

图 12-44 创建扫描曲面 2

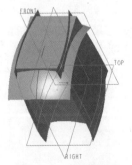

图 12-45 镜像结果

6. 合并面组

1）将选择过滤器选项设置为"面组"，如图 12-46 所示，接着选择扫描曲面 2，按住〈Ctrl〉键选择扫描曲面 1。

2）在"编辑"组中单击 <img_6> （合并）按钮，打开"合并"选项卡。此时，要保留的面组侧如图 12-47 所示。

图 12-46　从选择过滤器列表框中
选择"面组"选项

3）单击"合并"选项卡中的 ✔ （完成）按钮。

4）在图形窗口中选择合并得到的面组，再按住〈Ctrl〉键选择镜像操作得到的曲面，单击 <img_6> （合并）按钮，确保要保留的面组侧如图 12-48 所示。

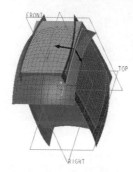
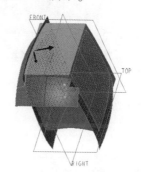

图 12-47　合并 1　　　　　图 12-48　合并 2

5）单击"合并"选项卡中的 ✔ （完成）按钮。

7. 实体化操作

1）确保选中刚合并而成的面组（合并 2），从功能区"模型"选项卡的"编辑"组中单击 （实体化）按钮，打开"实体化"选项卡。

2）在"实体化"选项卡中单击 （切口实体化）按钮，并单击 （更改刀具操作方向）按钮，确保模型如图 12-49 所示。

3）单击"实体化"选项卡中的 ✔ （完成）按钮，得到的实体模型如图 12-50 所示（图中特意将之前创建的一条草绘曲线隐藏了）。

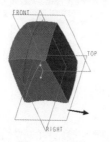
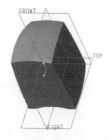

图 12-49　切口实体化操作　　　　图 12-50　实体化操作的结果

8. 创建扫描曲面 3

1）在"形状"组中单击 （扫描）按钮，打开"扫描"选项卡。

2）在"扫描"选项卡中单击▢（曲面）按钮，并单击▙（恒定截面扫描）按钮。

3）在"扫描"选项卡的右侧区域选择"基准"命令以打开"基准"工具列表，接着从该"基准"工具列表中单击▧（草绘）按钮，弹出"草绘"对话框，选择 RIGHT 基准平面作为草绘平面，默认以 TOP 基准平面为"左"方向参考，单击"草绘"按钮，进入草绘器中。绘制图 12-51 所示的圆弧（该圆弧将作为扫描特征的轨迹线），单击✔（确定）按钮。

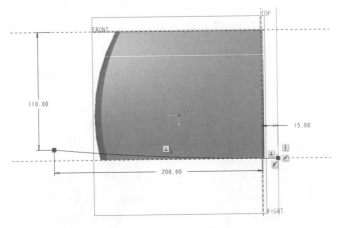

图 12-51　绘制一段圆弧

4）在"扫描"选项卡中单击出现的▶（退出暂停模式，继续使用此工具）按钮。此时，系统默认将刚绘制的圆弧用作扫描的原点轨迹，原点轨迹的起点箭头如图 12-52 所示。

5）在"扫描"选项卡中单击▧（创建或编辑扫描截面）按钮，进入草绘器。

6）绘制图 12-53 所示的开放圆弧截面（圆弧的中心位于 RIGHT 参照面上），单击✔（确定）按钮。

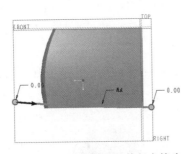

图 12-52　原点轨迹及其起点箭头

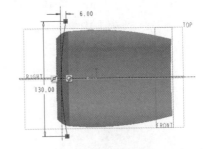

图 12-53　在起点处绘制开放的扫描截面

7）在"扫描"选项卡中单击✔（完成）按钮，创建图 12-54 所示的扫描曲面 3。

9. 实体化操作

1）确保选中刚创建的扫描曲面 3，从功能区"模型"选项卡的"编辑"组中单击▧（实体化）按钮，打开"实体化"选项卡。

2）在"实体化"选项卡中单击◩（切口实体化）按钮，并单击✗（更改刀具操作方向）按钮使箭头方向，如图 12-55 所示。

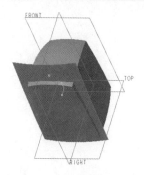 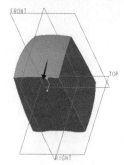 

图 12-54　创建扫描曲面 3　　　　　　图 12-55　切口实体化操作

3）在"实体化"选项卡中单击 ✔（完成）按钮。

10.　创建投影曲线

1）在功能区"模型"选项卡的"编辑"组中单击 🖎（投影）按钮，打开"投影曲线"选项卡。

2）在"投影曲线"选项卡中选择"参考"选项，打开"参考"面板，如图 12-56 所示，从下拉列表框中选择"投影草绘"选项，然后单击"定义"按钮，弹出"草绘"对话框。

3）选择 FRONT 基准平面作为草绘平面，以 RIGHT 基准平面为"右"方向参考，单击"草绘"对话框中的"草绘"按钮，进入草绘模式。

4）绘制图 12-57 所示的图形，单击 ✔（确定）按钮。

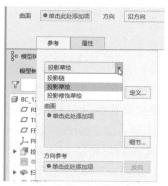 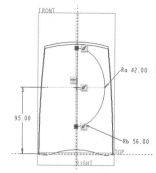

图 12-56　在"参考"面板中设置选项　　　　图 12-57　绘制图形

5）选择图 12-58 所示的实体曲面。设置投影方向选项为"沿方向"，激活方向参考收集器，然后选择 FRONT 基准平面。

6）在"投影曲线"选项卡中单击 ✔（完成）按钮，创建的投影曲线如图 12-59 所示。

11.　创建"草绘 4"特征

1）在功能区"模型"选项卡的"基准"组中单击 🔧（草绘）按钮，弹出"草绘"对话框。

2）在"基准"组中单击 ▱（基准平面）按钮，打开"基准平面"对话框。选择 FRONT 基准平面为偏移参考，偏距平移值为"112"，如图 12-60 所示。单击"确定"按钮，创建基准平面 DTM1。

3）以刚创建的 DTM1 基准平面作为草绘平面，以 RIGHT 基准平面为"右"方向参考，单击"草绘"按钮，进入草绘模式。

图 12-58　指定实体曲面

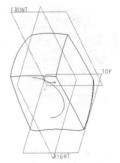

图 12-59　创建投影曲线

4）绘制图 12-61 所示的图形，单击 ✔ （确定）按钮。

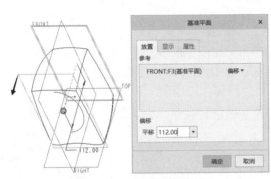

图 12-60　创建基准平面

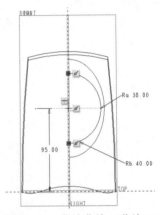

图 12-61　草绘曲线（草绘 4）

12. 创建基准点

1）在"基准"组中单击 ✕✕ （基准点）按钮，打开"基准点"对话框。

2）分别在曲线的端点处创建基准点，如图 12-62 所示。为了便于选择被遮挡了基准曲线端点，可以在"图形"工具栏中临时选中 ⬚ （隐藏线）模型显示样式。

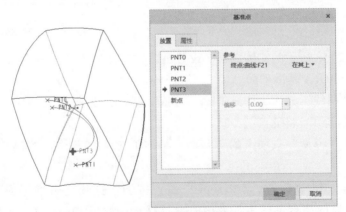

图 12-62　创建基准点

3）单击"基准点"对话框中的"确定"按钮。

13. 创建"草绘 5"特征

1）在"基准"组中单击 按钮，弹出"草绘"对话框。

2）选择 RIGHT 基准平面作为草绘平面，以 TOP 基准平面为"左"方向参考，单击对话框中的"草绘"按钮，进入草绘模式。

3）在功能区"草绘"选项卡的"设置"组中单击 按钮，弹出"参考"对话框，分别增加选择 PNT0、PNT1、PNT2 和 PNT3 这 4 个基准点作为绘图参考，然后在"参考"对话框中单击"关闭"按钮。

4）绘制图 12-63 所示的圆弧，注意圆弧的相关端点与相应的基准点重合。

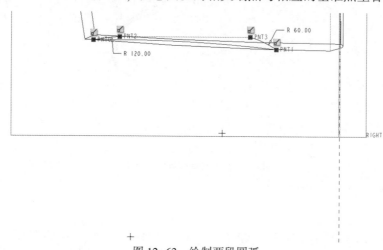

图 12-63　绘制两段圆弧

5）单击 ✔（确定）按钮。

14. 创建边界混合曲面 1

1）在"曲面"组中单击 按钮，打开"边界混合"选项卡。

2）选择图 12-64 所示的曲线 1，接着按住〈Ctrl〉键的同时去选择曲线 2，所选的这两条曲线作为第一方向链。

3）在"边界混合"选项卡中单击 的框，将其激活，然后结合〈Ctrl〉键选择图 12-65 所示的曲线 3 和曲线 4 作为第二方向链曲线。

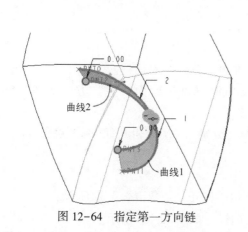

图 12-64　指定第一方向链

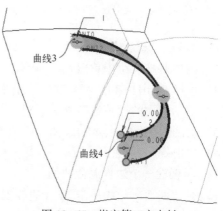

图 12-65　指定第二方向链

4）在"边界混合"选项卡中打开"约束"面板，分别将"方向2-第一条链"和"方向2-最后一条链"的边界条件设置为"垂直"，垂直的曲面参考均默认为 RIGHT 基准平面，如图 12-66 所示。

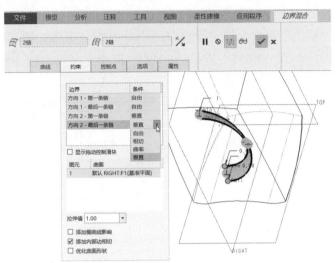

图 12-66　设置边界约束条件

5）单击 ✔（完成）按钮。

15. 镜像操作

1）在模型树上选择刚创建的"边界混合1"曲面特征，在"编辑"组中单击 🗔（镜像）按钮，打开"镜像"选项卡。

2）选择 RIGHT 基准平面作为镜像平面参考。

3）单击 ✔（完成）按钮。

16. 合并面组

1）确保选择过滤器的选项为"面组"，在图形窗口中选择镜像操作得到的曲面，按住〈Ctrl〉键的同时选择边界混合曲面 1。

2）在"编辑"组中单击 🗗（合并）按钮，打开"合并"选项卡。

3）在"合并"选项卡中打开"选项"面板，从中选择"联接（连接）"单选按钮，如图 12-67 所示。

4）单击 ✔（完成）按钮。

17. 创建"草绘6"特征

1）在"基准"组中单击 🔧（草绘）按钮，弹出"草绘"对话框。

2）选择 RIGHT 基准平面作为草绘平面，以 TOP 基准平面为"左"方向参考，单击"草绘"对话框中的"草绘"按钮，进入草绘模式。

3）绘制图 12-68 所示的圆弧，该圆弧的两端点分别与 PNT2 和 PNT3 基准点重合。

4）单击 ✔（确定）按钮。

18. 再创建一个边界混合曲面

1）在"曲面"组中单击 🗗（边界混合）按钮，打开"边界混合"选项卡。

2）结合〈Ctrl〉键选择两条边线作为第一方向链，如图 12-69 所示。

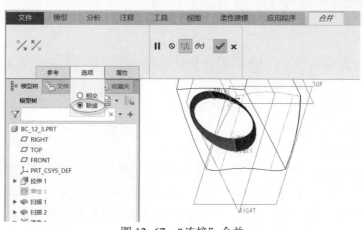

图 12-67 "连接"合并

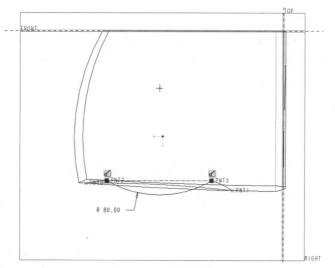

图 12-68 绘制圆弧

3）打开"边界混合"选项卡的"约束"面板，将"方向 1-第一条链"的边界条件设置为"垂直"，其曲面参考为 RIGHT 基准平面，如图 12-70 所示。

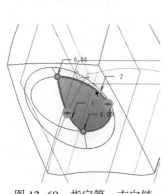

图 12-69 指定第一方向链

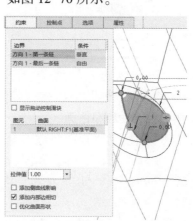

图 12-70 设置边界约束条件

4）在"边界混合"选项卡中单击 ✓（完成）按钮。

19. 镜像操作

1）确保刚创建的单向边界混合曲面特征处于被选中的状态，在"编辑"组中单击 ▯▮（镜像）按钮，打开"镜像"选项卡。

2）选择 RIGHT 基准平面作为镜像平面参考。

3）单击 ✓（完成）按钮。

20. 合并曲面操作

1）在模型树上选择"镜像3"节点下的"边界混合4"曲面特征，即选择刚镜像操作得到的曲面特征（F31），再按住〈Ctrl〉键的同时选择"边界混合3"曲面特征（F29）。

2）单击"编辑"组中的 ❑（合并）按钮，打开"合并"选项卡。

3）在"合并"选项卡中打开"选项"面板，从中选择"联接（连接）"单选按钮。

4）单击 ✓（完成）按钮。

5）按住〈Ctrl〉键在模型树上选择"合并3"面组特征，单击 ❑（合并）按钮，接着在"合并"选项卡的"选项"面板中选择"联接（连接）"单选按钮，此时如图12-71所示，然后单击 ✓（完成）按钮。

21. 实体化操作

1）确保刚合并的面组处于被选中的状态，在"编辑"组中单击 ▥（实体化）按钮，打开"实体化"选项卡。

2）"实体化"选项卡中的 ▥（曲面片替换）按钮被选中，单击 ✗（更改刀具操作方向）按钮使模型中的箭头方向如图12-72所示。

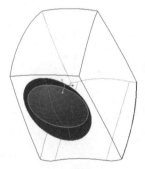　　　　

图12-71　"连接"合并　　　　图12-72　模型几何特征预览

3）单击 ✓（完成）按钮。

22. 创建层来管理曲线和曲面

1）在功能区中切换至"视图"选项卡，从"可见性"组中单击 ▱（层）按钮，打开层树模式。

2）在层树上方单击 ▤ ▾（层）按钮，从其下拉菜单中选择"新建层"命令，打开"层属性"对话框。

3）在"层属性"对话框的"名称"文本框中输入"CV-CF"。

4）结合设置选择过滤器选项来在模型窗口中选择所有曲线和曲面面组，所选对象包括在层内容中，此时"层属性"对话框如图 12-73 所示。

5）在"层属性"对话框中单击"确定"按钮。所创建的"CV-CF"层出现在层树中。

6）在层树中右击"CV-CF"层，从弹出的快捷菜单中选择"隐藏"命令。

7）再次右击"CV-CF"层，从弹出的快捷菜单中选择"保存状况"命令。

此时，"CV-CF"层在层树中的显示如图 12-74 所示。

图 12-73 "层属性"对话框

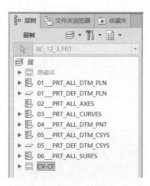

图 12-74 层树

8）在"可见性"组中再次单击 ✍ （层）按钮，关闭层树显示。

23. 以拉伸的方式切除材料

1）在功能区中切换回"模型"选项卡，从"形状"组中单击 ▱ （拉伸）按钮，打开"拉伸"选项卡。

2）默认时，"拉伸"选项卡中的 ▢ （创建实体）按钮处于被选中的状态。在"拉伸"选项卡中单击 ◪ （去除材料）按钮。

3）打开"放置"面板，接着单击"定义"按钮，弹出"草绘"对话框。

4）单击"基准"→ ▱ （基准平面）按钮，打开"基准平面"对话框。选择 FRONT 基准平面作为偏移参考，输入偏距平移值为"115"，如图 12-75 所示，然后单击"确定"按钮。

5）以刚创建的内部基准平面作为草绘平面，以 RIGHT 基准平面为"右"方向参考，单击"草绘"按钮，进入草绘模式。

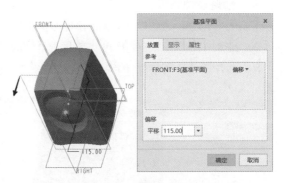

图 12-75 创建基准平面

6）绘制图 12-76 所示的剖面，单击 ✔ （确定）按钮。

7）从"深度选项"列表框中选择 ⬍ （穿透）选项，并设置深度方向如图 12-77 所示。

8）在"拉伸"选项卡中单击 ✔ （完成）按钮。得到的拉伸切除的效果如图 12-78 所示。

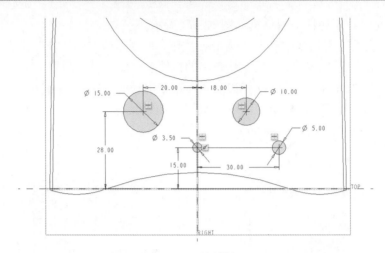

图 12-76　绘制剖面

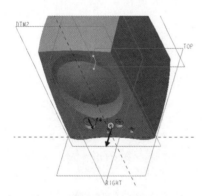

图 12-77　设置深度选项及深度方向

图 12-78　拉伸切除的效果

24. 创建拉伸特征

1）从"形状"组中单击 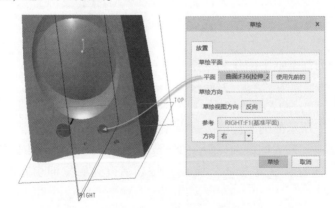（拉伸）按钮，打开"拉伸"选项卡。

2）进入"拉伸"选项卡的"放置"面板，单击"定义"按钮，打开"草绘"对话框。

3）选择图 12-79 所示的实体面作为草绘平面，以 RIGHT 基准平面为"右"方向参考，单击"草绘"按钮，进入草绘模式。

图 12-79　指定草绘平面

4) 单击◎（同心圆）按钮，选定圆参考来绘制图 12-80 所示的一个圆。单击✔（确定）按钮。

5) 输入往实体外的拉伸深度为"8"。

6) 在"拉伸"选项卡中单击✔（完成）按钮，创建的拉伸实体特征如图 12-81 所示。

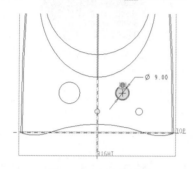

图 12-80　绘制剖面　　　　　图 12-81　创建拉伸实体特征

25. 圆角 1

1) 在"工程"组中单击◎（倒圆角）按钮，打开"倒圆角"选项卡。

2) 设置圆角半径为"1"。

3) 选择图 12-82 所示的边线。

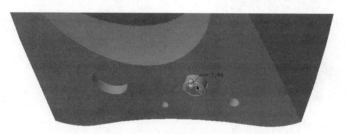

图 12-82　选择要圆角的边参考

4) 单击✔（完成）按钮。

26. 创建拉伸特征

1) 在"形状"组中单击◎（拉伸）按钮，打开"拉伸"选项卡。

2) 进入"拉伸"选项卡的"放置"面板，单击"定义"按钮，打开"草绘"对话框。

3) 在"草绘"对话框中单击"使用先前的"按钮，进入草绘模式。

4) 单击◎（同心圆）按钮，选定圆参考来绘制图 12-83 所示的一个圆。单击✔（确定）按钮。

5) 设置指定方向的拉伸深度为"6"。

6) 单击"拉伸"选项卡中的✔（完成）按钮，创建的拉伸实体特征如图 12-84 所示。

27. 圆角 2

1) 在"工程"组中单击◎（倒圆角）按钮，打开"倒圆角"选项卡。

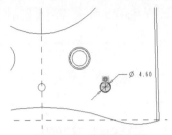

图 12-83　绘制同心圆

图 12-84　创建拉伸实体特征

2）设置圆角半径为"2.3"。

3）选择图 12-85 所示的边线。

4）单击 ✔（完成）按钮。

28. 创建一个新基准平面

1）在"基准"组中单击 ▱（基准平面）按钮，打开"基准平面"对话框。

2）选择所需的特征轴，按住〈Ctrl〉键的同时选择 RIGHT 基准平面，并设置该平面参考的约束类型选项为"平行"，如图 12-86 所示。

图 12-85　选择要圆角的边参考

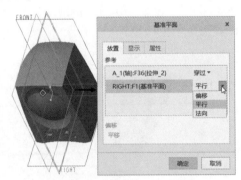

图 12-86　创建基准平面 DTM3

3）单击"基准平面"对话框中的"确定"按钮，创建默认名为 DTM3 的基准平面。

此时，按〈Ctrl+D〉组合键调整模型视角，并确保刚创建的 DTM3 的基准平面处于被选中的状态。

29. 创建旋转特征

1）在"形状"组中单击 ◈（旋转）按钮，系统默认以 DTM3 的基准平面作为草绘平面，并快速地进入草绘器中。

2）单击 ▣（参考）按钮指定所需的绘图与标注参考，接着绘制图 12-87 所示的旋转剖面及旋转中心线，单击 ✔（确定）按钮。

3）接受默认的旋转角度为 360°，单击 ✔（完成）按钮。

30. 以旋转的方式切除材料

1）在"形状"组中单击 ◈（旋转）按钮，打开"旋转"选项卡。默认选中 ▭（实体）按钮，并单击 ◿（去除材料）按钮。

2）在"旋转"选项卡中打开"放置"面板，接着在该面板中单击"定义"按钮，弹出"草绘"对话框。

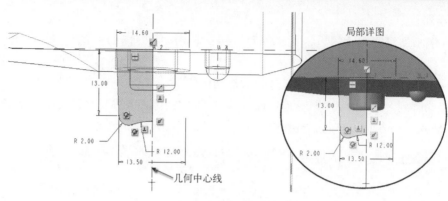

图 12-87　草绘

3）在"草绘"对话框中单击"使用先前的"按钮，进入草绘模式。或者选择 DTM3 基准平面作为草绘平面，以 TOP 基准平面为"左"方向参考，然后单击"草绘"按钮，进入草绘模式。

4）绘制图 12-88 所示的旋转剖面及旋转中心线，单击 ✔（确定）按钮。

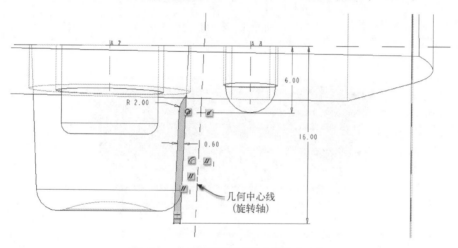

图 12-88　绘制旋转剖面及旋转中心线

5）接受默认的旋转角度为 360°，单击 ✔（完成）按钮。以旋转的方式切除材料得到的该操作结果如图 12-89 所示。

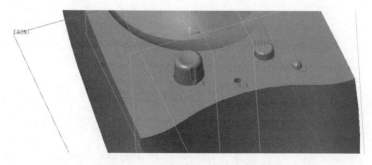

图 12-89　以旋转的方式切除材料

31. 阵列

1) 选中刚创建的旋转切口，在"编辑"组中单击 ▦（阵列）按钮，打开"阵列"选项卡。

2) 设置阵列类型选项为"轴"，选择大旋钮的特征轴。

3) 在"阵列"选项卡中单击 ◢（设置阵列的角度范围）按钮，设置阵列的角度范围为360°，输入第一方向的阵列成员数为"9"，如图12-90所示。

图12-90 创建"轴"阵列

4) 在"阵列"选项卡中单击 ✔（完成）按钮，得到的阵列结果如图12-91所示。

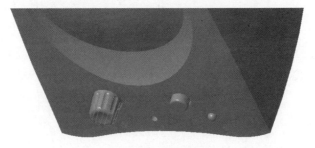

图12-91 阵列结果

32. 创建偏距特征

1) 将选择过滤器的选项设置为"几何"，选中图12-92所示的实体端面。

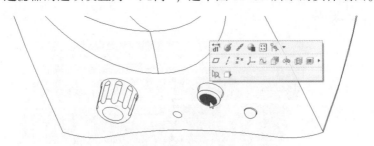

图12-92 选择要创建偏距特征的实体端面

2) 在"编辑"组中单击 ▤（偏移）按钮，打开"偏移"选项卡。

3）在"偏移"选项卡的"偏移类型"下拉列表框中选择 （具有拔模特征）类型图标。

4）在"偏移"选项卡中打开"参考"面板，单击"定义"按钮，弹出"草绘"对话框。选择 FRONT 基准平面作为草绘平面，以 RIGHT 基准平面为"右"方向参考，单击"草绘"按钮，进入草绘模式。

5）绘制图 12-93 所示的偏移剖面，单击 ✔（确定）按钮。

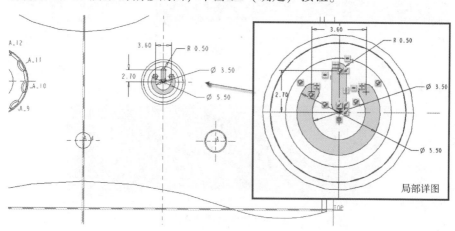

图 12-93　绘制偏移剖面

6）打开"偏移"选项卡的"选项"面板，从第一个下拉列表框中选择"垂直于曲面"选项，设置侧曲面垂直于"曲面"，侧面轮廓选项为"相切"，接着输入偏移距离为"0.2"，单击 ⚒（将偏移方向更改为其他侧）按钮以形成凹陷形式的结构，并在 ◿ 框中输入"30"，如图 12-94 所示。

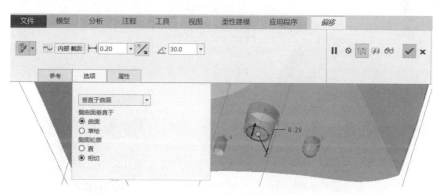

图 12-94　设置偏移选项及参数等

7）在"偏移"选项卡中单击 ✔（完成）按钮，在指定按钮端面上创建的偏距特征如图 12-95 所示。

33. 创建倒角特征

1）在"工程"组中单击 ◇（边倒角）按钮，打开"边倒角"选项卡。

2）设置边倒角标注形式为"O×O"，并设置 O 值为"0.5"。

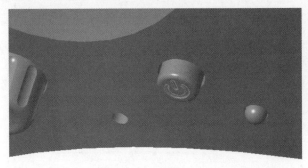

局部详图

图 12-95 创建偏移特征

3）选择图 12-96 所示的边线。

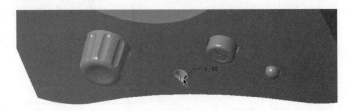

图 12-96 边倒角

4）单击 ✔（完成）按钮。

34. 圆角 3

1）在"工程"组中单击 🔾（倒圆角）按钮，打开"倒圆角"选项卡。

2）设置当前圆角集的圆角半径为"10"。

3）结合〈Ctrl〉键选择如图 12-97 所示的边线。

4）单击 ✔（完成）按钮，完成该圆角操作的模型效果如图 12-98 所示。

图 12-97 选择要圆角的边参考   图 12-98 圆角 3 的效果

35. 圆角 4

1）在"工程"组中单击 🔾（倒圆角）按钮，打开"倒圆角"选项卡。

2）设置当前圆角集的圆角半径为"5"。

3）结合〈Ctrl〉键选择图 12-99 所示的边线。

4）单击 ✔（完成）按钮。

36. 圆角 5

1）在"工程"组中单击（倒圆角）按钮，打开"倒圆角"选项卡。

2）设置当前圆角集的圆角半径为"5"。

3）选择图 12-100 所示的边线。

图 12-99　选择边参考（1）　　图 12-100　选择边参考（2）

4）单击（完成）按钮。

37. 保存模型

1）在"快速访问"工具栏中单击（保存）按钮。

2）指定存储地址，单击"保存对象"对话框中的"确定"按钮。

至此，完成的该桌面音箱外形效果如图 12-101 所示。有兴趣的读者可以给该模型的外曲面设置相应的颜色和外观，以获得逼真形象的显示效果。

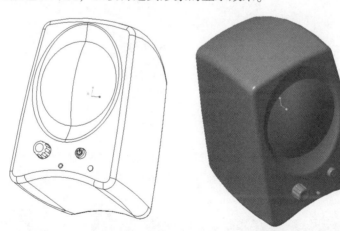

图 12-101　完成的桌面音箱外形效果

12.3　本章小结

本章介绍了 3 个典型的综合设计范例，包括旋钮零件、小型塑料制面板零件和桌面音箱。在这 3 个综合设计范例中，重点学习各种工具或命令的综合应用方法与技巧等，尤其在第 3 个设计范例（桌面音箱外形实例）中，要认真学习曲线和曲面的合理应用，体会曲面在模型设计中的重要地位。

通过本章的学习，读者的模型综合设计能力将上升到一定的高度。只要持之以恒地思考与学习，辅以一定数量的上机练习，实战能力定在不知不觉中得以提升。

12.4 思考与练习

1）如何在零件模型的指定曲面上创建可以表示商标信息或操作标识的偏移特征？

2）在创建旋转特征时，如果在旋转剖面中需要绘制多条中心线，那么如何指定哪条中心线作为旋转轴？

3）上机练习：按照图 12-102 给出的螺栓效果（M12×80），由读者建立其三维模型，注意总结外螺纹的创建方法与技巧。

图 12-102 螺栓效果

4）上机练习：创建图 12-103 所示的实体模型，具体的尺寸由读者根据效果图自行思考确定。

图 12-103 练习模型

5）上机练习：图 12-104 所示为一种刹车支架零件，其中有两个较小的孔为标准螺纹孔，请参照模型效果图进行实体建模练习。

图 12-104 刹车支架零件

6）上机练习：参考本章桌面音箱外形实例，自行设计一款此类产品的外形效果。